21 世纪全国高职高专机电系列技能型规划教材

AutoCAD 2014 机械绘图项目教程

主　编　朱　昱

副主编　盛雪莲　孙　云　王　乾

主　审　王丽萍

内容简介

本书是按照任务驱动的教学思路编写的。全书依据典型机械零件的结构特点分为样板文件的创建、轴套类零件工程图样的绘制、盘盖类零件工程图样的绘制、叉架类零件工程图样的绘制、箱体类零件工程图样的绘制、台虎钳装配图的绘制、拉伸和旋转实体的绘制、扫掠和放样实体的绘制共8个模块，全面介绍了零件图、装配图和三维实体的绘图过程。本书选取螺杆、齿轮、右端盖、拨叉、支架、铣刀头底座、柱塞泵泵体、台虎钳、轴承座等典型零部件为任务载体，突出了实用性和专业性，使读者能快速掌握AutoCAD 2014机械制图的方法和技巧。

本书可作为高等职业院校机械类或近机类各专业的教学用书，也可用作五年制高职、中职相关专业的教学用书，并可供机械工程技术人员学习参考。

图书在版编目(CIP)数据

AutoCAD 2014机械绘图项目教程/朱昱主编. —北京：北京大学出版社，2016.2
(21世纪全国高职高专机电系列技能型规划教材)
ISBN 978-7-301-26591-8

Ⅰ ①A… Ⅱ ①朱… Ⅲ. ①机械制图—AutoCAD软件—高等职业教育—教材 Ⅳ. ①TH126

中国版本图书馆CIP数据核字(2015)第286200号

书　　名 AutoCAD 2014机械绘图项目教程
AutoCAD 2014 JIXIE HUITU XIANGMU JIAOCHENG
著作责任者 朱　昱　主编
策划编辑 刘晓东
责任编辑 李婷婷
标准书号 ISBN 978-7-301-26591-8
出版发行 北京大学出版社
地　　址 北京市海淀区成府路205号　100871
网　　址 http://www.pup.cn　新浪微博：@北京大学出版社
电子信箱 pup_6@163.com
电　　话 邮购部62752015　发行部62750672　编辑部62750667
印 刷 者 北京溢漾印刷有限公司
经 销 者 新华书店
787毫米×1092毫米　16开本　18印张　417千字
2016年2月第1版　2016年2月第1次印刷
定　　价 40.00元

前　　言

AutoCAD 软件是美国 Autodesk 公司开发的通用计算机辅助设计软件，可用于二维绘图和基本三维设计。经过多年的更新，其功能不断完善，具有易操作、高效率、高精度等优点，因此被广泛应用于机械、电子、建筑、服装等领域，深受工程技术人员的青睐。本书以典型机械零部件的绘制为任务，深入浅出地介绍了二维工程图和三维实体的绘图方法。

本书主要包括以下 8 个模块。

模块 1 “样板文件的创建”：主要介绍 AutoCAD 2014 基本操作，包括操作界面、工作空间、文件操作、视图操作、对象选择、坐标定位、图层管理等；基本绘图命令，包括矩形、点等；常用编辑命令，包括修剪、复制、偏移、删除、分解等，帮助读者了解 AutoCAD 2014 基础知识，学习创建符合国标要求的样板文件。

模块 2 “轴套类零件工程图样的绘制”：以螺杆零件工程图样的绘制为任务，主要介绍基本绘图命令，包括直线、构造线、圆、图案填充等；常用编辑命令，包括镜像、倒角等；常见尺寸标注的创建方法，学习轴套类零件工程图样的绘制方法和步骤。

模块 3 “盘盖类零件工程图样的绘制”：以齿轮和右端盖零件工程图样的绘制为任务，主要介绍表格样式的创建、表格的创建和编辑；带属性的块的创建和插入；尺寸标注的编辑方法；常用编辑命令，包括倒圆角和旋转等，学习盘盖类零件工程图样的绘制方法和步骤。

模块 4 “叉架类零件工程图样的绘制”：以拨叉和支架零件工程图样的绘制为任务，主要介绍基本绘图命令，包括多段线、椭圆、圆弧等；利用夹点编辑图形的方法；多线样式的设置和多线编辑；形位公差的标注方法，学习叉架类零件工程图样的绘制方法和步骤。

模块 5 “箱体类零件工程图样的绘制”：以铣刀头底座和柱塞泵泵体零件工程图样的绘制为任务，主要介绍常用编辑命令，包括环形阵列、矩形阵列等；特殊尺寸标注；尺寸标注文字编辑，学习箱体类零件工程图样的绘制方法和步骤。

模块 6 “台虎钳装配图的绘制”：以台虎钳装配图的绘制为任务，主要介绍绘制装配图的几种方法；装配图中零件序号的标注方法；装配图中明细栏的生成方法；学习生成装配图的方法和步骤。

模块 7 “拉伸和旋转实体的绘制”：以轴承座和输出轴三维实体的绘制为任务，主要介绍 AutoCAD 2014 软件三维基础知识，包括三维坐标系统、视觉样式控件、视点等基础操作；基本实体的创建，包括长方体、圆柱体、球体等；常见拉伸和旋转实体的创建方法；常用三维实体编辑方法，包括布尔运算、三维镜像、三维阵列等，学习绘制拉伸和旋转实体的方法和步骤。

模块 8 “扫掠和放样实体的绘制”：以螺栓和手轮三维实体的绘制为任务，主要介绍常见扫掠和放样实体的创建方法；常用三维实体编辑方法，包括剖切实体、加厚、拉伸面等，学习绘制扫掠和放样实体的方法和步骤。

本书主要有以下特色：

(1) 以典型机械零部件为任务载体，满足机械行业人才需求的培养。本书分 3 篇，由企业人员和一线教师共同选取 12 个具有典型性、通用性和实用性的机械零部件工程图为任务载体。任务安排由易到难，由简到繁，循序渐进，易于读者学习和掌握。

(2) 依据职业资格标准，突出能力训练。本书根据计算机辅助设计绘图员国家职业资格鉴定标准优化任务内容，重在培养读者的绘图能力。读者在完成任务过程中掌握职业技能鉴定要求掌握的知识点和绘图技能。

(3) 突出绘图技巧讲解。本书在任务相关知识和任务实施等部分加入特别提示，帮助读者学习绘图的经验、技巧和注意事项，提高绘图的效率和质量。

本书由常州轻工职业技术学院朱昱主编并统稿，其中模块 1、2、7、8 由朱昱编写，模块 3、6 由盛雪莲编写，模块 4 和模块 5 任务 1 由孙云编写，模块 5 任务 2 由王乾编写。

由于编者水平有限，书中难免有疏漏之处，恳请读者批评指正。

编　者

2015 年 8 月

目　　录

第3篇 三维图绘制

第 1 篇　零件图绘制

本篇主要介绍机械零件工程图样的绘制方法。

通过本篇的学习，读者将掌握利用 AutoCAD 2014 软件制作样板文件，绘制轴套类、盘盖类、拨叉类和箱体类典型机械零件工程图样的方法和技巧。

模块 1

样板文件的创建

学习目标

熟悉 AutoCAD 2014 软件的操作界面和基本操作；掌握绘图环境的设置和常用样式的创建；掌握矩形、多行文字、删除和修剪等常用绘图命令和图形编辑命令的操作方法；掌握创建符合国家标准的样板文件的方法和步骤。

学习要求

能力目标	知识要点	权重
掌握 AutoCAD 2014 软件的基本知识	AutoCAD 2014 软件的操作界面； AutoCAD 2014 软件的基本操作	30%
掌握样板文件基本设置	单位、图形界限、图层设置； 文字样式创建； 尺寸标注样式创建	40%
掌握样板文件的绘制方法	矩形、多行文字等基本绘图命令； 删除、分解、修剪、复制、偏移等图形编辑命令	30%

任务 1.1　样板文件的创建

1.1.1　任务引入

创建如图 1.1 所示的 A3 样板文件。

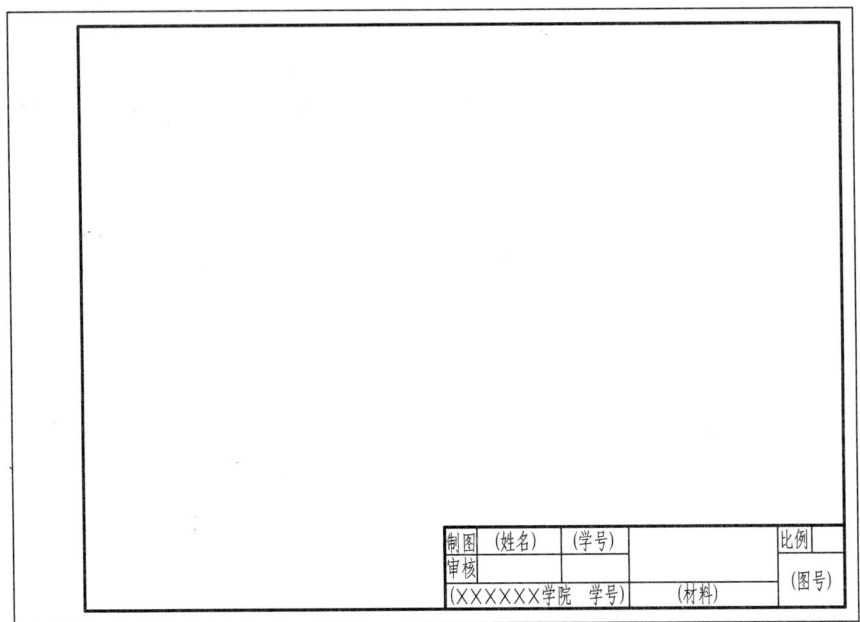

制图
(姓名)
(学号)
比例
审核
(XXXXXX学院 学号)
(材料)
(图号)

图 1.1　A3 样板

1.1.2　任务分析

为提高绘图效率，避免重复劳动，设计者可以创建符合国家标准的样板文件。样板文件的主要内容包括图框、标题栏、单位、图形界限、图层、线型、文字样式、尺寸标注样式等。

1.1.3　相关知识

1. AutoCAD 2014 软件操作界面

AutoCAD 软件是由美国 Autodesk 公司开发的大型计算机辅助绘图与设计软件，具有易于掌握、使用方便、体系结构开放等特点。

AutoCAD 软件自 1982 年问世以来，版本不断更新，功能日益完善，广泛应用于机械、电子、建筑、服装等设计领域。

1）AutoCAD 2014 软件的启动

（1）双击桌面上的 AutoCAD 2014 快捷方式图标▲。

（2）选择菜单【开始】→【程序】→【AutoCAD】→【AutoCAD 2014 -简体中文】→【AutoCAD 2014 -简体中文】选项。

2）AutoCAD 2014 软件的操作界面

启动 AutoCAD 2014 软件后，常用的【AutoCAD 经典】工作空间的操作界面如

图 1.2所示，包括标题栏、菜单栏、工具栏、绘图区、十字光标、坐标系、状态栏、命令行窗口、布局标签和滚动条等。

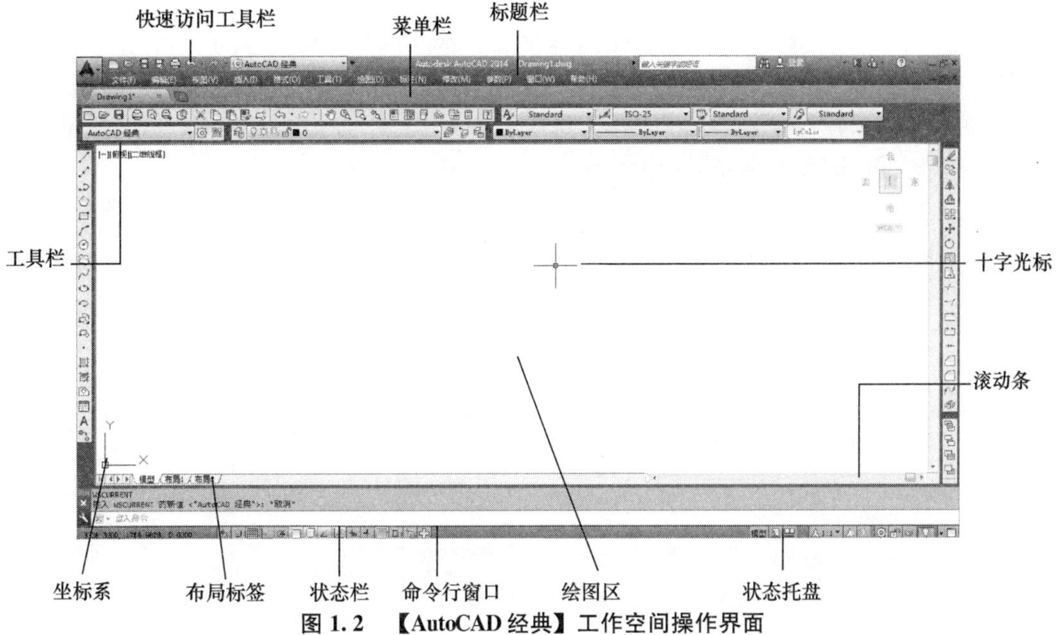

图 1.2　【AutoCAD 经典】工作空间操作界面

(1) 标题栏。

标题栏位于操作界面的最上端。在标题栏中，显示当前应用程序的名称和当前打开图形文件的名称。标题栏最右端有三个按钮，从左到右分别是最小化按钮、最大化(还原)按钮、关闭按钮。

(2) 菜单栏。

菜单栏位于标题栏下方。AutoCAD 2014 软件菜单栏中包含 12 个菜单：【文件】、【编辑】、【视图】、【插入】、【格式】、【工具】、【绘图】、【标注】、【修改】、【参数】、【窗口】和【帮助】。与其他 Windows 程序一样，AutoCAD 2014 软件下拉菜单中的命令有三种：带有子菜单的菜单命令、打开对话框的菜单命令和直接执行的菜单命令。

(3) 工具栏。

工具栏是一组用来快速启动命令的图标型工具的集合，包含软件绝大多数的命令按钮。

将光标放在任一工具栏上单击鼠标右键，系统自动弹出【工具栏】快捷菜单，如图 1.3所示。单击菜单上的工具栏名，在操作界面上可以打开该工具栏。

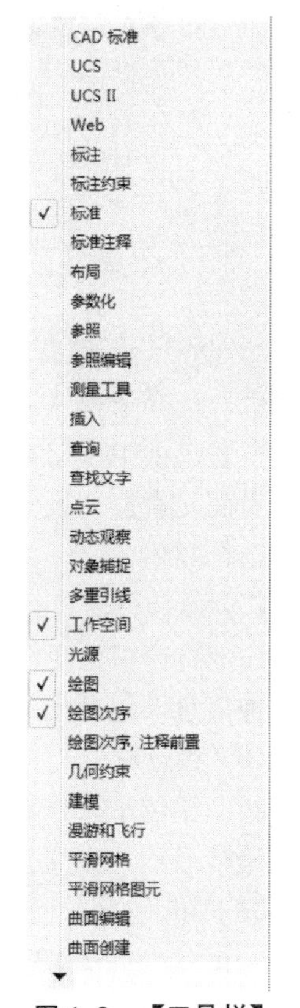

图 1.3　【工具栏】快捷菜单

(4) 绘图区。

绘图区是操作界面中间最大的一块空白区域，所有的绘制工作都将在此进行。

在绘图区有一个十字线，在 AutoCAD 2014 软件中，将该十字线称为十字光标。十字线的交点反映了光标在当前坐标系中的位置，十字线的方向与当前用户坐标系的 X 轴、Y 轴方向平行。

① 设定十字光标的大小。系统默认十字光标线的长度为屏幕大小的 5%，用户可以根据需要修改其大小。单击菜单【工具】→【选项】，在弹出的对话框中打开【显示】选项卡，如图 1.4 所示，在【十字光标大小】选项组的文本框中直接输入数值，或者拖动文本框后的滑块，即可调整十字光标的大小。

图 1.4 【选项】对话框【显示】选项卡

② 设定绘图区背景颜色。系统默认绘图区背景颜色为黑色，用户可以根据需要修改其颜色。选择菜单【工具】→【选项】，在弹出的对话框中打开【显示】选项卡，在【窗口元素】选项组中单击【颜色】按钮，打开【图形窗口颜色】对话框，如图 1.5 所示，确定【界面元素】列表框中的【统一背景】选项为选择状态，然后在右侧的【颜色】下拉列表中选择颜色。

(5) 命令行窗口。

命令行窗口位于绘图区的下方。命令行是输入命令和显示命令提示的区域，也可以反馈各种信息，包括出错信息。因此，在绘图时要时刻关注命令行中的提示和信息。

(6) 状态栏。

状态栏位于操作界面最下方，包括显示十字光标所在位置的坐标、推断约束、捕捉模式、栅格显示、正交模式、极轴追踪、对象捕捉等选项。

3) AutoCAD 2014 软件的工作空间

AutoCAD 2014 软件提供了四种不同的工作空间，包括【草图与注释】、【三维基础】、【三维建模】和【AutoCAD 经典】。其中默认的工作空间为【草图与注释】，操作界面如图 1.6所示。

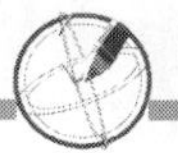

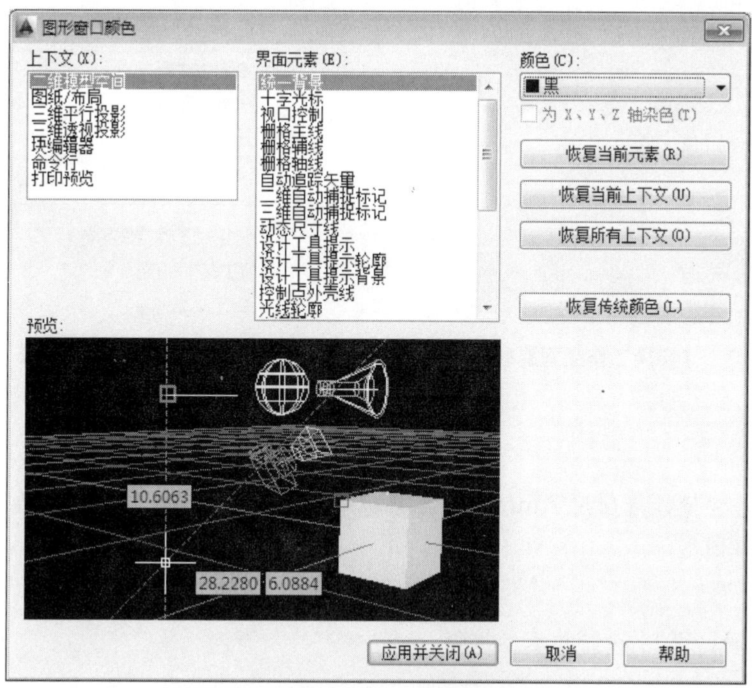

图 1.5　【图形窗口颜色】对话框

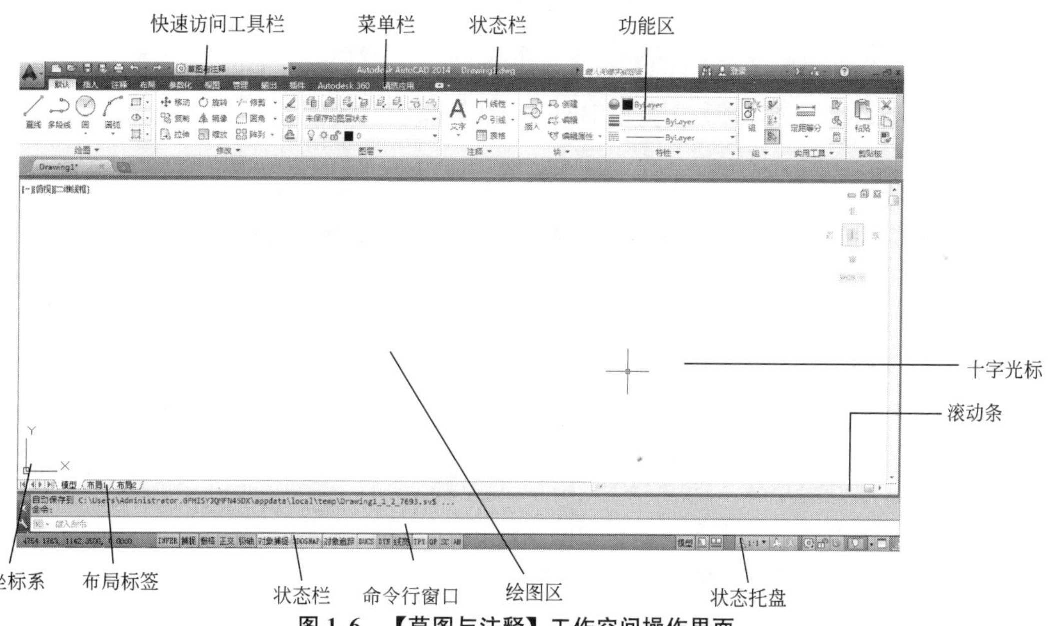

图 1.6　【草图与注释】工作空间操作界面

用户可以根据需要选择合适的工作空间，切换工作空间的方法有两种。

(1) 单击【状态托盘】中的【切换工作空间】按钮，弹出【切换工作空间】列表，如图 1.7 所示，在列表中选择所需的工作空间。

(2) 单击【工作空间】工具栏中的【工作空间控制】列表，如图 1.8 所示，在列表中选择所需的工作空间。

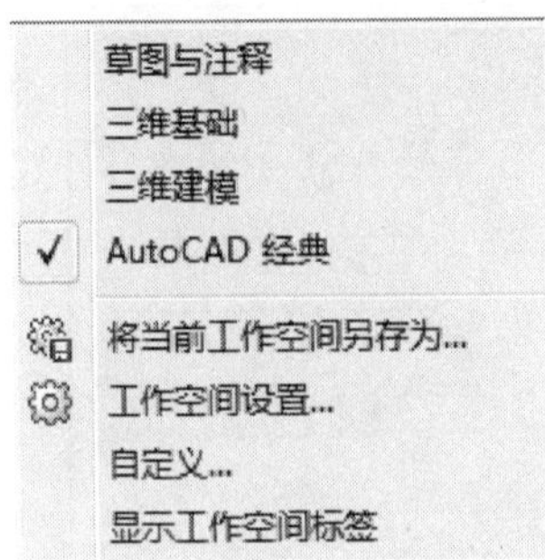

图 1.7 【切换工作空间】列表

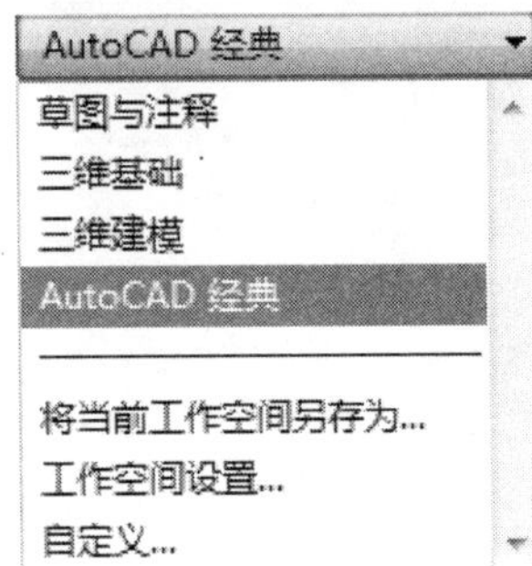

图 1.8 【工作空间控制】列表

特别提示

- 本书为方便读者使用 AutoCAD 其他版本学习，在【AutoCAD 经典】工作空间绘制二维图形。

2. AutoCAD 2014 软件的基本操作

1）文件操作

(1) 新建文件。

① 执行方式。

a. 菜单：选择菜单【文件(F)】→【新建(N)】。

b. 工具栏：单击【标准】工具栏中的【新建】按钮。

c. 命令行：在命令行中输入【NEW】。

② 操作方法。

启动【新建】命令，系统弹出【选择样板】对话框，如图 1.9 所示，在对话框中选择样板文件，单击【打开】即可。在文件类型下拉列表中有三种图形文件，分别是 *.dwt、*.dwg 和 *.dws，其中，*.dwt 文件是标准的样板文件，*.dwg 文件是普通的样板文件，*.dws 文件是包含图层、标注样式、线型和文字样式的样板文件。

(2) 打开文件。

① 执行方式。

a. 菜单：选择菜单【文件(F)】→【打开(O)】。

b. 工具栏：单击【标准】工具栏中的【打开】按钮。

c. 命令行：在命令行中输入【OPEN】。

② 操作方法。

启动【打开】命令，系统弹出【选择文件】对话框，选择需要的文件，单击【打开】即可。

(3) 保存文件。

① 执行方式。

a. 菜单：选择菜单【文件(F)】→【保存(S)】。

b. 工具栏：单击【标准】工具栏中的【保存】按钮。

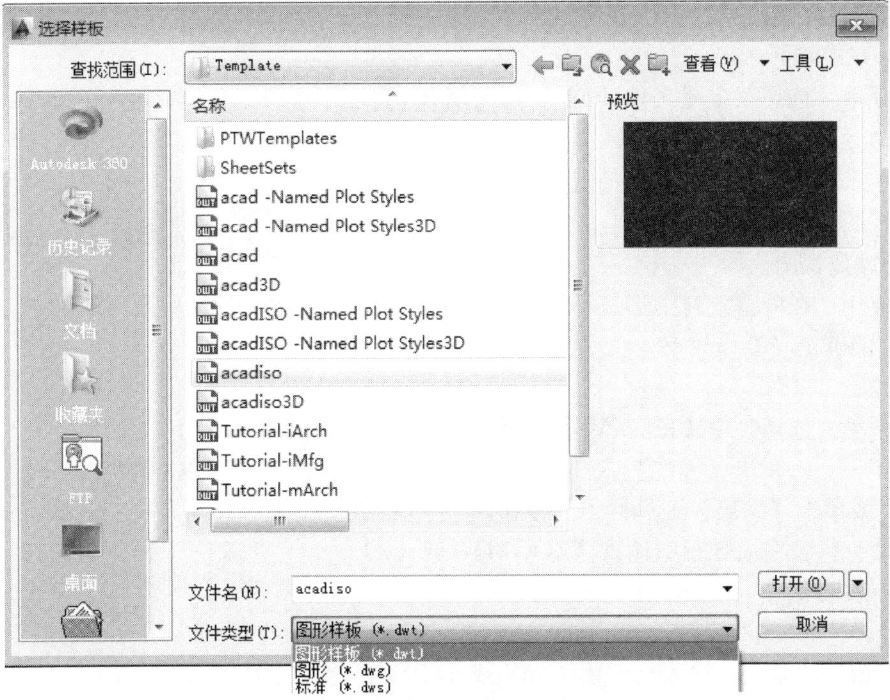

图 1.9　【选择样板】对话框

c. 命令行：在命令行中输入【SAVE】。

② 操作方法。

首次启动【保存】命令，系统弹出【图形另存为】对话框，如图 1.10 所示，在对话框中选择文件类型，输入文件名，单击【保存】按钮即可。

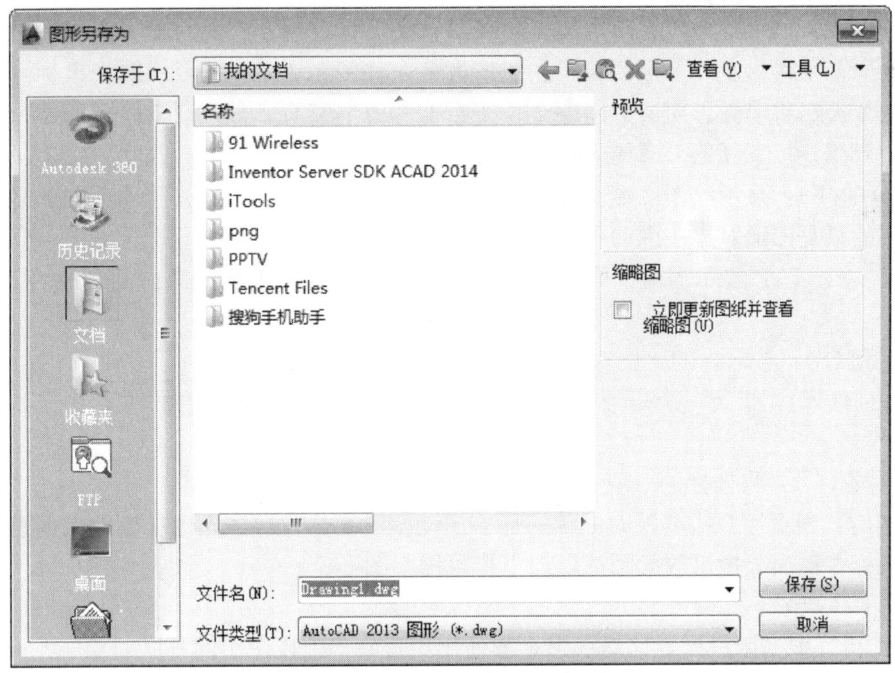

图 1.10　【图形另存为】对话框

(4) 关闭文件。

执行方式如下。

① 菜单：选择菜单【文件(F)】→【关闭(C)】。

② 命令行：在命令行中输入【QUIT】。

③ 单击当前绘图区右上角的【关闭】按钮×。

2) 视图操作

(1) 缩放视图。

① 作用：在屏幕上对图形进行放大或缩小，但不改变图形的实际尺寸，绘图过程中，视图缩放能够提高工作效率。

② 执行方式。

a. 菜单：选择菜单【视图(V)】→【缩放(Z)】，弹出【缩放】下拉菜单。

b. 工具栏：单击【标准】工具栏中的【实进缩放】按钮或【窗口缩放】下拉菜单中的按钮，或单击【缩放】工具栏中的按钮。

c. 命令行：在命令行中输入【ZOOM】(或【Z】)。

③ 操作方法。

命令：_zoom↙

指定窗口的角点，输入比例因子(nX 或 nXP)，或者 ZOOM [全部(A)/中心(C)/动态(D)/范围(E)/上一个(P)/比例(S)/窗口(W)/对象(O)] <实时>：//通过括号内的选项选择缩放方式。

④ 选项说明。

a. 全部(A)：显示当前文件的图形界限或全部对象，两者取较大的。

b. 中心(C)：在图形中指定一点，并在命令行输入缩放比例数值，图形以选择的点作为该视图的中心点进行缩放。

c. 动态(D)：用一个代表用户视窗的视图方框来显示缩放后的对象。启动动态缩放模式时，在屏幕中将显示一个带"×"的矩形方框，如图 1.11(a)所示，单击鼠标左键，选择窗口的"×"将消失，而后显示一个位于右侧的方向箭头，如图 1.11(b)所示，这时左右拖动边界线，按下【Enter】键即可缩放图形。

d. 范围(E)：显示绘图区域内包含所有对象的范围。与全部缩放选项不同的是，范围缩放使用的只是图形对象范围而不是图形界限。

e. 上一个(P)：显示当前视图的上一幅视图状态，上一个缩放方式可以保存前 10 幅视图。

f. 比例(S)：按输入的比例对图形进行缩放。

g. 窗口(W)：指定一个矩形框来确定新的显示窗口，矩形框内的对象将充满整个绘图区。

h. 对象(O)：将选择的对象充满整个绘图区。

i. 实时：根据用户需要随时缩放图形。启动实时缩放，十字光标变成放大镜符号，此时按住鼠标左键向上推可放大图形，向下推可缩小图形。

(2) 平移视图。

① 作用：根据用户需要移动图形，方便用户观察当前视图中的不同对象。

② 执行方式。

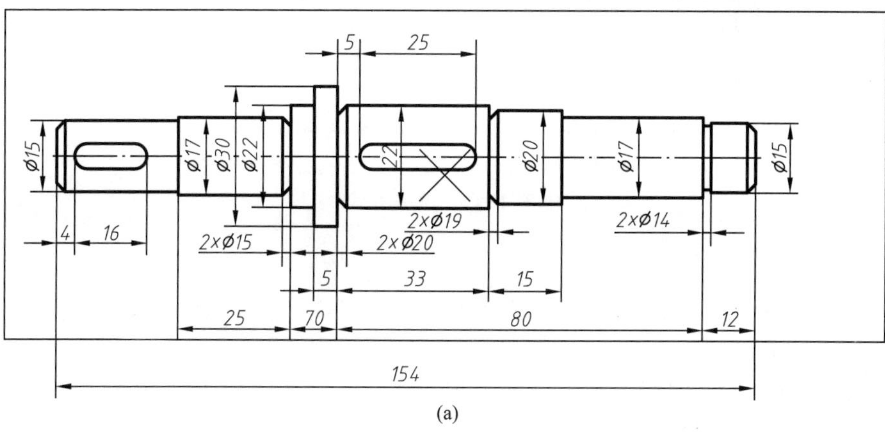

(a)

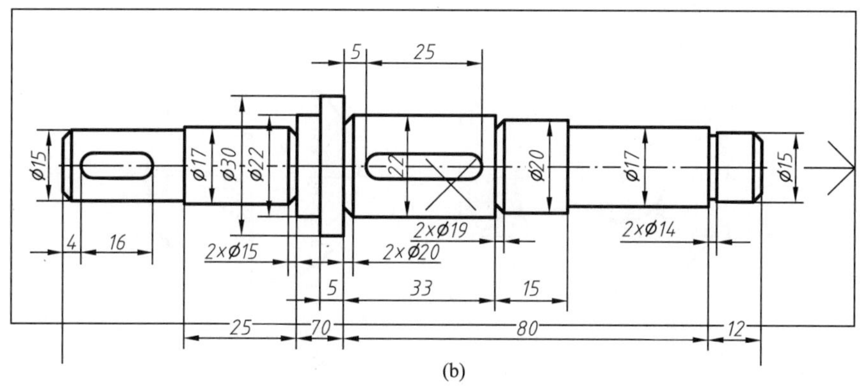

(b)

图 1.11　动态缩放

a. 菜单：选择菜单【视图(V)】→【平移(P)】→【实时】。

b. 工具栏：单击【标准】工具栏中【实时平移】按钮。

c. 命令行：在命令行中输入【PAN】(或【P】)。

③ 操作方法。

命令：_ pan↙

屏幕光标变为小手符号，此时按住鼠标左键可以移动图形。

特别提示

- 为提高绘图效率，可以利用鼠标中键来实现实时缩放和实时平移。向上推中键可以放大图形，向下推中键可以缩小图形，按住中键移动鼠标可以平移图形。

3）对象选择

在执行修改命令时，命令行会提示选择对象，可以单独选择一个对象，也可以同时选择多个对象。

(1) 点选方式。

当命令行中提示选择对象时，十字光标会变成拾取框“□”，单击鼠标左键选择对象，按【Enter】键结束选择，被选中的对象以虚线显示，即高亮显示，如图 1.12 所示。

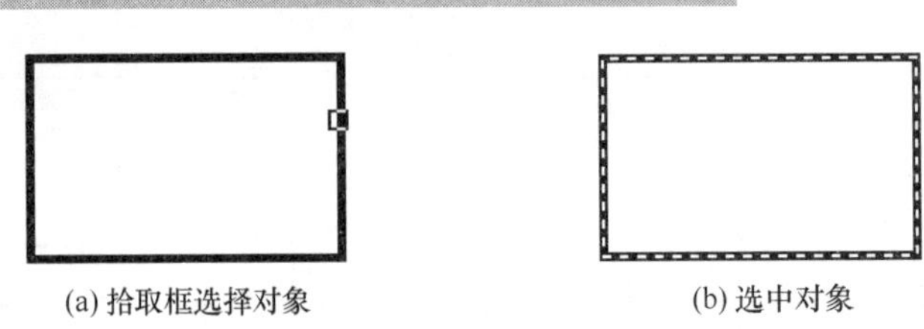

(a) 拾取框选择对象　　(b) 选中对象

图 1.12　点选方式

(2) 框选方式。

框选是指在选择对象时，用户指定一矩形框，将矩形框内或与矩形框相交的对象选中。框选方式有两种形式。

① 矩形窗选。按住鼠标左键从左上方或左下方向右拖动，在绘图区呈现一个矩形的方框，松开鼠标后，完全在方框中的对象被选中，如图 1.13 所示。

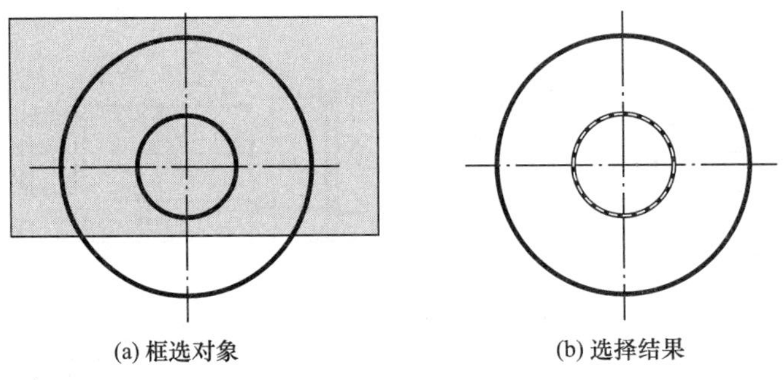

(a) 框选对象　　(b) 选择结果

图 1.13　矩形窗选方式

② 交叉窗选。按住鼠标左键从右上方或右下方向左拖动，在绘图区呈现一个矩形的方框，松开鼠标后，完全在方框中和与方框相交的对象都被选中，如图 1.14 所示。

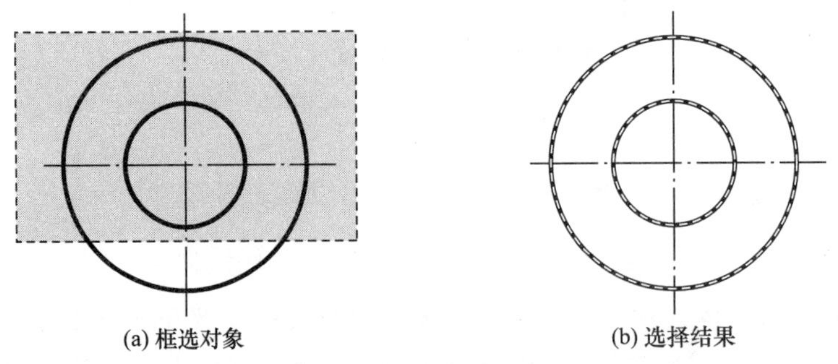

(a) 框选对象　　(b) 选择结果

图 1.14　交叉窗选方式

(3) 不规则窗选方式。

当命令中提示选择对象时，在命令行中输入【WP】后按回车键，则可以构造一任意闭合不规则多边形，完全在多边形内的对象被选中，如图 1.15 所示。这种方法类似于从左向右定义的矩形窗选。

(4) 栏选方式。

当命令中提示选择对象时，在命令行中输入【F】后按回车键，则可以构造任意折线，折线不能封闭或相交，凡与折线相交的对象被选中，如图 1.16 所示。

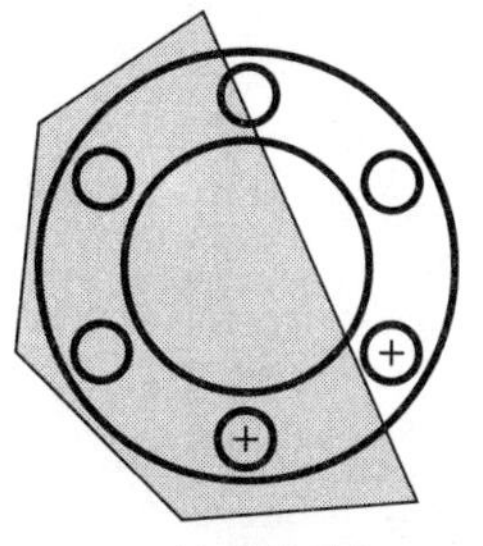

(a) 窗选对象

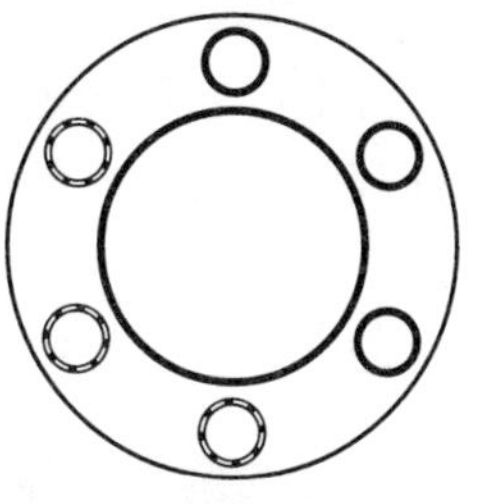

(b) 选择结果

图 1.15　不规则窗选方式

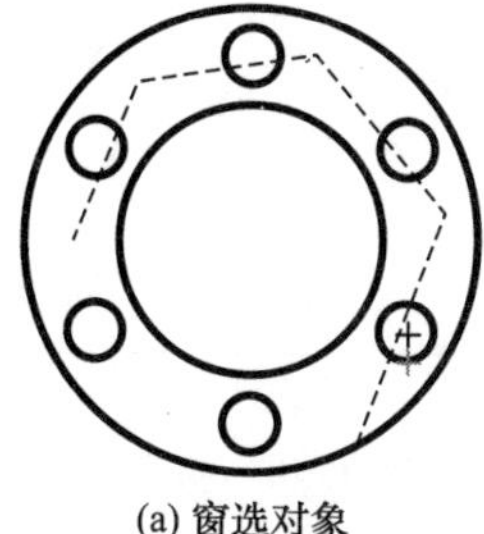

(a) 窗选对象

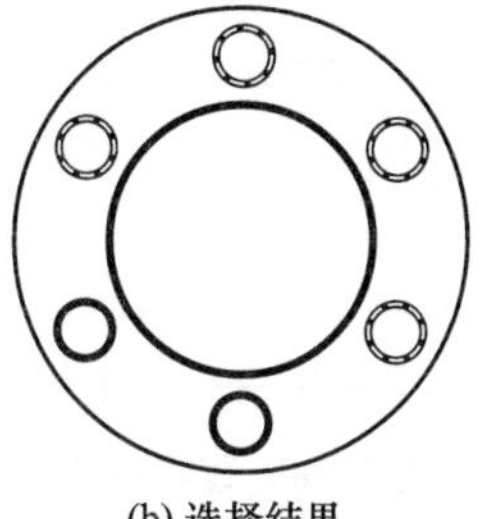

(b) 选择结果

图 1.16　栏选方式

(5) 快速选择方式。

① 执行方式。

a. 菜单：选择菜单【工具(T)】→【快速选择(K)】。

b. 命令行：在命令行中输入【QSELECT】。

启动【快速选择】命令，弹出【快速选择】对话框，如图 1.17 所示。在对话框中可以选择快速选择对象的属性。

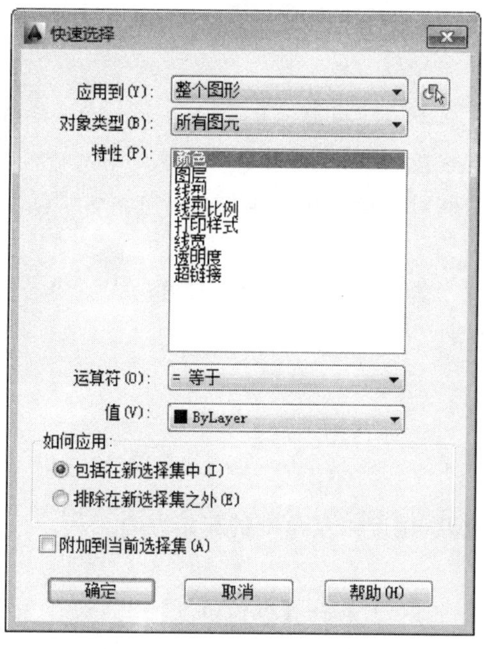

图 1.17　【快速选择】对话框

4）坐标定位

在绘图过程中，常常需要精确定位点的坐标。在 AutoCAD 2014 软件中，点的坐标常用直角坐标和极坐标表示，每种坐标又分别有绝对坐标和相对坐标两种坐标输入方式。

(1) 直角坐标。

直角坐标是用点的 X、Y 坐标值表示的坐标，如图 1.18 所示。

(2) 极坐标。

极坐标是用长度和角度表示的坐标，如图 1.19 所示。

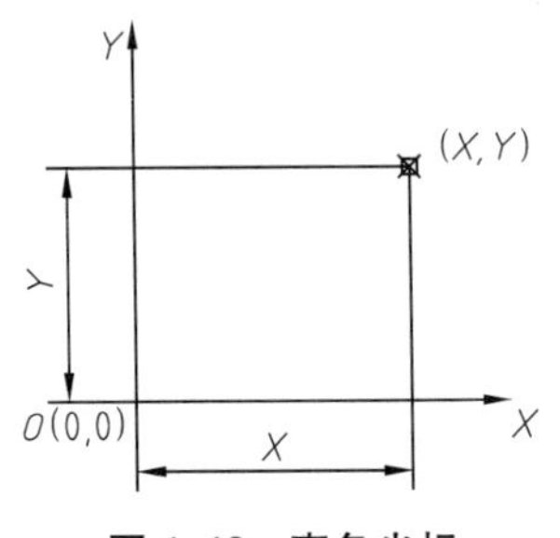

图 1.18　直角坐标

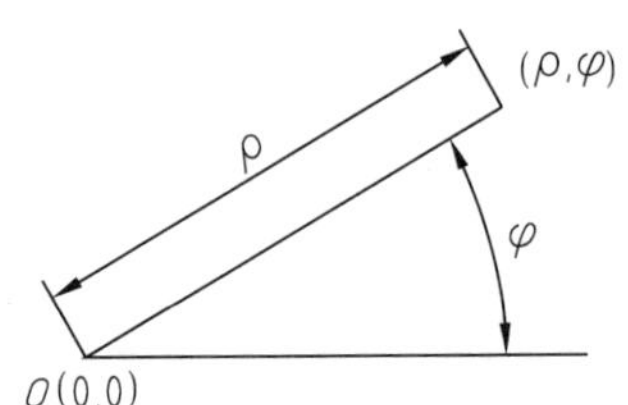

图 1.19　极坐标

(3) 绝对坐标。

相对于当前坐标系坐标原点(0，0)的坐标。绝对直角坐标用 X，Y 表示，绝对极坐标用 $\rho<\varphi$ 表示。

(4) 相对坐标。

相对于前一已有点的坐标增量。相对直角坐标用@ X，Y 表示，相对极坐标用@$\rho<\varphi$ 表示。

特别提示

- 使用极坐标时，需要输入角度，一般规定，以东边为 0°方向，逆时针转动为正，顺时针转动为负。
- AutoCAD 2014 软件中，使用动态输入功能可以在光标位置处显示命令提示信息、光标点的坐标以及线段的长度和角度。若使用动态输入来输入点的坐标，第二点和后续点默认采用相对坐标，输入坐标值时可省略“@”，若使用绝对坐标，需要在数值前加上“#”。
- 在状态栏中单击【动态输入】按钮，可启动或关闭动态输入。

3. 绘图环境设置

1）单位设置

(1) 功能。

设置长度和角度的类型、精度以及角度的起始方向。

(2) 执行方式。

① 菜单：选择菜单【格式(O)】→【单位(U)】。

② 命令行：在命令行中输入【UNITS】(或【UN】)。

(3) 操作方法。

启动【图形单位】命令，系统弹出【图形单位】对话框，如图 1.20 所示，可以设置长度和角度的类型及精度。在对话框中单击【方向控制】按钮，弹出【方向控制】对话框，如图 1.21 所示，可以设置角度的起始方向，默认正东方向为 0°方向。

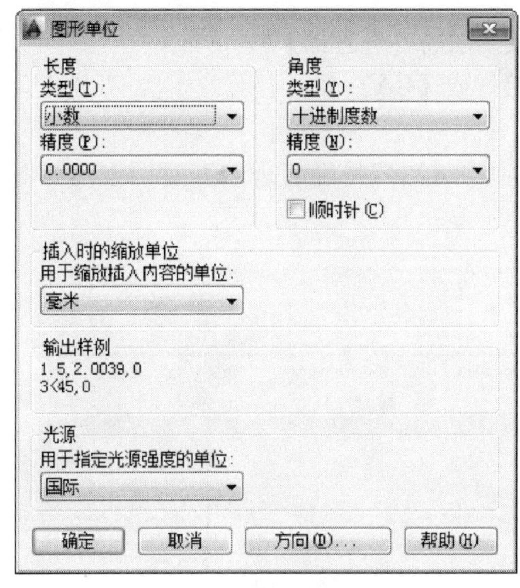

图 1.20　【图形单位】对话框

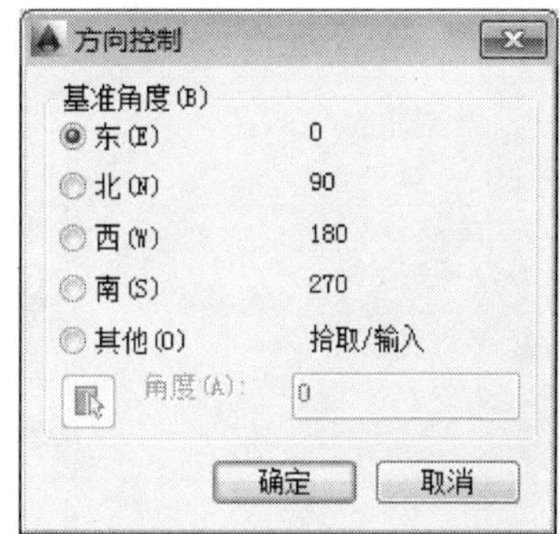

图 1.21　【方向控制】对话框

2) 图形界限设置

(1) 功能。

在默认的状态下，绘图区是无边界的。但是机械图样图面的大小是有限的，图形界限可以设置绘图的有效区域。

(2) 执行方式。

① 菜单：选择菜单【格式(O)】→【图形界限(I)】。

② 命令行：在命令行中输入【LIMITS】(或【LIM】)。

(3) 操作方法。

命令：_limits↙

重新设置模型空间界限：

指定左下角点或［开(ON)/关(OFF)］＜0.0000，0.0000＞：//输入图形边界左下角的坐标或选择括号内的选项。

指定右上角点＜420.0000，297.0000＞：// 输入图形边界右上角的坐标。

(4) 选项说明。

① 开(ON)：打开绘图边界。图形边界以外拾取的点为无效点。

② 关(OFF)：关闭绘图边界。图形边界以外拾取的点为有效点。

4. 图层

1) 功能

在机械图样中，包含轮廓线、中心线、细实线、虚线、尺寸标注、文字等要素，为方便管理、组织和编辑图样，可将不同要素放在不同的图层上。

图层可以被看成是透明的纸，图样即由若干张透明的纸叠加起来。每个图层都有自身的属性，包括线型、线宽、颜色等，同一图层上的对象具有相同的图层属性。

2) 执行方式

(1) 菜单：选择菜单【格式(O)】→【图层(L)】。

(2) 工具栏：单击【图层】工具栏中的【图层特性管理器】按钮。

(3) 命令行：在命令行中输入【LAYER】(或【LA】)。

3) 操作方法

启动【图层特性管理器】命令后，系统弹出【图层特性管理器】对话框，如图 1.22 所示，各选项卡和按钮含义如下。

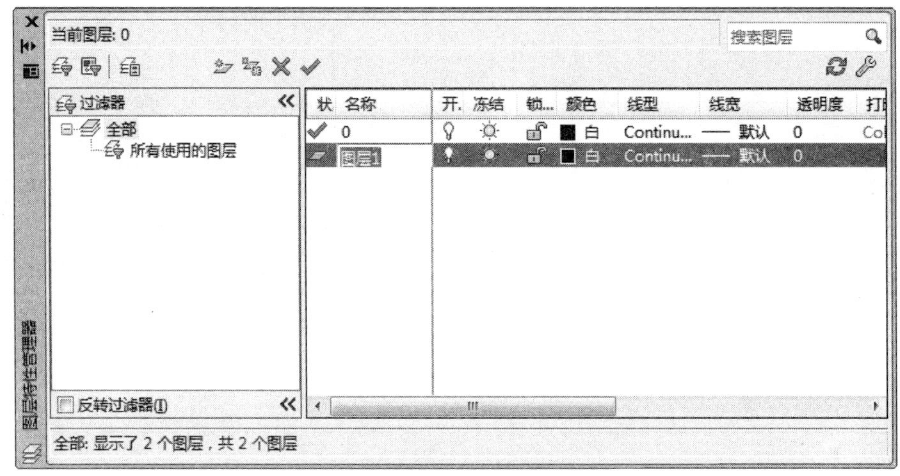

图 1.22　【图层特性管理器】对话框

(1) 新建图层：单击【新建图层】按钮，在【图层特性管理器】对话框中新建一个图层，默认名称为【图层 1】，可根据需要修改图层名、颜色、线型、线宽等图层属性。

(2) 删除图层：在【图层特性管理器】对话框中选中要删除的图层，单击【删除图层】按钮×，将选中的图层删除。

特别提示

- 每个文件有默认图层——0 图层，0 图层不能修改图层名和删除。
- 当前层和包含对象的图层无法删除。

(3) 图层属性设置。

① 打开或关闭图层：在【图层特性管理器】对话框中单击按钮，按钮变成，表示该图层被关闭。关闭图层中的对象不显示，也不能选择、编辑和打印，但参与图形计算。

② 冻结或解冻图层：在【图层特性管理器】对话框中单击按钮，按钮变成，表示该图层被冻结。冻结图层中的对象不显示，也不能选择、编辑和打印，不参与图形计

算，可节省计算时间。

③ 锁定或解锁图层：在【图层特性管理器】对话框中单击按钮，按钮变成，表示该图层被锁定。锁定图层中的对象显示，但不能编辑。

④ 设置图层颜色：在【图层特性管理器】对话框中单击【颜色】选项■白，弹出【选择颜色】对话框，如图 1.23 所示，选择所需颜色。

⑤ 设置图层线型：在【图层特性管理器】对话框中单击【线型】选项 Continuous，弹出【选择线型】对话框，如图 1.24 所示，选择所需线型。若所需线型没有加载，单击对话框中【加载】按钮 加载(L)...，弹出【加载或重载线型】对话框，如图 1.25 所示，选择线型库中的线型。

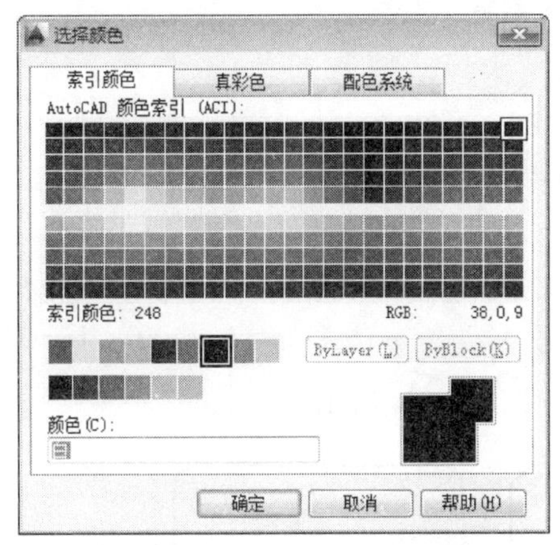

图 1.23　【选择颜色】对话框

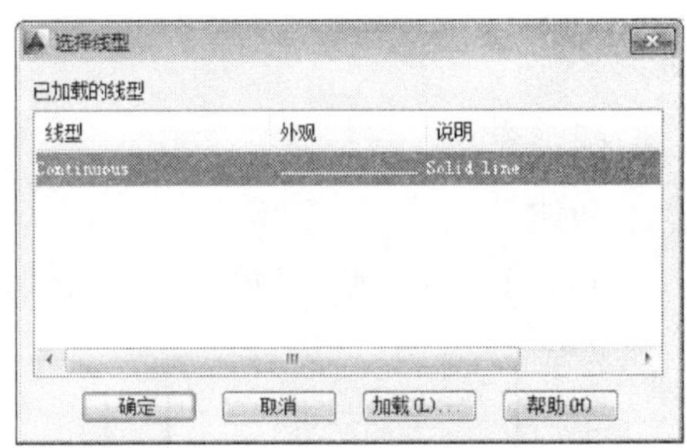

图 1.24　【选择线型】对话框

⑥ 设置图层线宽：在【图层特性管理器】对话框中单击【线宽】选项—— 默认，弹出【线宽】对话框，如图 1.26 所示，选择所需线宽。

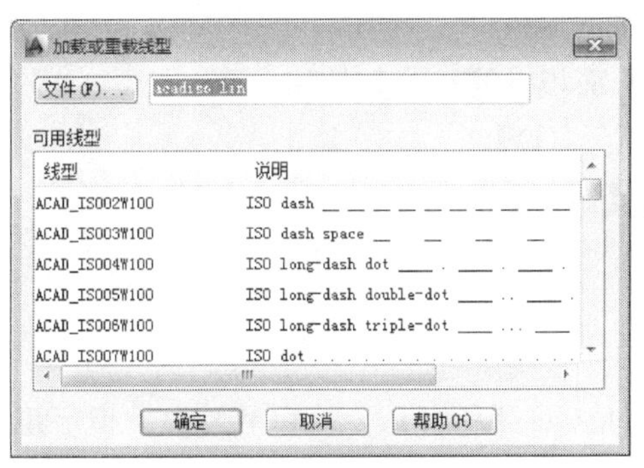

图 1.25　【加载或重载线型】对话框

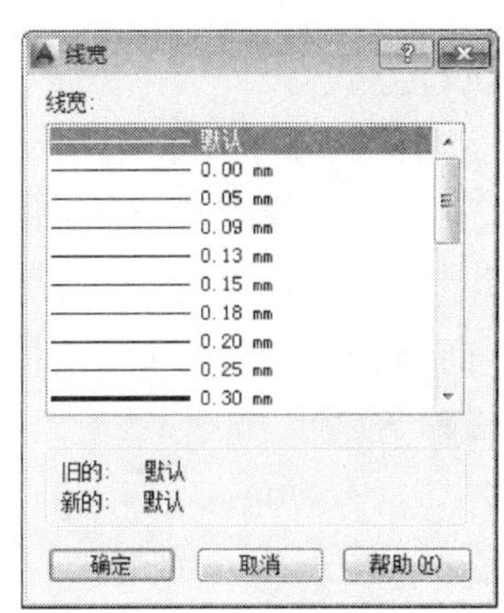

图 1.26　【线宽】对话框

⑦ 设置当前图层。

a. 在【图层特性管理器】对话框中选中图层，单击【置为当前】按钮✓。

b. 单击【图层】工具栏中的【图层控制】列表中的图层，该层即设置为当前图层，如图 1.27 所示。

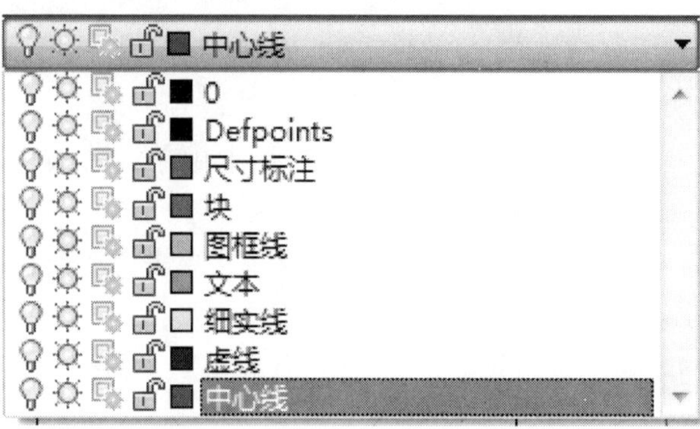

图 1.27　【图层控制】列表

特 别 提 示

- 在一个图形文件中只能有一个当前图层，并且始终在当前图层中绘图。

5. 矩形命令

1）功能

绘制带有角点类型（直角、倒角或圆角）的矩形，如图 1.28 所示。

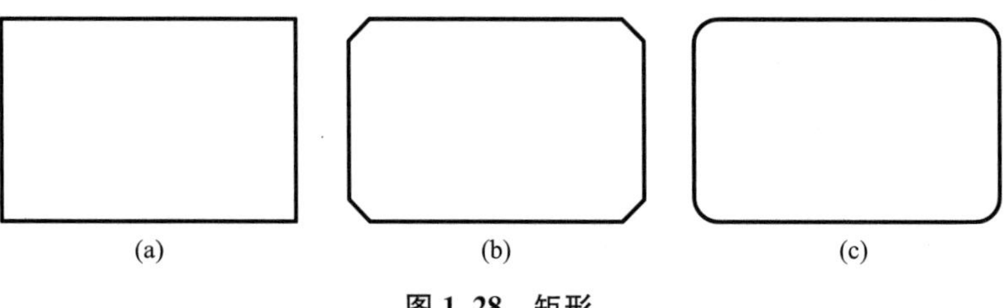

图 1.28　矩形

2）执行方式

(1) 功能区：【常用】选项卡 →【绘图】面板→【矩形】按钮。

(2) 菜单：选择菜单【绘图(D)】→【矩形(G)】。

(3) 工具栏：单击【绘图】工具栏中的【矩形】按钮。

(4) 命令行：在命令行中输入【RECTANG】(或【REC】)。

3）操作方法

命令：_ rectang↙

指定第一角点或［倒角(C)/标高(E)/圆角(F)/厚度(T)/宽度(W)］：//指定矩形的第一角点或选择括号内的选项。

指定另一角点或［面积(A)/尺寸(D)/旋转(R)］：//指定矩形的第二角点或选择括号内的选项。

4）选项说明

(1) 倒角(C)：设置倒角距离，绘制带倒角的矩形，如图 1.28(b)所示。

(2) 标高(E)：设置图形实体的三维高度。

(3) 圆角(F)：设置圆角半径，绘制带圆角的矩形，如图 1.28(c)所示。
(4) 厚度(T)：设置图形实体的厚度(Z 方向)，如图 1.29(a)所示。
(5) 宽度(W)：设置矩形线宽，如图 1.29(b)所示。
(6) 面积(A)：设置矩形的面积及矩形长度或宽度。
(7) 尺寸(D)：设置矩形的长度和宽度。
(8) 旋转(R)：设置矩形的旋转角度，如图 1.29(c)所示。

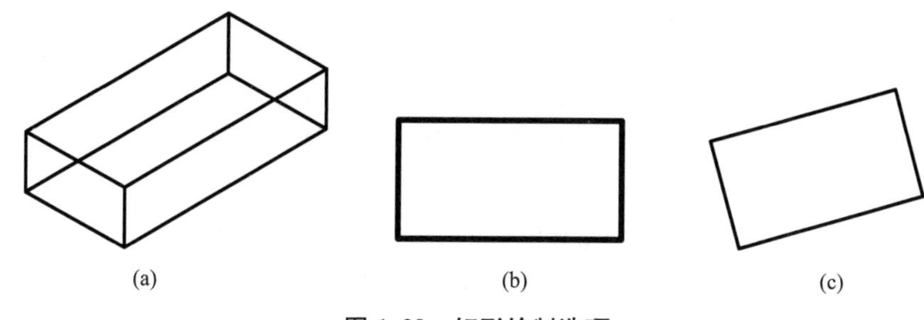

图 1.29　矩形绘制选项

6. 删除命令

1) 功能
删除图形中选定的对象，与键盘上的【Delete】键具有相同的作用。
2) 执行方式
(1) 功能区：【常用】选项卡→【修改】面板→【删除】按钮。
(2) 菜单：选择菜单【修改(M)】→【删除(D)】。
(3) 工具栏：单击【修改】工具栏中的【删除】按钮。
(4) 命令行：在命令行中输入【ERASE】(或【E】)。
3) 操作方法
命令：_erase↙
选择对象：//选择删除的对象，然后按【Enter】键结束命令。

7. 修剪命令

1) 功能
利用边界将超出边界的部分修剪掉，如图 1.30 所示。

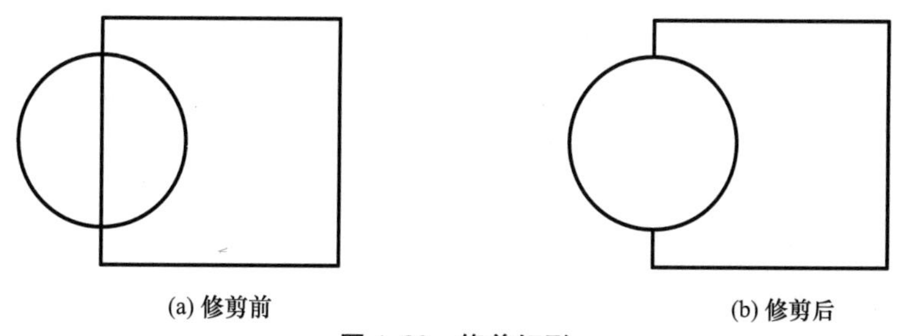

图 1.30　修剪矩形

2) 执行方式
(1) 功能区：【常用】选项卡→【修改】面板→【修剪】按钮。

(2) 菜单：选择菜单【修改(M)】→【修剪(T)】。

(3) 工具栏：单击【修改】工具栏中的【修剪】按钮。

(4) 命令行：在命令行中输入【TRIM】(或【TR】)。

3) 操作方法

命令：_trim↙

当前设置：投影=UCS，边=无

选择剪切边…

选择对象或<全部选择>：//选择边界对象，然后按【Enter】键结束选择。

选择要修剪的对象，或按住【Shift】键选择要延伸的对象，或［栏选(F)/窗交(C)/投影(P)/边(E)/删除(R)/放弃(U)］：//选择被修剪对象或选择括号内的选项。

4) 选项说明

(1) 栏选(F)：以栏选的方式选择被修剪的对象，如图 1.31 所示。

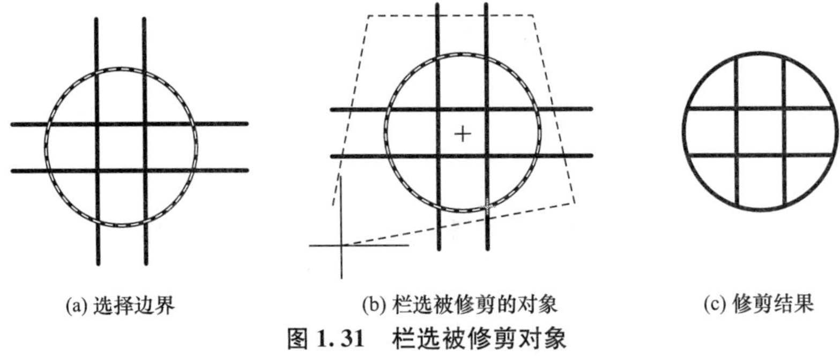

图 1.31　栏选被修剪对象

(2) 窗交(C)：以框选的方式选择被修剪的对象，矩形框内部或与之相交的对象均被选中，如图 1.32 所示。

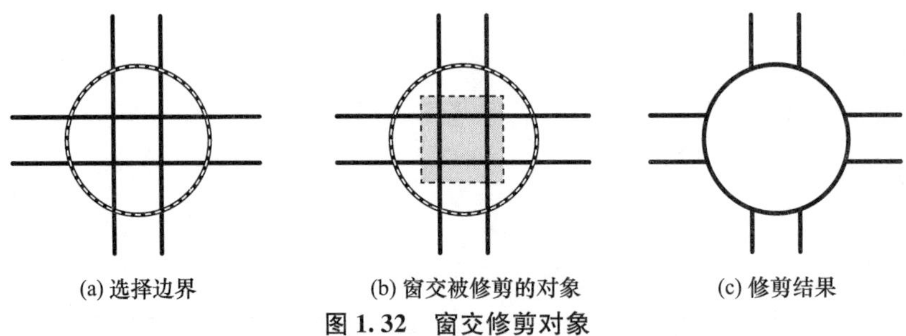

图 1.32　窗交修剪对象

(3) 边(E)：设置被修剪对象是否需要使用修剪边界延长线上的虚拟边界。若选择延伸，表示延伸修剪边界，使其与被修剪对象相交进行修剪；或选择不延伸，表示不延伸修剪边界，使其与被修剪对象必须直接相交才能进行修剪。

(4) 删除(R)：删除选定的对象。

(5) 放弃(U)：放弃前一次修剪。

8. 偏移命令

1) 功能

沿对象法向方向偏移生成平行线、同心圆或平行曲线，如图 1.33 所示。

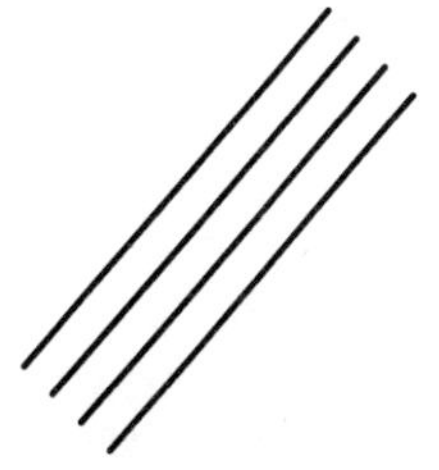
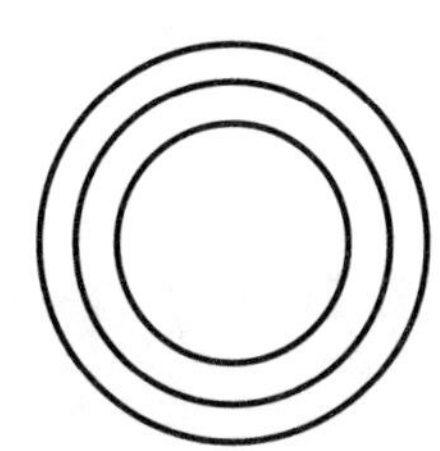

图 1.33　偏移

(1) 功能区：【常用】选项卡→【修改】面板→【偏移】按钮。

(2) 菜单：选择菜单【修改(M)】→【偏移(S)】。

(3) 工具栏：单击【修改】工具栏中的【偏移】按钮。

(4) 命令行：在命令行中输入【OFFSET】(或【O】)。

2) 操作方法

命令：_offset↙

当前设置：删除源=否　图层=源　OFFSETGAPTYPE=0。

指定偏移距离或［通过(T)/删除(E)/图层(L)］<通过>：//输入偏移距离或选择括号内的选项。

选择要偏移的对象，或［退出(E)/放弃(U)］<通过>：//选择要偏移的对象或选择括号内的选项。

指定要偏移的那一侧上的点，或［退出(E)/多个(M)/放弃(U)］<通过>：//通过指定点确定偏移方向。

选择要偏移的对象，或［退出(E)/放弃(U)］<退出>：//按【ESC】键退出。

3) 选项说明

(1) 通过(T)：指定偏移的通过点，如图 1.34 所示。

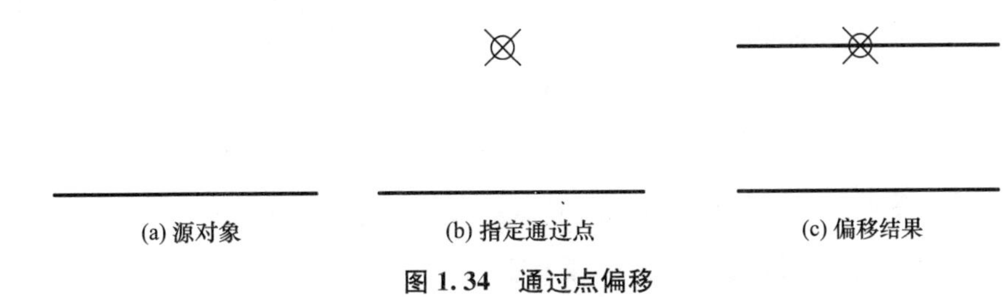

图 1.34　通过点偏移

(2) 图层(L)：设置偏移对象创建在源图层上还是当前图层上。

(3) 多个(M)：设置以相同的距离重复偏移对象。

9. 分解命令

1) 功能

将一个复合对象分解成几个独立的部分。

2) 执行方式

(1) 功能区：【常用】选项卡→【修改】面板→【分解】按钮。

(2) 菜单：选择菜单【修改(M)】→【分解(X)】。

(3) 工具栏：单击【修改】工具栏中的【分解】按钮。

(4) 命令行：在命令行中输入【EXPLODE】(或【EX】)。

3) 操作方法

命令：_explode↙

选择对象：//选择要分解的对象，然后按【Enter】键完成分解。

特别提示

- 分解命令对下列对象有效：多线、多段线、矩形或多边形、多行文字、填充图案、尺寸标注、块、面域等。
- 常见几种对象的分解结果：多段线分解成一系列组成该多段线的直线段和圆弧；多线分解成直线段；块分解成组合成该块的各对象；尺寸标注分解成线段、箭头和尺寸文本。

10. 复制命令

1) 功能

将选定的对象进行一次或多次复制，如图 1.35 所示。

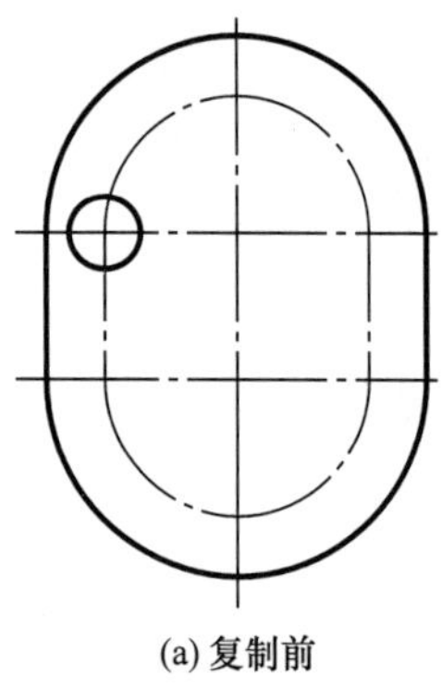

(a) 复制前

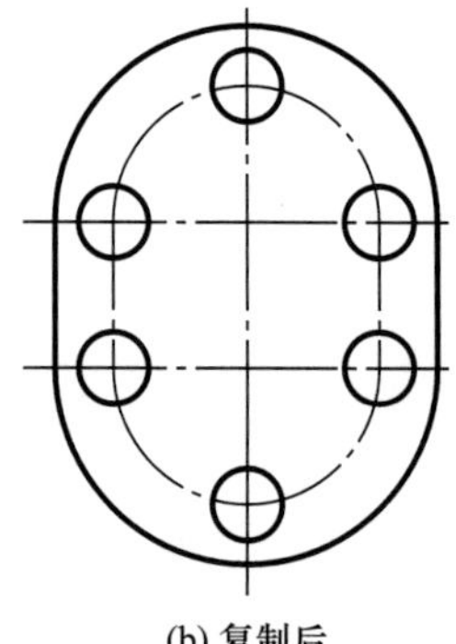

(b) 复制后

图 1.35　复制

2) 执行方式

(1) 功能区：【常用】选项卡→【修改】面板→【复制】按钮。

(2) 菜单：选择菜单【修改(M)】→【复制(Y)】。

(3) 工具栏：单击【修改】工具栏中的【复制】按钮。

(4) 命令行：在命令行中输入【COPY】(或【CO】)。

3) 操作方法

命令：_copy↙

选择对象：//选择要复制的对象，然后按【Enter】键完成选择。

指定基点或［位移(D)/模式(O)/多个(M)］：//指定复制操作的基点或选择括号内的选项。

指定第二点或［阵列(A)］：//指定复制副本的第一个位置。

指定第二点或［阵列(A)/退出(E)/放弃(U)］<退出>：//指定复制副本的第二个位置或选择括号内的选项。

4）选项说明

(1) 位移(D)：用坐标值指定复制的位移矢量。

(2) 模式(O)：控制是否自动重复该命令。选择该项后，系统提示输入复制模式选项[单个(S)/多个(M)]，可选择复制对象一次还是多次。

(3) 多个(M)：设置复制对象多次。

(4) 阵列(A)：以线性阵列的方式复制对象。

11. 创建文字

1）设置文字样式

(1) 功能。

控制文字的外观，包括字体、字号、倾斜角度、方向和其他文字特征。

(2) 执行方式。

① 功能区：【常用】选项卡→【注释】面板→【文字样式】按钮。

② 菜单：选择菜单【格式(O)】→【文字样式(S)】。

③ 工具栏：单击【样式】工具栏中的【文字样式】按钮。

④ 命令行：在命令行中输入【STYLE】(或【ST】)。

(3) 操作方法。

执行【文字样式】命令后，系统弹出【文字样式】对话框，如图1.36所示，各选项卡和按钮含义如下。

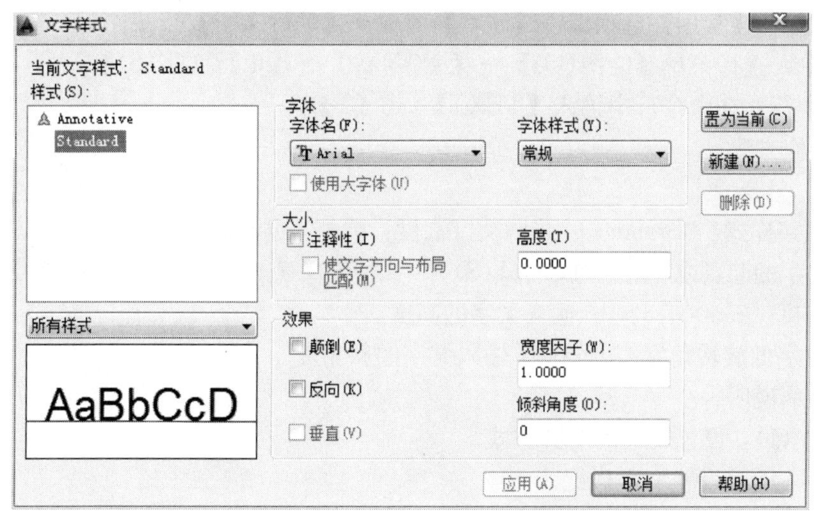

图1.36　【文字样式】对话框

① 字体。

a. 字体名：列表显示所有AutoCAD可支持的字体，包括由AutoCAD系统所提供的带有图标、扩展名为“.shx”的字体和由Windows系统所提供的带有图标、扩展名为“.ttf”的字体。

b. 字体样式：设置斜体、粗体或者常规字体。

c. 使用大字体：大字体是特为亚洲语言(包括简、繁体汉字、日语、韩语等)而设置的。只有SHX字体可以创建大字体。

② 大小。

a. 注释性：指定文字为注释性。单击信息图标以了解关于注释性对象的详细信息。

b. 高度：设置文字高度。

③ 效果。

a. 颠倒：颠倒显示字符。

b. 反向：反向显示字符。

c. 垂直：显示垂直对齐的字符。

d. 宽度因子：设置字符宽度比例。输入值如果小于 1，将压缩文字宽度，输入值如果大于 1，将扩大文字宽度。

e. 倾斜角度：设置文字的倾斜角度，取值范围在 −85°～85°之间。

特别提示

- 文字高度如果设置为 0，则引用该文字样式创建字体时需要指定文字高度，否则将直接使用设置的值来创建文本。

2）单行文字

(1) 功能。

创建一行文字或多行文字，每行文字为一个对象。

(2) 执行方式。

① 功能区：【常用】选项卡→【注释】面板→【单行文字】按钮。

② 菜单：选择菜单【绘图(O)】→【文字(X)】→【单行文字(S)】。

③ 命令行：在命令行中输入【TEXT】(或【T】)。

(3) 操作方法。

命令：_ text↙

当前文字样式："Standard" 当前文字高度：0.25 注释性：否 对正：左。

指定文字的起点或 [对正(J)/样式(S)]：// 指定文字的起点位置或选择括号内的选项。

指定高度<2.5000>：// 输入文字的高度。

指定文字的旋转角度<0>：// 输入文字倾斜角度。

(4) 选项说明。

① 对正(J)：设置文本的对齐方式。

② 样式(S)：设置文字样式。

特别提示

- 实际绘图时，由于一些特殊字符不能直接输入，所以在标注特殊字符时，需要手动输入特殊字符的控制码，常用的控制码见表 1-1。

表 1-1　特殊字符的控制码

控制码	含　义
%%C	直径符号(ϕ)
%%D	度(°)
%%P	正负符号(±)

3）多行文字

(1) 功能。

创建复杂的文字说明，多行文字是通过多行文字编辑器来完成的。

(2) 执行方式。

① 功能区：【常用】选项卡→【注释】面板→【多行文字】按钮。

② 菜单：选择菜单【绘图(O)】→【文字(X)】→【多行文字(S)】。

③ 工具栏：单击【绘图】工具栏中的【多行文字】按钮A。

④ 命令行：在命令行中输入【MTEXT】(或【MT】)。

(3) 操作方法。

命令：_mtext↙

当前文字样式："Standard" 当前文字高度：2.5 注释性：否。

指定第一角：//指定矩形框的第一个角点。

指定对角点或［高度(H)/对正(J)/行距(L)/旋转(R)/样式(S)/宽度(W)/栏(C)］：//指定矩形对角点或选择括号内的选项。

(4) 选项说明。

① 指定对角点后，系统打开多行文字编辑器，编辑器按钮功能如图 1.37 所示，用户可以在编辑器中输入和编辑多行文字，包括文字样式、字高及插入字符等。

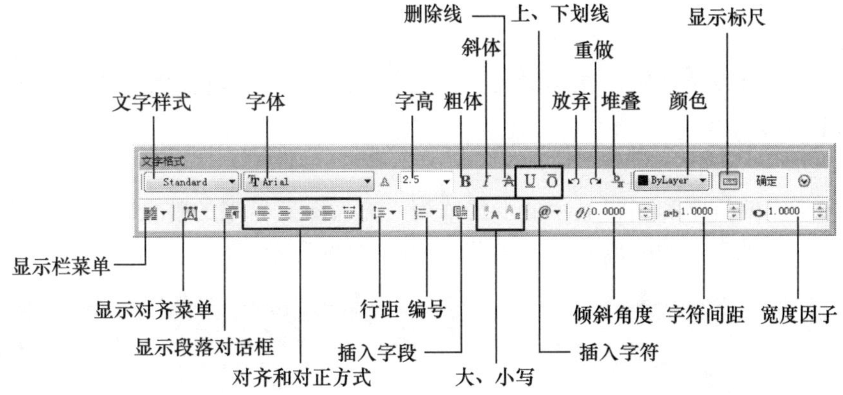

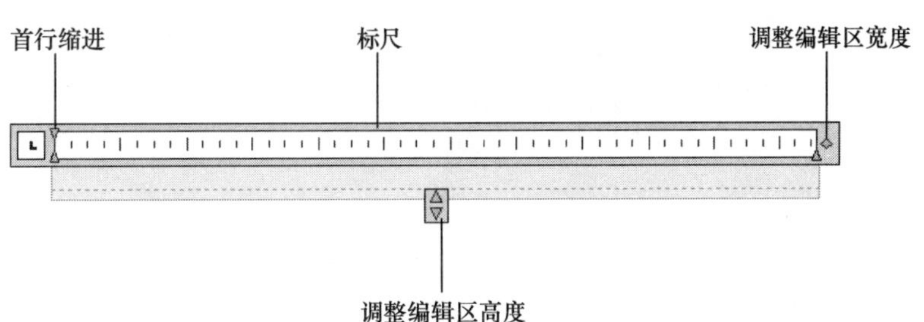

图 1.37　多行文字样式编辑器

② 高度(H)：设置文字高度。

③ 对正(J)：设置文字在矩形框内的对正方式。

④ 行距(L)：设置行距类型为至少或精确，并输入行距比例或行距。

⑤ 旋转(R)：设置文字旋转角度。

⑥ 样式(S)：选择文字样式。

⑦ 宽度(W)：输入每行文字的宽度。

⑧ 栏(C)：选择栏的类型及格式。

特别提示

- 【堆叠】按钮用于层叠所选的文本，即创建分数形式。选中需堆叠的文本，按【堆叠】按钮可实现堆叠。上下层文字之间可用“/”“^”“#”这三种符号间隔。AutoCAD 2014 软件提供 3 种分数形式：如使用“/”间隔符号，得到如图 1.38(a)所示的分数形式；如使用“^”间隔符号，得到如图 1.38(b)所示的极限偏差形式；如使用“#”间隔符号，得到如图 1.38(c)所示的斜排分数形式。

(a) 分数形式　　(b) 极限偏差形式　　(c) 斜排分数形式

图 1.38　文本堆叠

12. 精确绘图工具

精确绘图工具可以帮助用户在不输入坐标的情况下快速、准确地定位特殊点和位置。

1) 栅格和捕捉工具

(1) 功能。

栅格是按指定的行距和列距显示的点的阵列，充满图形界限的整个区域，其作用与坐标纸相似，可以提供直观的距离和位置参照，如图 1.39 所示。

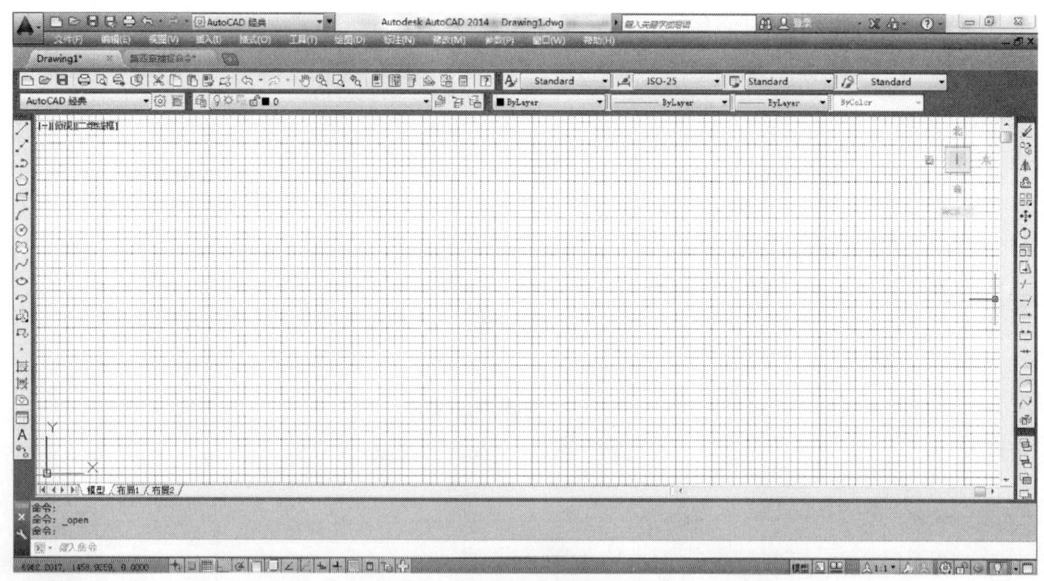

图 1.39　栅格

(2) 执行方式。

① 菜单：选择菜单【工具(T)】→【绘图设置(F)】。

② 命令行：在命令行中输入【DSETTINGS】(或【DS】)。

③ 状态栏：单击状态栏【栅格显示】按钮▦(用于打开/关闭栅格)。

④ 快捷菜单：在【栅格】按钮处右击→【设置】。

(3) 操作方法。

执行上述命令，系统打开【草图设置】对话框，打开【捕捉和栅格】选项卡，如图 1.40所示。

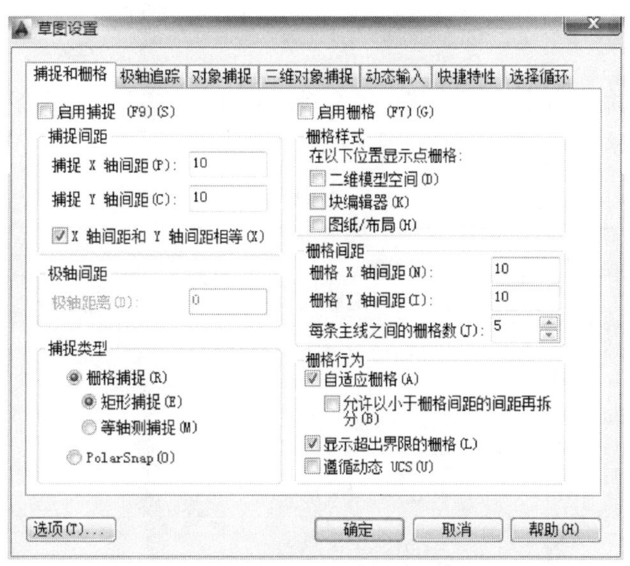

图 1.40　【捕捉和栅格】选项卡

① 在对话框中选择【启用栅格】复选框，同时在【栅格 X 轴间距】和【栅格 Y 轴间距】文本框中输入栅格点之间的水平距离和垂直距离。关闭对话框，绘图区显示栅格，如图 1.39 所示。

特 别 提 示

- 在【栅格 X 轴间距】文本框中输入数值后回车，系统会自动将此值传送到【栅格 Y 轴间距】文本框中。

② 在对话框中选择【启用捕捉】复选框，开启捕捉模式，光标将捕捉到分布在屏幕上的栅格点。捕捉模式由以下几种：

a. 栅格捕捉：栅格捕捉分为【矩形捕捉】和【等轴测捕捉】两种类型。默认设置为【矩形捕捉】，即捕捉点的阵列类似于栅格。用户可以在【捕捉 X 轴间距】和【捕捉 Y 轴间距】文本框中输入在 X 轴和 Y 轴方向上捕捉的间距。【等轴测捕捉】模式是绘制正等轴测图时的工作环境。

b. 极轴捕捉：用于捕捉相对于初始点且满足指定的极轴距离和极轴角的目标点。

2) 正交模式

(1) 功能。

启动正交模式，画直线或移动对象时只能沿 X 轴或 Y 轴方向，常用于绘制平行于 X 轴或 Y 轴的直线。

(2) 执行方式。

① 命令行：在命令行中输入【ORTHO】。

② 状态栏：单击状态栏【正交模式】按钮(用于打开或关闭正交模式)。

3) 对象捕捉

(1) 功能。

利用对象捕捉功能，快速、准确地捕捉某些特殊点，如端点、中点、圆心、切点等。

(2) 执行方式。

① 命令行：在命令行中输入特殊点的命令，见表 1-2，将光标移至特殊点附近，特殊点上出现相应图标，即可捕捉到这些特殊点。

表 1-2 特殊点

名 称	命令	含 义
临时追踪点	TT	建立临时追踪点
捕捉自	FRO	与其他捕捉方式配合使用建立一个临时参考点，作为后继点的基点
端点	END	圆弧或线段等对象的端点
中点	MID	圆弧或线段等对象的中间点
交点	INT	两个对象的交点
外观交点	APP	两个对象延长或投影后的交点
延长线	EXT	对象延长路径上的点
圆心	CEN	圆、圆弧、椭圆和椭圆弧的圆心
象限点	QUA	圆、圆弧、椭圆和椭圆弧的象限点
切点	TAN	指定点到圆、圆弧、椭圆和椭圆弧上的切点
垂足	PER	指定点到另一个对象的垂点
平行线	PAR	与指定直线平行方向上的一点
节点	NOD	用 POINT 或 DIVIDE 等命令生成的点
插入点	INS	文本对象或块的插入点
最近点	NEA	离拾取点最近的对象上的点
无	NON	取消对象捕捉
对象捕捉设置	OSNAP	设置对象捕捉

② 工具栏：当命令行提示输入一点时，从【对象捕捉】工具栏上单击相应的按钮，如图 1.41 所示。

③ 自动对象捕捉：在【草图设置】对话框【对象捕捉】选项卡中，选中【启用对象

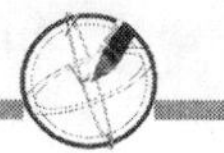

图 1.41　【对象捕捉】工具栏

捕捉】复选框和需要自动捕捉的特殊点，可以启用自动对象捕捉功能，如图 1.42 所示。

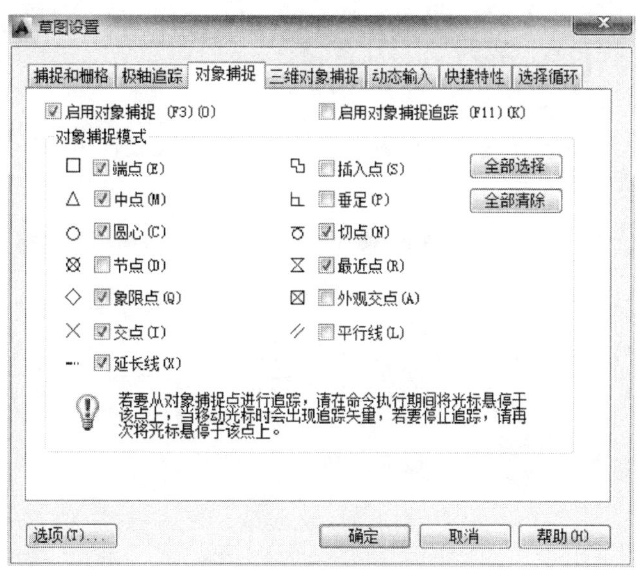

图 1.42　【对象捕捉】选项卡

特别提示

- 对象捕捉命令不可以单独使用，必须在执行绘图命令时使用。只有 AutoCAD 提示输入点时，对象捕捉才生效。
- 利用【对象捕捉】工具栏每次启动捕捉功能只能执行一次捕捉，而一旦设置自动对象捕捉，绘图时捕捉功能始终处于启动状态，因此为提高工作效率，用户可以在【草图设置】对话框【对象捕捉】选项卡中设置自动捕捉经常使用的特殊点。

4）对象捕捉追踪

(1) 功能。

使用对象捕捉追踪，可以使光标从对象捕捉点开始，沿着对齐路径进行追踪，并找到需要的精确位置。

(2) 执行方式。

① 菜单：选择菜单【工具(T)】→【绘图设置(F)】→【对象捕捉】选项卡，选中【启动对象捕捉追踪】复选框。

② 状态栏：单击状态栏【对象捕捉追踪】按钮∠(用于打开/关闭对象捕捉追踪)。

③ 快捷菜单：在【对象捕捉追踪】按钮处右击→【设置】。

5）极轴追踪

(1) 功能。

在事先设置的角度和方向上引出角度矢量，从而精确定位角度方向上的任一点。

(2) 执行方式。

① 菜单：选择菜单【工具(T)】→【绘图设置(F)】→【极轴追踪】选项卡，选中【启动极轴追踪】复选框。

② 命令行：在命令行中输入【DDOSNAP】。

③ 状态栏：单击状态栏【极轴追踪】按钮(用于打开/关闭极轴追踪)。

④ 快捷菜单：在【极轴追踪】按钮处右击→【设置】。

(3) 操作方法。

执行上述命令，系统打开【草图设置】对话框，打开【极轴追踪】选项卡，如图1.43所示。各选项卡和按钮含义如下。

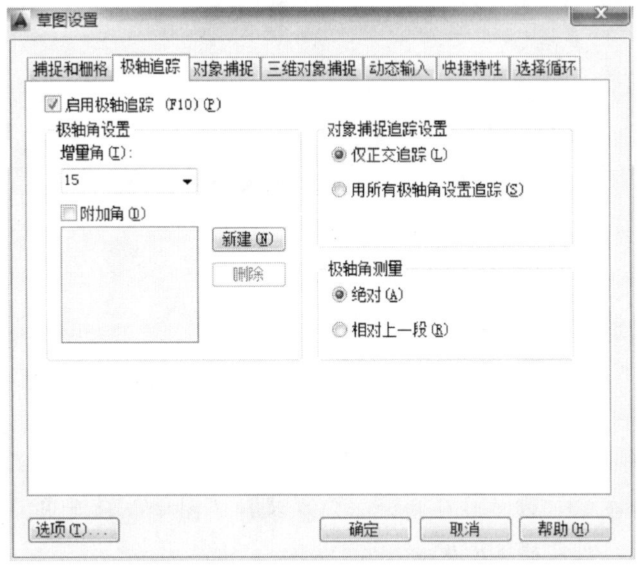

图 1.43 【极轴追踪】选项卡

① 在对话框中选中【启用极轴追踪】复选框，开启极轴追踪模式。

② 增量角：设置用来显示极轴追踪对齐路径的极轴角。包括常用的、特殊的角度，如90°、45°、30°、22.5°、18°、15°、10°和5°。

③ 附加角：除增量角外，用户可以指定附加角来确定追踪方向。选中【附加角】复选框，通过【新建】按钮或【删除】按钮来增加、删除角度值。

④ 设置极轴角增量并开启极轴追踪模式后，光标移动时，如果接近极轴角，将显示对齐路径和工具栏提示。如图1.44所示，当极轴角增量设置为45°时，光标移至45°、90°、135°等与45°增量角成倍数的角度位置时出现相应提示。

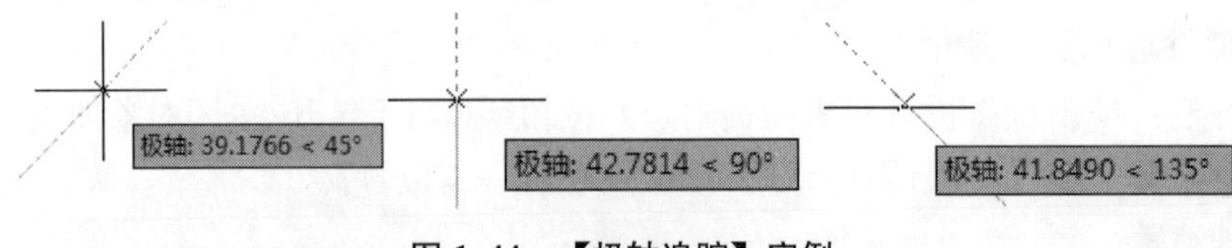

图 1.44 【极轴追踪】实例

1.1.4　操作步骤

1. 新建文件

单击【标准】工具栏中的【新建】按钮，在弹出的【选择样板】对话框中选择【acadiso. dwg】文件，单击【打开】按钮。

2. 设置绘图环境

(1) 设置图形界限。单击【格式】菜单【图形界限】命令，指定左下角点坐标为(0，0)，右上角点坐标为(420，297)。

(2) 单击【标准】工具栏中的【缩放】下拉菜单中的【全部缩放】按钮，将绘图界限全部显示在绘图区。

(3) 设置绘图单位。单击【格式】菜单【单位】命令，系统弹出【图形单位】对话框，按图 1.45 所示设置对话框。单击【图形单位】对话框中的【方向】按钮，系统弹出【方向控制】对话框，按图 1.46 所示设置对话框。

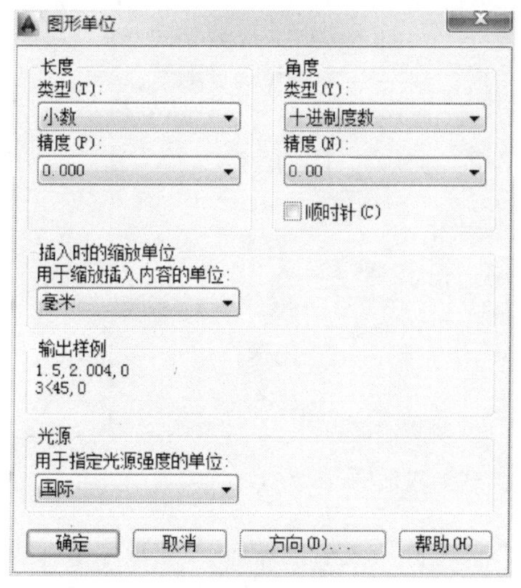

图 1.45　【图形单位】对话框

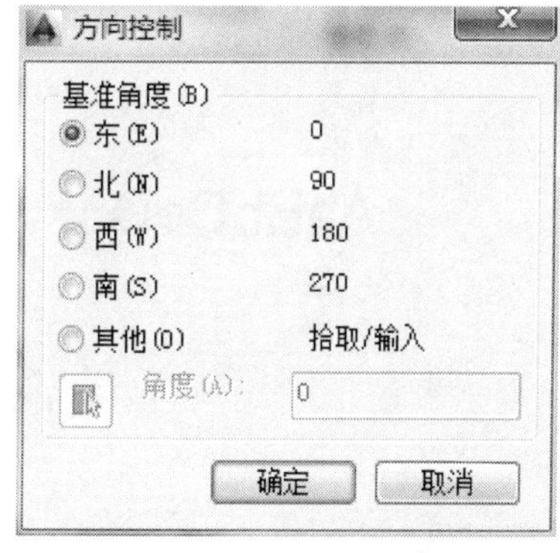

图 1.46　【方向控制】对话框

3. 创建图层

(1) 单击【图层】工具栏中的【图层特性管理器】按钮，系统弹出【图层特性管理器】对话框。

(2) 单击【图层特性管理器】对话框中的【新建图层】按钮，创建常用图层并设置图层属性，图层名称和属性如图 1.47 所示。

4. 创建文字样式

(1) 创建书写数学和字母的文字样式。单击【样式】工具栏中的【文字样式】按钮，系统弹出【文字样式】对话框，如图 1.48 所示。

(2) 单击【文字样式】对话框中的【新建】按钮，系统弹出【新建文字样式】对话

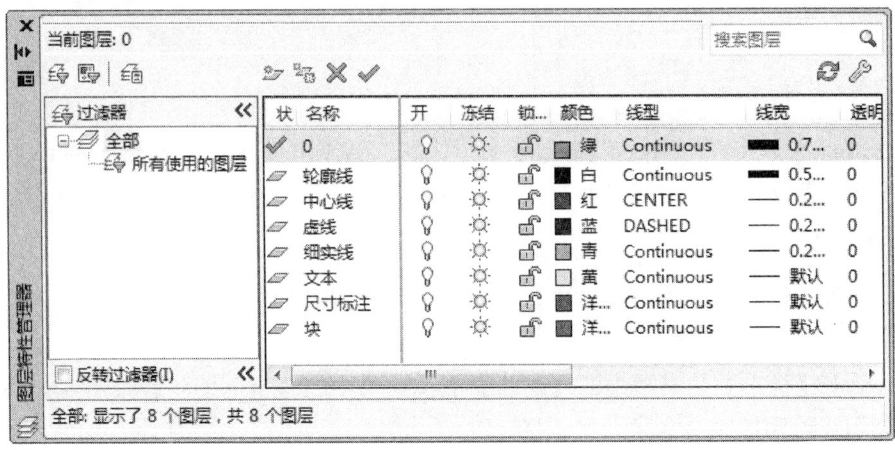

图 1.47　新建图层

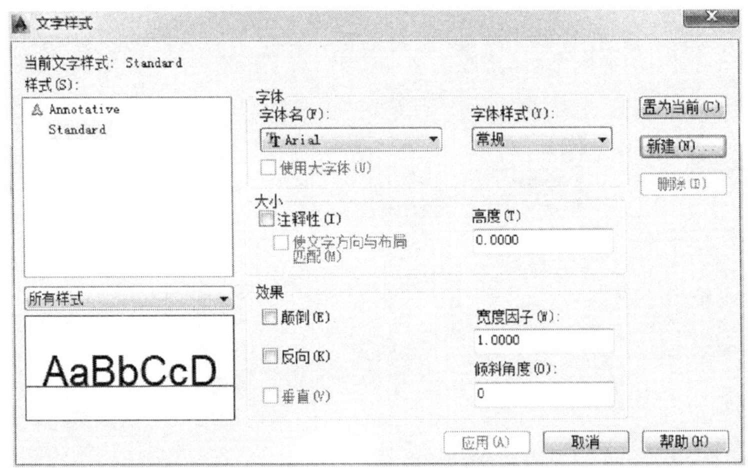

图 1.48　【文字样式】对话框

图 1.49　【新建文字样式】对话框

框，在“样式名”文本框中输入“数字和字母”，如图 1.49所示，单击【确定】按钮，回到【文字样式】对话框中。

(3) 在【文字样式】对话框中选择字体名为“romans. shx”，输入宽度因子为 0.7，倾斜角度为 15°。

(4) 以相同的方法，创建书写汉字的文字样式。样式名为“汉字”，选择字体名为“仿宋 GB2312”，输入宽度因子为 0.7，倾斜角度为 0°。

5. 创建标注样式

(1) 单击【样式】工具栏中的【标注样式】按钮，系统弹出【标注样式管理器】对话框，如图 1.50 所示。

(2) 单击【标注样式管理器】对话框中的【修改】按钮，系统弹出【修改标注样式】对话框，其中【线】、【文字】和【主单位】选项卡各个选项设置分别如

图 1.51～图 1.53 所示，其余选项卡默认设置，单击【确定】按钮，回到【标注样式管理器】对话框。

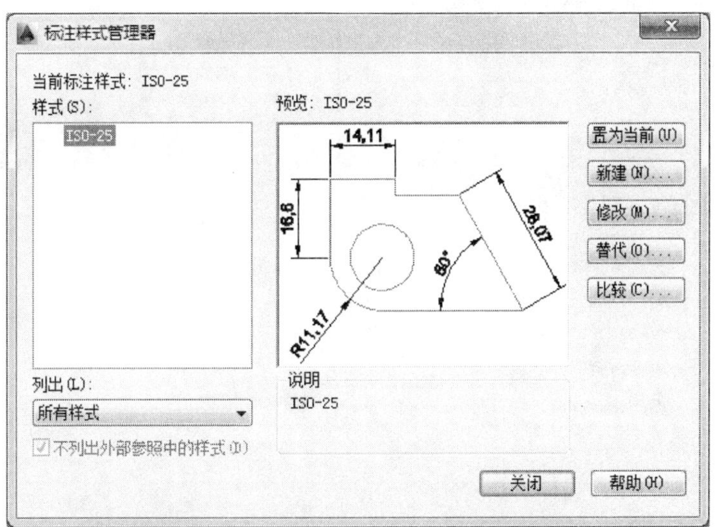

图 1.50　【标注样式管理器】对话框

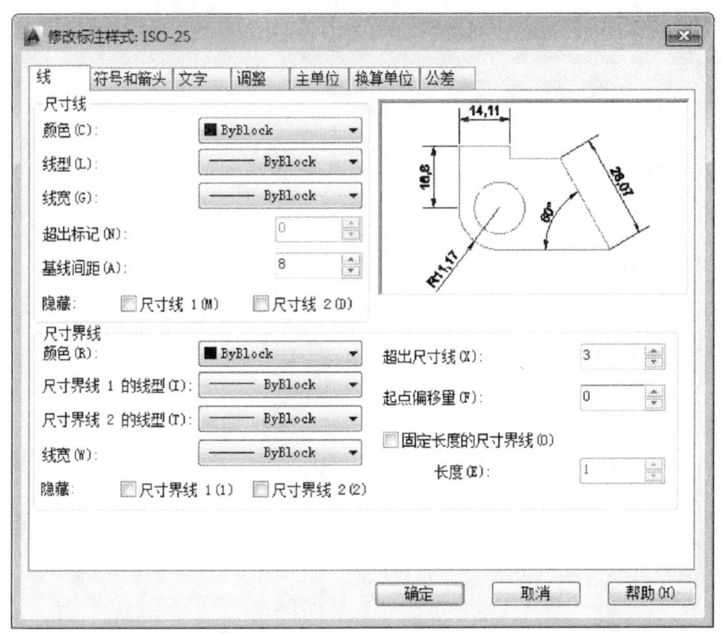

图 1.51　【线】选项卡

特别提示

- 在【主单位】选项卡中，比例因子表示标注尺寸与实际测量尺寸的比值。如按1∶1绘图时，比例因子输入 1；按 1∶2 绘图时，比例因子输入 2；按 2∶1 绘图时，比例因子输入 0.5。

图 1.52　【文字】选项卡

图 1.53　【主单位】选项卡

(3) 单击【标注样式管理器】对话框中的【新建】按钮，系统弹出【创建新标注样式】对话框，单击【用于】下拉列表，选择【直径标注】，如图 1.54 所示。单击【继续】按钮，在 ISO－25 基础样式下创建标注直径的子样式。修改【文字】选项卡中【文字对齐】方式为【ISO 标准】，【调整】选项卡中【调整选项】选择【文字和箭头】，单击【确定】按钮，回到【标注样式管理器】对话框。

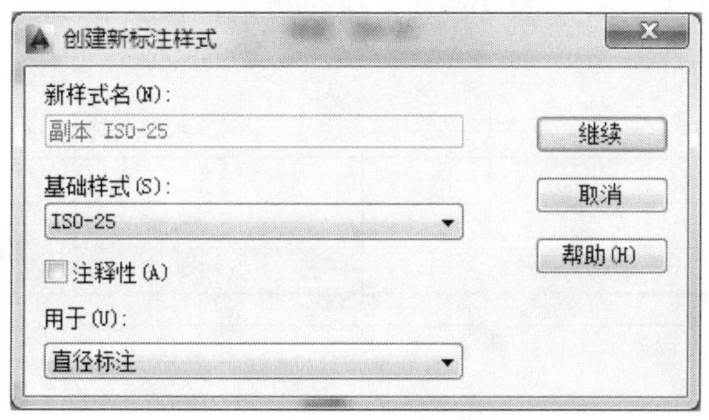

图 1.54 创建直径标注子样式

(4) 以相同的方法和选项设置，创建半径标注的子样式。

(5) 以相同的方法创建标注角度的子样式。修改【文字】选项卡中【文字对齐】方式为【水平】，设置完毕，单击【关闭】按钮，退出【标注样式管理器】对话框。

6. 绘制 GBA3 图幅

(1) 绘制图纸边界。在【图层】工具栏中的【图层控制】下拉列表，选择“细实线”作为当前图层。单击【绘图】工具栏中的【矩形】按钮，指定第一角点坐标为(0，0)，另一角点坐标为(420，297)，绘制 420×297 的矩形。

(2) 绘制图框。单击【图层】工具栏中的【图层控制】下拉列表，选择“0”层作为当前图层。单击【绘图】工具栏中的【矩形】按钮，指定第一角点坐标为(25，5)，另一角点坐标为(415，292)，绘制 390×287 的矩形，如图 1.55 所示。

图 1.55 创建图幅

7. 绘制标题栏

(1) 单击【修改】工具栏中的【分解】按钮，选择 390×287 的矩形为分解对象，将矩形分解成四条直线。

(2) 单击【修改】工具栏中的【偏移】按钮，根据图 1.56 所示的标题栏尺寸偏移生成图 1.57。

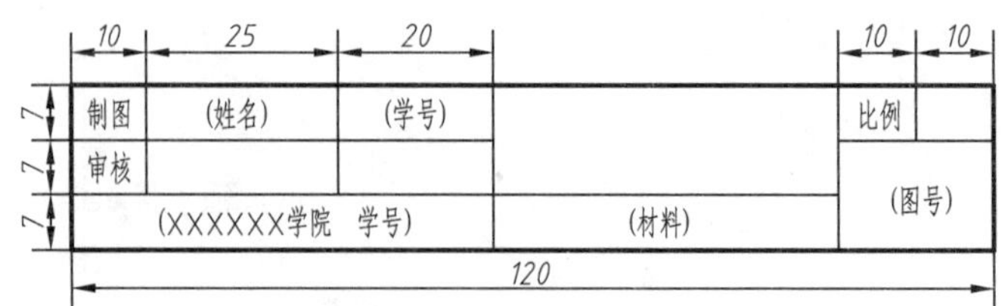

图 1.56　标题栏

(3) 单击【修改】工具栏中的【修剪】按钮，选择修剪边界，如图 1.58 所示。选择窗选方式选择修剪对象，如图 1.59 所示。修剪结果如图 1.60 所示。

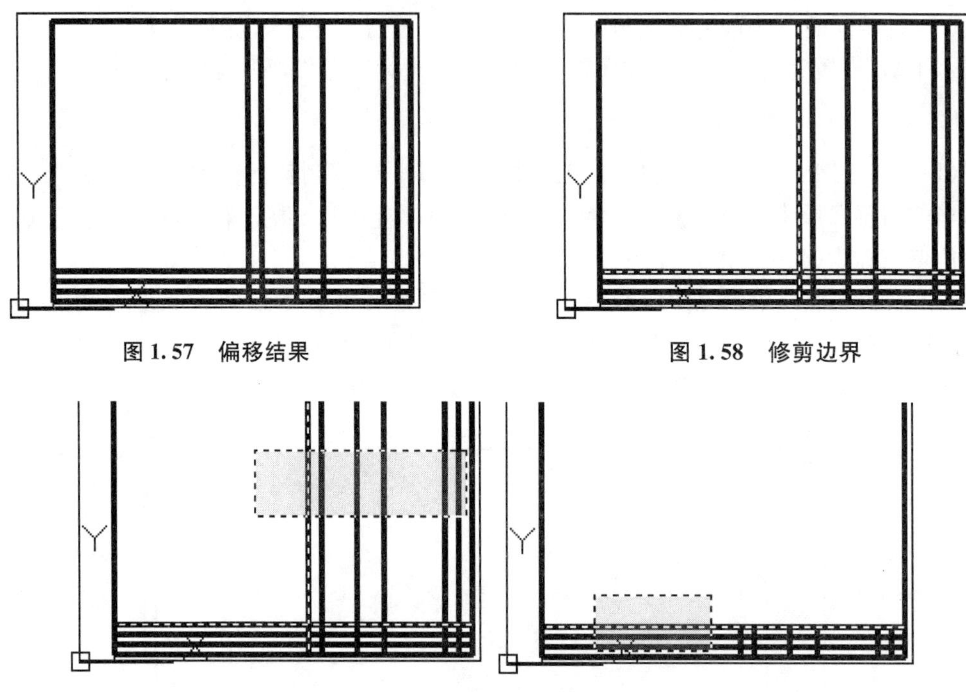

图 1.57　偏移结果

图 1.58　修剪边界

图 1.59　窗选修剪对象

(4) 继续修剪标题栏，选择修剪边界，如图 1.61 所示，选择修剪对象，修剪结果如图 1.62 所示。

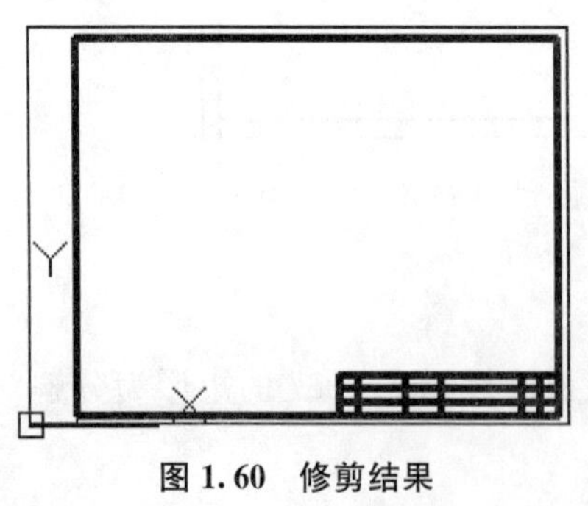

图 1.60　修剪结果

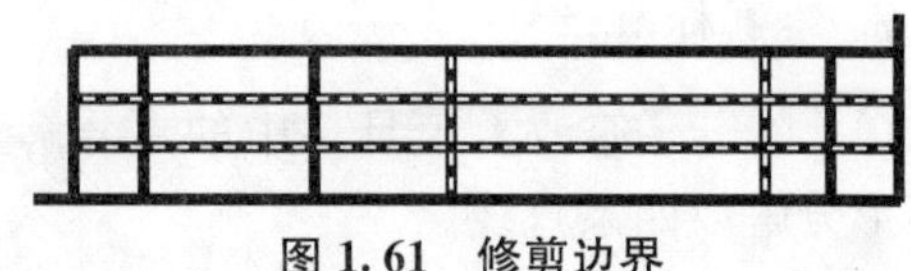

图 1.61　修剪边界

(5) 单击【修改】工具栏中的【删除】按钮，删除多余直线。

(6) 选择标题栏内部的直线，单击在【图层】工具栏中的【图层控制】下拉列表，选择“细实线”图层，将其所在层改为“细实线”，结果如图 1.63 所示。

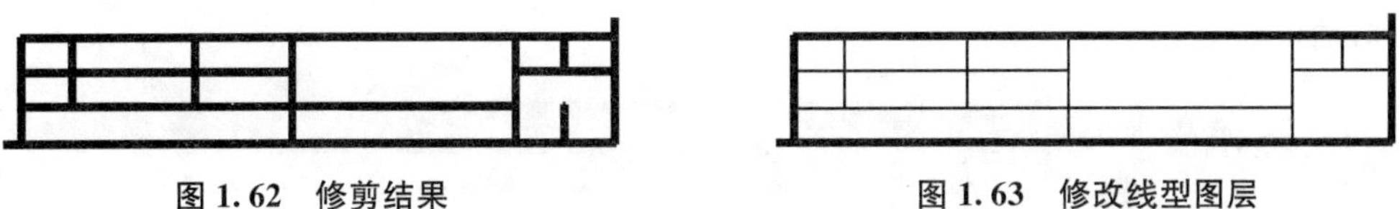

图 1.62　修剪结果　　**图 1.63　修改线型图层**

8. 创建文字

(1) 单击【样式】工具栏中的【文字样式控制】下拉列表，选择“汉字”样式为当前文字样式。

(2) 在标题栏左上角矩形框内绘制对角线。

(3) 单击【绘图】菜单【文字】子菜单【单行文字】命令，设置【对正】方式为【正中】，捕捉对角线交点为文字中间点，设置文字高度为 5，旋转角度为 0°，输入文字“制图”，如图 1.64 所示。

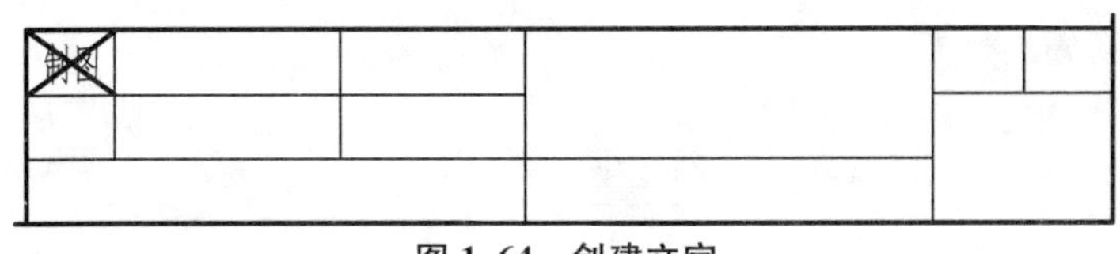

图 1.64　创建文字

(4) 删除辅助对角线，单击【修改】工具栏中的【复制】按钮，将文字“制图”复制到标题栏其他文字位置，如图 1.65 所示。

制图	制图	制图	制图	制图	
制图				制图	
制图			制图		

图 1.65　复制文字

(5) 双击需编辑的文字，进入单行文字编辑状态，输入所需文字，如图 1.66 所示，单击【确定】按钮，退出文字编辑状态，以相同的方法修改标题栏内其他文字，结果如图 1.66所示。

图 1.66　编辑文字内容

9. 保存样板文件

单击【标准】工具栏中的【保存】按钮，系统弹出【图形另存为】对话框，在对话框中设置保存路径、文件名和文件类型(.dwt)，如图 1.67 所示，单击【保存】按钮，退出对话框。

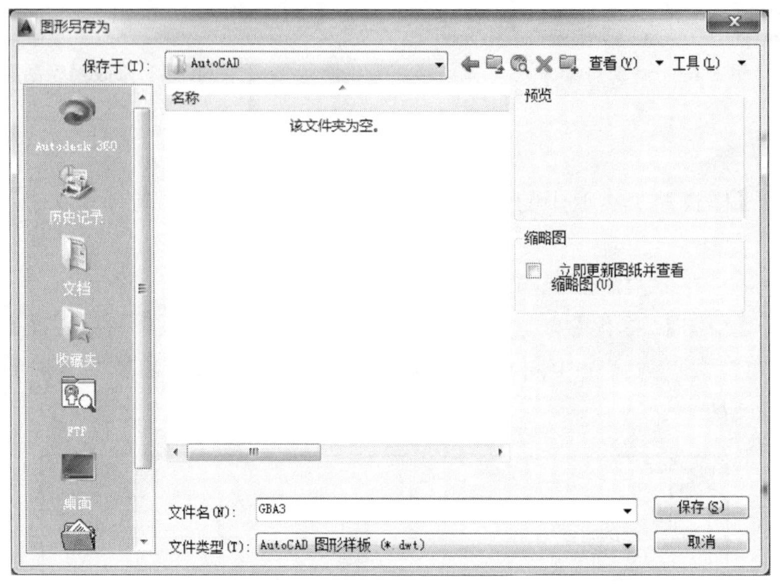

图 1.67 【图形另存为】对话框

特 别 提 示

- 以相同的方式，可以创建其他常用图幅的样板文件，以提高绘图效率。

知识链接

点

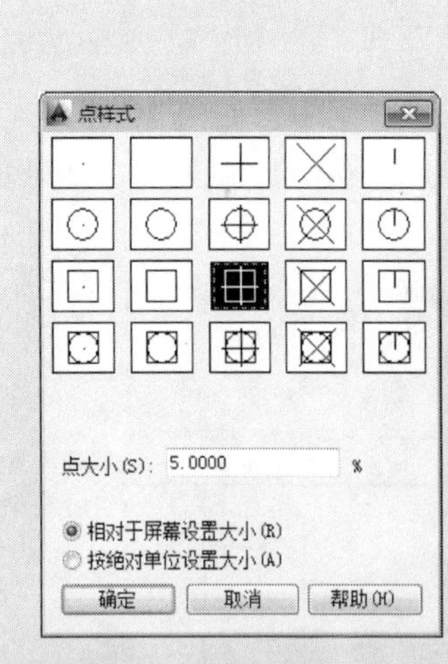

图 1.68 【点样式】对话框

在 AutoCAD 中，点主要用来表达用户在绘制图形过程中选取参考点的设计意图。

1. 设置点样式

1) 执行方式

(1) 菜单：选择菜单【格式(O)】→【点样式(P)】。

(2) 命令行：在命令行中输入【DDPTYPE】。

2) 操作方法

启动【点样式】命令后，系统弹出【点样式】对话框，在对话框中罗列了 20 种点样式，如图 1.68 所示，在所需样式上单击左键，即可将此样式设置为当前样式，单击【确定】按钮，退出对话框。

2. 绘制单点

单点命令一次可以绘制一个点对象，当绘制完单个点后，系统自动结束此命令，所绘制的点以用户设置的点样式存在。执行单点命令主要有以下几种方法。

(1) 菜单：选择菜单【绘图(D)】→【点(O)】→【单点(S)】。

(2) 命令行：在命令行中输入【POINT】(或【PO】)。

3. 绘制多点

多点命令可以连续绘制多个点对象，直至按下【Esc】键结束命令为止。

(1) 菜单：选择菜单【绘图(D)】→【点(O)】→【多点(P)】。

(2) 工具栏：单击【绘图】工具栏中的【点】按钮 。

4. 绘制定数等分点

定数等分命令用于按照指定的等分数目等分对象。

1) 执行方式

(1) 菜单：选择菜单【绘图(D)】→【点(O)】→【定数等分(D)】。

(2) 命令行：在命令行中输入【DIVIDE】(或【DIV】)。

2) 操作方法

命令：_ divide↙↙

选择要定数等分的对象：//选择定数等分的对象。

输入线段数目或[块(B)]：//输入需要等分的数目。

3) 定数等分示例如图 1.69 所示。

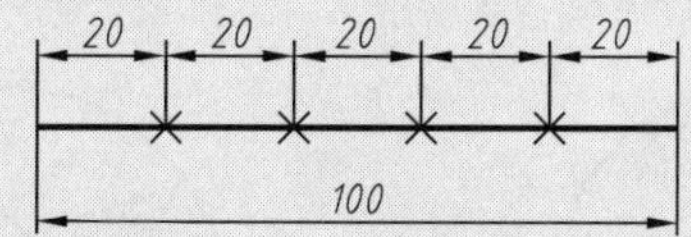

图 1.69　定数等分示例

5. 绘制定距等分点

定距等分命令是指按照距离等分对象。

1) 执行方式

(1) 菜单：选择菜单【绘图(D)】→【点(O)】→【定距等分(M)】。

(2) 命令行：在命令行中输入【MEASURE】。

2) 操作方法

命令：_ measure↙

选择要定距等分的对象：//选择定距等分的对象。

指定线段长度或[块(B)]：//输入等分段的长度。

3) 定距等分示例如图 1.70 所示。

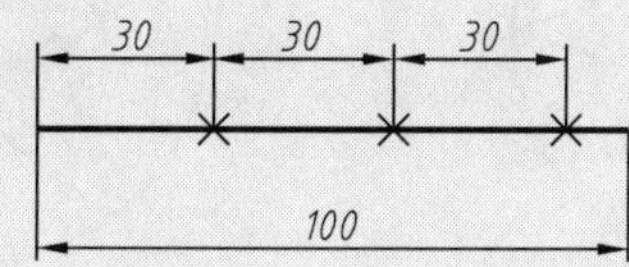

图 1.70　定距等分示例

应用案例

利用点命令绘制如图 1.71 所示的五角星。

(1) 选择【绘图】工具栏中的【圆】命令绘制直径为 100 的圆，如图 1.72 所示。

(2) 选择【格式】菜单【点样式】命令，在弹出的【点样式】对话框中选择点的样式，如图 1.73 所示。

图 1.71　五角星

图 1.72　绘制圆

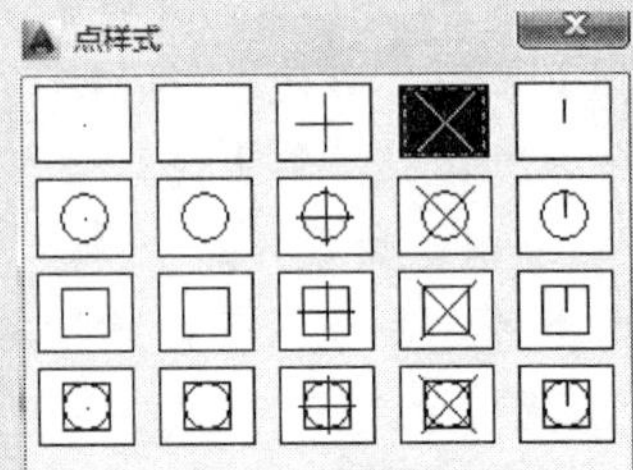

图 1.73　选择点样式

(3) 选择【绘图】菜单【点】子菜单【定数等分】命令，选择定数等分对象为圆，输入等分数为 5，结果如图 1.74 所示。

(4) 右击状态栏中【对象捕捉】按钮，在快捷菜单中选择节点。单击【绘图】工具栏中【直线】按钮，捕捉五个节点绘制直线，如图 1.75 所示。

(5) 单击【修改】工具栏中【修剪】按钮，修剪直线，如图 1.76 所示。

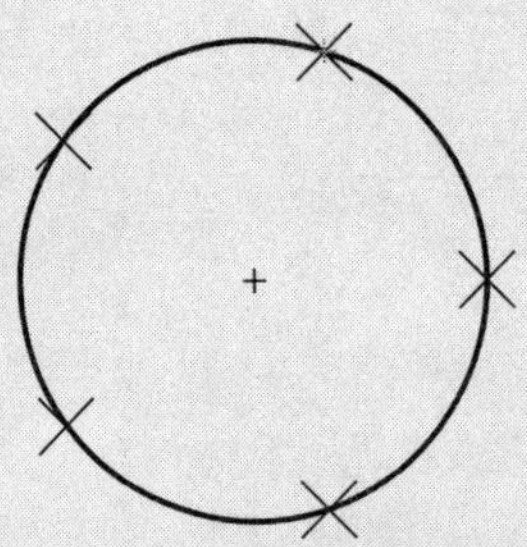

图 1.74　定数等分圆

图 1.75　绘制直线

(6) 单击【修改】工具栏中【旋转】按钮，选择五角星为旋转对象，圆心为旋转基点，将五角星右上方角点旋转至圆的上方象限点，结果如图 1.77 所示。

(7) 删除辅助圆和点，结果如图 1.71 所示。

图 1.76　修剪直线

图 1.77　旋转五角星

小　　结

本章主要介绍了 AutoCAD 2014 软件的工作空间、操作界面、文件操作、视图操作、对象选择、坐标定位、绘图环境设置、图层的创建和管理、矩形命令、修剪命令、复制命令、偏移命令、删除命令、分解命令、文字样式的创建和文字的创建、精确绘图工具等。样板文件的创建能有效提高绘图效率，创建样板文件的步骤如下：新建文件→设置绘图环境→创建图层→创建文字和尺寸标注样式→绘制图框和标题栏→书写标题栏文字→保存文件。

习　　题

创建如图 1.78 所示的 GBA4 样板文件。

图 1.78　GBA4 样板

模块 2

轴套类零件工程图样的绘制

学习目标

掌握分析和识读轴套类零件工程图样的方法；掌握直线、构造线、圆、图案填充、镜像、倒角等常用绘图命令和图形编辑命令的操作方法；掌握常见尺寸标注的创建方法；掌握轴套类零件工程图样的绘制方法和步骤。

学习要求

能力目标	知识要点	权重
掌握轴套类零件的表达方法	轴套类零件工程图样的组成； 轴套类零件工程图样的识读	20%
掌握轴套类零件视图的绘制步骤和方法	直线、构造线、圆等基本绘图命令； 镜像、缩放、倒角等图形编辑命令； 图案填充命令	50%
掌握轴套类零件的标注方法	线性标注、对齐标注、连续标注和基线标注等尺寸标注命令	30%

任务 2.1　螺杆零件工程图样的绘制

2.1.1　任务引入

绘制如图 2.1 所示的螺杆零件工程图样。

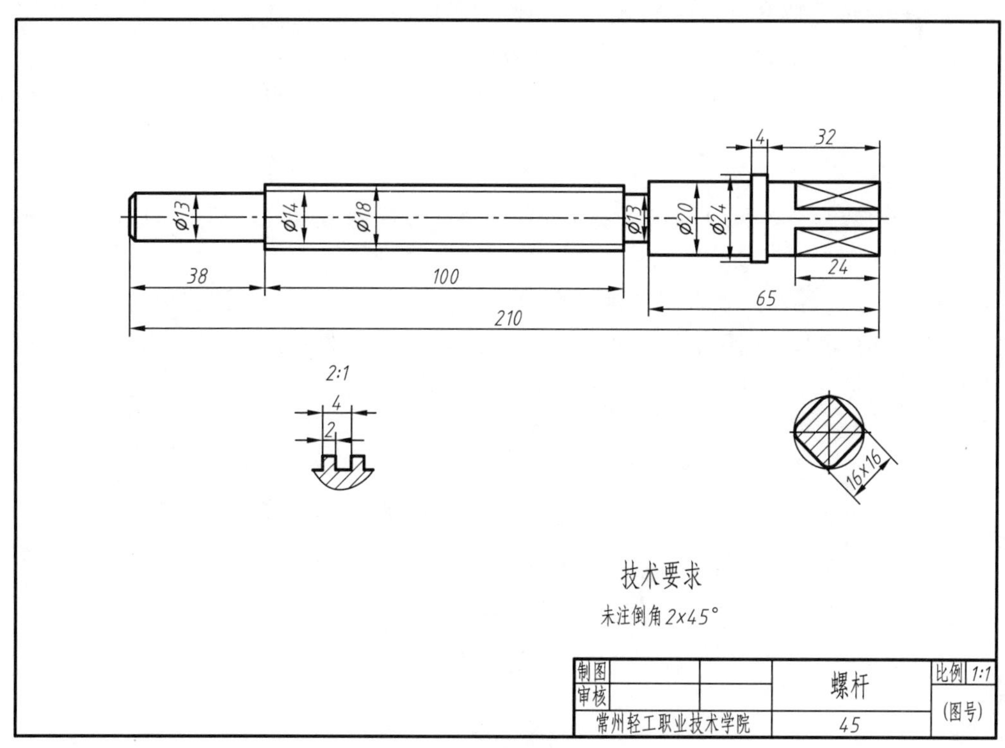

图 2.1　螺杆

2.1.2　任务分析

螺杆零件结构简单，主要由圆柱组成。这类零件在表达时只需要一个垂直于轴向的主视图，然后利用辅助的局部放大图、断面图等表达局部结构，其中主视图为对称图形。螺杆图样主要采用直线、圆、偏移、修剪、镜像等命令完成。

2.1.3　相关知识

1. 直线命令

1）功能

绘制直线段，如图 2.2 所示。

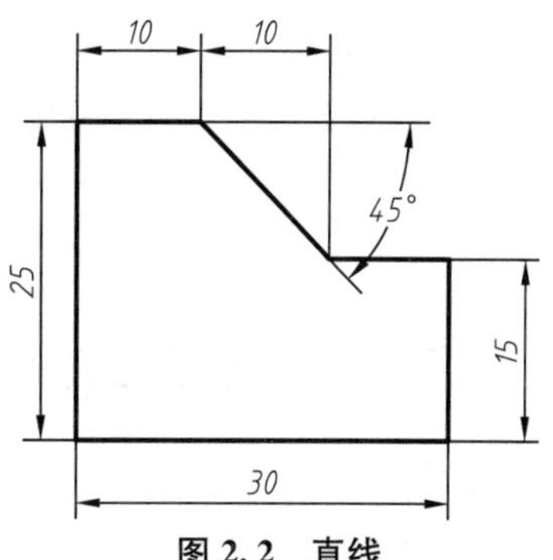

图 2.2　直线

2）执行方式

（1）功能区：【常用】选项卡 →【绘图】面板→【直线】按钮。

(2) 菜单：选择菜单【绘图(D)】→【直线(L)】。

(3) 工具栏：单击【绘图】工具栏中的【直线】按钮 。

(4) 命令行：在命令行中输入【LINE】(或【L】)。

3) 操作方法

命令：_line↙

指定第一点：//输入直线段的起点，可通过输入给定点的坐标或用鼠标指定点。

指定下一点或 [放弃(U)]：//输入直线段的终点。

指定下一点或 [放弃(U)]：//输入下一直线段的终点。

指定下一点或 [闭合(C)/放弃(U)]：//输入下一直线段的终点，或选择括号内的选项。

4) 选项说明

(1) 使用直线命令，可以创建一系列连续的直线段。每条直线段都是可以独立编辑的直线对象。

(2) 闭合(C)：绘制两条直线后，可在命令行中输入 c 或单击右键在快捷菜单中选择【闭合(C)】选项，自动连接直线段的起点和最后一个终点，使图形封闭，如图 2.3 所示。

(3) 放弃(U)：选择【放弃(U)】选项，则放弃最后绘制的一条直线。

图 2.3 闭合直线段

特别提示

- 绘制直线时，可采用辅助绘图功能，如正交功能、极轴功能、捕捉栅格功能、对象捕捉功能和对象追踪功能。

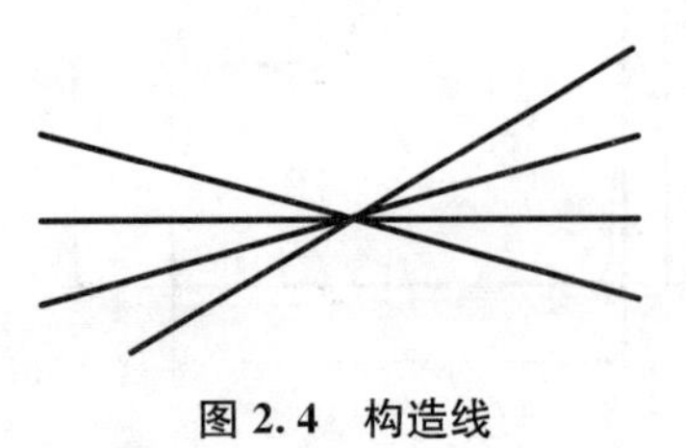

图 2.4 构造线

2. 构造线命令

1) 功能

绘制通过点沿指定方向无限延伸的直线，如图 2.4 所示。

2) 执行方式

（1）功能区：【常用】选项卡 →【绘图】面板→【构造线】按钮。

（2）菜单：选择菜单【绘图(D)】→【构造线(T)】。

（3）工具栏：单击【绘图】工具栏中的【构造线】按钮。

（4）命令行：在命令行中输入【XLINE】（或【XL】）。

3）操作方法

命令：_ xline↙

指定点或［水平(H)/垂直(V)/角度(A)/二等分(B)/偏移(O)］：//输入多条构造线通过的第一点或选择括号内的选项。

指定通过点：//输入构造线通过的第二点。

指定通过点：//继续输入构造线通过的第二点，可绘制第二条构造线，或按【Enter】键结束命令。

4）选项说明

（1）水平(H)：绘制水平的构造线，如图 2.5(a)所示。

（2）垂直(V)：绘制垂直的构造线，如图 2.5(b)所示。

（3）角度(A)：绘制指定角度的构造线，如图 2.5(c)所示。

（4）二等分(B)：绘制相交直线的角平分线，如图 2.5(d)所示。

（5）偏移(O)：通过偏移距离绘制已有直线的平行线，如图 2.5(e)所示。

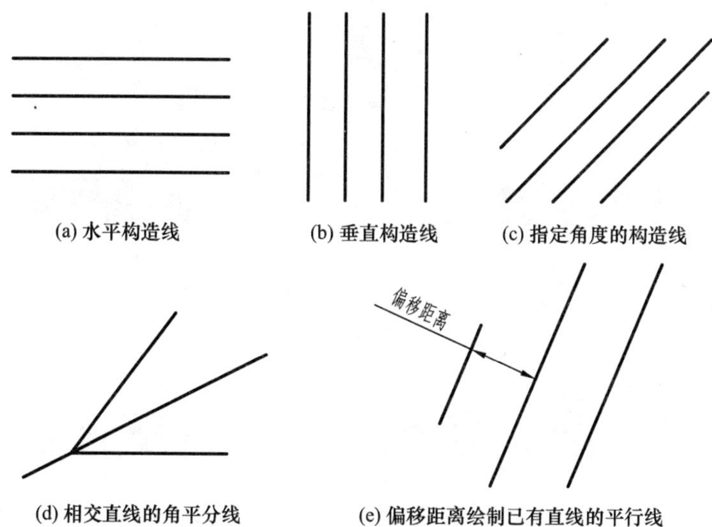

(a) 水平构造线　(b) 垂直构造线　(c) 指定角度的构造线

(d) 相交直线的角平分线　(e) 偏移距离绘制已有直线的平行线

图 2.5　构造线选项

3. 圆命令

1）功能

绘制圆，如图 2.6 所示。

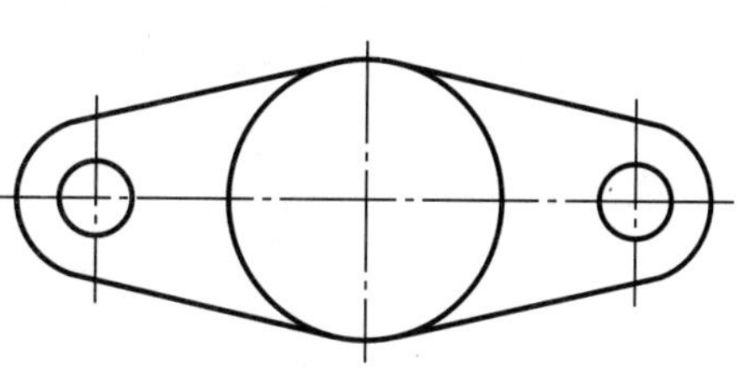

图 2.6　圆

2）执行方式

（1）功能区：【常用】选项卡→【绘图】面板→【圆】按钮。

（2）菜单：选择菜单【绘图(D)】→【圆(C)】。

(3) 工具栏：单击【绘图】工具栏中的【圆】按钮⊙。

(4) 命令行：在命令行中输入【CIRCLE】(或【C】)。

3) 操作方法

命令：_ circle↙

指定圆的圆心或［三点(3P)/两点(2P)/切点、切点、半径(T)］：//指定圆心或选择括号内的选项采用其他方式绘制圆。

指定圆的半径或［直径(D)］：//输入半径或选择［直径(D)］选项后输入直径。

4) 选项说明

(1) 在 AutoCAD 2014 软件中有 6 种绘制圆的方法，默认方法是指定圆心和半径。

(2) 圆心、半径(R)：通过指定圆心和半径或圆上一点绘制圆，如图 2.7(a)所示。

(3) 圆心、直径(D)：通过指定圆心和直径或圆上一点绘制圆，如图 2.7(b)所示。

(4) 两点(2P)：通过指定圆上两点绘制圆，两点间的距离为圆的直径，如图 2.7(c)所示。

(5) 三点(3P)：通过指定圆上三点绘制圆，如图 2.7(d)所示。

(6) 相切、相切、半径(T)：通过指定半径和与圆相切的两个对象来绘制圆，如图 2.7(e)所示。

(7) 相切、相切、相切(A)：通过指定与圆相切的三个对象来绘制圆，如图 2.7(f)所示。

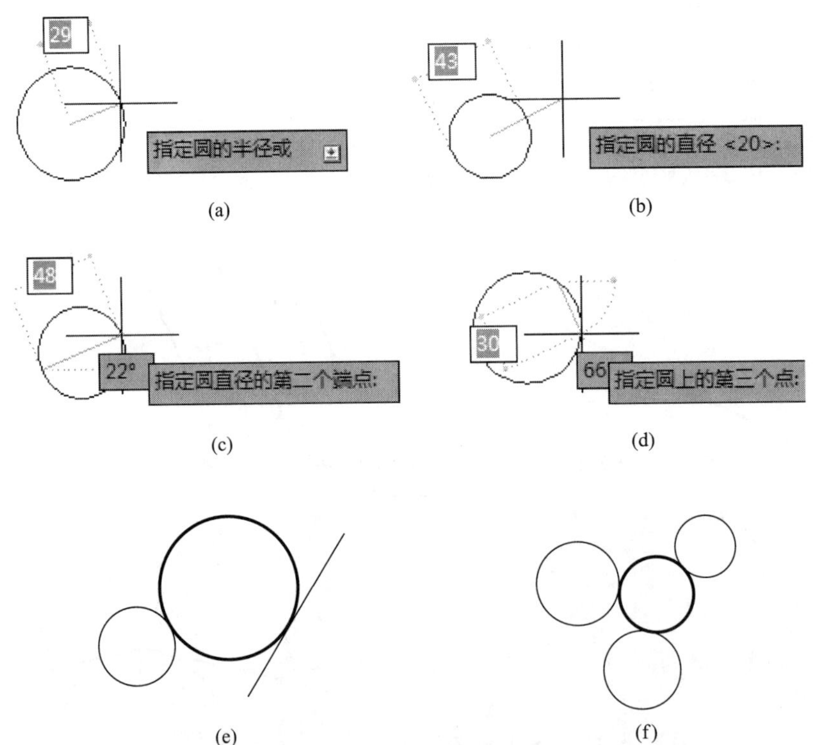

图 2.7 绘制圆的方法

4. 样条曲线命令

1) 功能。

把用户给出的控制点按照一定的公差拟合为一条光滑曲线，如图 2.8 所示。

2) 执行方式

(1) 功能区：【常用】选项卡→【绘图】面板→【样条曲线】按钮。

(2) 菜单：选择菜单【绘图(D)】→【样条曲线(S)】。

(3) 工具栏：单击【绘图】工具栏中的【样条曲线】按钮～。

(4) 命令行：在命令行中输入【SPLINE】(或【SPL】)。

3) 操作方法

命令：_ spline↙

指定第一点或 [方法(M)/节点(K)/对象(O)]：//指定点或选择括号内的选项。

输入下一个点或 [起点切向(T)/公差(L)]：//输入第二点或选择括号内的选项。

输入下一个点或 [端点相切(T)/公差(L)/放弃(U)/闭合(C)]：//输入第三点或选择括号内的选项。

4) 选项说明

(1) 对象(O)：是指用样条曲线拟合的多段线转换为样条曲线。

(2) 公差(L)：设置样条曲线的拟合公差。当拟合公差为零时，样条曲线严格。

(3) 闭合(C)：设置将样条曲线的起始点与终止点连接起来，构成一条闭合的样条曲线。

(4) 起点切向(T)：设置样条曲线起始点和终止点的切向，可以通过光标位置或输入点坐标来定义切向矢量，如图 2.9 所示。

(5) 方法(M)：设置选择拟合点或控制点方式绘制样条曲线。其中拟合点通过样条曲线，控制点不通过样条曲线。

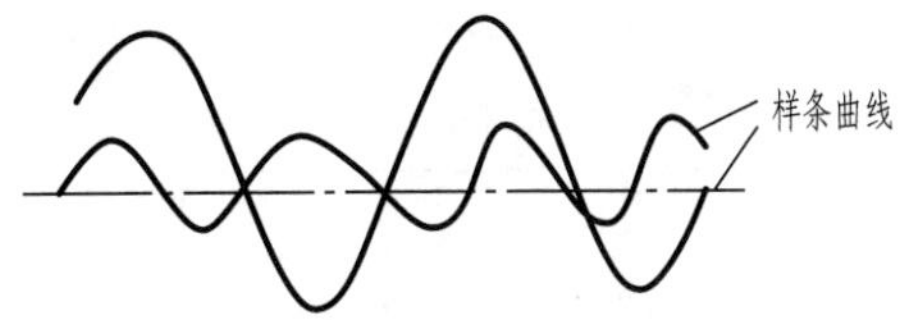

图 2.8　样条曲线

图 2.9　样条曲线切向

特别提示

- 样条曲线常用于绘制机械图样中的波浪线。
- 样条曲线绘制完成后，可使用 SPLINEDIT 命令调整曲线的形状。

5. 倒角命令

1) 功能

将选定的两条非平行直线从交点处各裁剪掉指定的倒角长度，如图 2.10 所示。

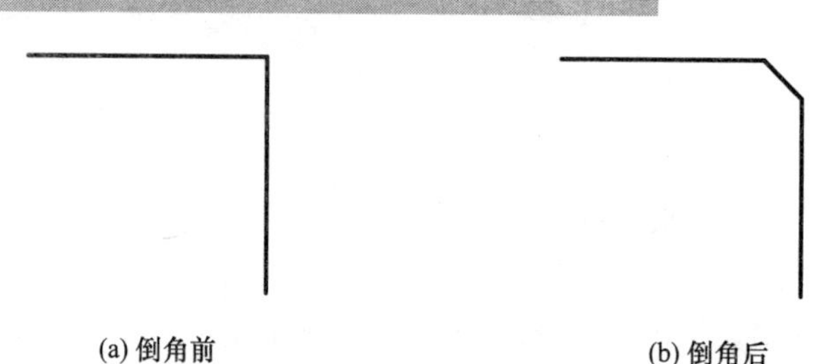
(a) 倒角前　　(b) 倒角后

图 2.10　倒角

2）执行方式

(1) 功能区：【常用】选项卡→【修改】面板→【圆角】下拉列表→【倒角】按钮。

(2) 菜单：选择菜单【修改(M)】→【倒角(C)】。

(3) 工具栏：单击【修改】工具栏中的【倒角】按钮。

(4) 命令行：在命令行中输入【CHAMFER】(或【CHA】)。

3）操作方法

命令：_ chamfer↙

(［修剪］模式)当前倒角距离 1＝0.0000，距离 2＝0.0000//显示当前倒角设置。

选择第一条直线或［放弃(U)/多段线(P)/距离(D)/角度(A)/修剪(T)/方式(E)/多个(M)］：//选择第一条直线或选择括号内的选项。

选择第二条直线，或按住【Shift】键选择直线以应用角点或［距离(D)/角度(A)/方法(M)］：//选择第二条直线或选择括号内的选项。

4）选项说明

(1) 多段线(P)：对所选多段线的各个交点倒斜角，倒角后对象仍为多段线。

(2) 距离(D)：设置倒角的两个距离，两个距离可以相同或不同，如图 2.11 所示。

(3) 角度(A)：设置第一个倒角长度和第一条线的倒角角度，如图 2.12 所示。

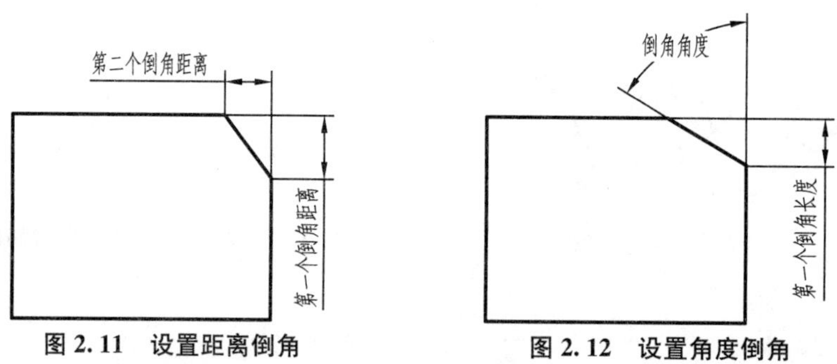

图 2.11　设置距离倒角　　图 2.12　设置角度倒角

(4) 修剪(T)：设置倒角后是否剪切对象，如图 2.13 所示。

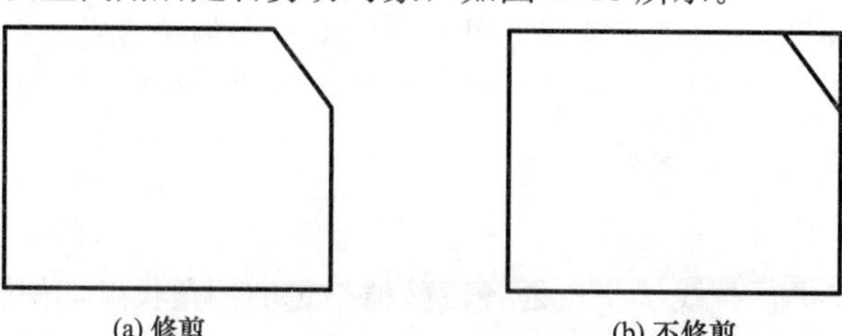
(a) 修剪　　(b) 不修剪

图 2.13　修剪选项

(5) 方式(E)：设置采用［距离］方式还是［角度］方式来倒角。

(6) 多个(M)：设置为多个对象进行倒角，选择该选项后，倒角命令将重复，直到按【Enter】键结束命令。

特别提示

- 第一个倒角距离和第二个倒角距离由操作时选择顺序决定，第一个选择的直线为第一个倒角距离，第二个选择的直线为第二个倒角距离。

6. 镜像命令

1) 功能

将选定的对象绕镜像线翻转并创建对称的镜像副本。镜像命令常用于绘制对称图形，如图 2.14 所示。

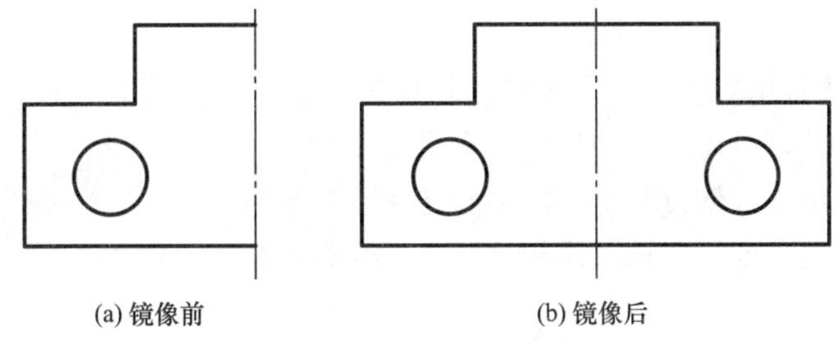

(a) 镜像前　(b) 镜像后

图 2.14　镜像

2) 执行方式

(1) 功能区：【常用】选项卡→【修改】面板→【镜像】按钮。

(2) 菜单：选择菜单【修改(M)】→【镜像(I)】。

(3) 工具栏：单击【修改】工具栏中的【镜像】按钮。

(4) 命令行：在命令行中输入【MIRROR】(或【MI】)。

3) 操作方法

命令：_mirror↙

选择对象：//选择要镜像的对象，然后按【Enter】键完成选择。

指定镜像线的第一点：//指定镜像线的第一点。

指定镜像线的第二点：//指定镜像线的第二点。

要删除对象吗？［是(Y)/否(N)］<N>：//选择是否删除源对象，如图 2.15 所示。

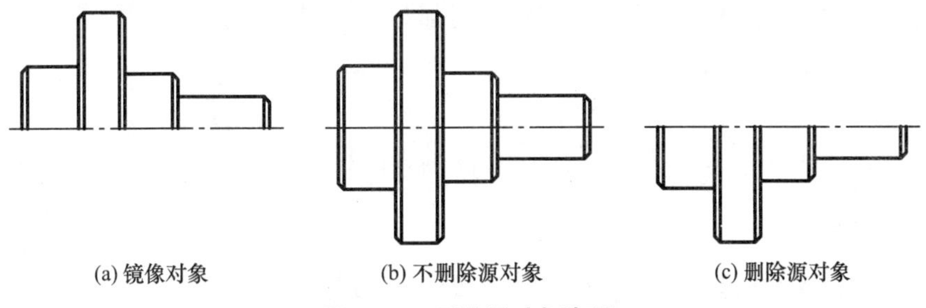

(a) 镜像对象　(b) 不删除源对象　(c) 删除源对象

图 2.15　删除源对象选项

7. 缩放命令

1）功能

将选定的对象以指定点为基点进行比例缩放，如图 2.16 所示。

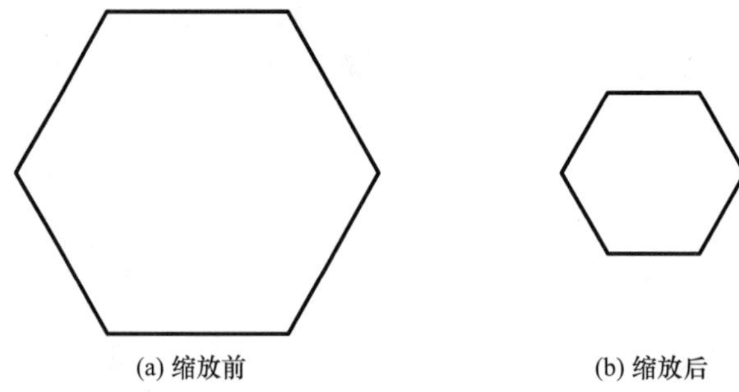

图 2.16　缩放

2）执行方式

（1）功能区：【常用】选项卡→【修改】面板→【缩放】按钮。

（2）菜单：选择菜单【修改(M)】→【缩放(L)】。

（3）工具栏：单击【修改】工具栏中的【缩放】按钮。

（4）命令行：在命令行中输入【SCALE】（或【SC】）。

3）操作方法

命令：_ scale↙

选择对象：//选择要缩放的对象，然后按【Enter】键完成选择。

指定基点：//选择缩放操作的基点。基点将作为缩放操作的中心，并保持静止。

指定比例因子或［复制(C)/参照(R)］：//输入缩放比例或选择括号内的选项。

4）选项说明

（1）复制(C)：设置缩放的同时复制对象，源对象保留不变。

（2）参照(R)：设置按参照长度和指定的新长度缩放选定对象。

特别提示

- 缩放命令不仅能缩放图形，还能缩放文字、标注等。

8. 打断命令

1）功能

将选定的对象做部分删除或将其打断成两部分，如图 2.17 所示。

(a) 打断前　　(b) 打断后

图 2.17　打断

2）执行方式

（1）功能区：【常用】选项卡→【修改】面板→【打断】按钮。

(2) 菜单：选择菜单【修改(M)】→【打断(K)】。

(3) 工具栏：单击【修改】工具栏中的【打断】按钮。

(4) 命令行：在命令行中输入【BREAK】(或【BR】)。

3) 操作方法

命令：_ break↙

选择对象：//选择要打断的对象，并将选择对象时拾取点作为第一个打断点。

指定第二个打断点或［第一点(F)］：//指定第二个打断点或输入 F。

4) 选项说明

第一点(F)：放弃选择对象时的第一个打断点，重新指定第一个打断点。

特别提示

- 在打断圆时按逆时针方向删除圆上第一个打断点到第二个打断点之间的部分。

10. 线性标注

1) 功能

用来标注垂直和水平的线性尺寸，如图 2.18 所示。

2) 执行方式

(1) 功能区：【注释】选项卡→【标注】面板→【线性】按钮。

(2) 菜单：选择菜单【标注(N)】→【线性(L)】。

(3) 工具栏：单击【标注】工具栏中的【线性】按钮。

(4) 命令行：在命令行中输入【DIMLINEAR】(或【DLI】)。

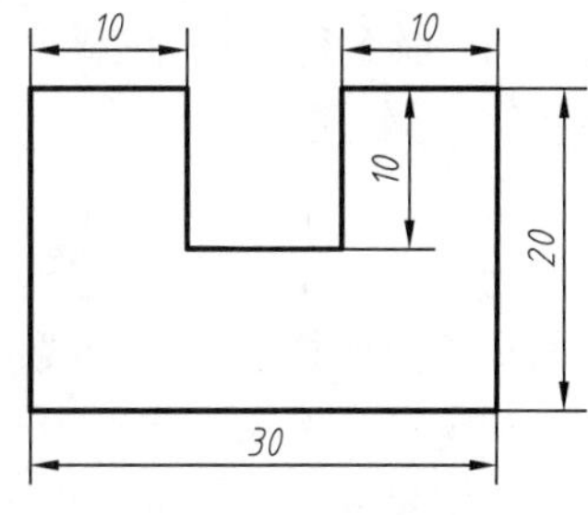

图 2.18　线性标注

3) 操作方法

命令：_ dimlinear↙

指定第一个尺寸界线原点或<选择对象>：//选择尺寸标注的第一个尺寸界线，或直接回车选择要标注尺寸的线段。

指定第二个尺寸界线原点：//选择尺寸标注的第二个尺寸界线。

指定尺寸线位置或［多行文字(M)/文字(T)/角度(A)/水平(H)/垂直(V)/旋转(R)］：//选择尺寸线位置或选择括号内的选项。

4) 选项说明

(1) 多行文字(M)：用多行文字编辑器来编辑标注文字。

(2) 文字(T)：在命令行中输入标注文字。

(3) 角度(A)：设置标注文字的倾斜角度，此选项仅旋转标注文字，旋转后文字与尺寸线不平行，如图 2.19 所示。

(4) 水平(H)：设置尺寸线始终水平放置。

(5) 垂直(V)：设置尺寸线始终垂直放置。

(6) 旋转(R)：设置尺寸线旋转的角度，旋转后文字仍与尺寸线平行，如图 2.20 所示。

11. 对齐标注

1）功能

标注时尺寸线始终与标注对象或两尺寸界线原点的连线平行，如图 2.21 所示。

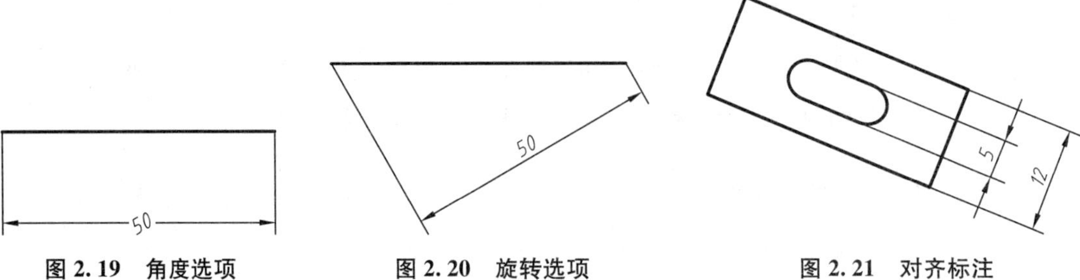

图 2.19　角度选项　　**图 2.20　旋转选项**　　**图 2.21　对齐标注**

2）执行方式

（1）功能区：【注释】选项卡→【标注】面板→【线性】下拉菜单中的【对齐】按钮。

（2）菜单：选择菜单【标注(N)】→【对齐(G)】。

（3）工具栏：单击【标注】工具栏中的【对齐】按钮。

（4）命令行：在命令行中输入【DIMALIGNED】（或【DAL】）。

3）操作方法

命令：_dimaligned↙

指定第一个尺寸界线原点或<选择对象>：//选择尺寸标注的第一个尺寸界线，或直接回车选择要标注尺寸的线段。

指定第二个尺寸界线原点：//选择尺寸标注的第二个尺寸界线。

指定尺寸线位置或［多行文字(M)/文字(T)/角度(A)］：//选择尺寸线位置或选择括号内的选项。

12. 基线标注

1）功能

用于标注基于同一条尺寸界线的尺寸标注，如图 2.22 所示。适用于线性标注、角度标注、坐标标注等。

2）执行方式

（1）功能区：【注释】选项卡→【标注】面板→【连续】下拉菜单中的【基线】按钮。

（2）菜单：选择菜单【标注(N)】→【基线(B)】。

（3）工具栏：单击【标注】工具栏中的【基线】按钮。

（4）命令行：在命令行中输入【DIMBASELINE】（或【DBA】）。

3）操作方法

命令：_dimbaseline↙

指定第二条尺寸界线原点或［放弃(U)/选择(S)］：//选择尺寸标注的第二个尺寸界线或选择括号内的选项。

4）选项说明

选择(S)：重新选择基线进行标注。

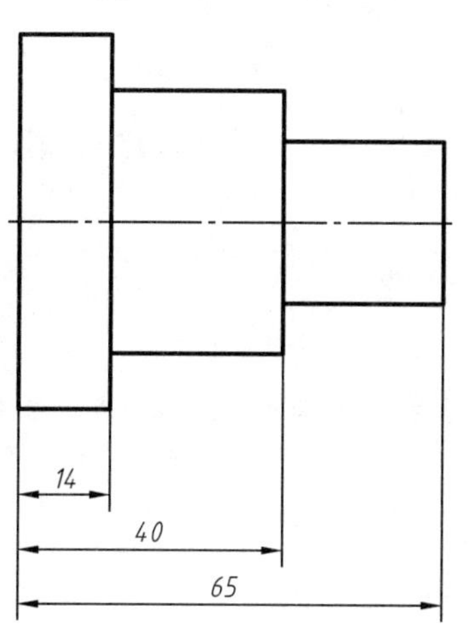

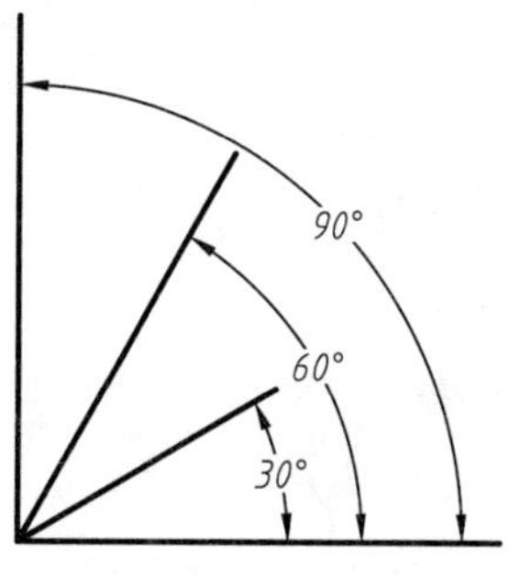

图 2.22　基线标注

特别提示

- 在使用基线标注前，必须先标注一个相关尺寸。
- 基线标注时以上次标注时的第一个尺寸界线作为第一个尺寸界线，因此只需选择第二个尺寸界线。

13. 连续标注

1）功能

用于标注一系列连续的尺寸标注，如图 2.23 所示。适用于线性标注、角度标注、坐标标注等。

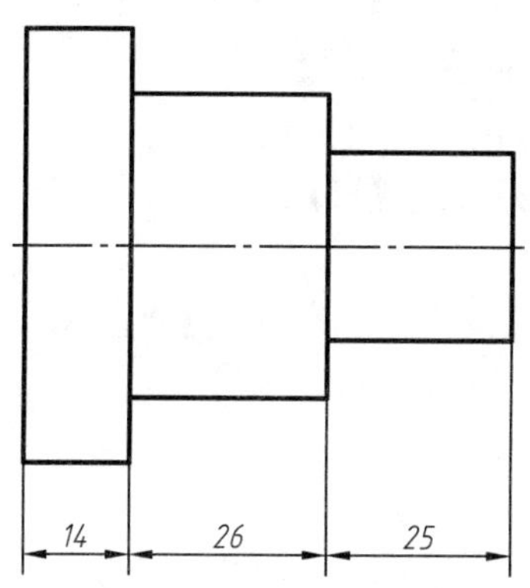

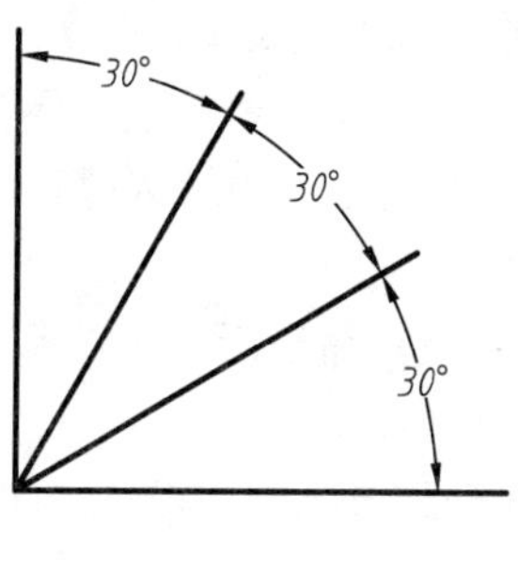

图 2.23　连续标注

2）执行方式

（1）功能区：【注释】选项卡→【标注】面板→【连续】按钮。

（2）菜单：选择菜单【标注(N)】→【连续(C)】。

（3）工具栏：单击【标注】工具栏中的【连续】按钮

(4) 命令行：在命令行中输入【DIMCONTINUE】(或【DCO】)。

3) 操作方法

命令：_dimcontinue↙

指定第二条尺寸界线原点或［放弃(U)/选择(S)］：//选择尺寸标注的第二个尺寸界线或选择括号内的选项。

特别提示

- 在使用连续标注前，必须先标注一个相关尺寸。
- 连续标注时后一个标注均以前一个标注的第二个尺寸界线作为第一个尺寸界线，因此只需选择第二个尺寸界线。

14. 图案填充

1) 功能

使用指定图案来填充图形中指定的封闭区域，常常用于表达剖切面和不同类型物体对象的外观纹理等，被广泛运用于机械图样、建筑图样上，如图 2.24 所示。

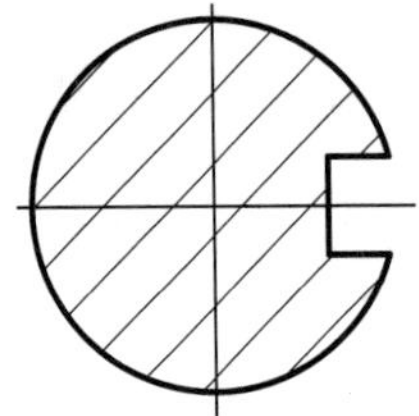

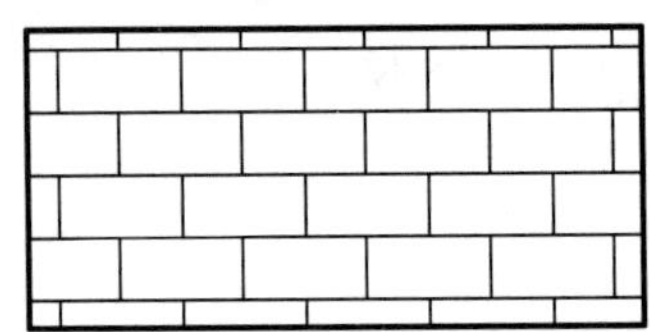

图 2.24　图案填充

2) 执行方式

(1) 功能区：【常用】选项卡→【绘图】面板→【图案填充】按钮。

(2) 菜单：选择菜单【绘图(D)】→【图案填充(H)】。

(3) 工具栏：单击【绘图】工具栏中的【图案填充】按钮。

(4) 命令行：在命令行中输入【HATCH】(或【H】)。

3) 操作方法

执行【图案填充】命令后，系统弹出【图案填充和渐变色】对话框，如图 2.25 所示，各选项卡和按钮含义如下。

(1)【图案填充】选项卡：设置图案类型及参数。

① 类型和图案。

a. 类型：设置填充图案的类型，包括【预定义】、【用户定义】和【自定义】三个选项。【预定义】选项表示用 AutoCAD 2014 软件附带的标准图案文件(ACAD.PAT)中的图案填充；【用户定义】选项表示用一组或两组平行线填充；【自定义】选项表示使用用户自己定义的图案文件中的图案填充。

b. 图案：用于选择标准图案文件中的填充图案，单击按钮，弹出【填充图案选项板】对话框，可预览填充图案，如图 2.26 所示。该选项只有在【类型】中选择【预定义】时才高亮显示。

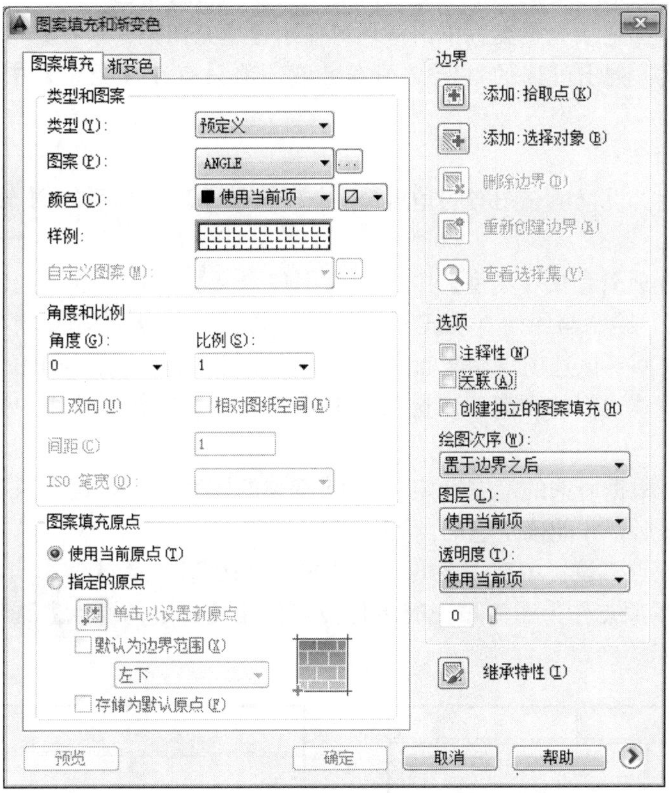

图 2.25　【图案填充和渐变色】对话框

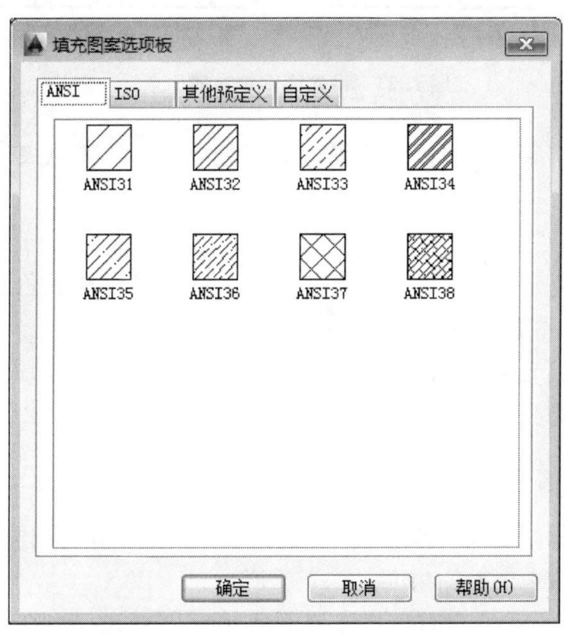

图 2.26　【填充图案选项板】对话框

c. 颜色：使用填充图案和实体填充的指定颜色替代当前颜色。

d. 样例：显示选定填充图案。单击样例可显示【填充图案选项板】对话框。

e. 自定义图案：列出可选的自定义图案。该选项只有在【类型】中选择【自定义】时才高亮显示。

② 角度和比例。

a. 角度和比例：设置填充图案的角度(相对于当前 UCS 坐标系的 X 轴正方向)和填充图案的缩放比例。

b. 双向：该选项只有在【类型】中选择【用户定义】时才可选。选中此选项表示对于用户定义的图案，绘制与原始直线成 90°角的另一组直线，从而构成交叉线。

c. 相对图纸空间：该选项仅用于布局。用于设置相对于图纸空间单位缩放填充图案。

d. 间距：设置线之间的距离。该选项只有在【类型】中选择【用户定义】时才高亮显示。

e. ISO 笔宽：根据所选的笔宽确定与 ISO 有关的图案比例。用户只有在选取了已定义的 ISO 填充图案后，才能确定它的内容。

③ 图案填充原点。设置填充图案的起始位置。默认情况下，【使用当前原点】选项以当前 UCS 坐标系的原点作为图案填充时的原点，使用【指定的原点】选项可设置新的原点，如图 2.27 所示。

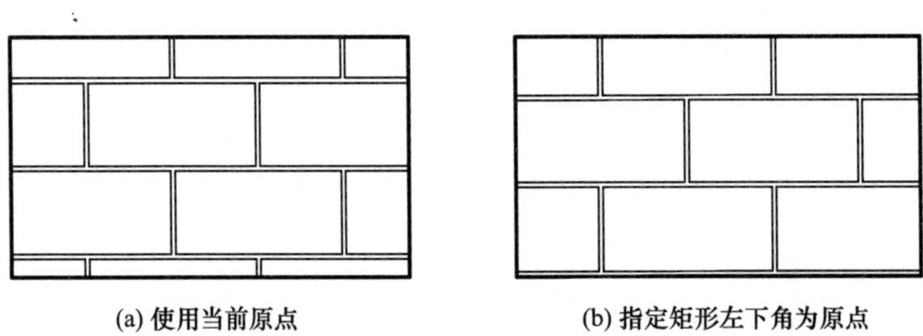

(a) 使用当前原点　　(b) 指定矩形左下角为原点

图 2.27　设置图案填充的原点

(2)【渐变色】选项卡：对填充区域进行渐变色填充。渐变色会产生光的效果，可以为图形添加视觉效果。

① 颜色。

a. 单色：用单色填充所选对象。单击按钮，弹出【选择颜色】对话框，选择需要的颜色，并通过【暗—明】滑块调整渐变效果。

b. 双色：用双色填充所选对象。填充颜色将从颜色 1 渐变到颜色 2。

c. 渐变方式：在渐变色选项卡中有 9 种不同的渐变方式，包括线性、球形和抛物线等。

② 方向。

a. 居中：指定对称渐变色。若没有选择此选项，渐变填充将朝左上方变化。

b. 角度：设置渐变色倾斜的角度。

(3) 边界：在进行图案填充时，首先要确定填充区域边界，在 AutoCAD 2014 软件中，定义边界的对象可以是直线、射线、多线、样条曲线、圆弧、圆、椭圆、椭圆弧、面域等对象，但必须是封闭的区域才能被填充。

① 拾取点按钮：以拾取点的方式自动确定填充区域的边界，系统自动确定包围拾取点的封闭填充边界，如图 2.28 所示。

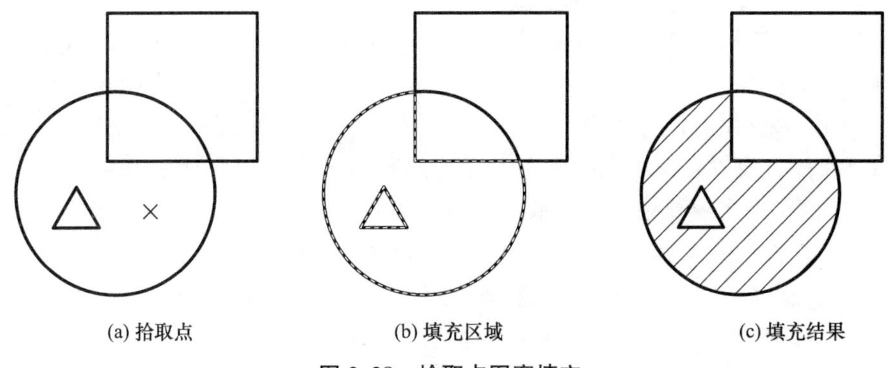

(a) 拾取点　　(b) 填充区域　　(c) 填充结果

图 2.28　拾取点图案填充

② 选择对象按钮：以选取对象的方式确定填充区域的边界，如图 2.29 所示。

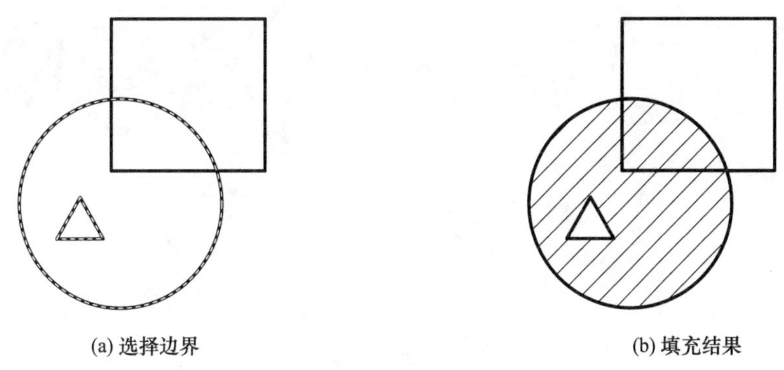

(a) 选择边界　　(b) 填充结果

图 2.29　选择对象图案填充

③ 删除边界按钮：从定义的边界中删除已添加的对象，如图 2.30 所示。

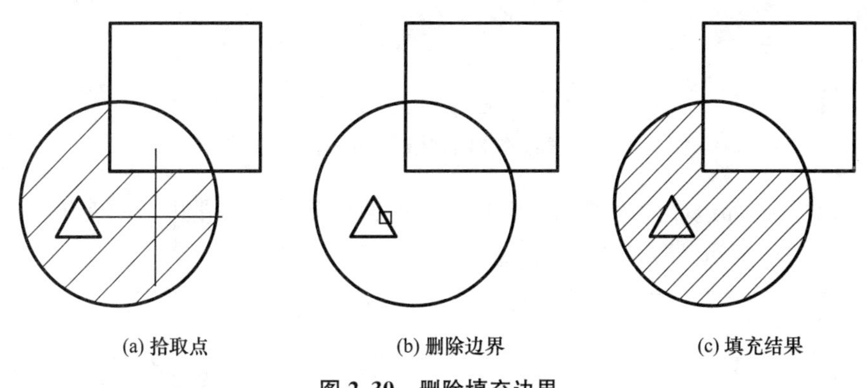

(a) 拾取点　　(b) 删除边界　　(c) 填充结果

图 2.30　删除填充边界

④ 重新创建边界按钮：围绕选定的图形边界或填充对象创建多段线或面域，并使其与图案填充对象相关联。只有在编辑图案填充时，此选项才可选用。

⑤ 查看选择集按钮：用于查看已定义的填充边界。单击该按钮，系统将显示当前

选择的填充边界。

(4) 选项。

① 注释性：设置将填充图案指定为注释性对象。

② 关联：设置图案与边界保持关联关系，当用户修改边界时，填充图案将自动更新。

③ 创建独立的图案填充：设置当指定几个独立的闭合边界时，是创建单个图案填充对象，还是创建多个图案填充对象。

④ 绘图次序：设置图案填充的绘图顺序，图案填充可以放在所有其他对象之后、所有其他对象之前、图案填充边界之后或图案填充边界之前。

⑤ 继承特性按钮：选用图中已有的填充图案作为当前的填充图案。

(5) 孤岛：在【图案填充与渐变色】对话框中，单击右下角的更多选项按钮，此时对话框如图 2.31 所示，可以控制孤岛显示样式。

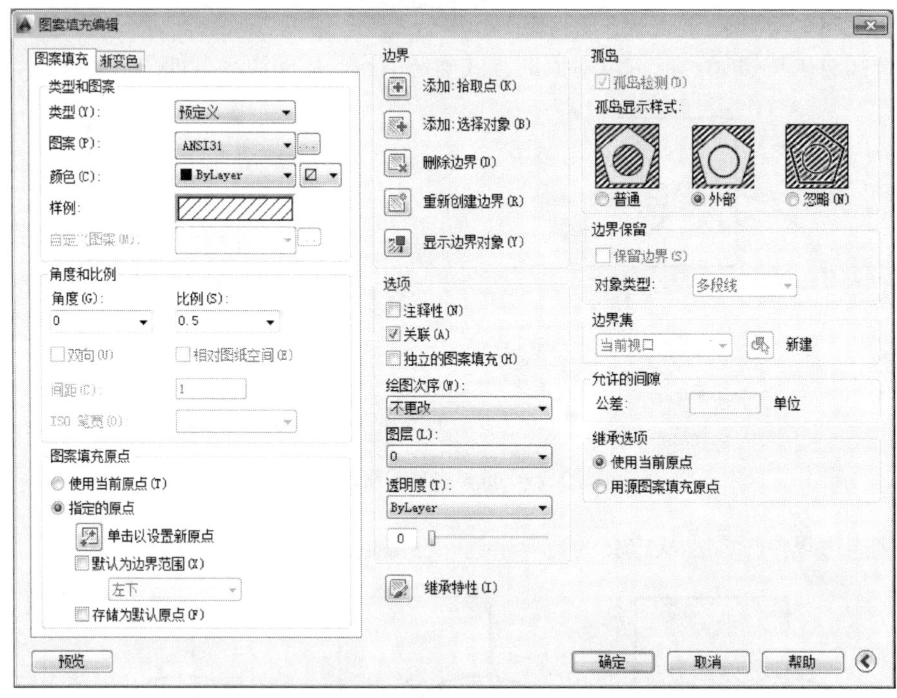

图 2.31 扩展后的【图案填充和渐变色】对话框

① 普通：从外部边界向内填充。遇到一个内部弧岛时，停止进行图案填充，直到遇到该弧岛内的另一个弧岛时，再进行图案填充，如图 2.32(a)所示。

(a) 普通方式

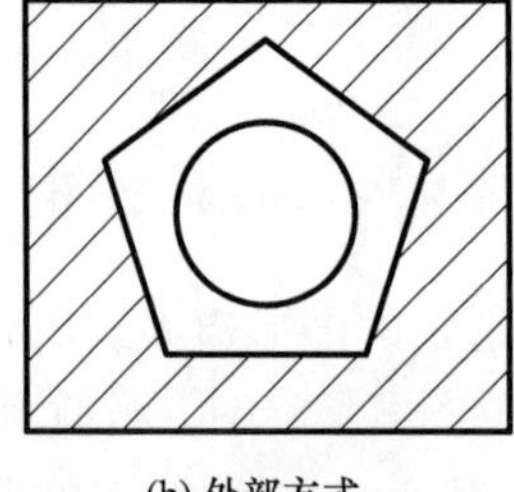

(b) 外部方式

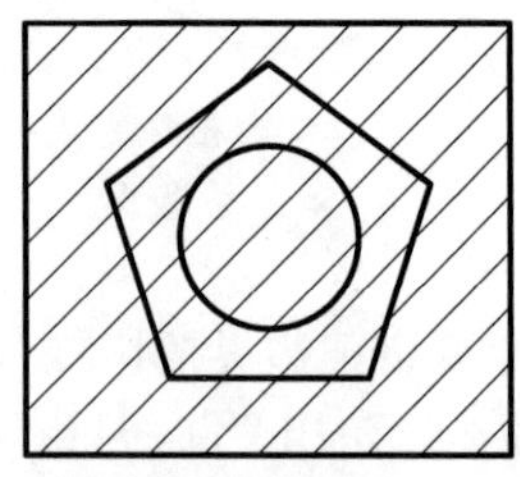

(c) 忽略方式

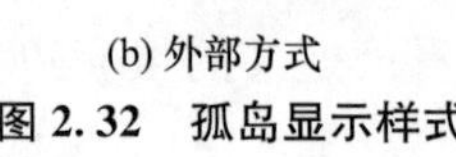

图 2.32 孤岛显示样式

② 外部：从外部边界向内填充。遇到一个内部弧岛时，停止进行图案填充。此选项只对结构的最外层进行图案填充，而图案内部保留空白，如图 2.32(b)所示。

③ 忽略：忽略所有内部对象，填充图案时将通过这些对象，如图 2.32(c)所示。

(6) 边界保留：设置是否将边界保留为对象，并可设置保留的类型为多线段或面域。

(7) 边界集：定义当从指定点定义边界时要分析的对象集。当使用【选择对象】定义边界时，选定的边界集无效。

(8) 允许的间隙：设置将对象用作图案填充边界时可以忽略的最大间隙。默认值为 0，此值指定对象必须是封闭区域而没有间隙。

(9) 继承选项：使用该选项创建图案填充时，将控制图案填充原点的位置。

2.1.4　操作步骤

1. 新建图形文件

单击【标准】工具栏中的【新建】按钮，在弹出的【选择样板】对话框中选择【GBA3.dwg】文件，单击【打开】按钮。

2. 绘制主视图

(1) 单击【图层】工具栏中的【图层控制】下拉箭头，将“中心线”图层设置为当前层。

(2) 打开状态栏中【正交模式】，单击【绘图】工具栏中的【直线】按钮，绘制两条垂直的中心线，如图 2.33 所示。

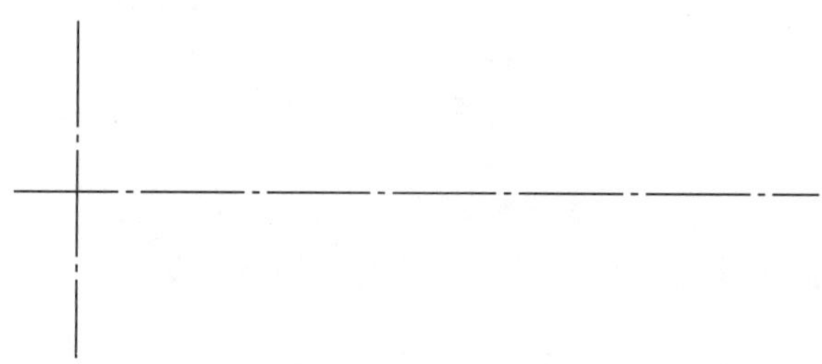

图 2.33　中心线

(3) 单击【修改】工具栏中的【偏移】按钮，对两条中心线分别进行多次偏移，如图 2.34 所示。

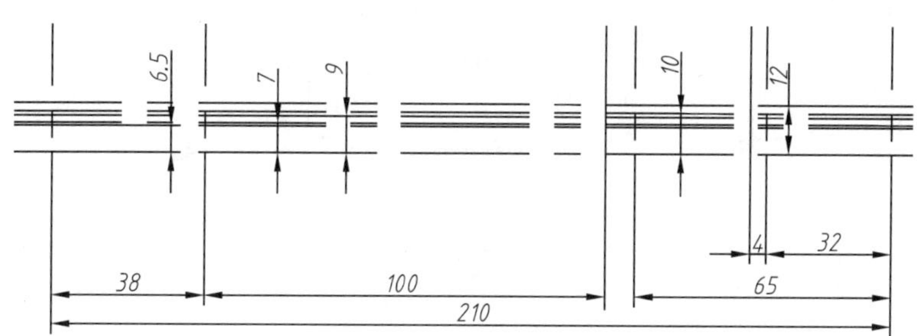

图 2.34　偏移中心线

(4) 选中偏移生成的直线，单击【图层】工具栏中的【图层控制】下拉箭头，选择“细实线”图层，将其所在层改为“细实线”，如图 2.35 所示。

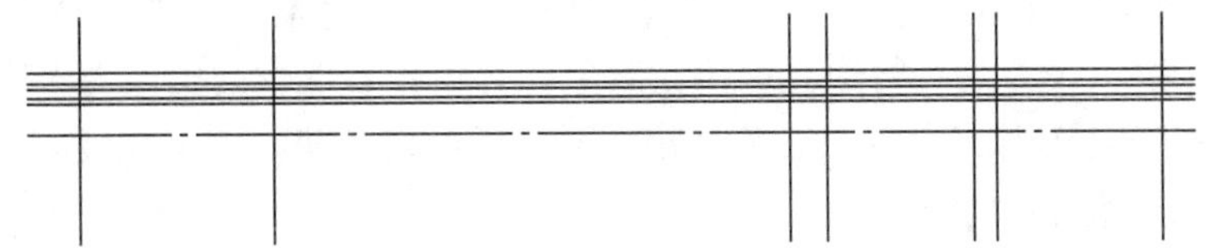

图 2.35　修改直线图层

(5) 单击【图层】工具栏中的【图层控制】下拉箭头，将“轮廓线”图层设置为当前层。将光标放在状态栏【对象捕捉】按钮上右击，在弹出的快捷菜单上设置捕捉端点、交点和垂足，并打开【对象捕捉】。单击【绘图】工具栏中的【直线】按钮，绘制螺杆轮廓线，如图 2.36 所示。

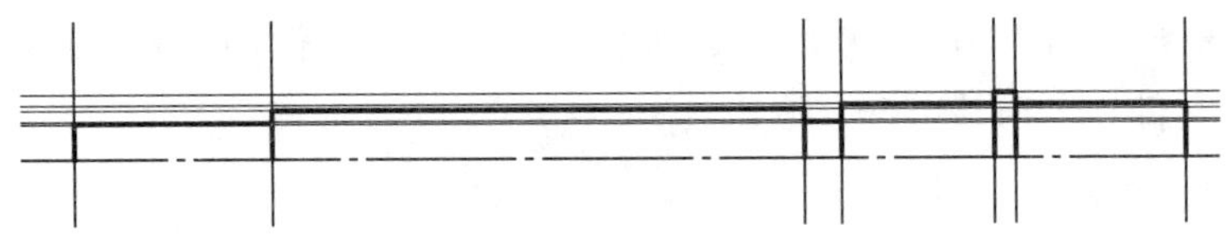

图 2.36　螺杆轮廓线

(6) 单击【修改】工具栏中的【删除】按钮，删除辅助线。单击【修改】工具栏中的【修剪】按钮，修剪细实线，如图 2.37 所示。

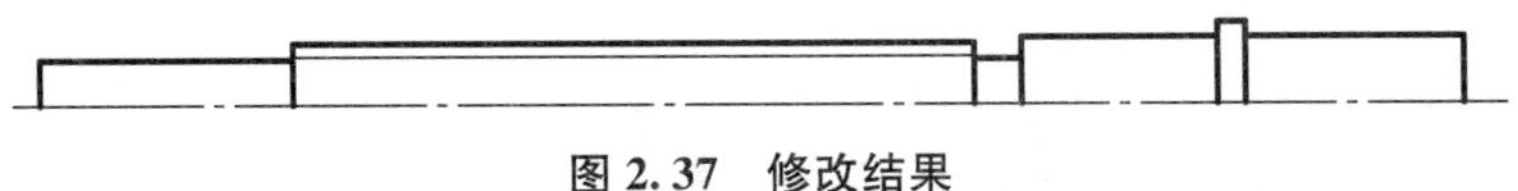

图 2.37　修改结果

(7) 单击【修改】工具栏中的【倒角】按钮，设置距离为 2，创建轴端倒角。单击【绘图】工具栏中的【直线】按钮，绘制倒角处轮廓线，如图 2.38 所示。

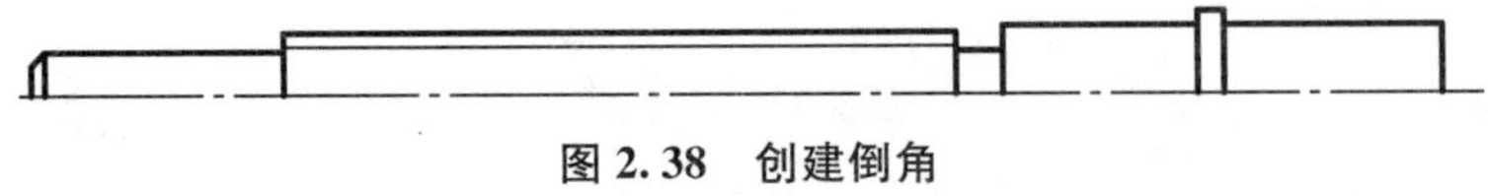

图 2.38　创建倒角

(8) 单击【修改】工具栏中的【镜像】按钮，选择蜗杆上半部轮廓线为镜像对象，选择中心线上任意两点，以中心线为镜像线，镜像复制生成下半个蜗杆如图 2.39 所示。

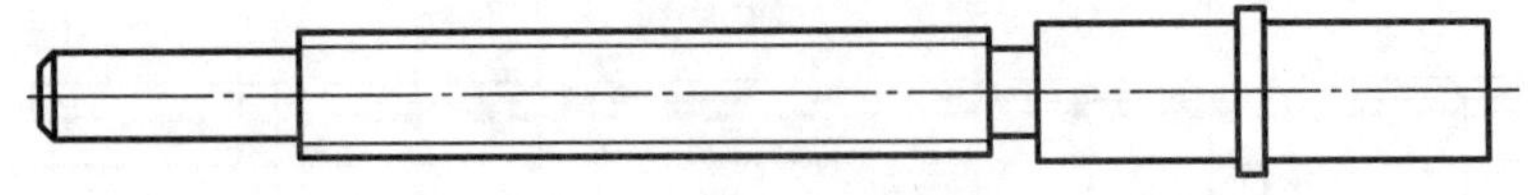

图 2.39　镜像图形

3. 绘制断面图

(1) 单击【图层】工具栏中的【图层控制】下拉箭头，将“中心线”图层设置为当前层。

(2) 打开状态栏中【正交模式】，单击【绘图】工具栏中的【直线】按钮，绘制两条垂直的中心线。

(3) 将“细实线”图层设置为当前层。单击【绘图】工具栏中的【圆】按钮，绘制直径为20的圆，如图2.40所示。

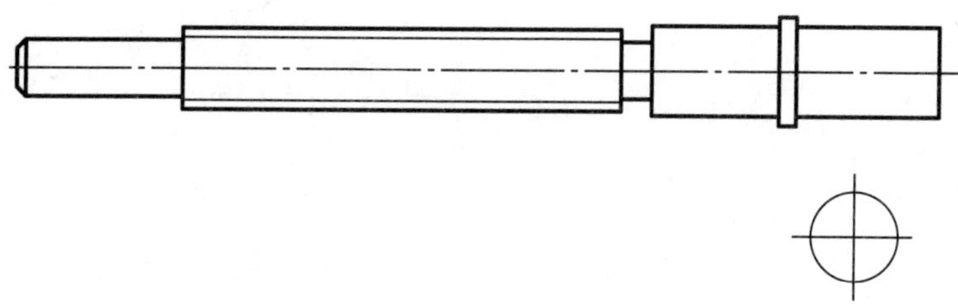

图2.40　绘制圆

(4) 将“轮廓线”图层设置为当前层。单击【绘图】工具栏中的【构造线】按钮，利用角度选项分别绘制通过中心线交点，角度分别为45°和135°的构造线，如图2.41所示。

(5) 单击【修改】工具栏中的【偏移】按钮，设置偏移距离为8，生成断面图轮廓线，如图2.42所示。

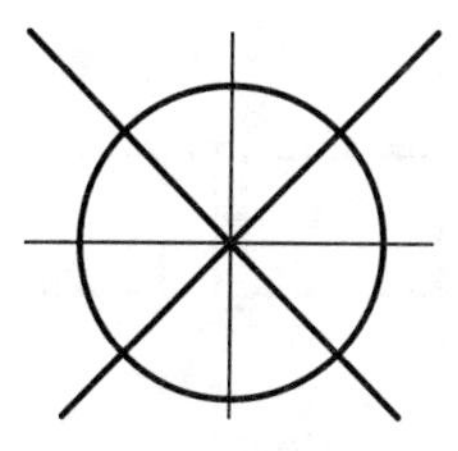

图2.41　绘制构造线

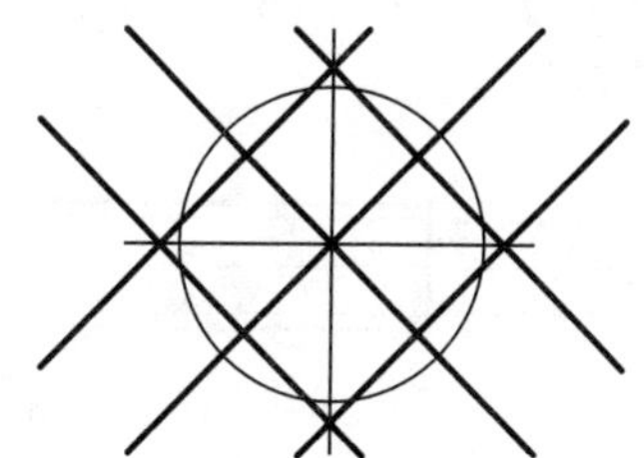

图2.42　偏移构造线

(6) 单击【修改】工具栏中的【修剪】按钮，修剪断面图轮廓线，并删除辅助线，如图2.43所示。

(7) 单击【绘图】工具栏中的【圆】按钮，绘制直径为20的圆，并修剪生成断面图，如图2.44所示。

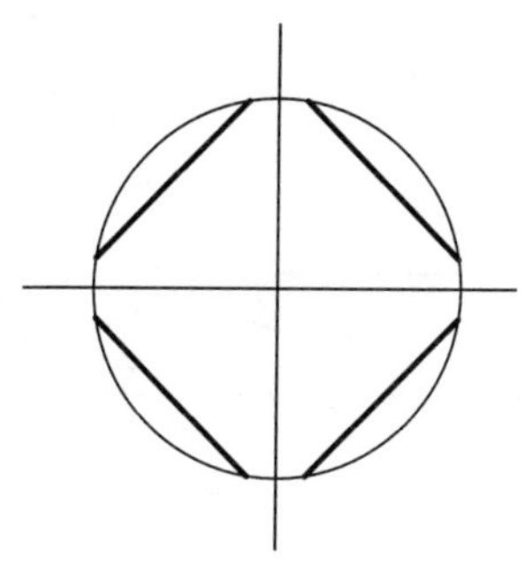

图2.43　修剪构造线

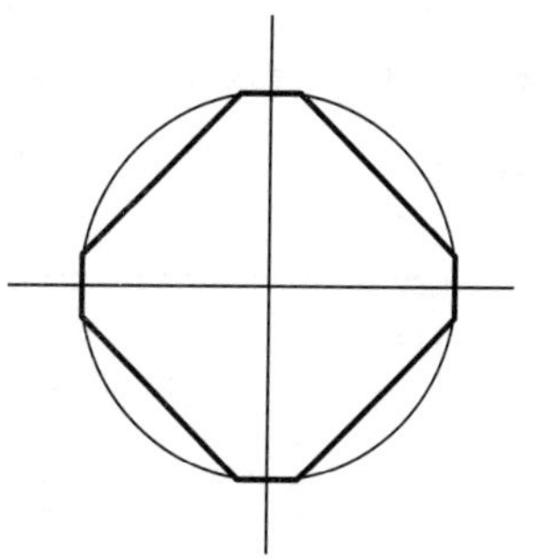

图2.44　断面图

4. 绘制局部放大图

(1) 在打开正交模式的状态下，单击【绘图】工具栏中的【直线】按钮，在命令行中输入直线长度绘制直线，如图 2.45 所示。

(2) 单击【绘图】工具栏中的【样条曲线】按钮，绘制局部放大图波浪线，如图 2.46所示。

图 2.45　绘制直线

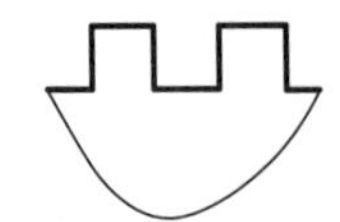

图 2.46　绘制样条曲线

(3) 单击【修改】工具栏中的【缩放】按钮，将局部放大图放大一倍。

特 别 提 示

- 无论图样上采用何种绘图比例，均按 1∶1 绘图后再用缩放命令进行等比缩放。

5. 补画主视图

(1) 单击【修改】工具栏中的【偏移】按钮，设置偏移距离为 24，偏移生成截交线，如图 2.47 所示。

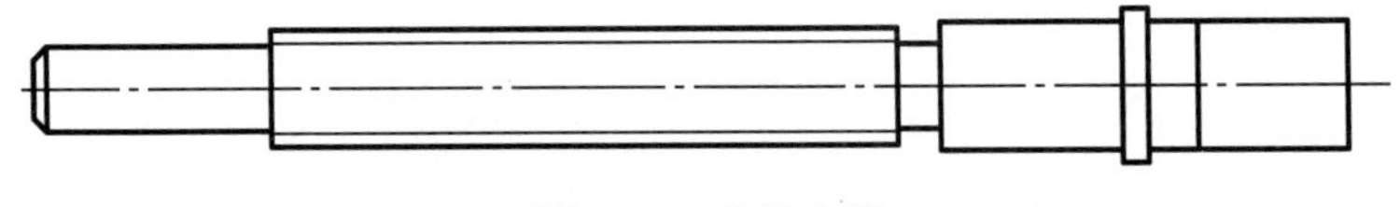

图 2.47　偏移直线

(2) 单击【修改】工具栏中的【复制】按钮，将断面图复制到左视图位置，如图 2.48所示。

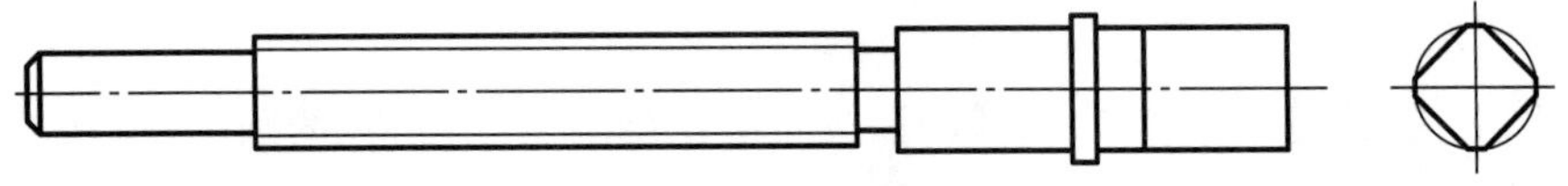

图 2.48　复制断面图

(3) 单击【绘图】工具栏中的【直线】按钮，根据视图对应关系绘制主视图上的截交线，如图 2.49 所示。

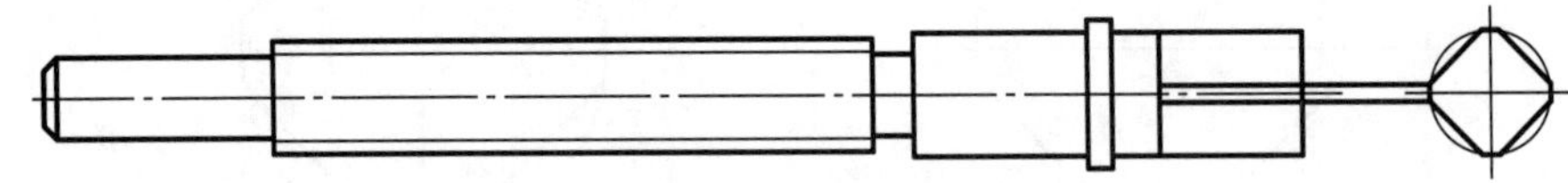

图 2.49　绘制截交线

(4) 单击【修改】工具栏中的【修剪】按钮，修剪截交线，并删除左视图，如图 2.50所示。

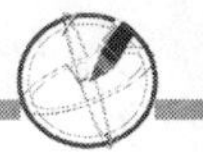

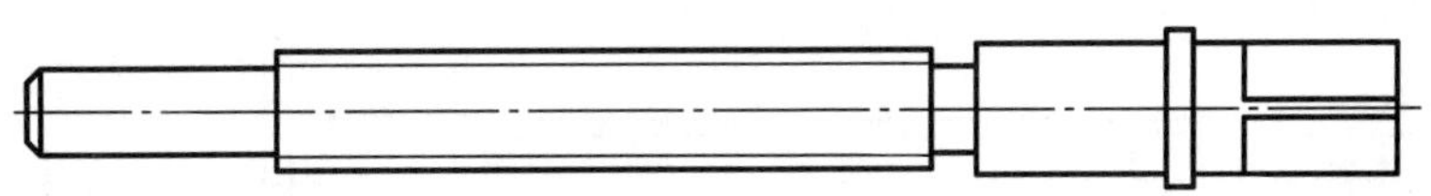

图 2.50　修剪截交线

(5) 将“细实线”图层设置为当前层。单击【绘图】工具栏中的【直线】按钮，绘制直线，如图 2.51 所示。

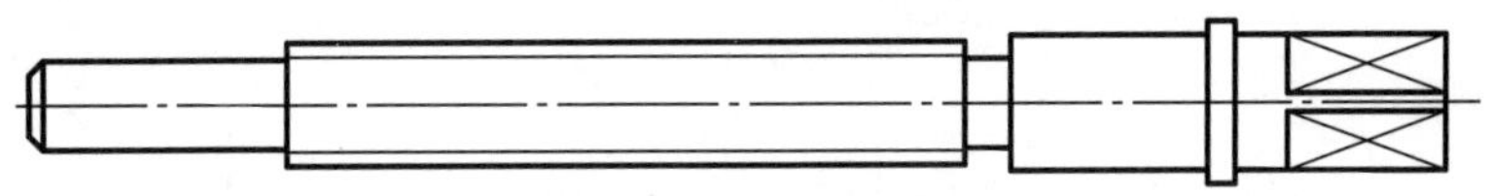

图 2.51　绘制直线

6. 尺寸标注

(1) 将“尺寸标注”图层设置为当前层。单击【标注】工具栏中的【线性】按钮、【基准】按钮、【连续】按钮和【对齐】按钮标注尺寸，如图 2.52 所示。

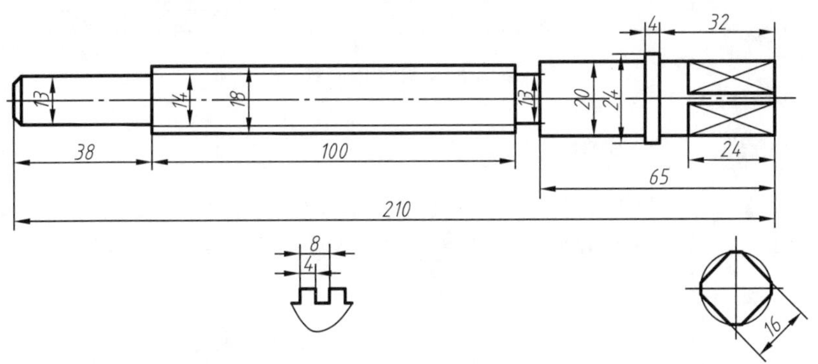

图 2.52　标注尺寸

(2) 双击尺寸 13，尺寸处于编辑状态，在弹出的文字格式对话框中单击符号下拉剪头 @▾，弹出下拉菜单如图 2.53 所示，选择“直径”，在尺寸 13 前插入直径符号。

图 2.53　符号插入

(3) 以相同的方式编辑其他尺寸，结果如图 2.54 所示。

(4) 单击【修改】工具栏中的【打断】按钮，将通过尺寸处的中心线打断，如图 2.55所示。

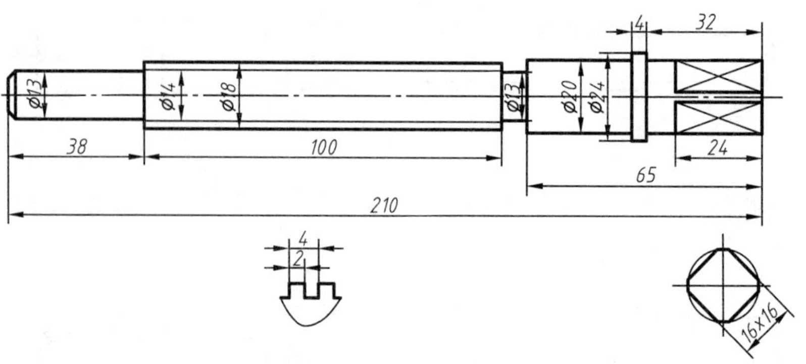

图 2.54　尺寸编辑结果

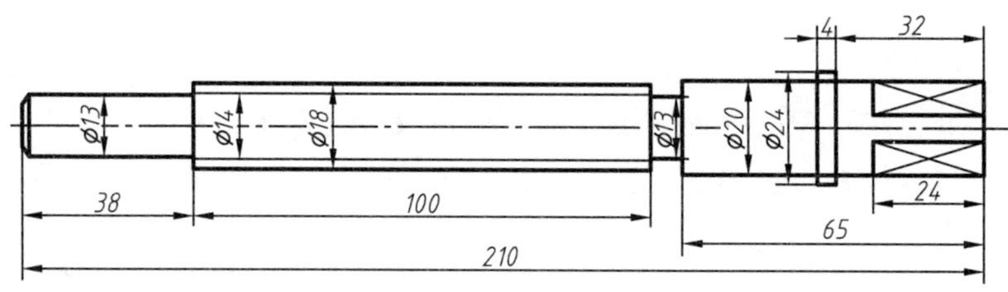

图 2.55　打断中心线

7. 填充剖面线

单击【绘图】工具栏中的【图案填充】按钮，在对话框中设置填充图案 ANSI31，填充比例为 0.5，以拾取点的方式选择填充边界，填充结果如图 2.56 所示。

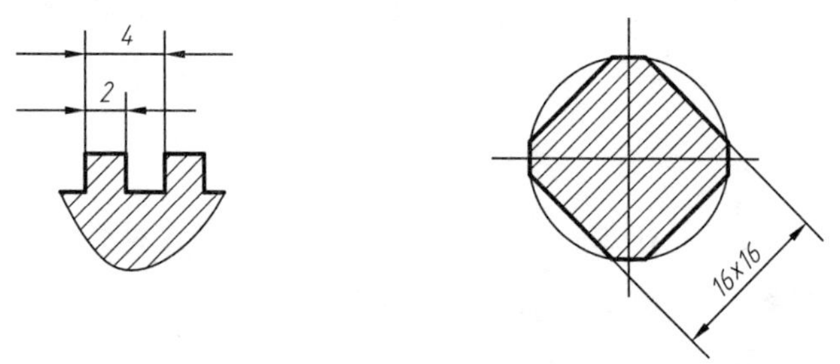

图 2.56　填充剖面线

8. 书写文字

单击【绘图】工具栏中的【多行文字】按钮A，分别输入局部放大图比例、技术要求和标题栏内容，完成蜗杆零件图样的绘制，如图 2.1 所示。

9. 保存文件

单击【标准】工具栏中的【保存】按钮，系统弹出【图形另存为】对话框，在对话框中设置保存路径、文件名和文件类型(.dwg)，单击【保存】按钮，退出对话框。

知识链接

面域

面域是由封闭区域所组成的二维实体对象。这些封闭区域可以是由圆弧、直线、二维多段线、椭圆弧、样条曲线等对象构成的。

1. 创建面域

1) 执行方式

(1) 功能区：【常用】选项卡→【绘图】面板→【面域】按钮。

(2) 菜单：选择菜单【绘图(D)】→【面域(N)】。

(3) 工具栏：单击【绘图】工具栏中的【面域】按钮。

(4) 命令行：在命令行中输入【REGION】(或【REG】)。

2) 操作方法

命令：_ region↙

选择对象：//选择封闭的二维对象，然后按【Enter】键完成选择。

2. 面域的布尔运算

在 AutoCAD 2014 软件中，可以对面域执行【并集】、【差集】及【交集】3 种布尔运算，各种运算效果如图 2.57 所示。

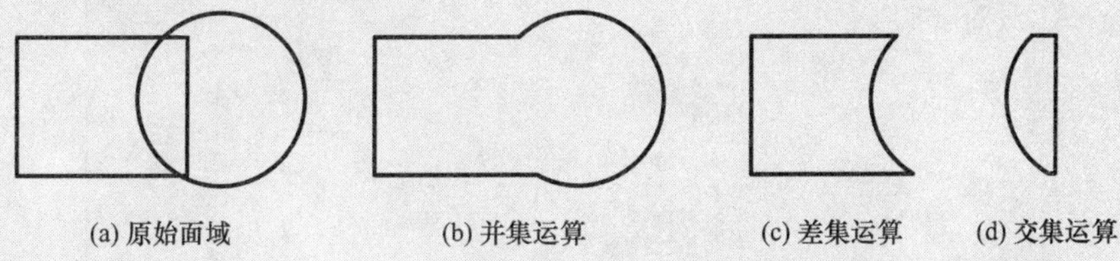
(a) 原始面域　(b) 并集运算　(c) 差集运算　(d) 交集运算

图 2.57　面域布尔运算

1) 执行方式

(1) 功能区：【常用】选项卡→【实体编辑】面板→【并集】按钮/【差集】按钮/【交集】按钮。

(2) 菜单：选择菜单【修改(M)】→【实体编辑(N)】→【并集(U)】/【差集(S)】/【交集(I)】。

(3) 工具栏：单击【建模】工具栏中的【并集】按钮/【差集】按钮/【交集】按。

(4) 命令行：在命令行中输入【UNION】/【SUBTRACT】/【INTERSECT】(或【UNI】/【SU】/【IN】)。

2) 操作方法

命令：_ union/_ subtract/_ intersect↙

选择对象：//选择要进行布尔运算的面域对象，当进行差集运算时选择要从中减去的面域。

3. 从面域中提取数据

面域是二维实体模型，它不但包含边的信息，还有边界内的信息。可以利用这些信息计算工程属性，如面积、质心、惯性等。

1）执行方式

(1) 菜单：选择菜单【工具(T)】→【查询(Q)】→【面域/质量特性(M)】。

(2) 工具栏：单击【查询】工具栏中的【面域/质量特性】按钮。

(3) 命令行：在命令行中输入【MASSPROP】(或【MAS】)。

2）操作方法

命令：_ massprop↙

选择对象：//选择要提取数据的面域对象，然后按【Enter】键完成选择。

执行此命令后，系统自动打开【AutoCAD 文本窗口】，如图 2.58 所示，查询到面域对象的所有特性信息都显示在该窗口中，如面积、周长、边界框、质心、惯性矩、惯性积、旋转半径等。如果用户需要保存这些信息，可以在命令行的提示下输入“Y”选项进行保存。

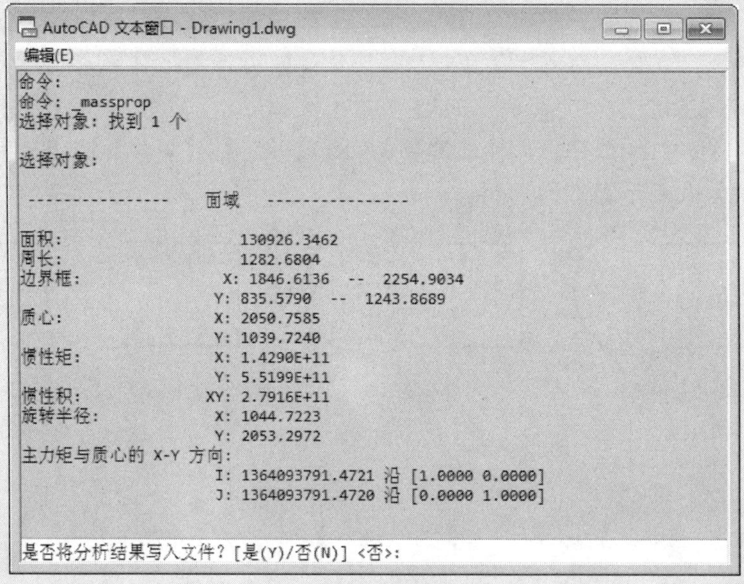

图 2.58 文本窗口

应用案例

利用布尔运算绘制如图 2.59 所示的扳手。

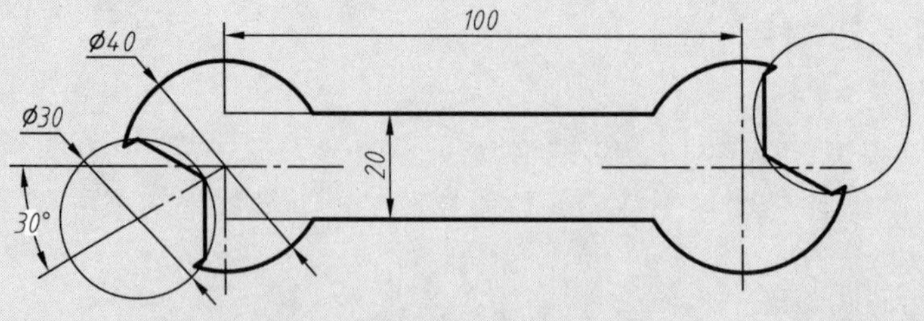

图 2.59 扳手

（1）选择【绘图】工具栏中的【矩形】、【圆】和【多边形】命令绘制如图 2.60 所示图形。

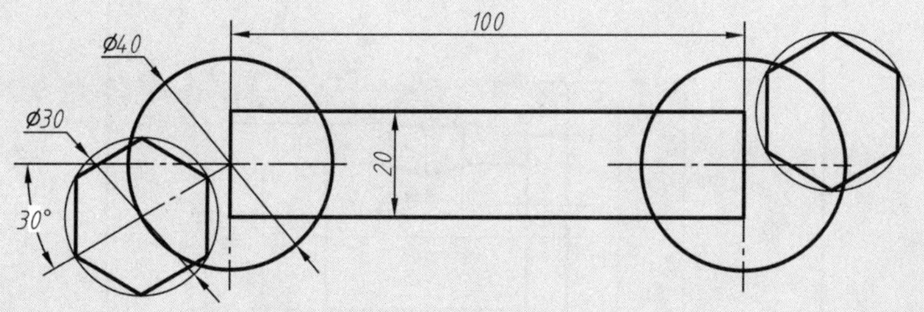

图 2.60　扳手组成图形

（2）单击【绘图】工具栏中的【面域】按钮，分别选择矩形、两个圆和两个正六边形，创建 5 个面域。

（3）单击【建模】工具栏中的【并集】按钮，选择矩形和两个圆，合并 3 个面域，如图 2.61 所示。

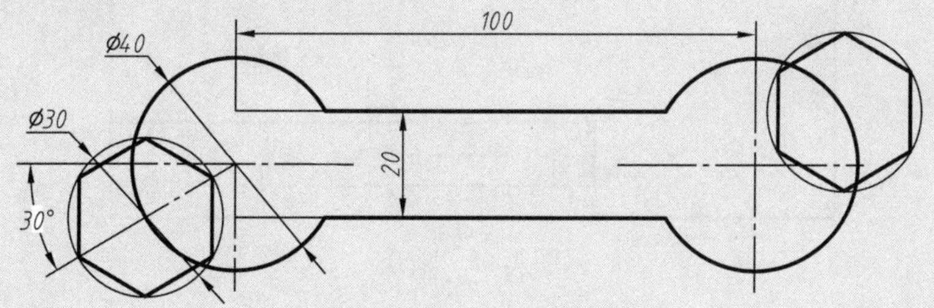

图 2.61　面域并集运算

（4）单击【建模】工具栏中的【差集】按钮，选择合并后的面域为要从中减去的面域，选择两个正六边形为要减去的面域，结果如图 2.59 所示。

小　　结

本章主要介绍了直线、构造线、圆、样条曲线等基本绘图命令，镜像、缩放、倒角、打断等图形编辑命令的操作方法，常见线性尺寸、对齐尺寸、基线尺寸和连续尺寸的标注方法，利用图案填充绘制剖面线的方法。创建轴套类零件工程图样的步骤如下：新建文件→绘制主视图→绘制断面图和局部放大图等辅助视图→标注尺寸和技术要求→书写标题栏文字→保存文件。

习　　题

1. 绘制如图 2.62 所示的轴套零件工程图样。
2. 绘制如图 2.63 所示的蜗轮轴零件工程图样。
3. 绘制如图 2.64 所示的曲轴零件工程图样。

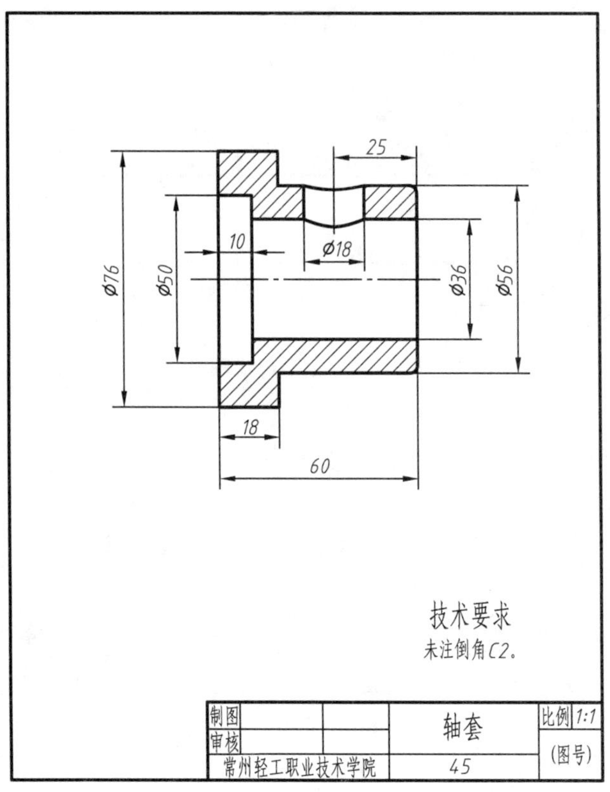

图 2.62　轴套

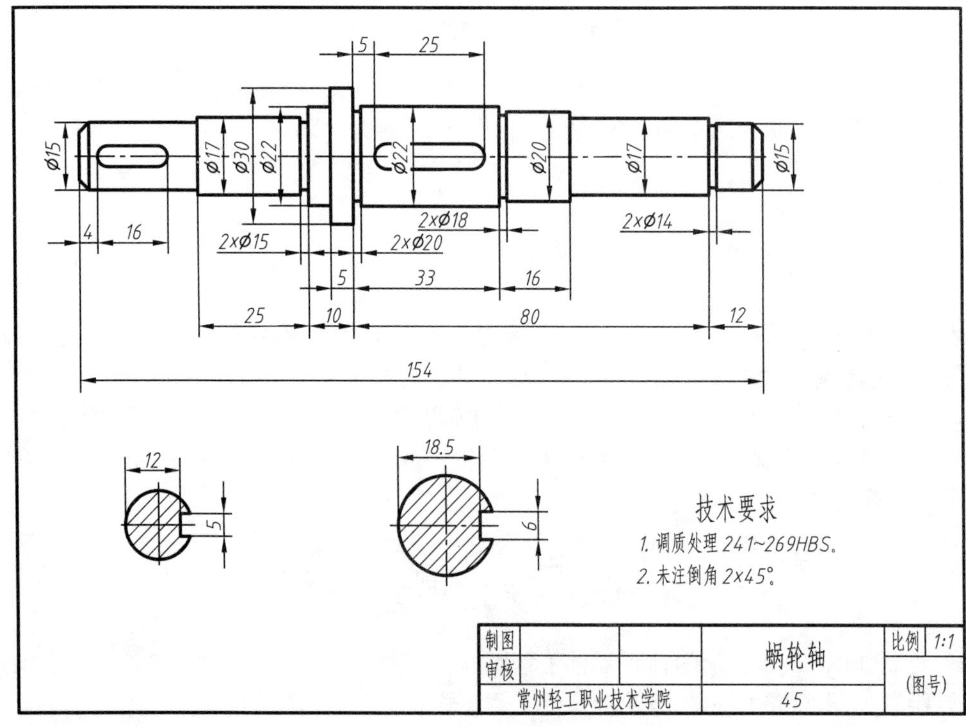

图 2.63　蜗轮轴

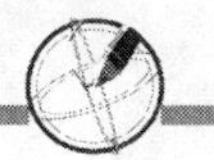

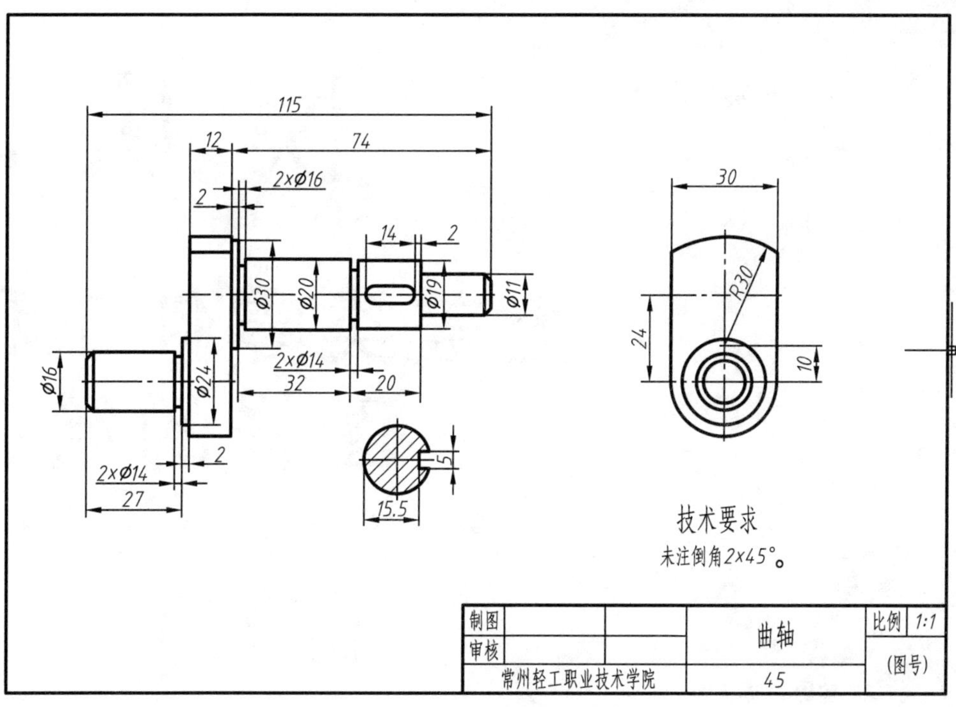

115
12
74
2x∅16
2
14
2
∅30
∅20
∅19
∅11
2x∅14
32
20
∅16
∅24
2x∅14
2
27
5
15.5
30
R30
24
10
技术要求
未注倒角2x45°。
制图
审核
曲轴
比例 1:1
(图号)
常州轻工职业技术学院
45

图 2.64　曲轴

模块 3

盘盖类零件工程图样的绘制

学习目标

掌握分析和识读盘盖类零件工程图样的方法；掌握创建和编辑表格的方法；掌握倒圆角和旋转等常用图形编辑命令的操作方法；掌握带属性的块的创建和插入方法；掌握尺寸标注的编辑方法；掌握盘盖类零件工程图样的绘制方法和步骤。

学习要求

能力目标	知识要点	权重
掌握盘盖类零件的表达方法	盘盖类零件工程图样的组成； 盘盖类零件工程图样的识读	20%
掌握盘盖类零件视图的绘制步骤和方法	表格创建和表格编辑命令； 倒圆角、旋转、打断于点等图形编辑命令； 带属性的块的创建和块的插入命令	40%
掌握盘盖类零件的标注方法	线性直径标注样式的设置和标注方法； 尺寸公差的标注方法； 表格文字编辑； 半径、角度、引线标注	40%

任务 3.1　齿轮零件工程图样的绘制

3.1.1　任务引入

绘制如图 3.1 所示的齿轮零件工程图样。

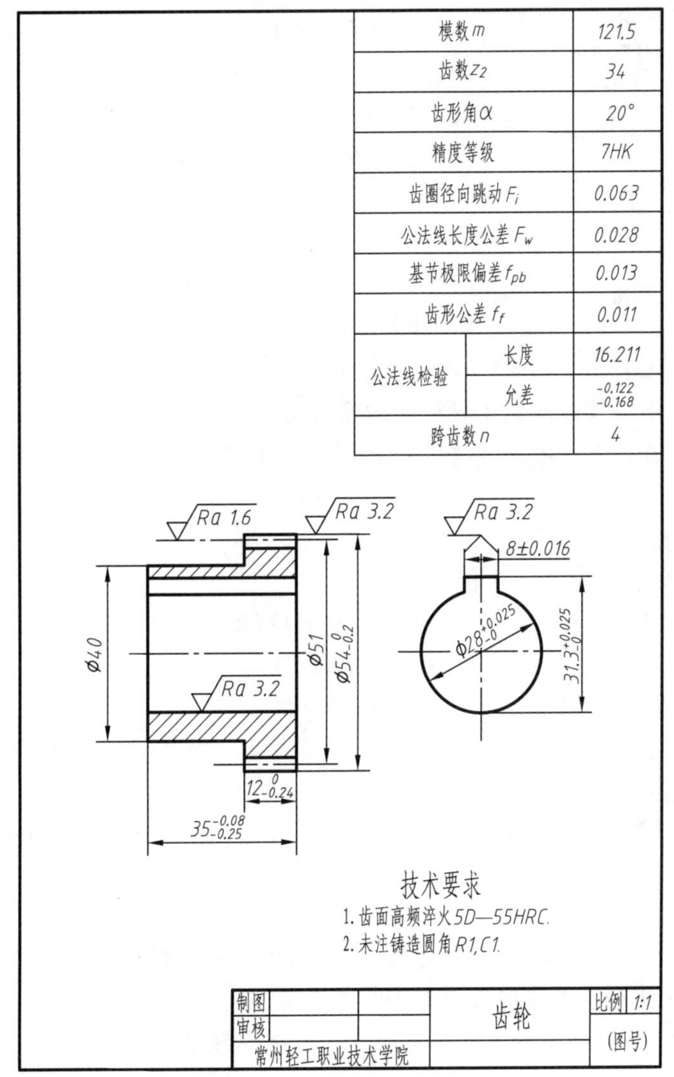

图 3.1　齿轮

3.1.2　任务分析

齿轮是典型的盘盖类零件，此类零件的特点是形状多为扁平的圆形或方形盘状结构，其轴向尺寸相对于径向尺寸小很多。常见的盘盖类零件主体一般由多个同轴的回转体，或由一正方体与几个同轴的回转体组成；在主体上常有沿圆周方向均匀分布的凸缘、肋条、光孔、螺纹孔、销孔等局部结构。常见的盘盖类零件有端盖、齿轮、带轮、链轮、压盖等，这类零件在表达时采用主视图和左视图两个视图。齿轮图样主要采用直线、圆、偏移、修剪、倒角、圆角、表格创建、块的插入等命令完成。

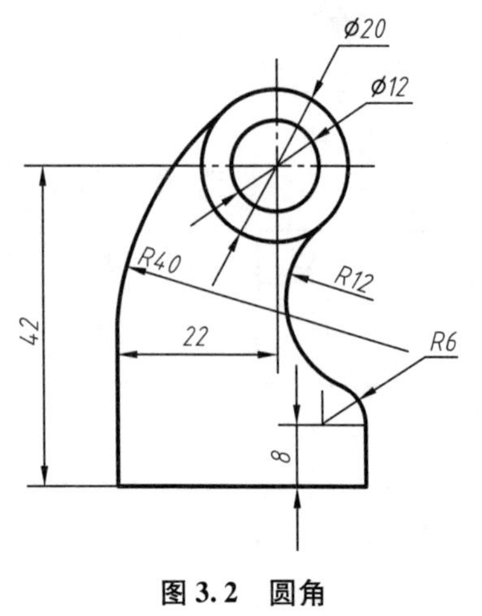

图 3.2　圆角

3.1.3　相关知识

1. 圆角命令

1）功能

圆角命令是指用一条指定半径的圆弧平滑连接两个对象。圆角命令可以平滑连接直线段、非圆弧的多义线段、样条曲线、双向无限长线、射线、圆、圆弧和椭圆，并且可以在任何时候平滑连接多义线段的每个节点，如图 3.2 所示。

2）执行方式

(1) 功能区：【常用】选项卡 →【修改】面板→【圆角】按钮。

(2) 菜单栏：选择菜单【修改(M)】→【圆角(F)】。

(3) 工具栏：单击【修改】工具栏中的【圆角】按钮。

(4) 命令行：在命令行中输入【FILLET】(或【F】)。

3）操作方法

命令：_ fillet↙

当前设置：模式 = 修剪，半径 =0.000。

选择第一个对象或［放弃(U)/多段线(P)/半径(R)/修剪(T)/多个(M)］：R//选择半径进行设置。

指定圆角半径 <0.000>：// 输入圆角半径。

选择第一个对象或［放弃(U)/多段线(P)/半径(R)/修剪(T)/多个(M)］：//选择第一个对象或选择括号内的选项。

选择第二个对象，或按住【Shift】键选择对象以应用角点或［半径(R)］：//选择第二个对象。

4）选项说明

(1) 多段线(P)：在一条二维多段线两直线段的节点处插入圆弧，选择多段线后系统会根据指定的圆弧半径把多段线各顶点用圆弧平滑连接起来。

(2) 修剪(T)：决定在平滑连接两条边时，是否修剪这两条边，如图 3.3 所示。

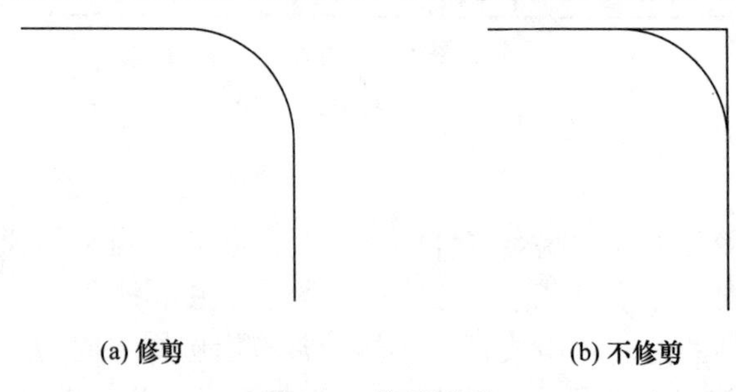

图 3.3　修剪选项

(3) 多个(M)：同时对多个对象进行圆角编辑，而不必重新启用命令。

(4) 按住【Shift】键并选择两条直线，可以快速创建零半径圆角。

特别提示

● 如果在圆之间作圆角，则不修剪圆，而且选取点的位置不同，圆角的位置也不同，系统将根据选取点与切点相近的原则来判断倒圆角的位置，如图 3.4 所示。

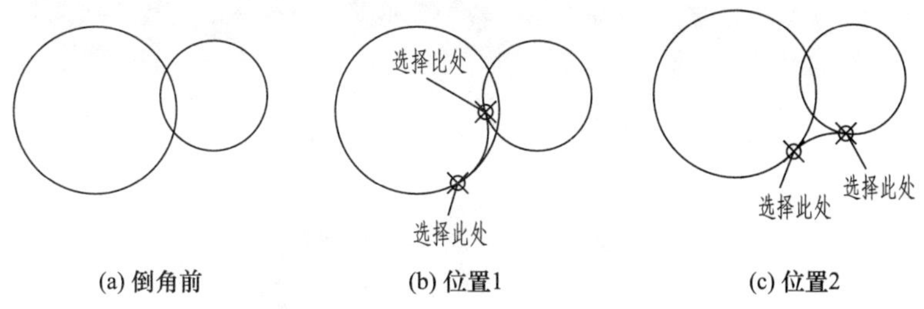

图 3.4　圆之间倒圆角

● 在平行直线间作圆角时，可忽略当前圆角半径，系统自动计算两平行线的距离来确定圆角半径，并从第一线段的端点处作半圆，而且圆角优先出现在较长的一端，如图 3.5 所示。

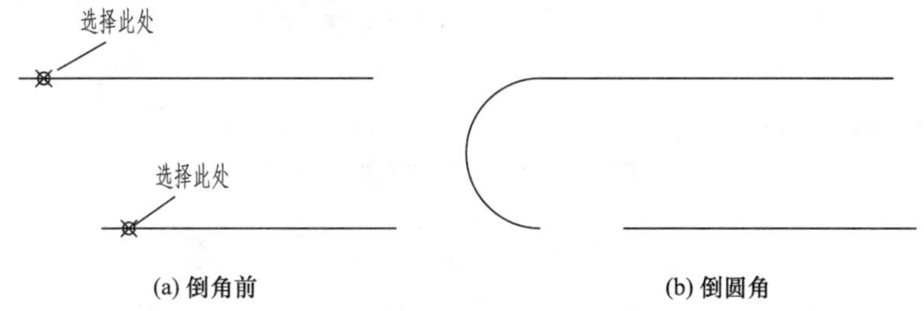

图 3.5　平行线间倒圆角

● 如果倒圆角的两个对象具有相同的图层、线型和颜色，则创建的圆角对象也相同，否则，圆角对象采用当前的图层、线型和颜色。

2. 表格

1) 创建表格样式

(1) 功能。

与文字样式、尺寸标注样式一样，所有 AutoCAD 图形中的表格都有表格样式。表格样式是用来控制表格基本形状和间距的一组设置。模板文件 acad. dwt 和 acadiso. dwt 中定义了名为“Standard”的默认表格样式。

(2) 执行方式。

① 功能区：【注释】选项卡→【表格】面板→【表格样式】按钮。

② 菜单栏：选择菜单栏【格式(O)】→【表格样式(B)】。

③ 工具栏：单击【样式】工具栏中的【表格样式】按钮。

④ 命令行：在命令行中输入【TABLESTYLE】。

（3）操作方法。

执行上述操作后，系统打开【表格样式】对话框，如图 3.6 所示，单击【新建】按钮，系统打开【创建新的表格样式】对话框，如图 3.7 所示。输入新的表格样式名后，单击【继续】按钮，系统打开【新建表格样式】对话框，如图 3.8 所示，从中可以定义新的表格样式，各选项卡和按钮含义如下。

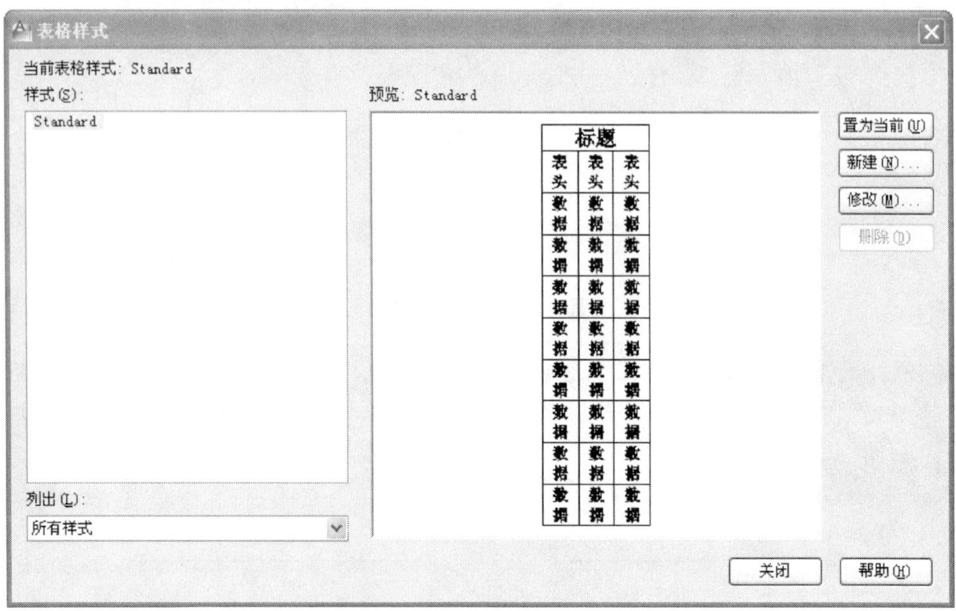

图 3.6　【表格样式】对话框

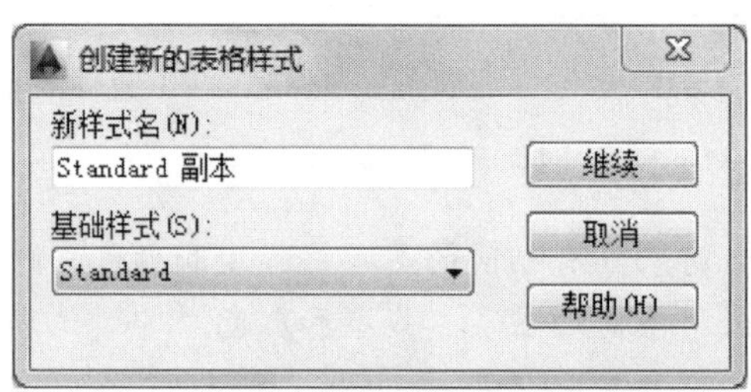

图 3.7　【创建新的表格样式】对话框

① 起始表格：用于选择一个已经存在的表格作为基础表格样式。

② 表格方向：用于控制数据栏格与标题栏格的上下位置关系，其中，“向上”表示创建由下向上的表格，如图 3.9 所示；“向下”表示创建由上向下的表格，如图 3.10 所示。

③ 单元样式：用于设置表格的单元样式或者创建新的单元样式。

a. 单元样式：单元样式指的是组成表格的标题、表头和数据等有关参数，如图 3.11 所示。

b. 创建新单元样式按钮 ：用于创建新的单元样式，与之前的【格式】/【表格样式】/【新建】含义相同。

c. 管理单元样式按钮：用于打开【管理单元样式】对话框，如图 3.12 所示。

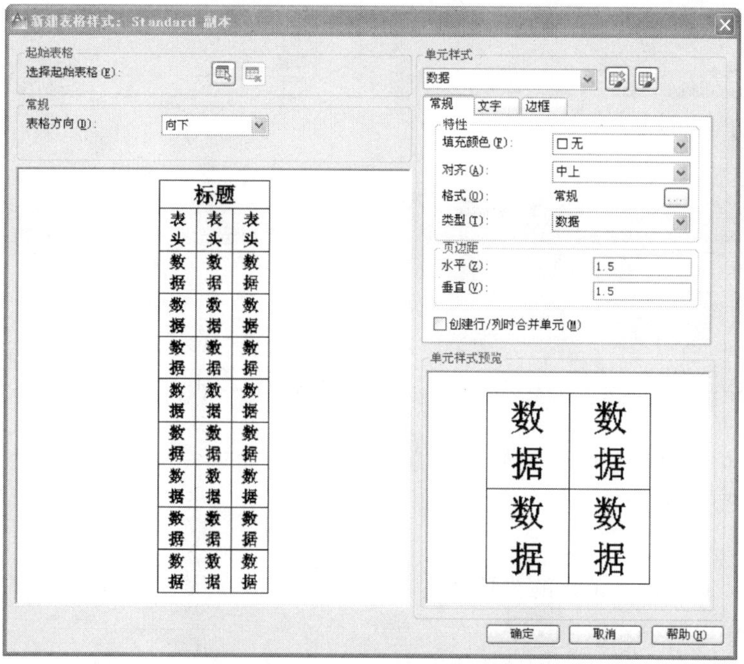

图 3.8　【新建表格样式】对话框

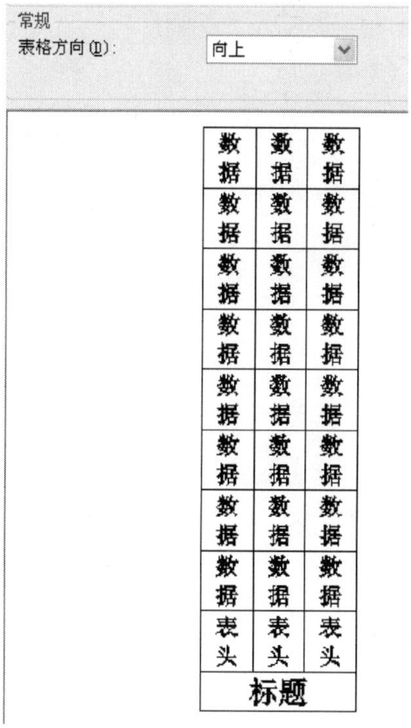

图 3.9　表格方向向上

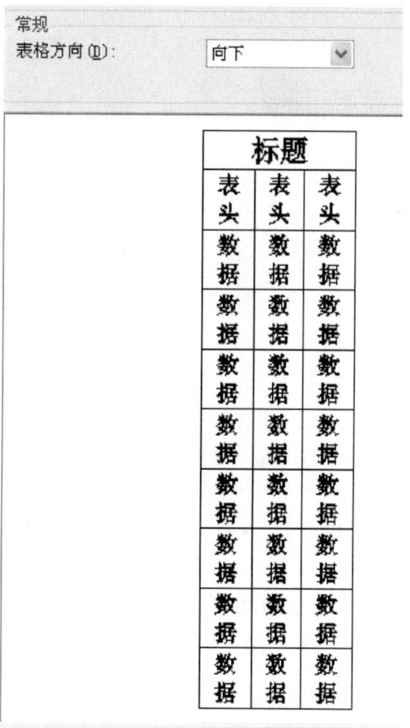

图 3.10　表格方向向下

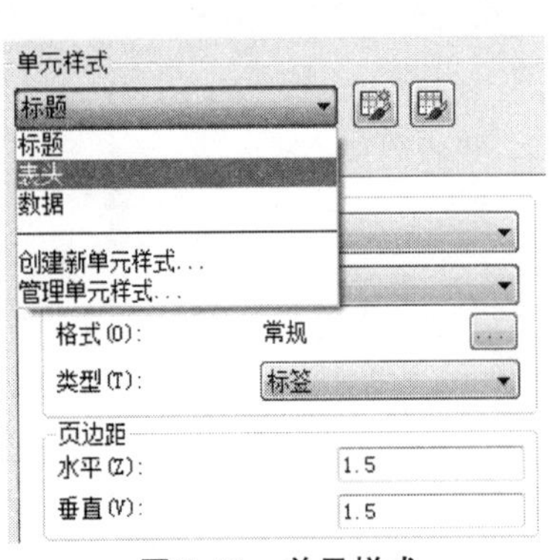

图 3.11　单元样式

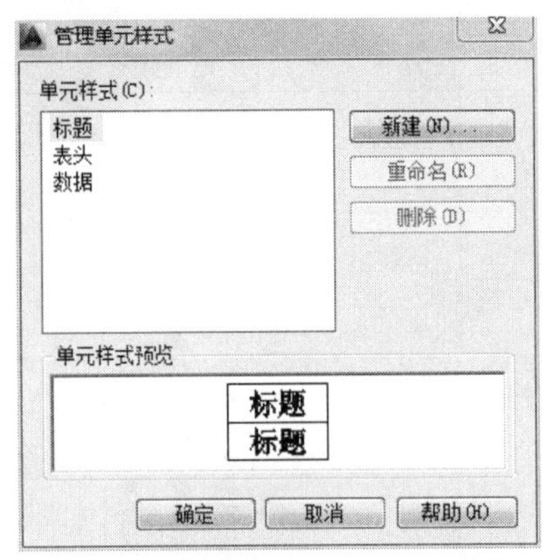

图 3.12　【管理单元样式】对话框

d. 常规：用于对选定的单元样式的常规特性进行设置，包含填充颜色、对齐、格式和类型，如图 3.13 所示。

其中：

填充颜色：用于设置单元的背景色。

对齐：用于设置单元格内文字的对齐方式。

格式：用于对选定的单元样式设置数据类型和格式，单击后面的[...]按钮弹出【表格单元格式】对话框，可以设置百分比、日期、小数等数据类型，如图 3.14 所示。

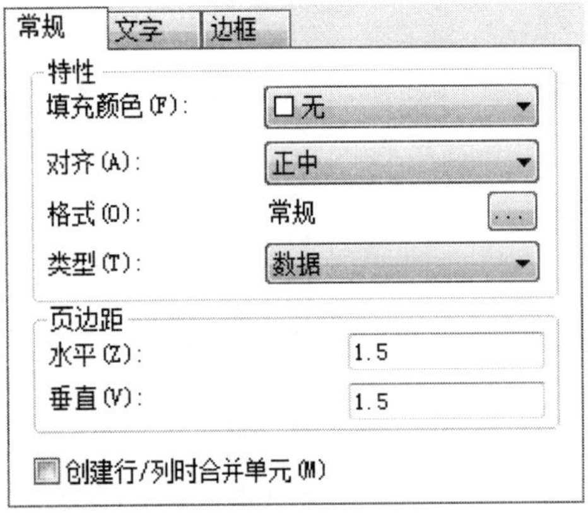

图 3.13　【常规】对话框

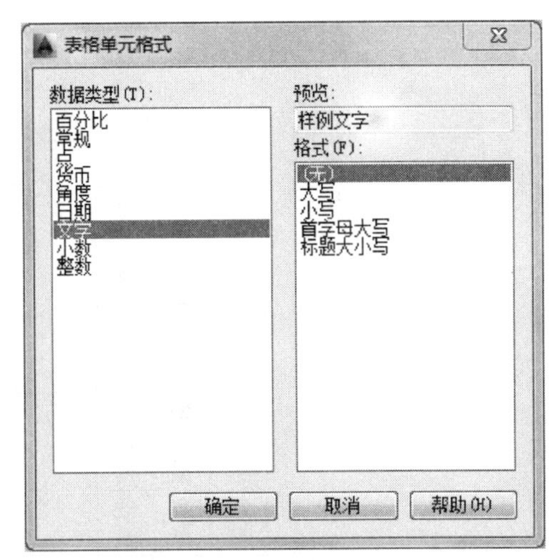

图 3.14　【表格单元格式】对话框

类型：用于设置单元样式的类型，有【标签】和【数据】两种类型。

水平/垂直：用于设置文字与单元格边框上、下、左、右的距离。

创建行/列时合并单元：勾选此项后，创建表格时将合并行或列的单元格，表格效果如图 3.15 所示。

e. 文字：用于对选定的单元样式的文字特性进行设置，如图 3.16 所示。在【文字样式】下拉列表框中可以选择已定义的文字样式并应用于数据文字，也可重新定义文字样式。其中【文字高度】、【文字颜色】和【文字角度】各选项设定的相应参数格式可选择。

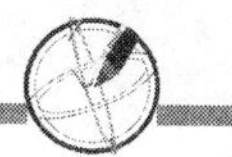

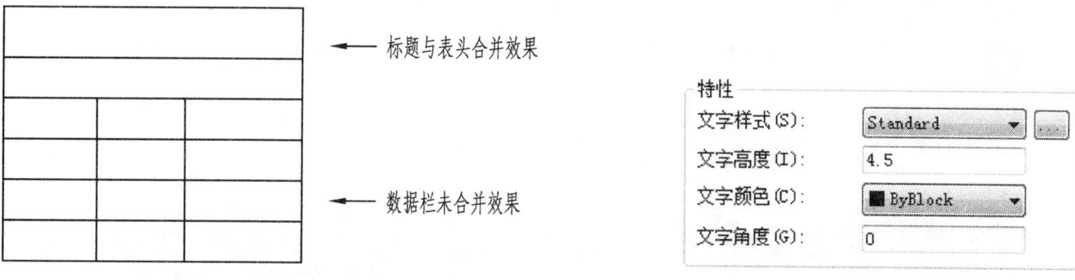

图 3.15　合并单元效果　　　　图 3.16　文字特性设置

f. 边框：用于对选定的单元样式的边框特性进行设置，如图 3.17 所示。选项中【线宽】、【线型】和【颜色】下拉列表框可控制边框线的线宽、线型和颜色；选中【双线】选项后，表格边界将显示为双线，并可通过【间距】来设置双线间距；通过下方的按钮设置边框特性，包括绘制所有数据边框、只绘制数据边框外部边框线、只绘制数据边框内部边框线、无边框线、只绘制底部边框线等。

特别提示

- 如果在【表格样式】对话框中单击【修改】按钮，则将对当前被选中的表格样式进行修改。修改表格样式的方法与新建表格样式的方法类似。

2）创建表格

（1）功能。

可以直接绘制设置好样式的表格，不用绘制由单独图线组成的表格，如图 3.18 所示。

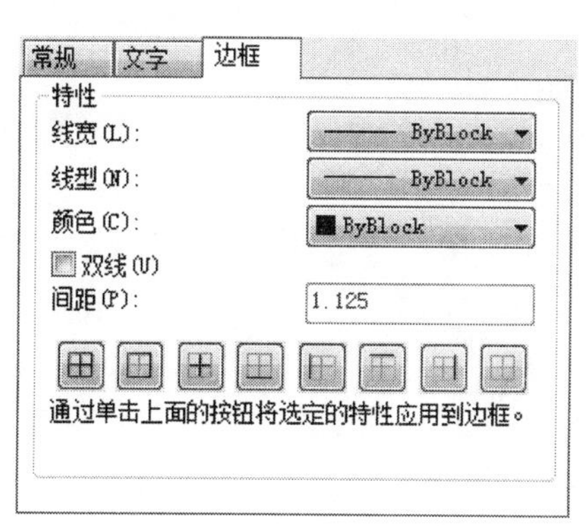

图 3.17　边框特性设置

模数m		121.5
齿数z_2		34
齿形角α		20°
精度等级		7HK
齿圈径向跳动F_i		0.063
公法线长度公差F_w		0.028
基节极限偏差f_{pb}		0.013
齿形公差f_f		0.011
公法线检验	长度	16.211
	允差	-0.122 -0.0168
障齿数n		4

图 3.18　表格

（2）执行方式。

① 功能区：【注释】选项卡→【表格】面板→【表格】按钮。

② 菜单：选择菜单【绘图(D)】→【表格】。

③ 工具栏：单击【绘图】工具栏中的【表格】按钮 。

④ 命令行：在命令行中输入【TABLE】。

(3) 操作方法。

执行以上操作后，系统打开【插入表格】对话框，如图 3.19 所示，各选项卡和按钮含义如下。

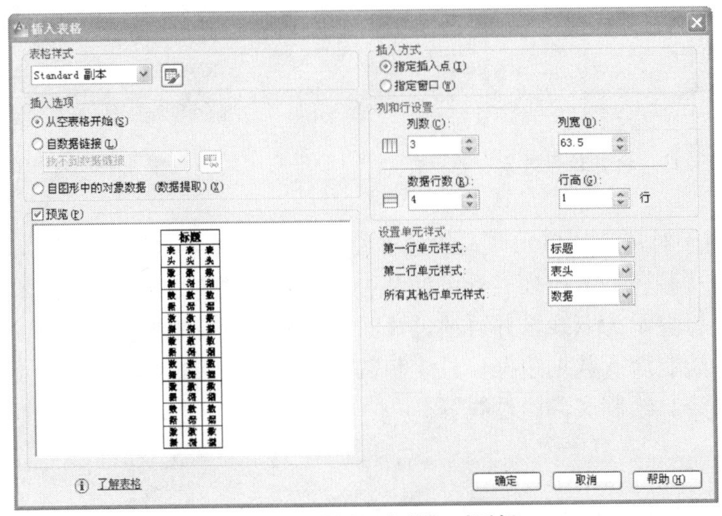

图 3.19 【插入表格】对话框

① 表格样式：用于选择已经设置好的表格样式，或单击右侧按钮可进入【表格样式】对话框。

② 插入选项：指定插入表格的方式。

a. 从空表格开始：这是默认的插入方式，表示插入空表格，可手动输入数据。

b. 自数据链接：从外部电子表格中提取对象数据。

c. 自图形中的对象数据（数据提取）：从图形中提取对象数据。

③ 预览：勾选该选项后，可以预览表格样式。

④ 插入方式：指定表格的位置。

a. 指定插入点：通过指定插入点插入表格。

b. 指定窗口：通过拖拽光标指定表格的大小和位置。

⑤ 列和行设置：设置列和行的数目与间距。注意：这里的列数和行数只是针对“数据”单元样式，不包括标题和表头。

⑥ 设置单元样式：指定行的单元样式。

全部设置完成，单击【确定】按钮，在绘图区域选择一点作为表格的插入点，如图 3.20 所示。单击【文字格式】编辑器中的【确定】按钮，出现如图 3.21 所示的表格。

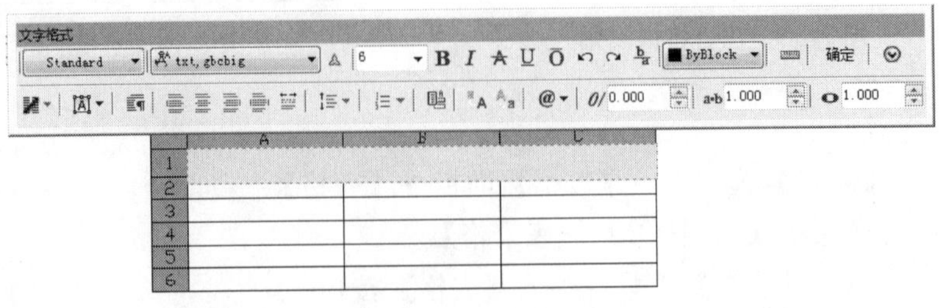

图 3.20 插入表格

图 3.21　完成表格

特别提示

- 插入表格后，【文字格式】编辑器会随表格一起出现，此时可以向表格中输入文字。

3）编辑表格

（1）在表格中填写文字。

① 功能。

在标题行、表头行和数据行中输入文字，如图 3.22 所示。

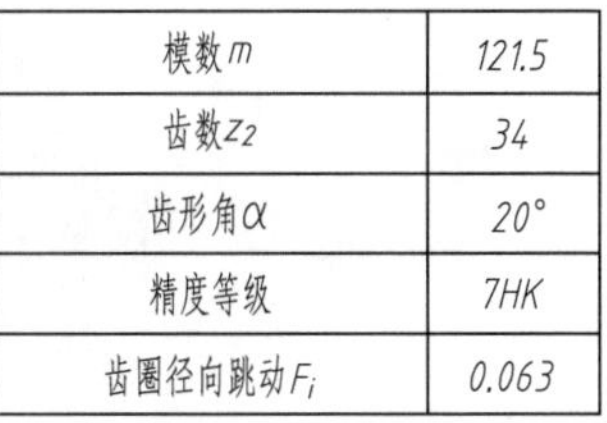

模数m	121.5
齿数z_2	34
齿形角α	20°
精度等级	7HK
齿圈径向跳动F_i	0.063

图 3.22　表格文字

② 执行方式。

a. 快捷菜单：选择表格中的单元格后单击鼠标右键，选择快捷菜单中的【编辑文字】命令。

b. 命令行：在命令行中输入【TABLEDIT】。

c. 快捷方式：在表格单元内双击鼠标左键。

执行以上操作后，如图 3.23 所示，即可输入文字。

图 3.23　编辑表格文字

特别提示

- 在输入文字时，可以通过键盘方向键↑、↓、←、→来移动表格中的光标，另外，Tab 键和 Enter 键也可以移动光标。

（2）修改单元格属性。

① 单击单元格，打开【表格】编辑器，如图 3.24 所示。

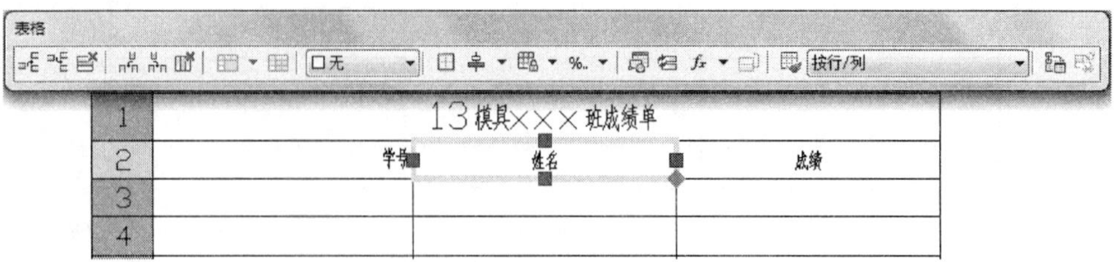

图 3.24　表格编辑器

② 单击鼠标右键，选择【特性】，在【特性】管理器中可以对该单元格内的内容进行修改，如图 3.25 所示。也可双击该单元格，利用【文字格式】编辑器进行文字编辑，如图 3.26 所示。

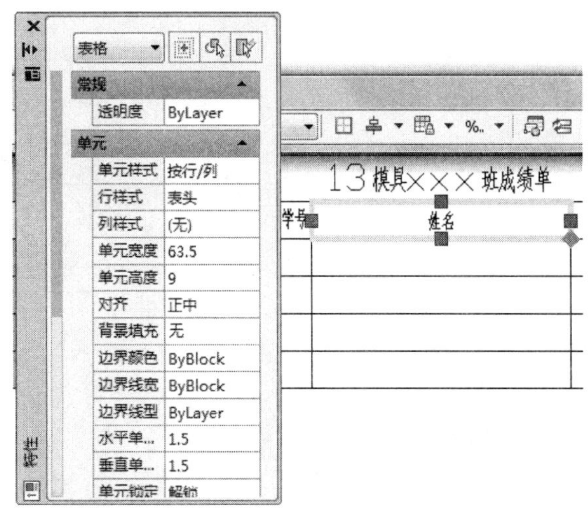

图 3.25　用【特性】管理器修改单元格属性

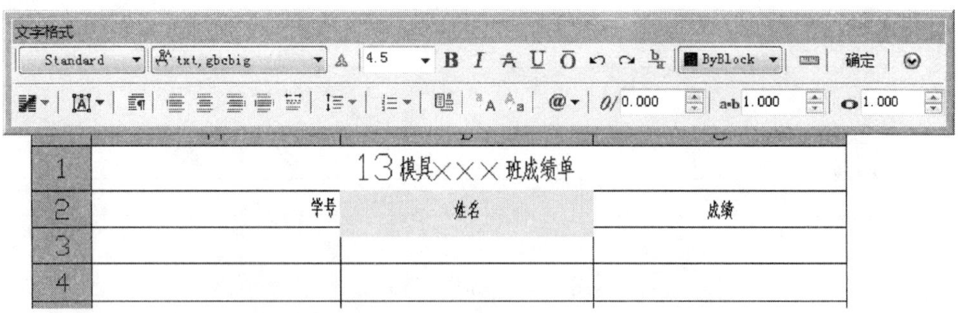

图 3.26　用【文字格式】编辑器修改单元格属性

(3) 向表格中添加行/列。

① 功能。

在已有表格上添加一行或者一列。

② 操作方法。

a. 单击单元格，然后单击鼠标右键，在弹出的快捷菜单中选择【列】，在【列】子菜单中选择【在右侧插入】选项，如图 3.27 所示，即可在选中单元格的右侧插入一列，效果如图 3.28 所示。

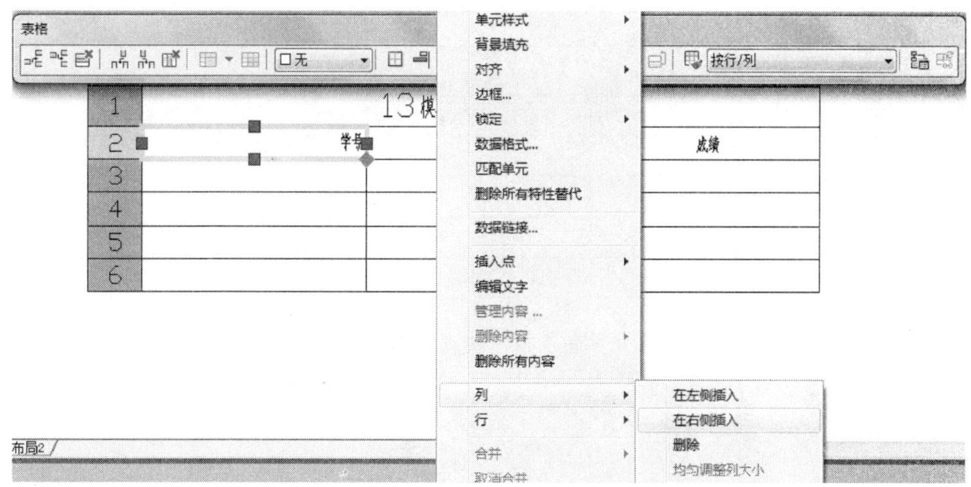

图 3.27　插入列

图 3.28　插入列的效果

b. 用相同的方法可以在表格中添加一行。

(4) 使用夹点编辑法修改表格。

① 功能。

修改表格列宽、整体高度和宽度。

② 操作方法。

a. 单击表格的任意边界以选中整个表格，被选中的表格将显示夹点，夹点位于表格的四周以及每列的顶角，如图 3.29 所示。

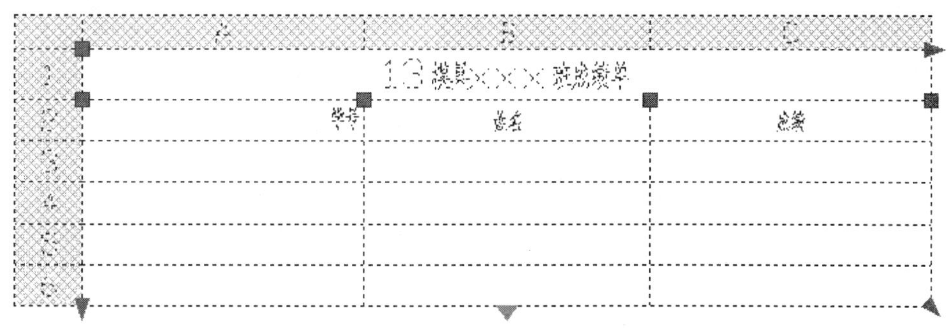

图 3.29　表格夹点

b. 选中第 2 列右边的夹点，然后水平向左拖动夹点到合适的位置并单击，如图 3.30所示，这样第 2 列就被拉窄，并使第 3 列变宽，而表格的整体宽度不变，如图 3.31所示。

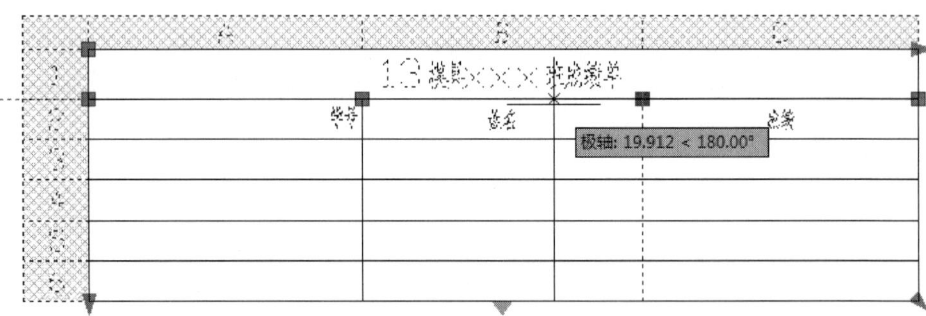

图 3.30　夹点左移

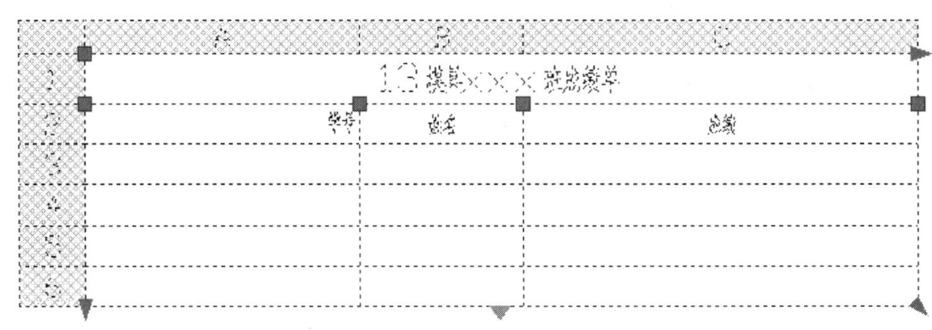

图 3.31　夹点左移效果

c. 在上一步操作中，如果在拖动夹点的时候按住 Ctrl 键，则第 3 列的宽度将保持不变，而表格的整体宽度将变小，如图 3.32 所示。

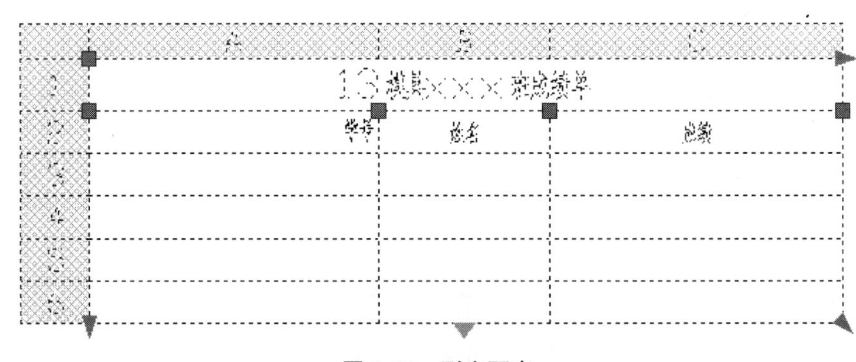

图 3.32　列宽不变

d. 修改表格的整体高度和宽度操作方法。

用鼠标左键单击表格的任意边界以选中整个表，然后单击右下角的夹点将其选中，往右下角方向拖曳夹点到合适的位置并确定，如图 3.33 所示。

3. 线性直径

在零件的非圆视图上标注直径尺寸，必须在尺寸数字的前面加上特殊字符 ϕ，才能显

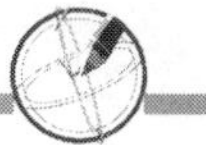

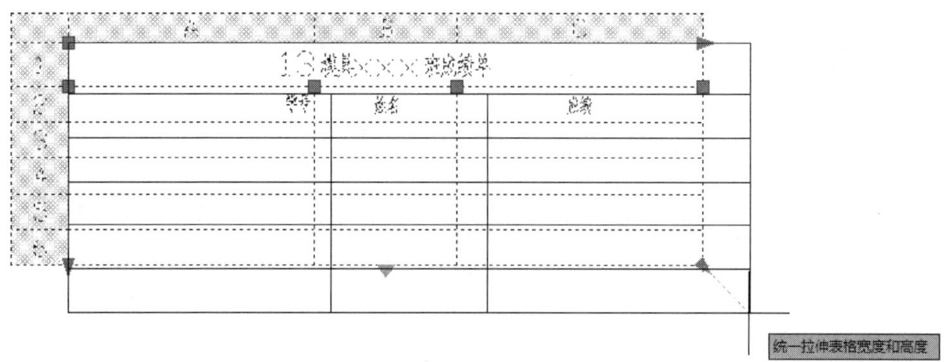

图 3.33　调整表格整体高度和宽度

示为线性直径，如图 3.34 所示。

1）线性直径标注样式的设置

(1) 功能。

设置标注线性直径的尺寸标注样式。

(2) 操作方法。

① 单击【样式】工具栏中的【标注样式】按钮，系统打开【标注样式】对话框，单击【新建】按钮，系统弹出【创建新标注样式】对话框，在【新样式名】中填写“线性直径”，如图 3.35 所示。

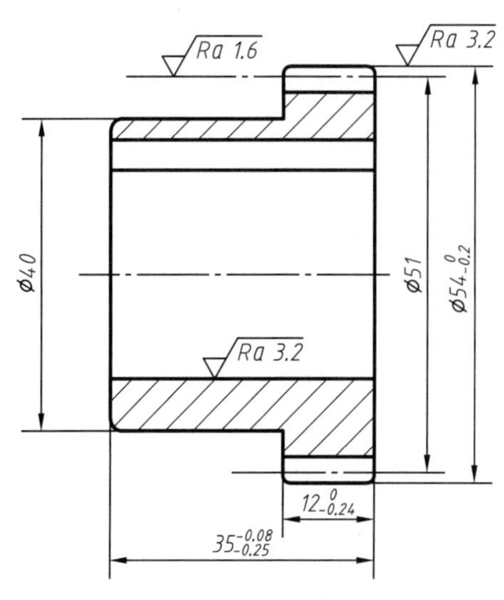

图 3.34　线性直径

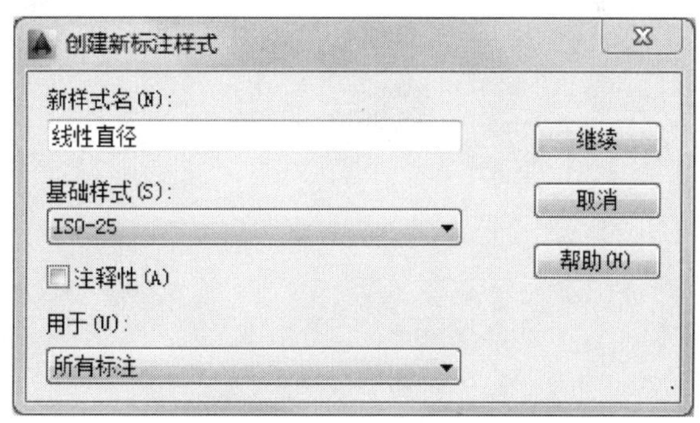

图 3.35　新建【线性直径】标注样式

② 单击【继续】按钮，系统跳出【新建标注样式：线性直径】(以下简称【线性直径】)对话框。在建立【线性直径】的过程中，使用的基础样式是样板文件中的【ISO－25】尺寸样式，因此，在【线性直径】的样式设置中只需修改与基础样式不同之处，在【主单位】选项卡【前缀】中输入%%C，其余设置不变，如图 3.36 所示。

③ 单击【确定】按钮，返回【标注样式管理器】对话框，此时，在【样式】中已存在【线性直径】样式，且当前标注样式为【线性直径】，如图 3.37 所示。

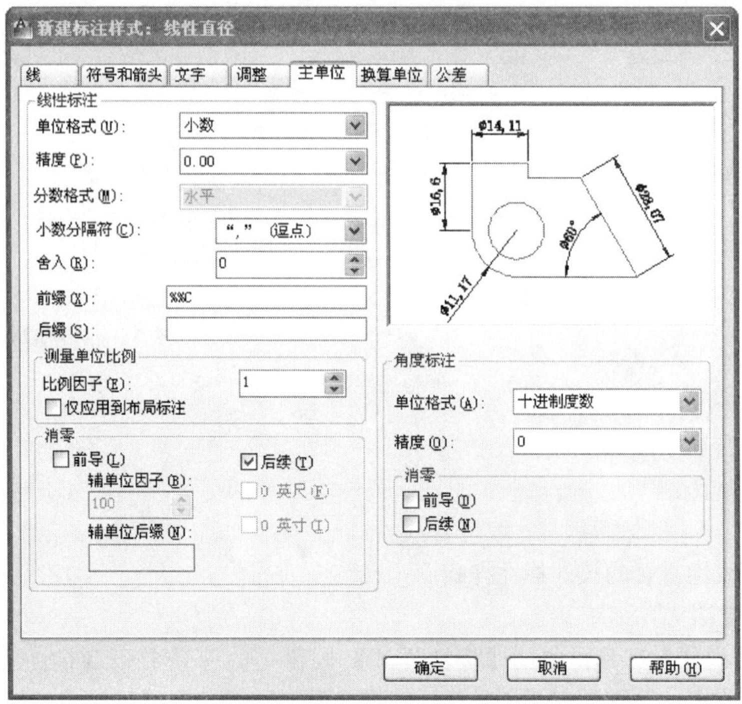

图 3.36　【线性直径】标注样式的设置

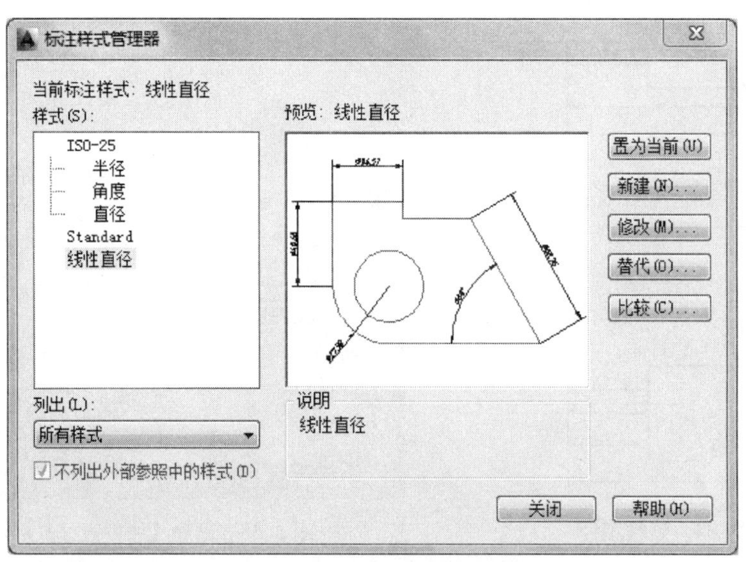

图 3.37　设置【线性直径】样式

2）标注线性直径

标注线性直径可采用【线性标注】命令。

- %%C 是文字样式为 shx 字体时的控制码，所以在【主单位】选项卡【前缀】中

输入%%C时，文字必须是shx字体，如是长仿宋体，则会显示为“?”。

4. 尺寸公差的标注

1）功能

尺寸公差是尺寸误差的允许变动范围，在这个范围内生产出的产品都是合格的。工程图中的零件图或装配图中都必须标注尺寸公差，如图3.38所示。标注尺寸公差的方法有四种。

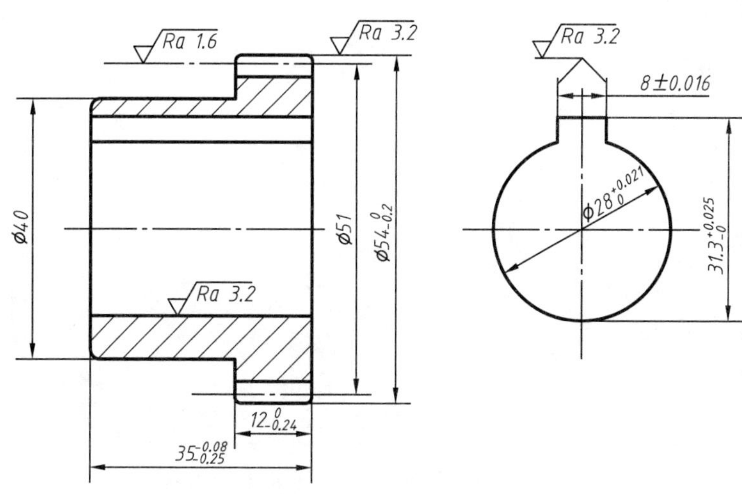

图3.38　尺寸公差

(1) 使用公差样式标注。

① 单击【样式】工具栏中的【标注样式】按钮，系统打开【标注样式管理器】，单击【新建】按钮，出现【创建新标注样式】对话框，设置【新样式名】为【公差样式】，如图3.39所示。

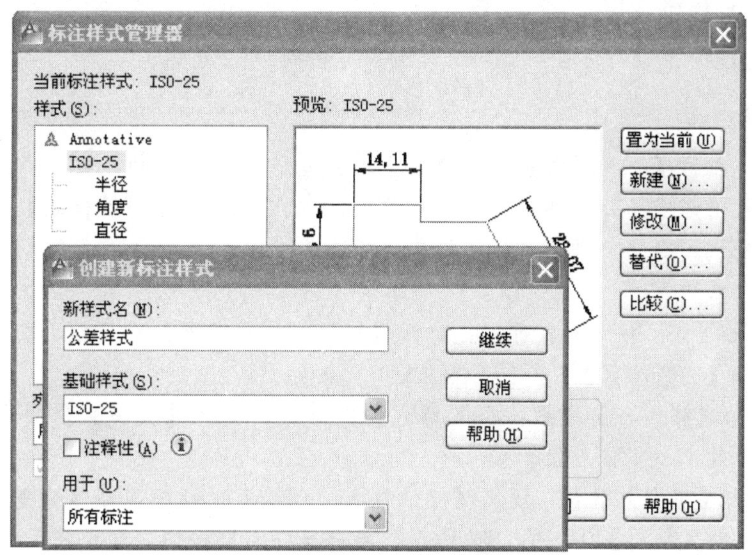

图3.39　新建【公差样式】标注样式

② 单击【继续】按钮，出现【新建标注样式：公差样式】对话框，如图 3.40 所示。

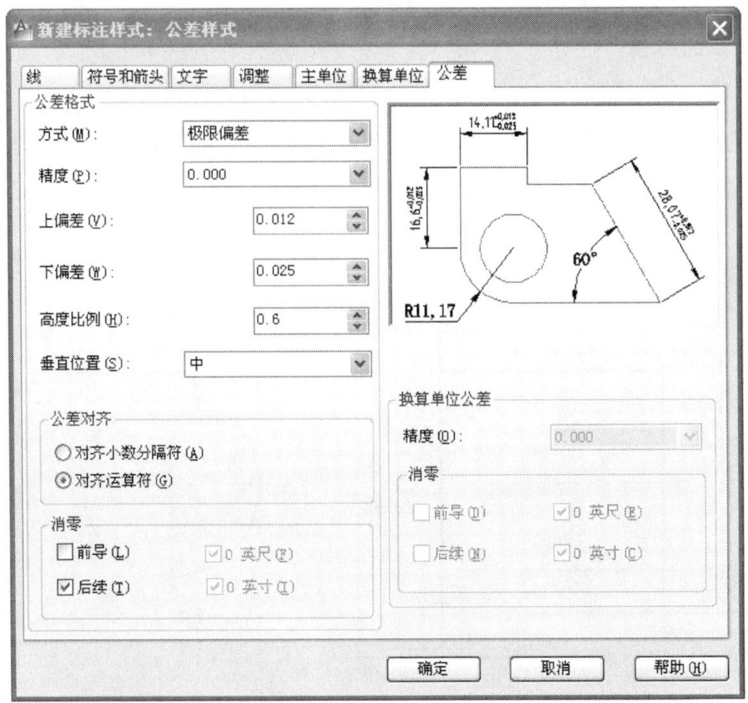

图 3.40　【新建标注样式：公差样式】对话框设置

③ 修改【公差】选项卡内【方式(M)】为【极限偏差】，【精度(P)】设置为 0.000，【上偏差(V)】设置为 0.012，【下偏差(W)】设置为 0.025，【高度比例(H)】设为 0.6，【垂直位置(S)】设置为【中】，【公差对齐】选项选择【对齐运算符(G)】，【消零】选项在【后续(T)】前打上钩，如图 3.40 所示。

④ 单击【确定】按钮，返回【标注样式管理器】对话框，选中【公差样式】，单击【置为当前(U)】按钮。

⑤ 利用标注命令进行标注，此时标注的尺寸带有极限偏差。

特别提示

- 利用建立的【公差样式】标注的尺寸的公差值都是一样的，我们一般不会为每一种公差值都建立公差样式。比较方便的方法是可以在【公差样式】的基础上进行样式替代，建立一种临时标注样式，标注不同公差值。

  样式替代的步骤：

  ① 单击【标注样式】按钮，打开【标注样式管理器】对话框，在【样式】列表中选择【公差样式】，单击替代 替代(O)... 按钮。

  ② 进入【替代当前样式：公差样式】对话框，打开【公差】选项卡，如图 3.41 所示修改上、下偏差值。

  ③ 单击【确定】按钮，返回【标注样式管理器】对话框，在【公差样式】下多了一个【样式替代】，如图 3.42 所示，单击【关闭】按钮，样式替代设置完成。

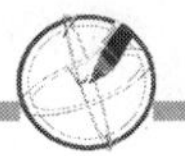

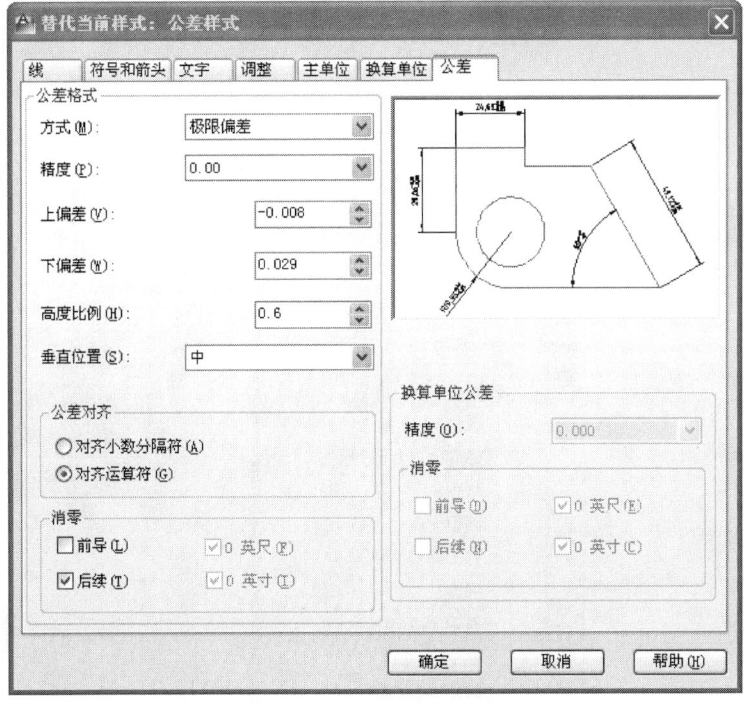

图 3.41　修改【公差】选项卡

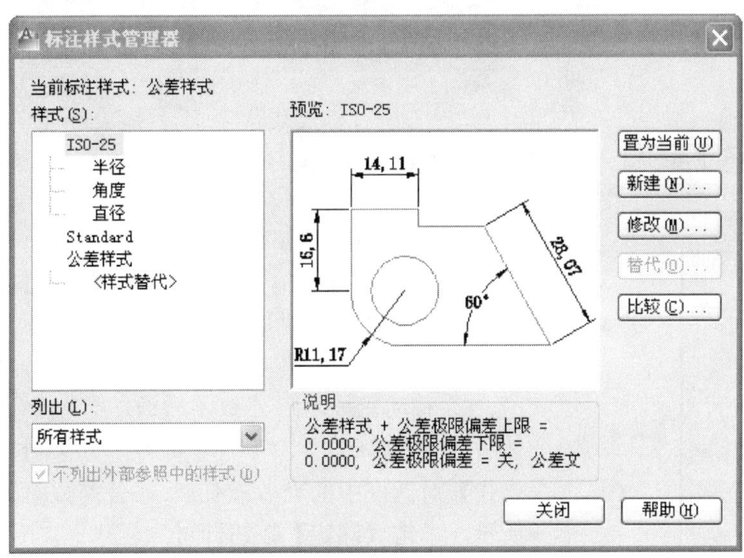

图 3.42　【标注样式管理器】对话框

(2) 标注基本尺寸后利用特性添加公差。

① 选中已标注尺寸，单击鼠标右键，弹出快捷菜单，如图 3.43 所示，选择【特性(S)】，弹出【特性】管理器，如图 3.44 所示，在此管理器中，包含了尺寸所有的内容。

② 在【公差】选项卡中，设置【显示公差】为【对称】，【公差上偏差值】为 0.012，

【水平放置位置】为中，【公差精度】为 0.000，【公差文字高度】为 1，如图 3.45 所示。关闭管理器，标注尺寸带有对称偏差，如图 3.46 所示。

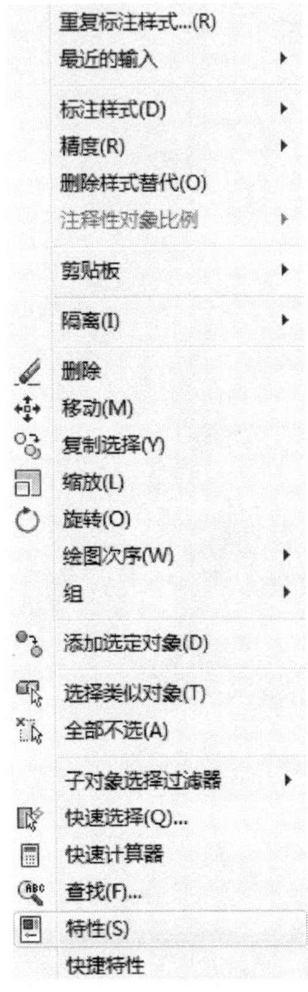

图 3.43　快捷菜单

图 3.44　【特性】管理器

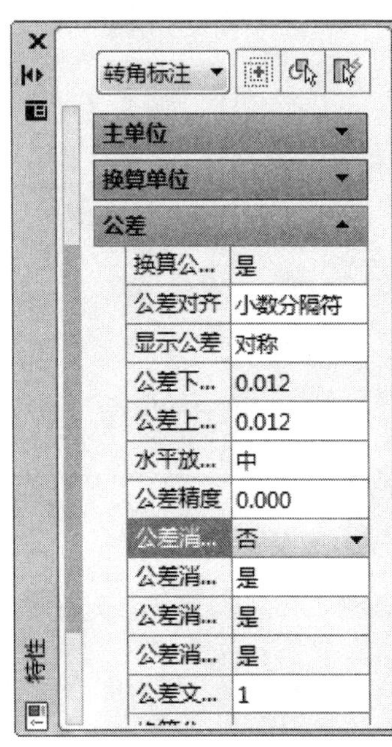

图 3.45　设置公差

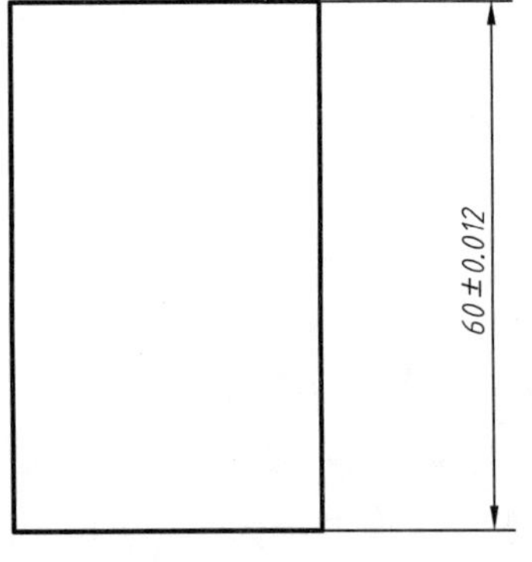

图 3.46　修改结果

(3) 使用 DDEDIT 命令添加公差。

① 在命令行中输入【DDEDIT】，选择要注释对象，弹出【文字格式】对话框，如图 3.47所示，其中尺寸数学为选中状态。

② 移动光标至尺寸数学后面，输入+0.012^−0.025，然后选中+0.012^−0.025，如图 3.48 所示，单击【文字格式】对话框中的堆叠按钮 $\frac{b}{a}$，公差数值变成如图 3.49 所示，单击【确定】按钮即可。

(4) 双击尺寸修改公差。

用鼠标左键双击尺寸，弹出【文字格式】对话框，修改方法、效果与 DDEDIT 命令相同。

5. 带属性的块的创建与插入

块是用户保存和定义的一组对象，可以在需要时将它们插入到图形中。不管创建块所使用的单个对象有多少，块都是一个对象，因此易于移动、复制、缩放或旋转。如果必

图 3.47 【文字格式】对话框

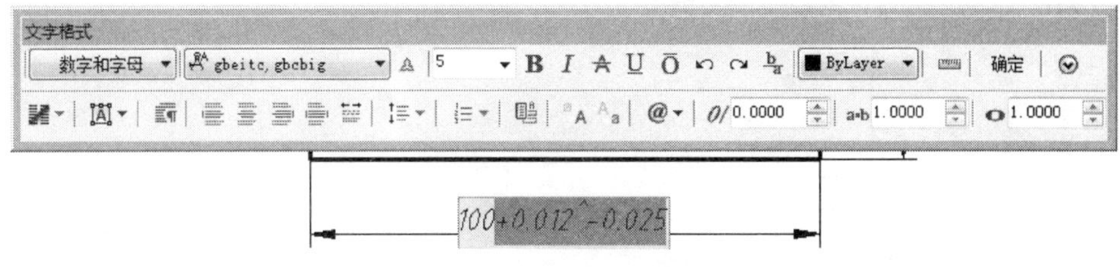

图 3.48 输入公差数值

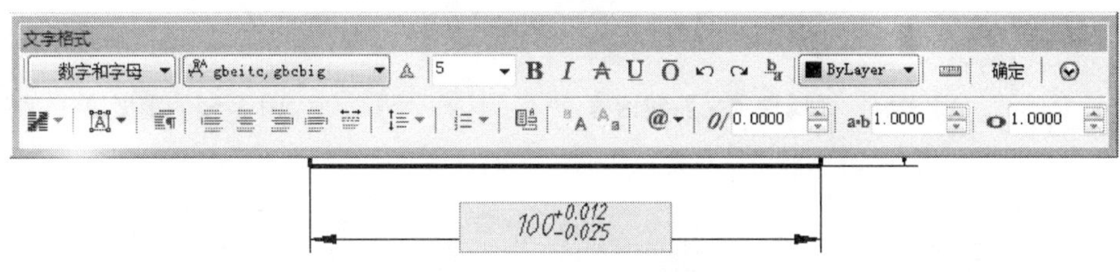

图 3.49 公差堆叠后样式

要，也可以分解块来获得原来的每个对象。

属性是附加到块上的标签，利用属性可以把有关数据的标签附加到块上，也可以提取这些数据，并将其导入到某个数据库程序、电子表格，甚至在 AutoCAD 表格中重现出来。

以下以表面粗糙度为例讲解如何创建与插入块。

1）定义块的属性

(1) 首先利用【直线】命令绘制如图 3.50 所示的表面粗糙度的基本符号。

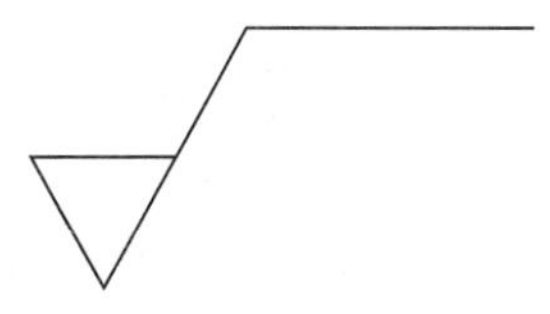

图 3.50 表面粗糙度的基本符号

(2) 选择【绘图(D)】菜单【块(K)】子菜单【定义属性(D)】。

(3) 弹出【属性定义】对话框，【标记(T)】中输入 A，【提示(M)】中输入“请输入粗糙度值”，【默认(L)】中输入 Ra3.2，【对正(J)】选择【正中】，【文字样式】设为【数字和字母】，【文字高度】中输入 3.5，【旋转(R)】中输入 0，【插入点】在【在屏幕上指定】前打钩，如图 3.51 所示。

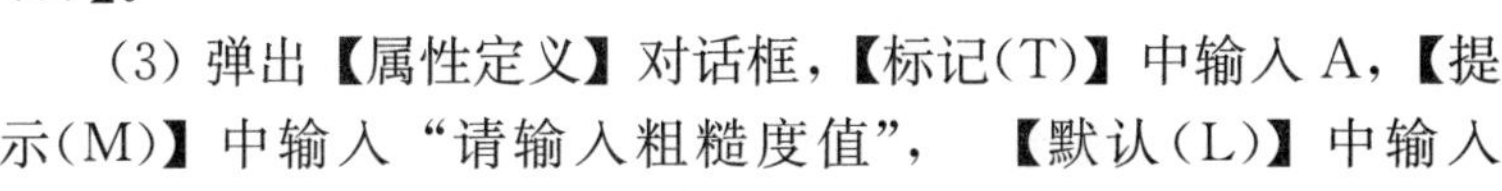

(4) 单击【确定】按钮，在屏幕基本符号上确定文字插入点，文字插入后如图 3.52 所示。

2）创建块

(1) 单击【绘图】工具栏中的【创建块】按钮，弹出【块定义】对话框，如图 3.53

所示。【名称】中输入“表面粗糙度”，单击【拾取点】按钮，然后在屏幕基本图形上选择最下角的点，插入点选择完毕系统自动返回【块定义】对话框，单击【选择对象】按钮，在屏幕上用框选法选中整个图形，系统返回【块定义】对话框，单击【确定】按钮。

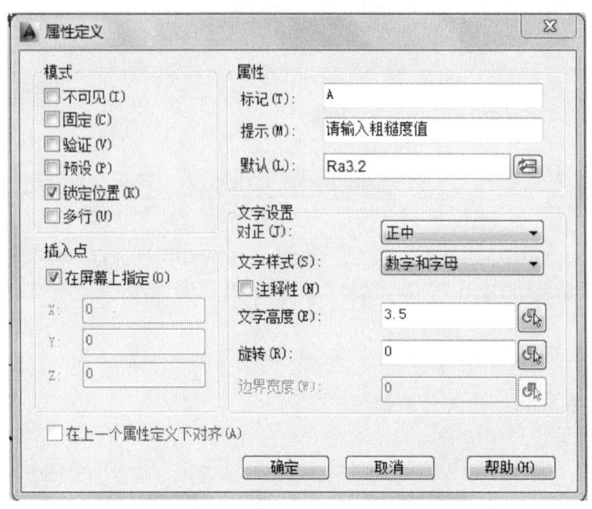

图 3.51　【属性定义】对话框

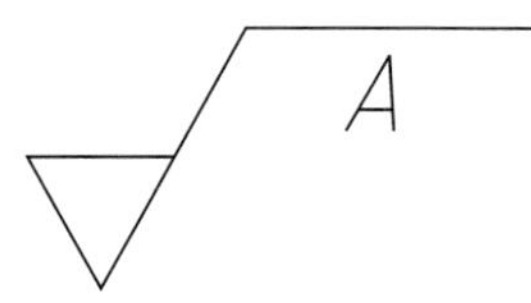

图 3.52　定义属性

图 3.53　【块定义】对话框

(2) 弹出【编辑属性】对话框，如图 3.54 所示，其中【请输入粗糙度值】为 Ra3.2，单击【确定】按钮，表面粗糙度块如图 3.55 所示。

3) 插入块

(1) 功能。

将已经定义属性的块插入到文件中，在插入的过程中，块可以旋转，也可以缩放，如图 3.56 所示。

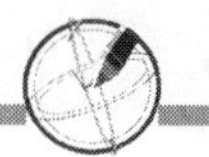

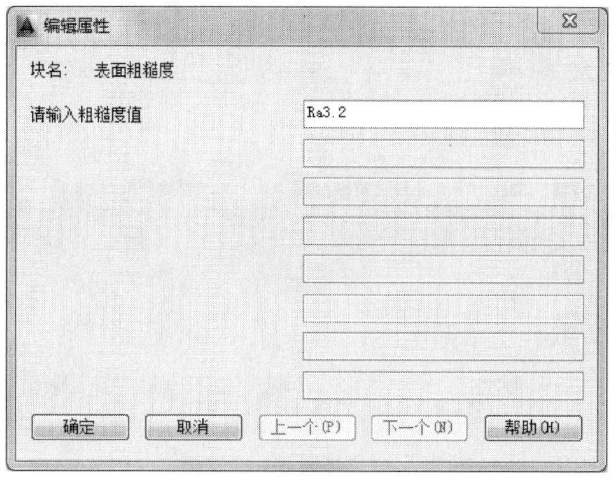

图 3.54 【编辑属性】对话框

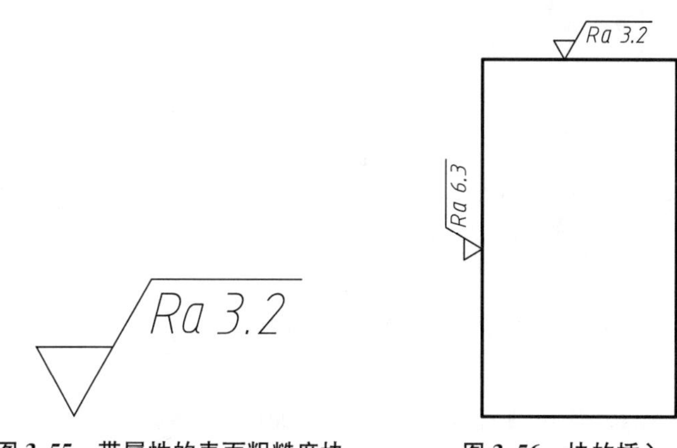

图 3.55 带属性的表面粗糙度块　　图 3.56 块的插入

(2) 执行方式。

① 菜单：选择菜单【插入(I)】→【块(B)】。

② 工具栏：单击【绘图】工具栏中的【插入块】按钮。

③ 命令行：在命令行中输入【INSERT】。

(3) 操作方法。

执行【插入块】命令后，系统弹出【插入】对话框，如图 3.57 所示，其中插入点、比例、旋转均选择在屏幕上指定，单击【确定】按钮，命令中提示：

指定插入点或[基点(B)/比例(S)/旋转(R)]：//指定插入点。

指定比例因子＜1＞：//指定比例因子。

指定旋转角度＜0.00＞：//指定旋转角度。

输入属性值//输入粗糙度值。

请输入粗糙度值＜Ra3.2＞：//输入粗糙度值。

(4) 选项说明。

① 插入点：指定图块插入的位置。

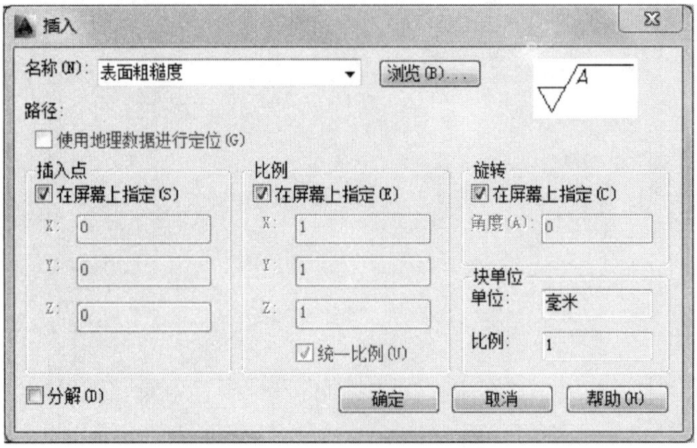

图 3.57 【插入】对话框

② 比例：指定插入图块的比例大小。

③ 旋转：指定图块插入时旋转的角度。

4）创建外部块

（1）功能。

前面所讲的创建图块的方法，只能在所建图块的图形文件中使用，不能到别的图形文件中使用。若想把块共享，使图块在 AutoCAD 任何文件中都能使用，则要建立外部块，建立了外部块，相当于建立了一个单独的图形文件。

（2）执行方法。

命令行：在命令行中输入【WBLOCK】（或【W】）。

（3）操作方法。

在命令行输入【W】，弹出【写块】对话框，如图 3.58 所示，各选项卡和按钮含义如下。

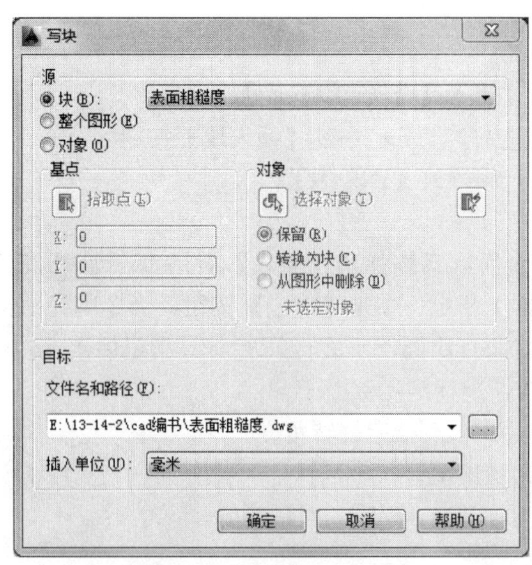

图 3.58 【写块】对话框

(4) 选项说明。

① 源。用于选择组成外部块的图形对象类型。

a. 块：将已经定义好的内部块保存为外部块，可以在右边的下拉列表中选择已经定义好的内部块。

b. 整个图形：用当前的全部对象来定义外部块。

c. 对象：可以选择对象来定义外部块。

② 基点。用于确定块的基点，操作方法和内部块一样。注意：如在【源】选项区选择【块】和【整个图形】选项时，该选项区无效。

当整个图形保存为外部块时，块的基点默认为坐标原点，可以使用"Base"命令指定图形基点。

③ 对象。选择组成外部块的图形对象，操作方法与内部块一样。注意：当在【源】选项区选择【块】和【整个图形】选项时，该选项区无效。

④ 目标。用于保存外部块文件设置。

a. 文件名和路径：设置保存的路径和文件名。

b. 插入单位(U)：插入块的长度单位，一般选为【毫米】。

3.1.4　操作步骤

1. 新建图形文件

单击【标准】工具栏中的【新建】按钮，在弹出的【选择样板】对话框中选择【GBA4. dwg】文件，单击【打开】按钮。

2. 绘制视图

(1) 单击【图层】工具栏中的【图层控制】下拉箭头，将"中心线"图层设置为当前层。

(2) 打开状态栏中的【正交模式】(或者在状态栏中启用【极轴追踪】，并设置极轴追踪角为90°)。单击【绘图】工具栏中的【直线】按钮，绘制相互垂直的中心线，并按照尺寸进行偏移，如图3.59所示。

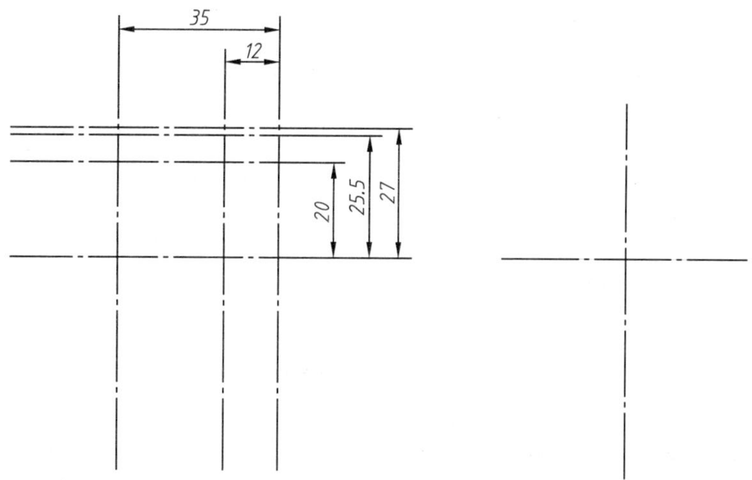

图3.59　中心线

(3) 单击【图层】工具栏中的【图层控制】下拉箭头，将“轮廓线”图层设置为当前层。画出齿轮主视图外轮廓上半部分图形，如图 3.60 所示。

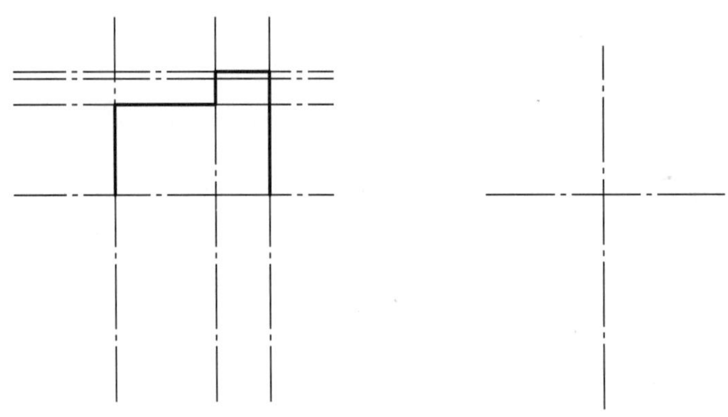

图 3.60　主视图上半部分轮廓

(4) 单击【修改】工具栏中的【镜像】按钮，以中心线为镜像线镜像复制生成齿轮主视图下半部分图形，并删除辅助线，如图 3.61 所示。

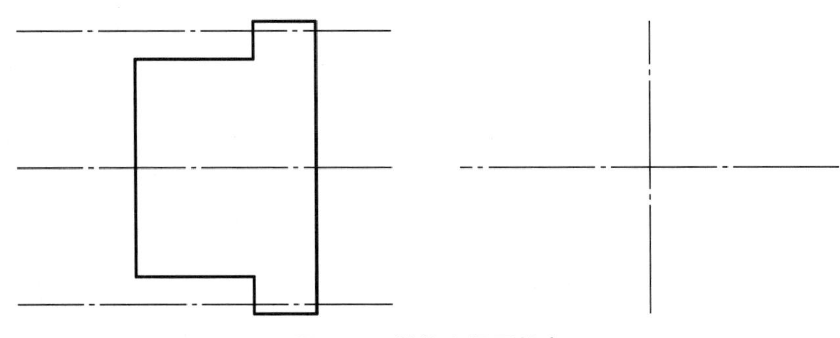

图 3.61　镜像主视图轮廓

(5) 单击【绘图】工具栏中的【圆】按钮，绘制左视图中的圆，如图 3.62 所示。

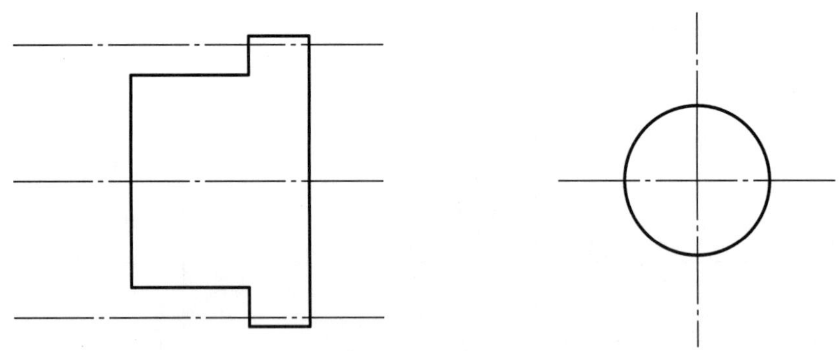

图 3.62　左视图上的圆

(6) 单击【修改】工具栏中的【偏移】按钮，按照键槽宽度为 8 和深度为 31.3 绘制左视图中的键槽，如图 3.63 所示。

(7) 根据三视图高平齐的原则，利用左视图中键槽的位置绘制出主视图中键槽和内孔

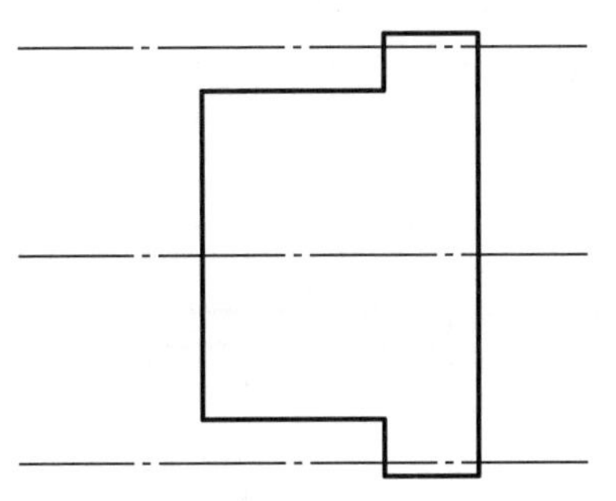

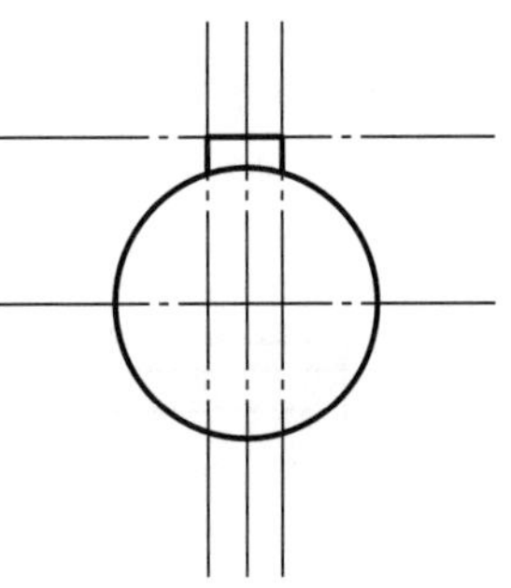

图 3.63　左视图上键槽

的轮廓线，如图 3.64 所示。

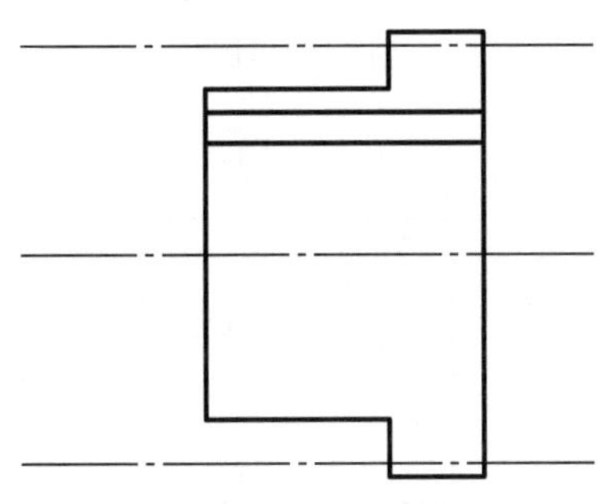

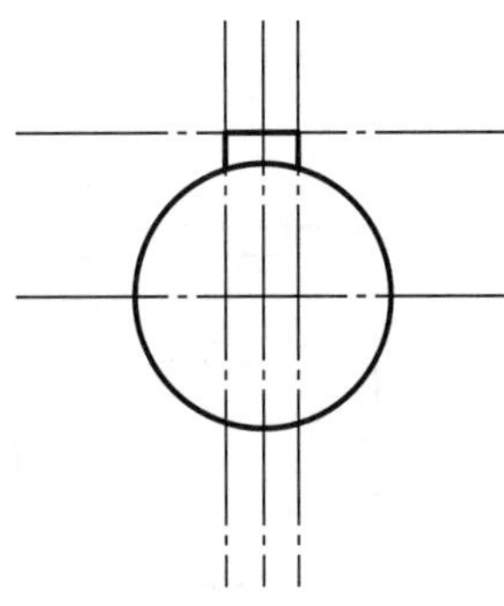

图 3.64　主视图中键槽和孔的轮廓线

(8) 利用【修改】工具栏中的【修剪】按钮和【删除】按钮，调整图中线条长度，删除辅助线，如图 3.65 所示。

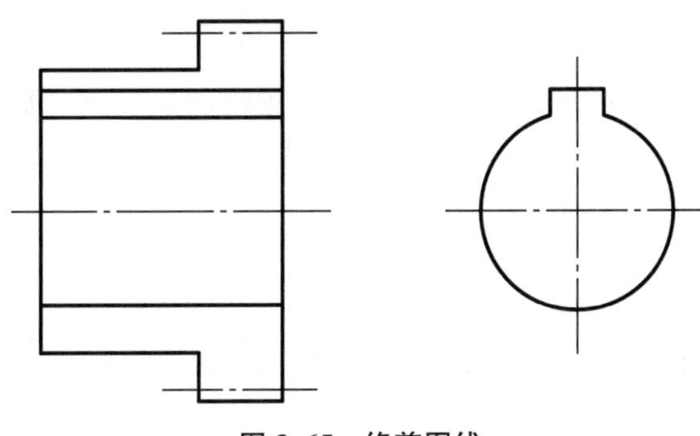

图 3.65　修剪图线

(9) 单击【绘图】工具栏中的【直线】按钮，根据表格中齿轮参数，计算出齿根高为 1.875mm，在主视图中绘制出齿根线，如图 3.66 所示。

(10) 单击【修改】工具栏中的【倒角】按钮，绘制主视图中倒角 $C1$，如图 3.67 所示。

(11) 单击【修改】工具栏中的【圆角】按钮，绘制主视图中圆角 $R1$，如图 3.68 所示。

(12) 单击【图层】工具栏中的【图层控制】下拉箭头，将“细实线”图层设置为当前层。

(13) 单击【绘图】工具栏中的【图案填充】按钮，设置图案填充图案为“ANSI 31”进行图案填充，如图 3.69 所示。

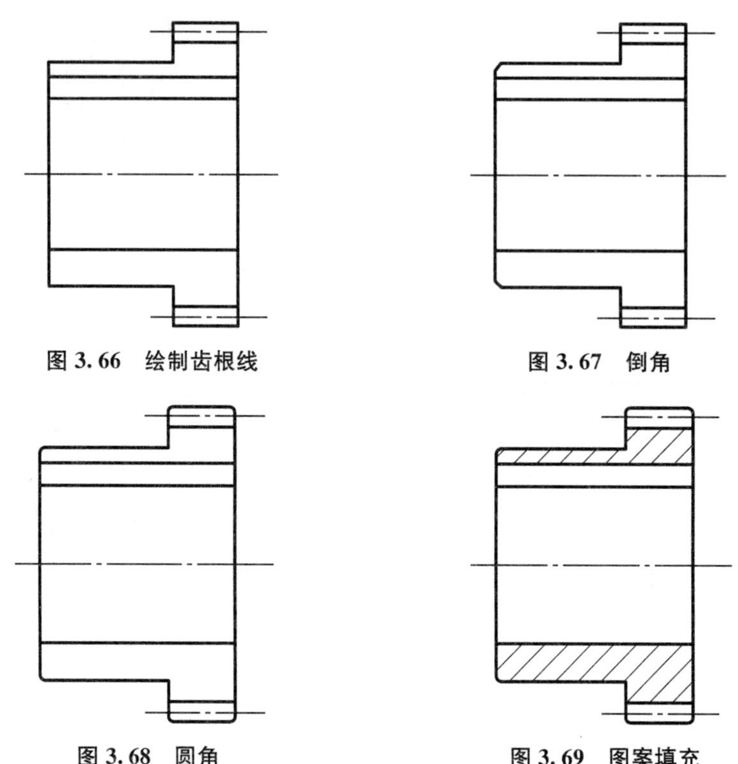

图 3.66 绘制齿根线

图 3.67 倒角

图 3.68 圆角

图 3.69 图案填充

3. 尺寸标注

(1) 单击【样式】工具栏中的【标注样式】按钮，弹出【标注样式管理器】对话框，单击【新建】按钮，出现【创建新标注样式】对话框，设置【新样式名】为【线性直径】，在【主单位】选项卡【前缀】中输入%%C。

(2) 以相同的方式创建【公差样式】，修改【公差】选项卡内【方式(M)】为【极限偏差】，【精度(P)】设置为 0.000，【上偏差(V)】设置为 0，【下偏差(W)】设置为 0，【高度比例(H)】设为 0.6，【垂直位置(S)】设置为【中】，【公差对齐】选项选择【对齐运算符(G)】，【消零】选项在【后续(T)】前打上勾。单击【确定】按钮，返回【标注样式管理器】对话框，将公差样式设为当前标注样式。

(3) 将“尺寸标注”图层设置为当前层。单击【线性】标注按钮，标注以下尺寸，如图 3.70 所示。

(4) 将线性直径设为当前标注样式，单击【线性】标注按钮，标注以下尺寸，如图 3.71所示。

(5) 修改尺寸公差。单击需要修改公差的尺寸 31.3，单击鼠标右键选择【特性】，在【特性】选项卡中修改公差数值，如图 3.72 所示。

(5) 以相同的方式依次修改公差，结果如图 3.73 所示。

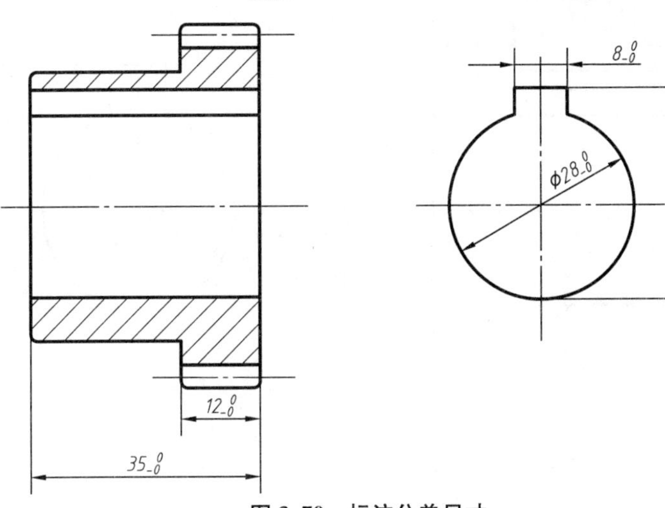

图 3.70　标注公差尺寸

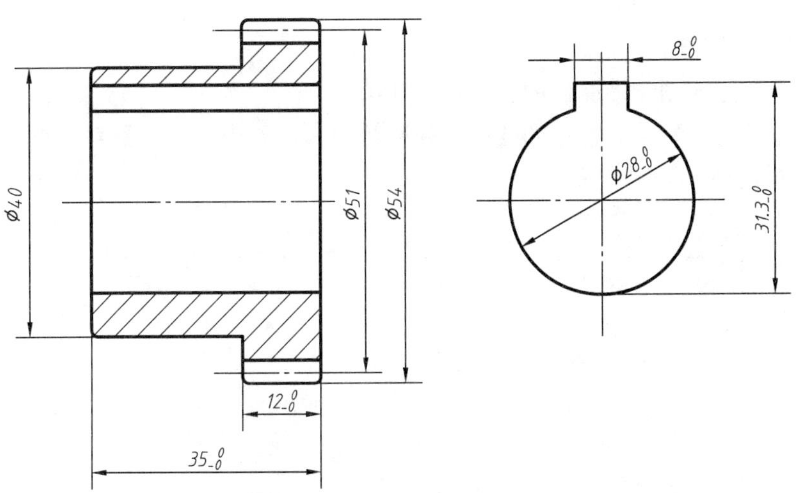

图 3.71　标注线性直径尺寸

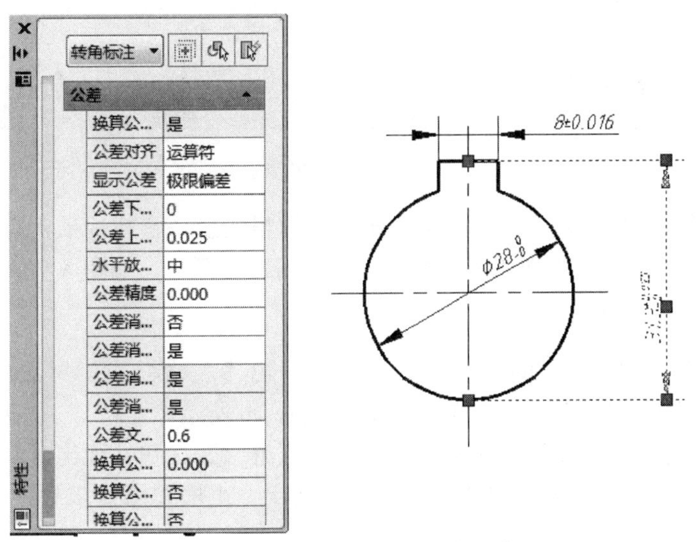

图 3.72　利用特性修改尺寸公差

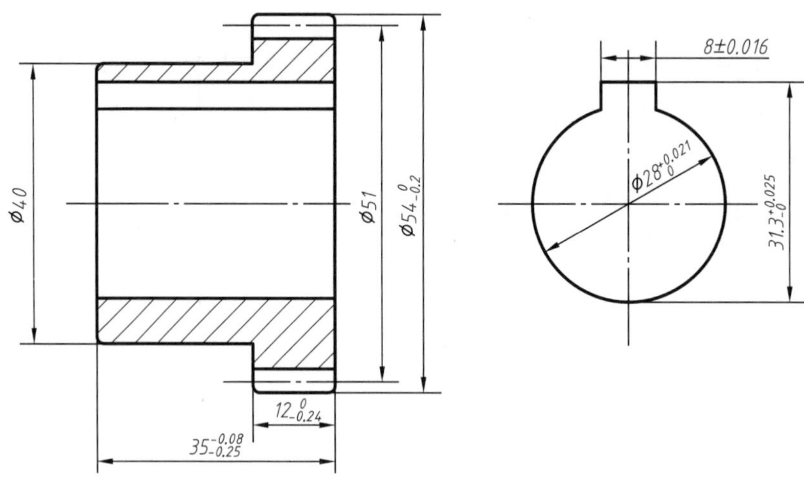

图 3.73　修改公差

4. 标注表面粗糙度

(1) 按上述方式创建带属性的表面粗糙度块。

(2) 单击【绘图】工具栏中的【插入块】按钮，弹出【插入】对话框，选择已设置好的表面粗糙度块，如图 3.74 所示。

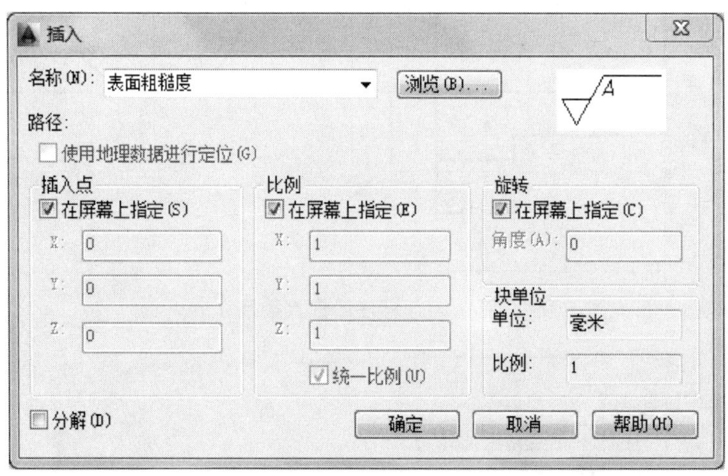

图 3.74　插入块

(3) 单击【确定】按钮，此时光标上出现表面粗糙度块，捕捉插入点，输入块插入的比例因子、旋转的角度、表面粗糙度数值，完成粗糙度标注，如图 3.75 所示。

5. 绘制齿轮参数表格

(1) 选择【格式】菜单中的【表格样式】，弹出【表格样式】对话框，单击【新建】按钮，弹出【创建新的表格样式】对话框，如图 3.76 所示。

(2) 在【新样式名】中输入表格名称，单击【继续】按钮，弹出【修改表格样式：齿轮参数】对话框，对其中的表格方向、常规、文字、边框按照要求更改设置，如图 3.77 所示。

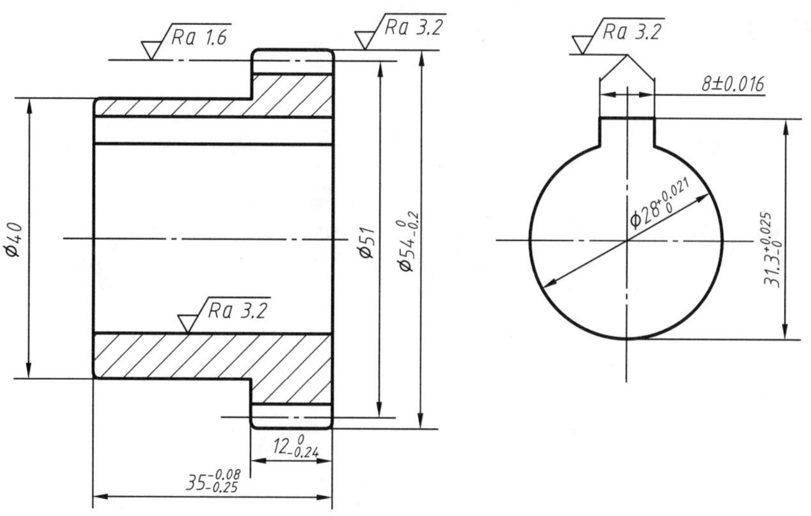

图 3.75　表面粗糙度标注

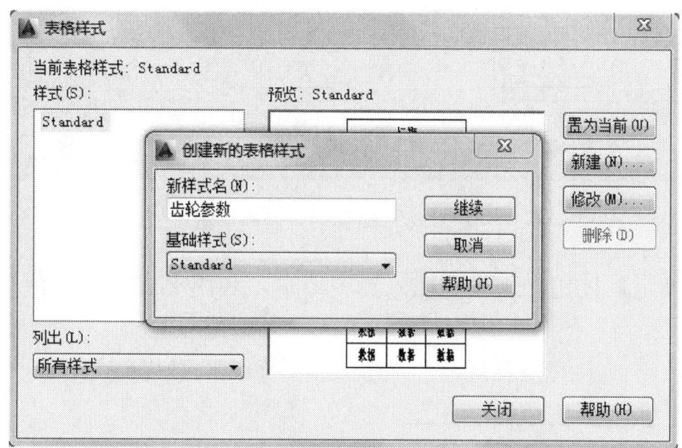

图 3.76　【创建新的表格样式】对话框

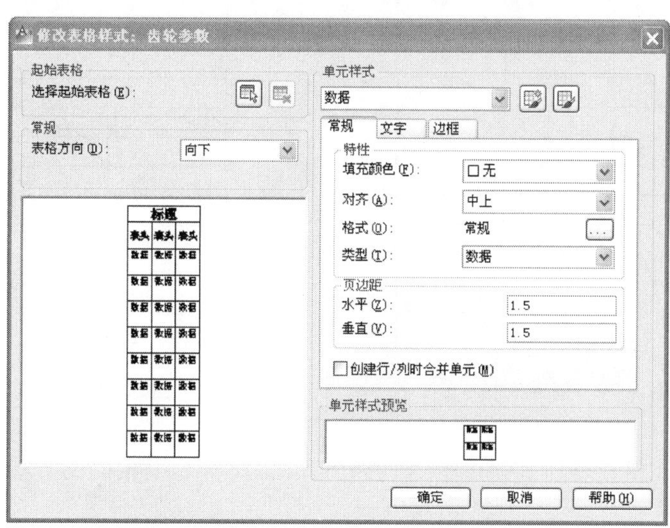

图 3.77　【修改表格样式：齿轮参数】对话框

(3) 单击【绘图】工具栏中的【表格】按钮，弹出【插入表格】对话框，在此对话框中设置数据，如图 3.78 所示。

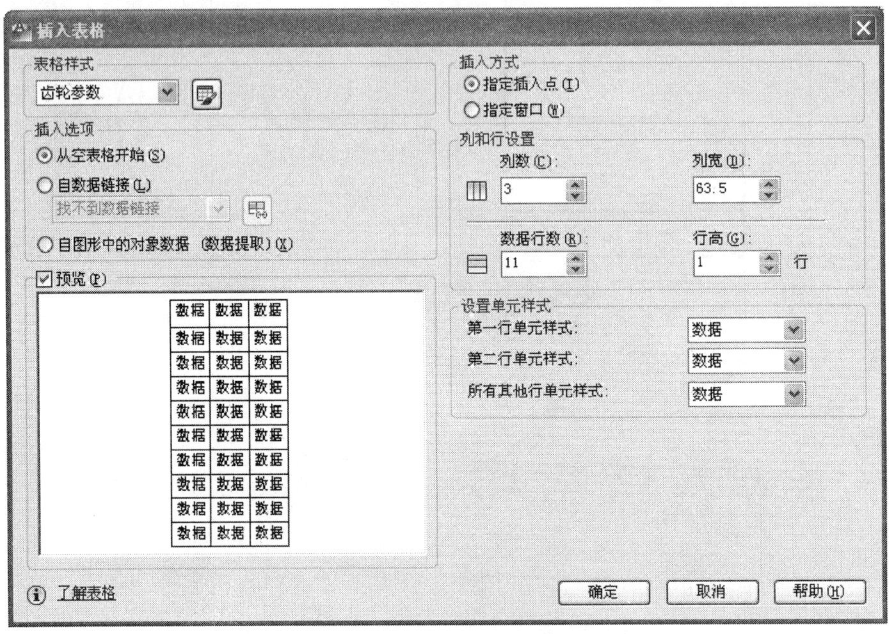

图 3.78　设置插入表格参数

(4) 单击【确定】按钮，将表格插入到图形中，利用夹点编辑，使表格放置在适当位置，如图 3.79 所示。

(5) 按题目表格要求编辑表格，合并单元格，如图 3.80 所示。

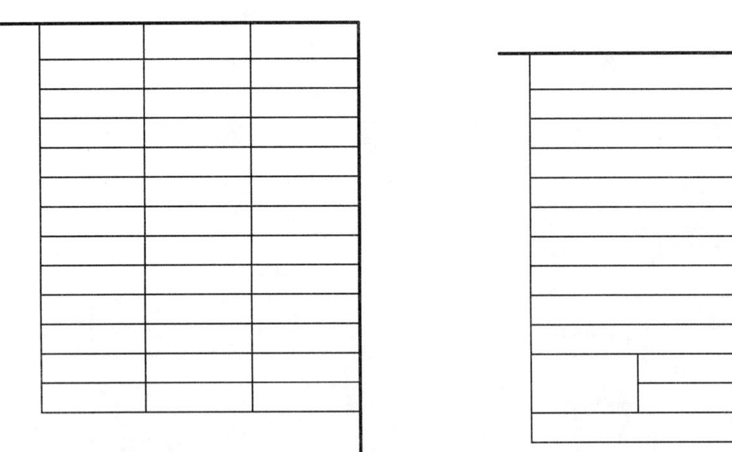

图 3.79　插入表格　　　　图 3.80　编辑表格

(6) 双击单元格，进行文字的输入，如图 3.81 所示。以相同的方法输入各单元文字，结果如图 3.82 所示。

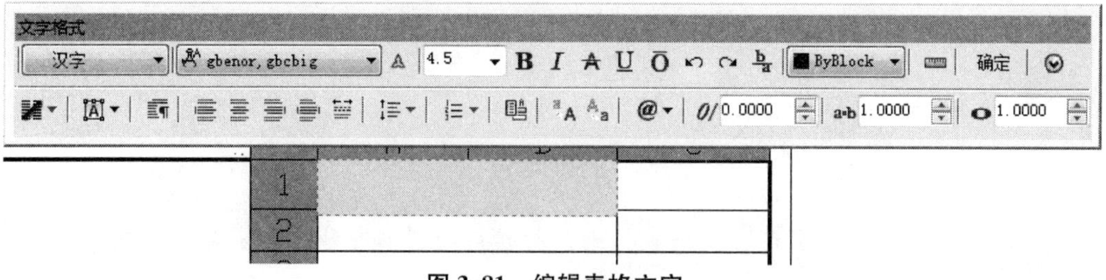

图 3.81　编辑表格文字

<table>
<tr><td colspan="2">模数m</td><td>1.5</td></tr>
<tr><td colspan="2">齿数z_2</td><td>34</td></tr>
<tr><td colspan="2">齿形角α</td><td>20°</td></tr>
<tr><td colspan="2">精度等级</td><td>7HK</td></tr>
<tr><td colspan="2">齿圈径向跳动F_i</td><td>0.063</td></tr>
<tr><td colspan="2">公法线长度公差F_w</td><td>0.028</td></tr>
<tr><td colspan="2">基节极限偏差f_{pb}</td><td>0.013</td></tr>
<tr><td colspan="2">齿形公差f_f</td><td>0.011</td></tr>
<tr><td rowspan="2">公法线检验</td><td>长度</td><td>16.211</td></tr>
<tr><td>允差</td><td>-0.122
-0.168</td></tr>
<tr><td colspan="2">跨齿数n</td><td>4</td></tr>
</table>

图 3.82　表格文字

6. 书写技术要求和标题栏文字

(1) 单击【绘图】工具栏中的【多行文本】按钮 A，在标题栏上方空白处书写技术要求，如图 3.83 所示。

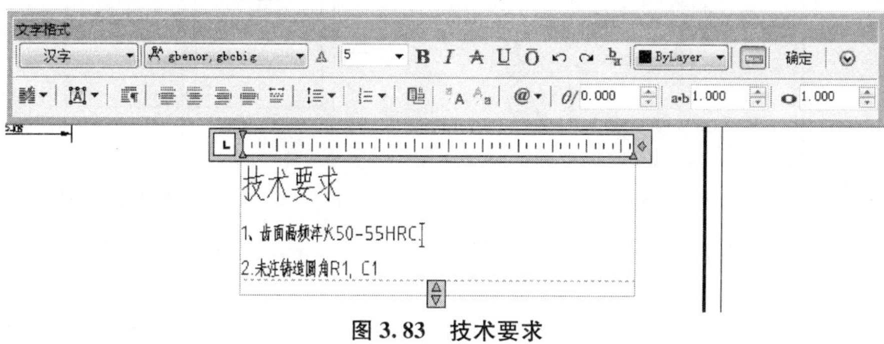

图 3.83　技术要求

(2) 单击【绘图】工具栏中的【多行文本】按钮 A，在标题栏填写相应内容，如图 3.84所示。

<table>
<tr><td>制图</td><td></td><td></td><td rowspan="2">齿轮</td><td>比例</td><td>1:1</td></tr>
<tr><td>审核</td><td></td><td></td><td colspan="2" rowspan="2">(图号)</td></tr>
<tr><td colspan="3">常州轻工职业技术学院</td><td></td></tr>
</table>

图 3.84　标题栏

7. 保存文件

知识链接

打断于点

打断于点命令是将图形在某一点打断，打断后的图形在外观上不会有明显的变化。

1) 执行方式

工具栏：单击【修改】工具栏中的【打断于点】按钮。

2) 操作方法

命令：_ break↙↙

选择对象：//选择要打断的对象。

指定第二个打断点 或［第一点(F)］：_ f //系统自动执行“第一点”选项。

指定第一个打断点：//选择打断点。

指定第二个打断点：@ //系统自动忽略此提示。

应用案例

绘制如图 3.85 所示的螺纹连接图。由于螺纹连接中，内螺纹的大径线与外螺纹的大径线在一直线上，但是外螺纹的大径线为粗实线，内螺纹的大径线为细实线；同样，内螺纹的小径线与外螺纹的小径线也在一直线上，且内螺纹的小径线为粗实线，外螺纹的小径线为细实线。

(1) 单击【绘图】工具栏中的【直线】命令，绘制如图 3.86 所示的图形。

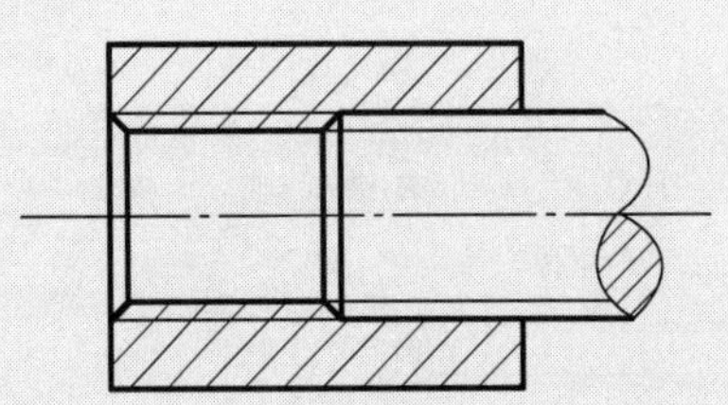

图 3.85　螺纹连接

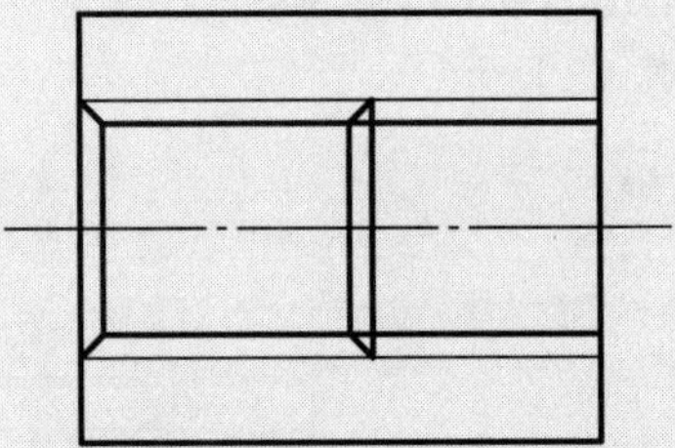

图 3.86　内螺纹及部分外螺纹

(2) 单击【修改】工具栏中的【打断于点】按钮，选择螺纹的大径线并选择交点，大径线打断为 2 条线，如图 3.87 所示。

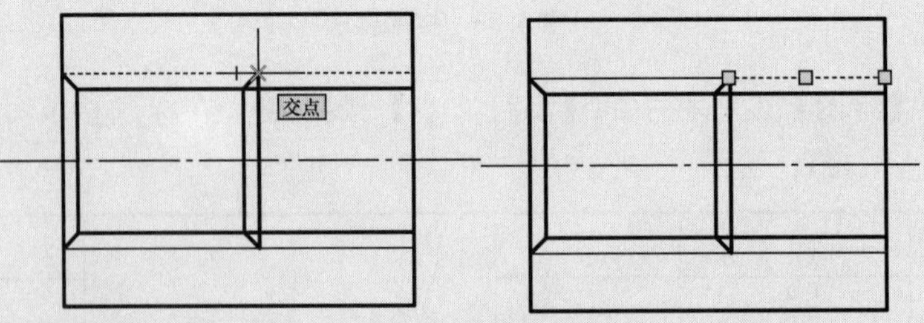

图 3.87　打断螺纹大径线

(3) 单击外螺纹的大径线，修改图层，使其成为粗实线，如图 3.88 所示。

(4) 使用同样的方法，修改外螺纹上的其余 3 条直径线线型并延长，如图 3.89 所示。

(5) 单击【绘图】工具栏中的【图案填充】按钮，填充剖面线，如图 3.85 所示。

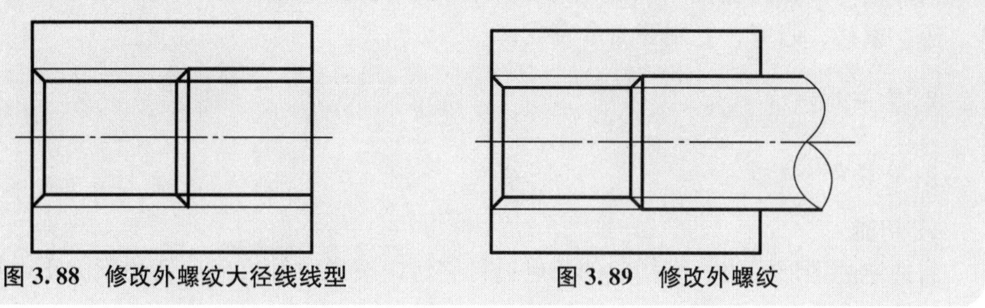

图 3.88　修改外螺纹大径线线型　　　图 3.89　修改外螺纹

任务 3.2　右端盖零件工程图样的绘制

3.2.1　任务引入

绘制如图 3.90 所示的右端盖零件工程图样。

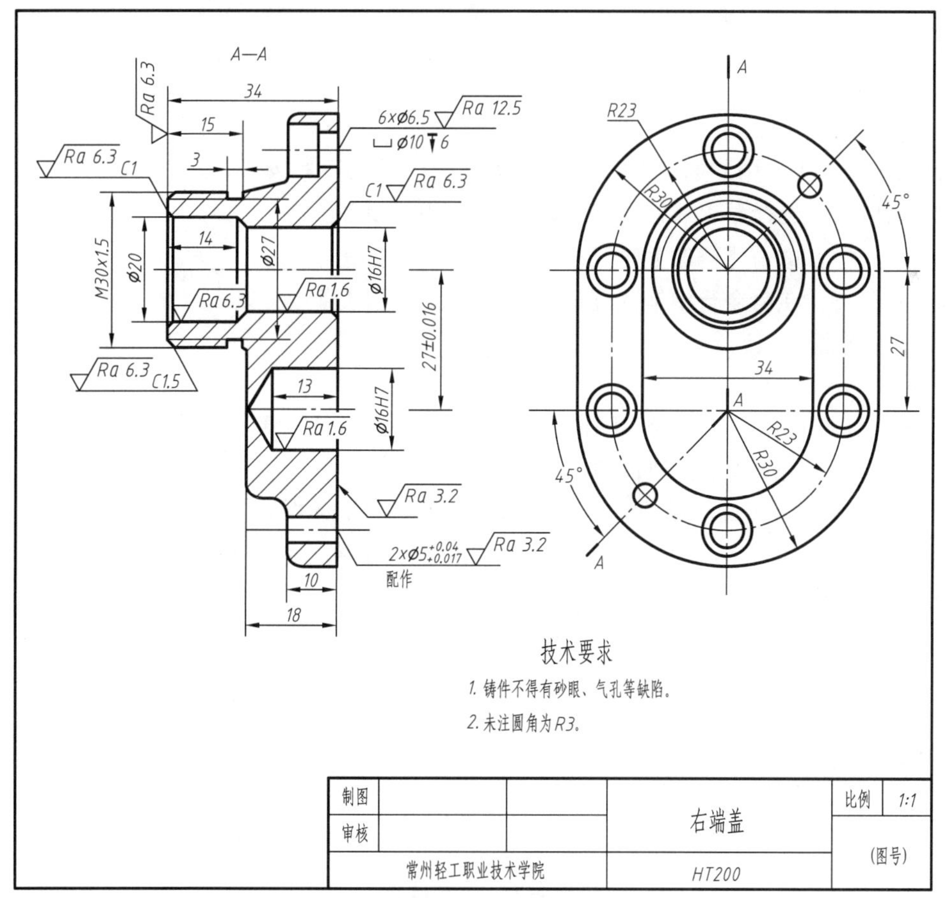

图 3.90　右端盖

3.2.2 任务分析

右端盖零件结构比齿轮稍复杂，在结构上也属于盘盖类，主要由全剖的轴线水平放置表达内部结构形状的主视图和表达外部结构形状的左视图组成。右端盖图样主要采用直线、圆、偏移、修剪、复制等命令完成。

3.2.3 相关知识

1. 旋转命令

1）功能

将选定的图形围绕一个指定的基点进行旋转，按逆时针方向旋转角度为正，按顺时针方向旋转角度为负，如图 3.91 所示。

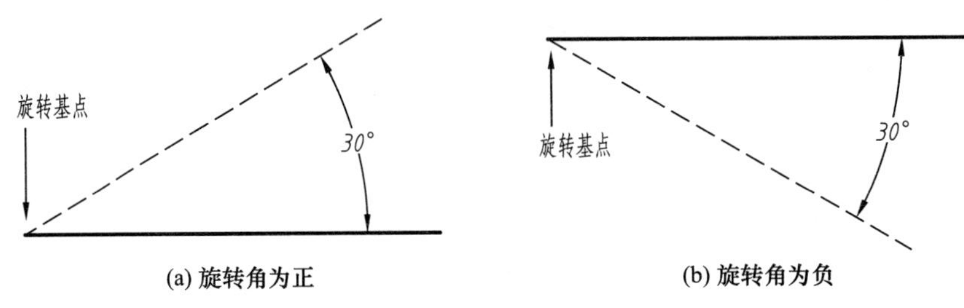

(a) 旋转角为正　　(b) 旋转角为负

图 3.91　旋转

2）执行方式

(1) 功能区：【常用】选项卡 →【修改】面板→【旋转】按钮。

(2) 菜单栏：选择菜单【修改(M)】→【旋转(R)】。

(3) 工具栏：单击【修改】工具栏中的【旋转】按钮。

(4) 命令行：在命令行中输入【ROTATE】(或【RO】)。

3）操作方法

命令：_rotate↙

UCS 当前的正角方向：ANGDIR=逆时针　ANGBASE=0。

选择对象：//选择要旋转的对象。

指定基点：//指定旋转基点，在对象内部指定一个坐标点。

指定旋转角度或［复制(C)/参照(R)］<0>：//输入旋转角度或选择括号内的选项。

4）选项说明

(1) 复制(C)：选择该选项，则在旋转对象的同时，保留原对象，如图 3.92 所示。

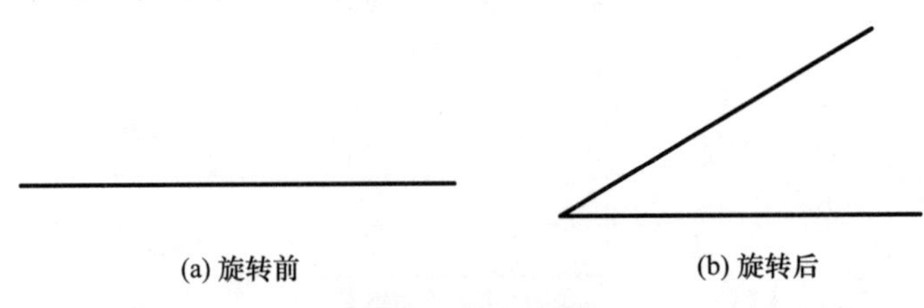
(a) 旋转前　　(b) 旋转后

图 3.92　复制旋转

(2) 参照(R)：采用参照方式旋转对象时，命令行提示与操作如下。

指定旋转角度，或［复制(C)/参照(R)］＜30＞：r。

指定参照角＜0＞：//指定旋转的基点，如图3.93 (a) 所示，选择点1。

指定第二点：//指定确定第二点确定参照的角度，选择点2。

指定新角度或［点(P)］＜0＞：//输入旋转后的角度值或通过选择点的方式确定新角度，选择点3。

操作完毕后，对象被旋转至指定的角度位置，如图3.93(b)所示。

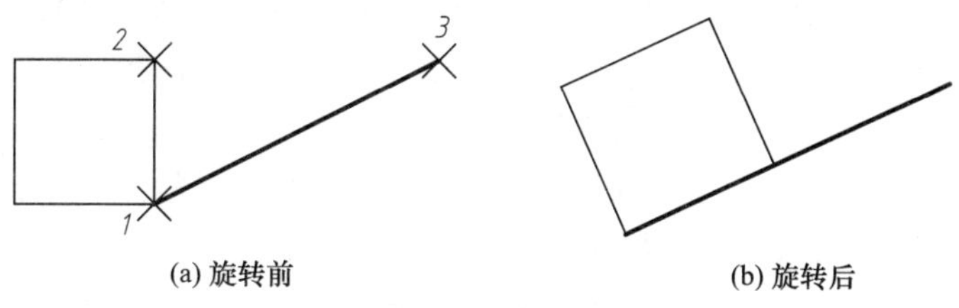

(a) 旋转前　　(b) 旋转后

图3.93　旋转参照

特别提示

- 可以采用拖动鼠标的方法旋转对象。选择对象并指定基点后，从基点到当前光标位置会出现一条连线，拖动鼠标，选择的对象会动态地随着该连线与水平方向夹角的变化而旋转，按Enter键确认旋转操作，如图3.94所示。

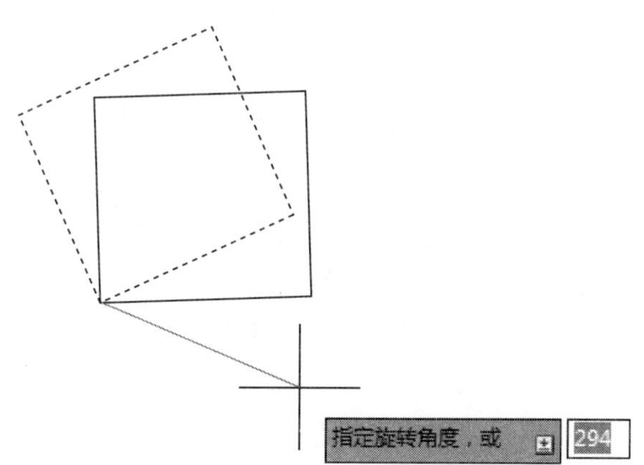

图3.94　拖动鼠标旋转对象

2. 半径标注

1) 功能

标注圆弧半径尺寸，如图3.95所示。

2) 执行方式

(1) 功能区：【注释】选项卡→【标注】面板→【半径】按钮。

(2) 菜单：选择菜单【标注(N)】→【半径(R)】。

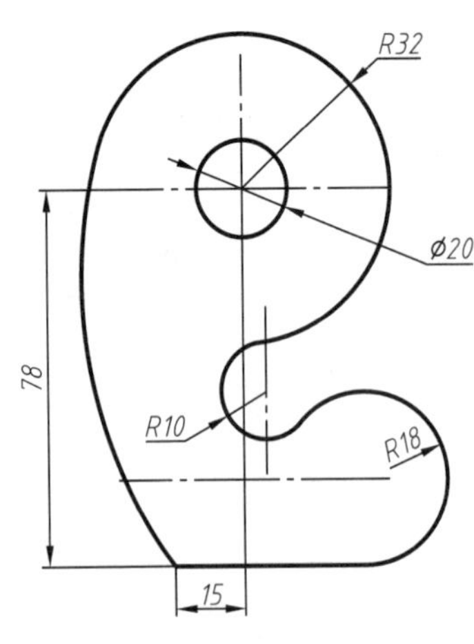

图 3.95　半径标注

(3) 工具栏：单击【标注】工具栏中的【半径】按钮。

(4) 命令行：在命令行中输入【DIMRADIUS】(或【Dra】)。

3) 操作方法

命令：_ dimradius↙

选择圆弧或圆：//选择要标注半径的圆弧。

指定尺寸线位置或［多行文字(M)/文字(T)/角度(A)］：//确定尺寸线位置或选择括号内的选项。

4) 选项说明

(1) 多行文字(M)：显示多行文字编辑器，可以用它来编辑标注文字。如需添加前缀或后缀，可在生成的测量值前后输入前缀或后缀。

(2) 文字(T)：自定义标注文字，生成的标注测量值显示在尖括号中。

(3) 角度(A)：修改标注文字的角度。

特别提示

- 直径标注的设置方法和标注方法与半径一致。

3. 角度标注

1) 功能

用于标注角度尺寸，角度标注的两条尺寸界线必须相交。

2) 执行方式

(1) 功能区：【注释】选项卡 →【标注】面板→【角度】按钮。

(2) 菜单：选择菜单【标注(N)】→【角度(A)】。

(3) 工具栏：单击【标注】工具栏中的【角度】按钮。

(4) 命令行：在命令行中输入【DIMANGULAR】(或【DAN】)。

3) 操作方法

命令：_ dimangular↙

选择圆弧、圆、直线或 <指定顶点>：//选择圆弧或第一条直线或顶点。

选择第二条直线：//选择第二条直线。

指定标注弧线位置或［多行文字(M)/文字(T)/角度(A)/象限点(Q)］：确定尺寸线位置或选择括号内的选项。

4) 选项说明

(1) 选择圆弧：标注圆弧的中心角。当选择标注对象为圆弧后，命令行提示如下。

指定标注弧线位置或［多行文字(M)/文字(T)/角度(A)/象限点(Q)］：

在此提示下，确定尺寸线的位置，系统按自动测量到的值标注出相应的角度。

(2) 选择圆：标注圆上某段圆弧的中心角。当选择圆上的一点后，命令行提示如下。

指定角的第二个端点：//选择另一个点，该点可在圆上，也可不在圆上。

指定标注弧线位置或［多行文字(M)/文字(T)/角度(A)/象限点(Q)］：

在此提示下确定尺寸线的位置，系统标注出一个角度值，该角度以圆心为顶点，两条尺寸线延伸通过所选取的两点，第二点可以不在圆周上。

(3) 选择直线：标注两条直线间的夹角。当选择一条直线后，命令行提示如下。

选择第二条直线：//选择另一条直线。

指定标注弧线位置或［多行文字(M)/文字(T)/角度(A)/象限点(Q)］：

在此提示下确定尺寸线的位置，系统自动标出两条直线之间的夹角。该角以两条直线的交点为顶点，以两条直线为尺寸界线，所标注角度取决于尺寸线的位置，如图3.96所示。

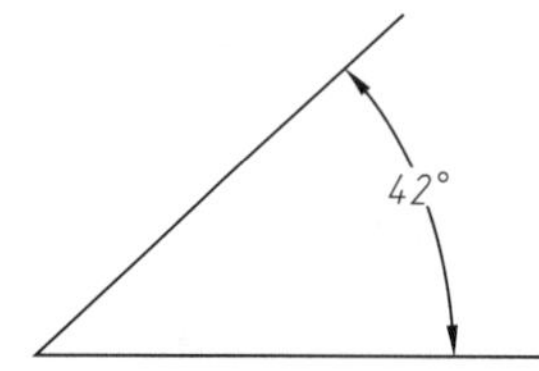

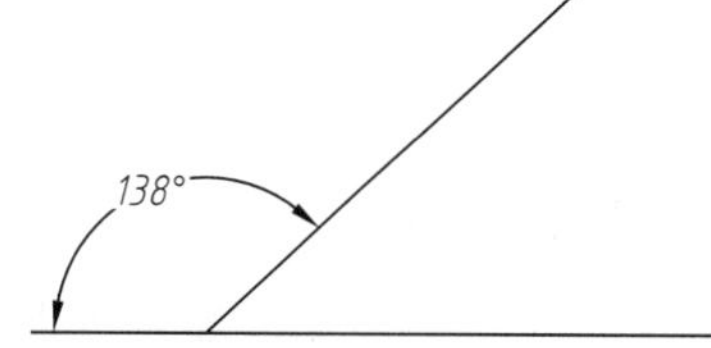

图3.96　标注两直线夹角

(4) 指定顶点，直接按【Enter】键，命令行提示与操作如下。

指定角的顶点：//指定顶点。

指定角的第一个端点：//指定角的第一个端点。

指定角的第二个端点：//指定角的第二个端点。

指定标注弧线位置或［多行文字(M)/文字(T)/角度(A)/象限点(Q)］：

在此提示下确定尺寸线位置，系统根据指定的三点标注角度。

(5) 指定标注弧线位置：指定尺寸线的位置并确定绘制延伸线的方向。

指定位置之后，角度标注命令将结束。

(6) 象限点(Q)：指定标注应锁定到的象限。

特别提示

- 角度标注可以测量指定的象限点，该象限点是在直线或圆弧的端点、圆心或两个顶点之间对角度进行标注时形成的。在创建角度标注时，可以测量4个可能的角度。通过指定象限点，可确保标注正确的角度。指定象限点后，放置角度标注时，我们可以将标注文字放置在标注的尺寸延伸线之外，尺寸线将自动延伸。

4. 引线标注

利用引线标注功能，不仅可以标注特定的尺寸，如圆角、倒角等，还可以实现在图中添加多行旁注、说明。在引线标注中，指引线可以是折线，也可以是曲线，指引线端部可以有箭头，也可以没有箭头。引线标注的方法有两种。

1) 利用LEADER命令进行引线标注

(1) 功能。

利用LEADER命令可以创建灵活多样的引线标注形式，可根据需要把指引线设置为折线或曲线。指引线可带箭头，也可不带箭头。注释文字可以是多行文本，也可以是形位公差，可以从图形其他部位复制，也可以是一个图块。

(2) 执行方式。

命令行：在命令行中输入【LEADER】(或【LEAD】)。

(3) 操作方法。

命令：_ leader↙

指定引线起点：//指定指引线的起始点。

指定下一点：//指定指引线的另一点。

指定下一点或 [注释(A)/格式(F)/放弃(U)] <注释>：//指定指引线的另一点或选择括号内的选项。

(4) 选项说明。

① 注释(A)：输入注释文本，为默认项。在此提示下直接按【Enter】键，命令行提示如下。

输入注释文字的第一行或 <选项>：//输入注释文字或直接按【Enter】键。

输入注释选项 [公差(T)/副本(C)/块(B)/无(N)/多行文字(M)] <多行文字>：//输入注释或选择括号内的选项。

a. 公差(T)：标注形位公差。

b. 副本(C)：将利用 LEADER 命令创建的注释复制到当前指引线的末端。

c. 块(B)：插入块，将定义好的图块插入到指引线的末端。

d. 无(N)：不进行注释，没有注释文字。

e. 多行文字(M)：用多行文本编辑器标注注释文字，并定制文本格式，为默认选项。

② 格式(F)：确定指引线的形式。选择该选项，命令行提示如下。

输入指引线格式选项 [样条曲线(S)/直线(ST)/箭头(A)/无(N)] <退出>：//选择括号内的选项。

a. 样条曲线(S)：设置指引线为样条曲线。

b. 直线(ST)：：设置指引线为折线。

c. 箭头(A)：在指引线的起始位置画箭头。

d. 无(N)：在指引线的起始位置不画箭头。

e. 退出：此选项为默认选项，选择该选项，退出“格式(F)”选项。

2) 利用 QLEADER 命令进行引线标注

(1) 功能。

利用 QLEADER 命令可快速生成指引线及注释，而且可以通过命令行优化对话框进行用户自定义，由此可以消除不必要的命令行提示，获得较高的工作效率。

(2) 执行方式。

命令行：在命令行中输入【QLEADER】或【LE】。

(3) 操作方法。

命令：_ qleader↙

指定第一个引线点或 [设置(S)] <设置>：//指定第一个引线点。

(4) 选项说明。

① 指定第一个引线点：在上面的提示下确定一点作为指引线的第一点，命令行提示

如下。

指定下一点：//输入指引线的第二点。

指定下一点：//输入指引线的第三点。

系统提示用户输入点的数目由【引线设置】对话框确定。输入完指引线的点后，命令行提示如下。

指定文字宽度 <0>：// 输入多行文本文字的宽度。

输入注释文字的第一行 <多行文字(M)>：// 输入注释文字的第一行或选择多行文字。

a. 输入注释文字的第一行：在命令行输入第一行文本文字，命令行提示如下。

输入注释文字的下一行：// 输入另一行文本文字或按【Enter】键结束输入。

b. 多行文字(M)：打开多行文字编辑器，输入编辑多行文字。输入全部注释文本后，在此提示下直接按【Enter】键结束命令。

② 设置：在上面的提示下直接按【Enter】键或输入“S”，系统打开【引线设置】对话框，如图 3.97 所示，可对引线进行设置，各选项卡和按钮含义如下。

a.【注释】选项卡：用于设置引线标注中注释文本的类型、多行文本的格式，并确定注释文本是否多次使用，如图 3.97 所示。

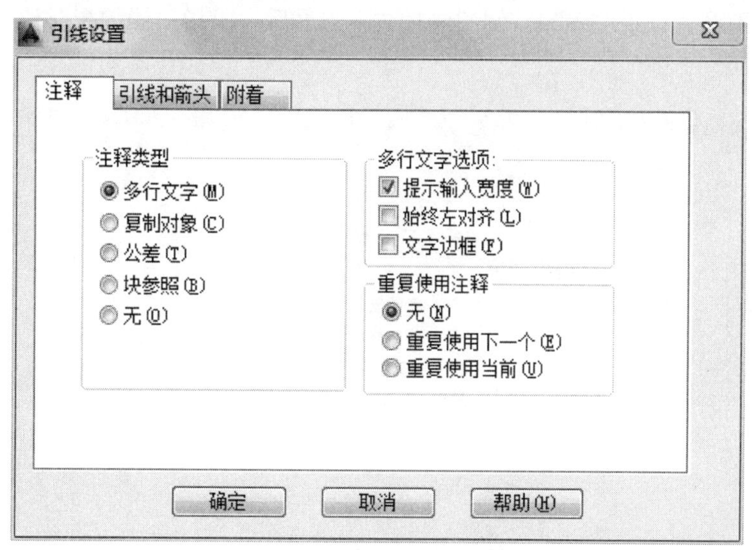

图 3.97　【注释】选项卡

b.【引线和箭头】选项卡：用于设置引线标注中引线和箭头的形式，如图 3.98 所示。其中【点数】选项组用于设置执行命令时，系统提示用户输入点的数目。例如，设置点数为 3，执行命令时，当用户在提示下输入 3 个点后，系统自动提示用户输入注释文本。注意：设置的点数要比用户希望的指引线段数多 1，可利用微调框进行设置，如果勾选“无限制”复选框，则系统一直提示用户输入点，直到连续按【Enter】键两次为止。【角度约束】选项组设置第一段和第二段指引线的角度约束。

c.【附着】选项卡：用于设置注释文本和指引线的相对位置，如图 3.99 所示。绘图时，如果最后一段指引线指向右边，系统自动把注释文本放在指引线右侧；如果最后一段

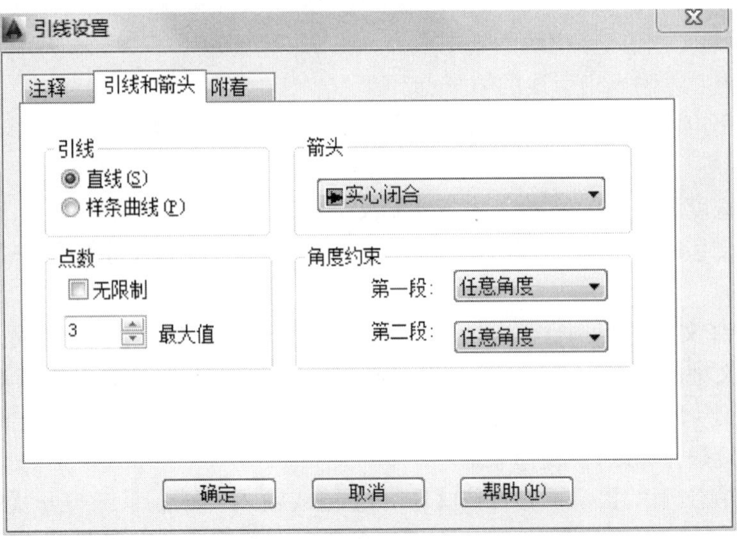

图 3.98 【引线和箭头】选项卡

指引线指向左边，系统自动把注释文本放在指引线左侧。利用【附着】选项卡左侧和右侧的单选按钮分别设置位于左侧和右侧的注释文本与最后一段指引线的相对位置，二者可相同，也可不相同。

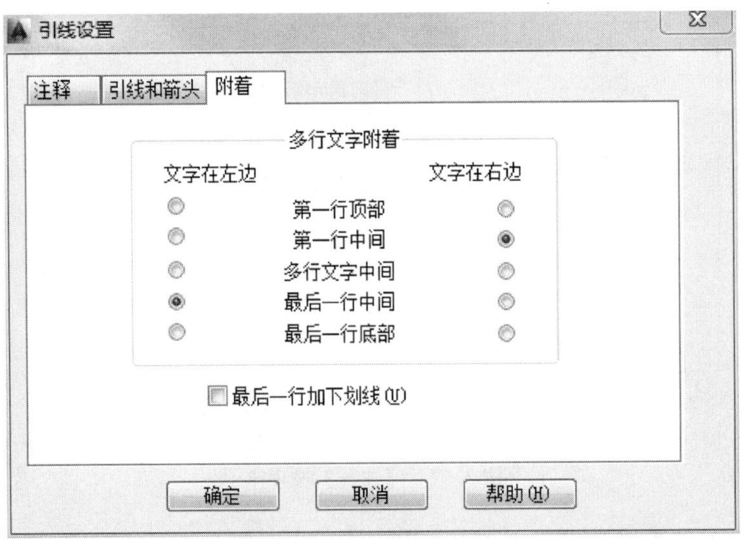

图 3.99 【附着】选项卡

特别提示

- 在使用 QLEADER 命令标注倒角尺寸 C2 时，在【注释】选项卡【注释类型】中选择“多行文字(M)”，【引线和箭头】选项卡【箭头】选择“无”，【附着】选项卡选择“最后一行加下划线”。

5. 特殊符号标注

1）功能

用于标注特殊符号，如沉孔符号、孔深符号、锥度、斜度符号等，如图 3.100 所示。

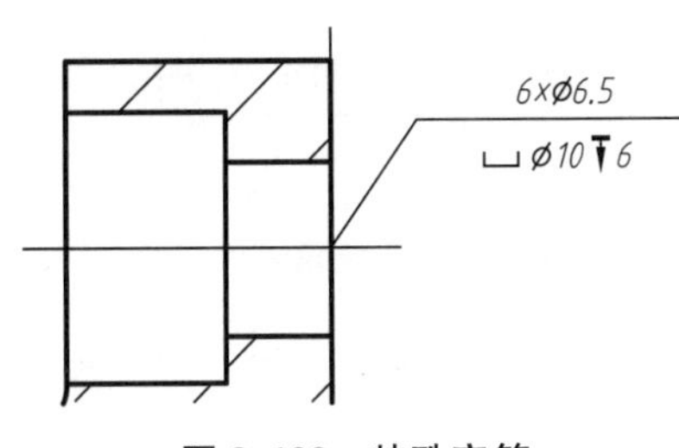

图 3.100　特殊字符

2）操作方法

(1) 单击【样式】工具栏中的【文字样式】按钮。弹出【文字样式】对话框，如图 3.101所示。

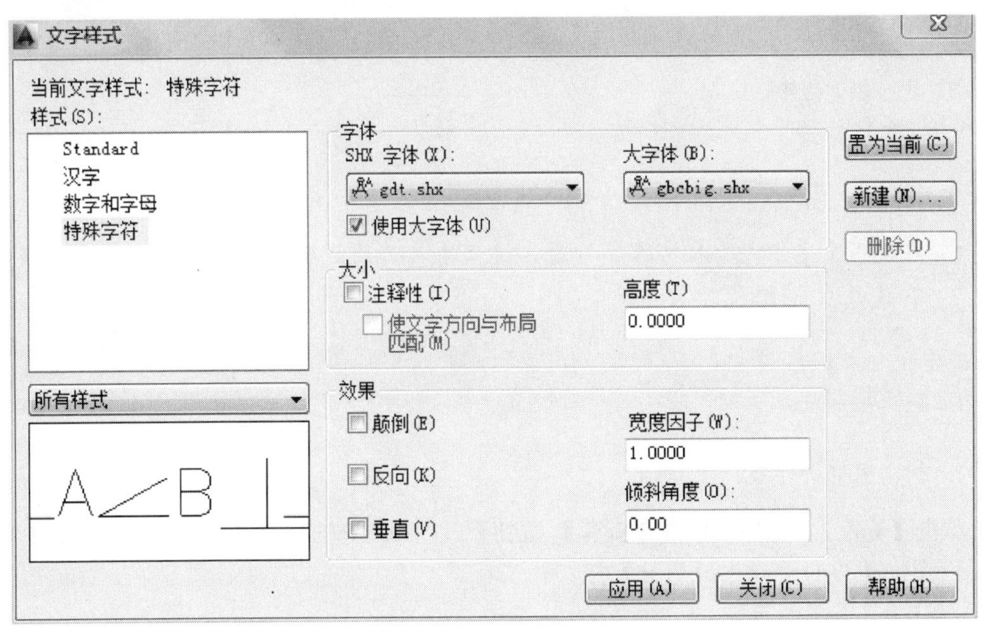

图 3.101　特殊字符文字样式设置

(2) 单击【新建】按钮，确定新样式名为【特殊字符】，在【字体(X)】选项中选择“gdt.shx”，【使用大字体】前面打勾，【大字体(B)】选项选择“gbcbig.shx”，单击【置为当前】按钮，然后单击【应用(A)】按钮。

(3) 单击【绘图】工具栏上的【多行文字】按钮A，屏幕上光标位置下方紧跟着一串特殊字符，如图 3.102 所示，确认输入位置，弹出【文字格式】编辑器，如图 3.103 所示，通过输入英文字母即可显示相

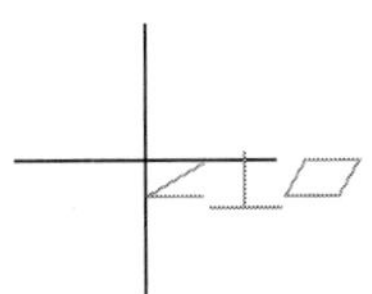

图 3.102　特殊字符待输入状态

应的特殊字符。在 GDT. SHX 格式下常用特殊字符对应字母见表 3－1。

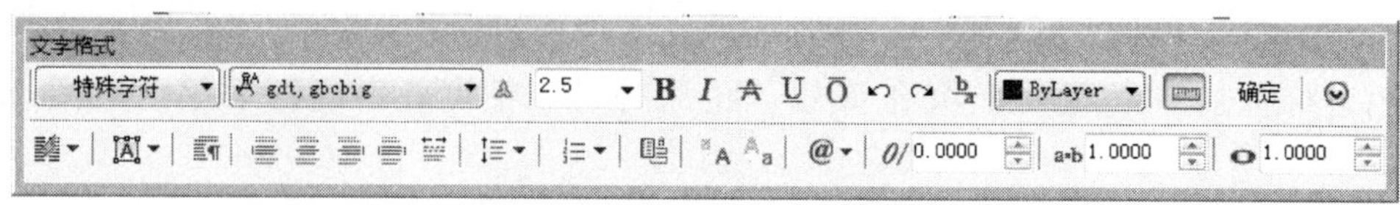

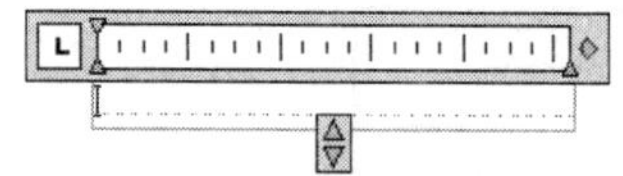

图 3.103　编辑特殊字符

表 3－1　常用特殊字符与字母对应表

名　　称	字　　符	对应字母
沉孔符号	⌴	V
锥形孔符号	⌵	W
深度符号	↧	X
锥度符号	⌲	Y

特别提示

- 在使用上述方式输入特殊字符时，键盘输入必须是小写状态，大写状态时字母不能显示为字符。

3.2.4　操作步骤

1. 新建图形文件

单击【标准】工具栏中的【新建】按钮，在弹出的【选择样板】对话框中选择【GBA4.dwg】文件，单击【打开】按钮。

2. 绘制视图

(1) 单击【图层】工具栏中的【图层控制】下拉箭头，将“中心线”图层设置为当前层。

(2) 打开状态栏中【正交模式】，单击【绘图】工具栏中的【直线】按钮，绘制相互垂直的中心线，并按照尺寸 27、34 进行偏移，使用【极轴追踪】，设置增量角为 45°，绘制两条角度线，如图 3.104 所示。

(3) 单击【图层】工具栏中的【图层控制】下拉箭头，将“轮廓线”图层设置为当前层。利用【圆】、【直线】和【修剪】命令在左视图上按照半径绘制出轮廓线，如图 3.105 所示。

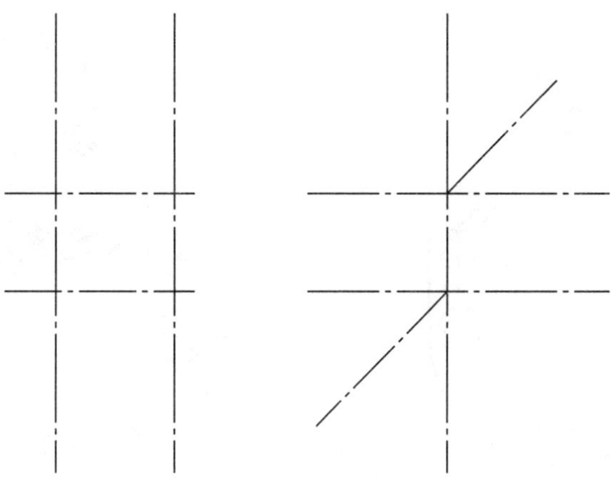

图 3.104　中心线

(4) 单击【绘图】工具栏中的【圆】按钮，绘制左视图上直径为 10、6.5 的沉孔圆和直径为 5 的定位孔圆，如图 3.106 所示。

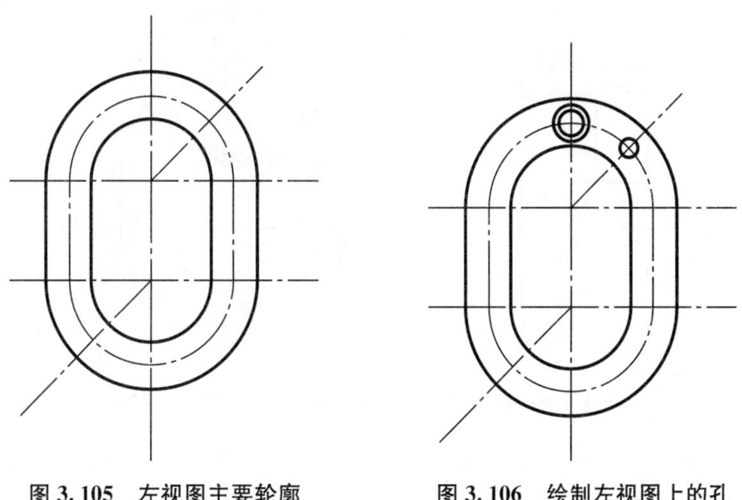

图 3.105　左视图主要轮廓　　图 3.106　绘制左视图上的孔

(5) 单击【修改】工具栏上【复制】按钮，画出左视图上其余相同孔，如图 3.107 所示。

(6) 单击【绘图】工具栏中的【圆】按钮，绘制左视图中的螺纹孔和内孔，如图 3.108所示。

(7) 按照主视图与左视图“高、平、齐”的原则，与主视图中轴向长度的尺寸，绘制出主视图中相应线条，如图 3.109 所示。

(8) 单击【修改】工具栏中的【倒角】按钮和【倒圆】按钮，按照主视图上的尺寸对主视图进行修改，如图 3.110 所示。

(9) 单击【图层】工具栏中的【图层控制】下拉箭头，将“细实线”图层设置为当前层。

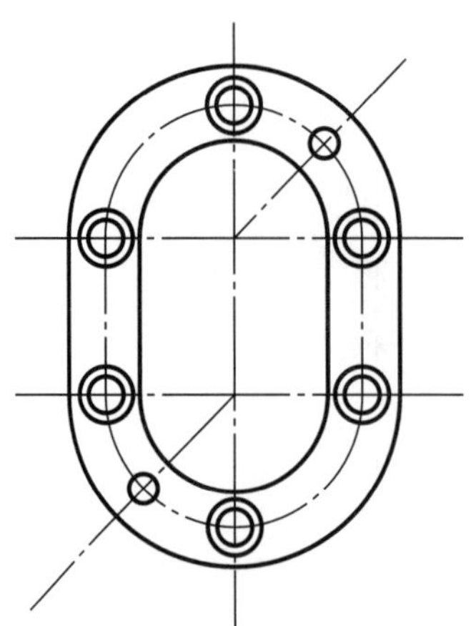

图 3.107　复制孔

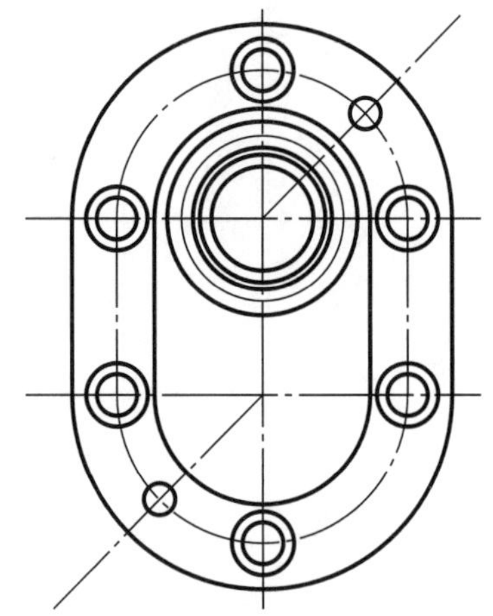

图 3.108　左视图上的螺纹孔和内孔

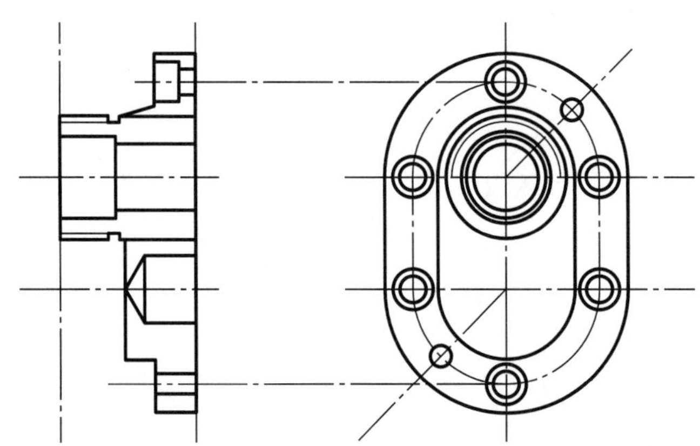

图 3.109　根据高、平、齐和轴向尺寸绘制主视图

(10) 单击【绘图】工具栏中的【图案填充】按钮，设置图案填充图案为“ANSI 31”进行图案填充，如图 3.111 所示。

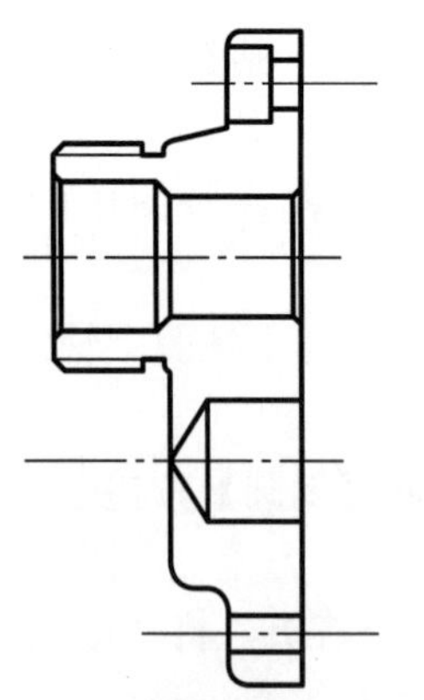

图 3.110　主视图倒角、倒圆

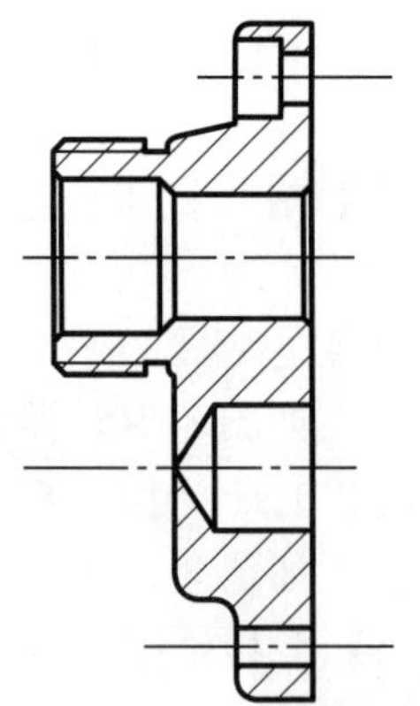

图 3.111　填充剖面线

（11）单击【绘图】工具栏中的【多段线】按钮，标注剖切平面位置，并在主视图上方书写 $A—A$，如图 3.112 所示。

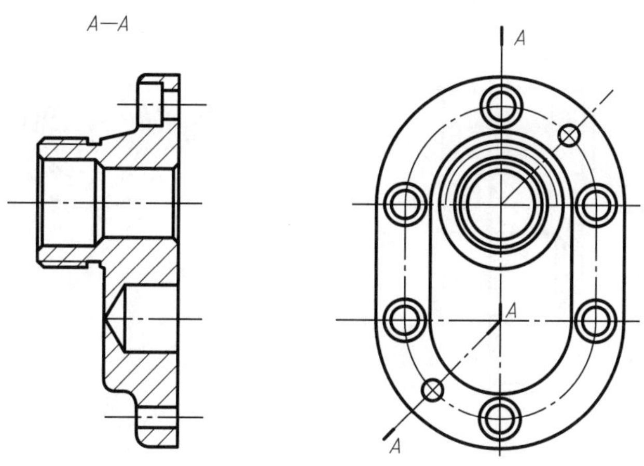

图 3.112　标注剖切平面

3. 尺寸标注

（1）将“尺寸标注”图层设置为当前层。将 ISO－25 设为当前标注样式，单击【线性】标注按钮和【半径】标注按钮标注以下尺寸，如图 3.113 所示。

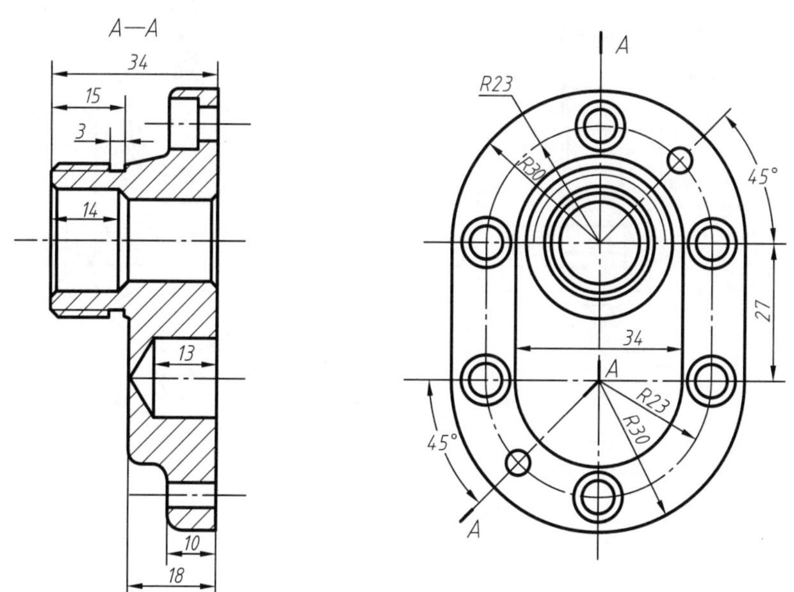

图 3.113　标注基本尺寸

（2）将线性直径设为当前标注样式，单击【线性】标注按钮，标注以下尺寸，如图 3.114所示。

（3）利用特性修改尺寸公差，如图 3.115 所示。

（4）利用特性修改尺寸，在【文字替代】里改为 M30×1.5，如图 3.116 所示。

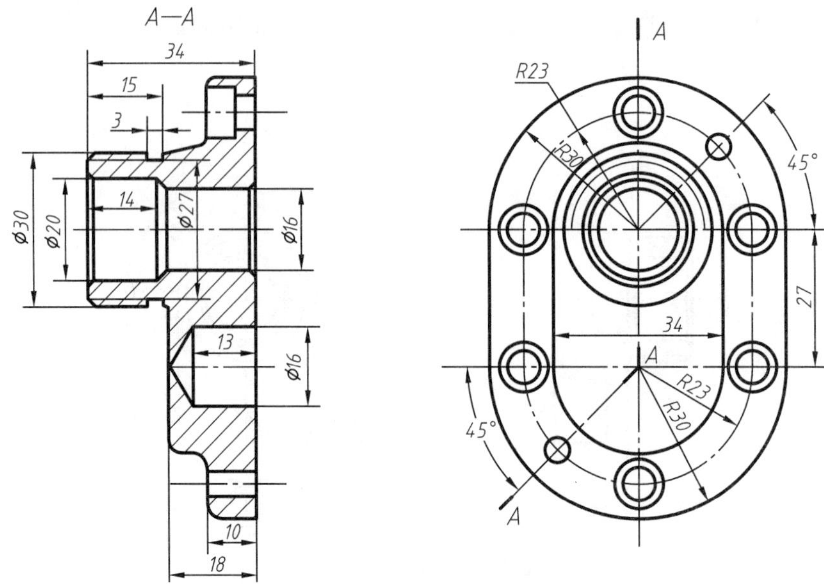

图 3.114　标注线性直径尺寸

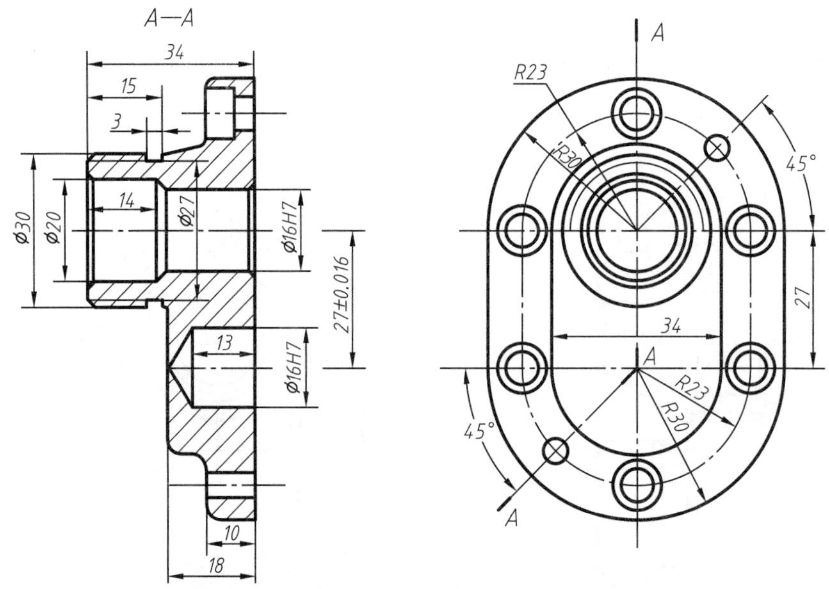

图 3.115　利用特性修改尺寸公差

(5) 使用快速引线标注命令 QLEADER 标注倒角和沉孔尺寸，如图 3.117 所示。

(6) 使用特殊字符标注沉孔参数，如图 3.118 所示。

(7) 使用 DDEDIT 命令，修改 2×ϕ5 的公差，如图 3.119 所示。

4. 标注表面粗糙度

(1) 在绘图工具栏单击【插入块】按钮，弹出【插入】对话框，选择已设置好的外部表面粗糙度块，如图 3.120 所示。

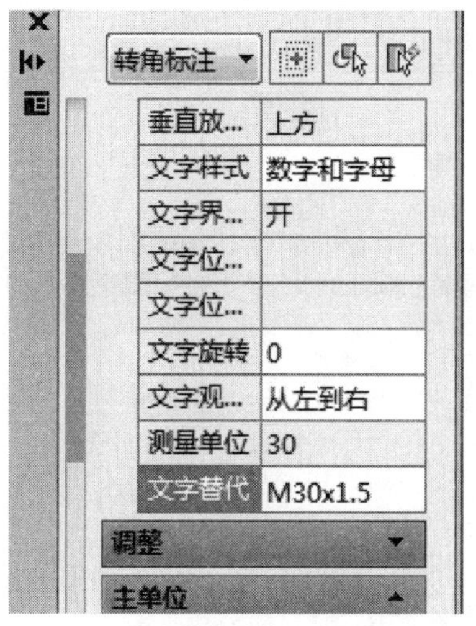

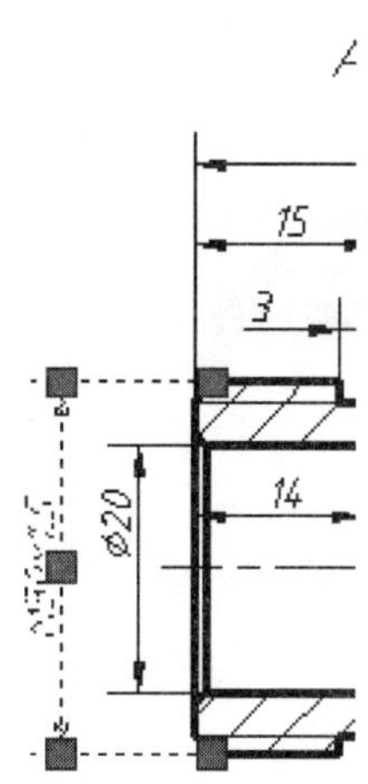

图 3.116　利用特性修改螺纹尺寸

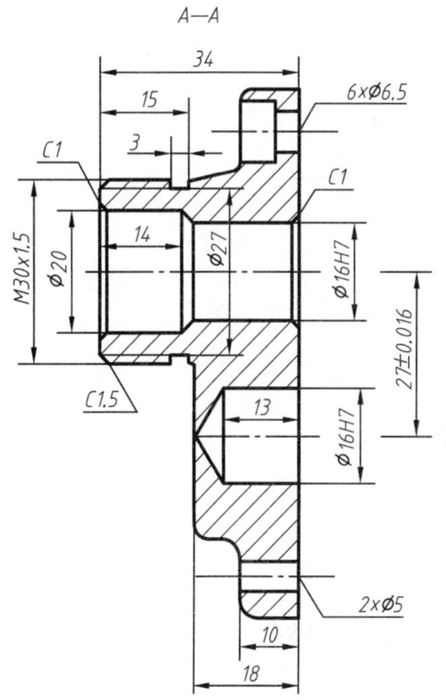

图 3.117　引线标注

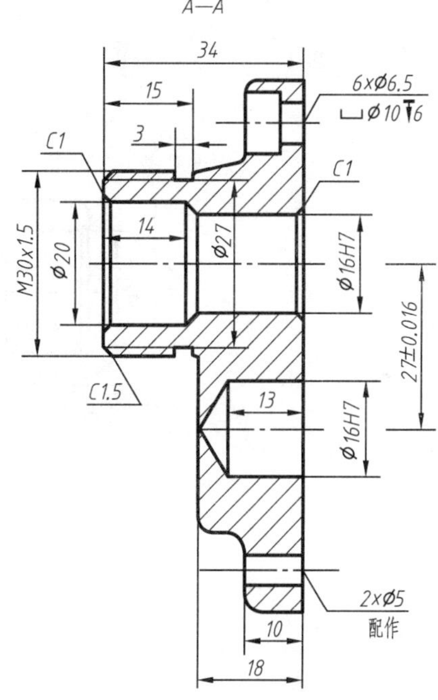

图 3.118　利用特殊字符标注沉孔参数

(2) 单击【确定】按钮，光标上跟随着表面粗糙度块，找到插入点，输入块插入的比例因子、旋转角度、表面粗糙度数值，完成粗糙度标注，如图 3.121所示。

(3) 使用引线标注插入表面粗糙度块，如图 3.122所示。

$2\times\phi5^{+0.04}_{+0.017}$

配　作

图 3.119　利用 DDEDIT 命令修改公差

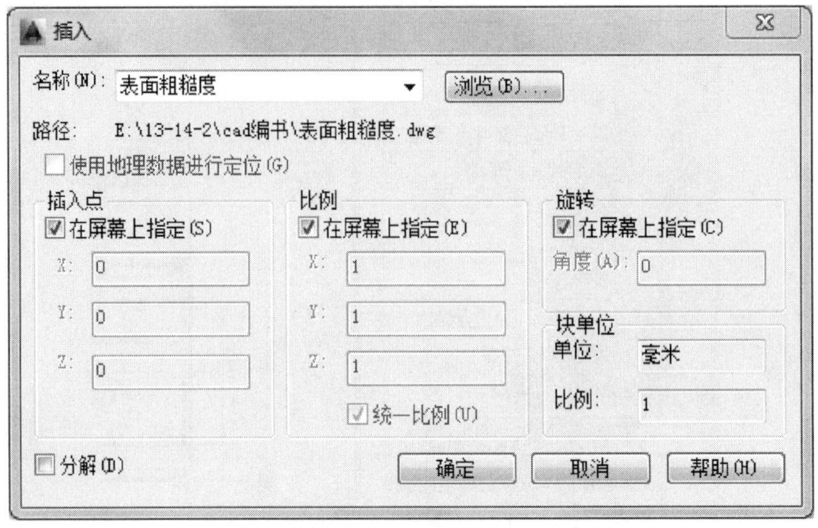

图 3.120　【插入】对话框

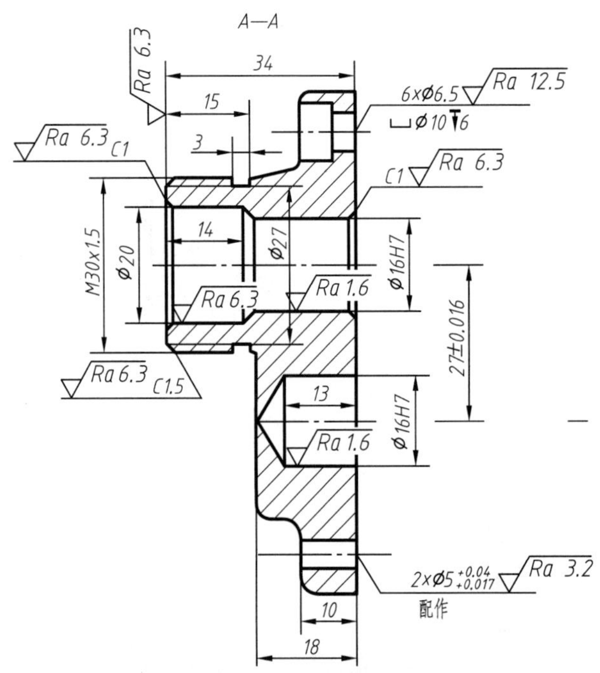

图 3.121　插入表面粗糙度块

5. 书写技术要求和标题栏文字

(1) 单击【绘图】工具栏中的【多行文本】按钮 A，在标题栏的上方空白处进行技术要求的书写，如图 3.123 所示。

(2) 单击【绘图】工具栏中的【多行文本】按钮 A，在标题栏填写相应内容，如图 3.90所示。

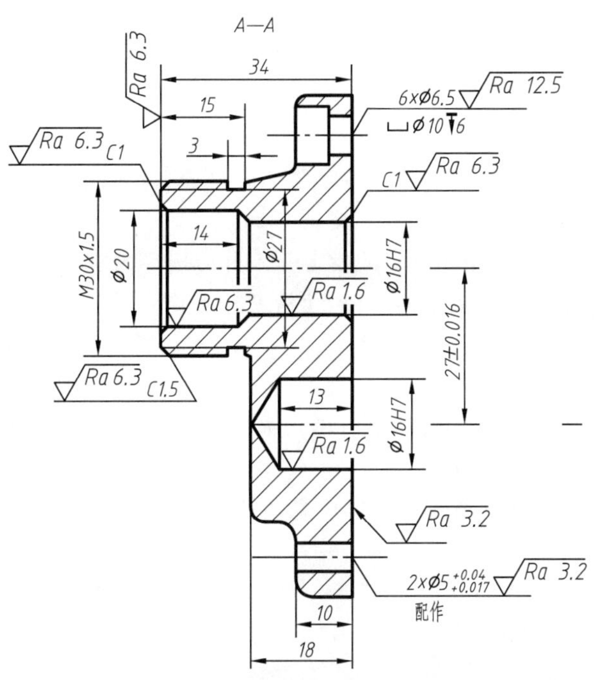

图 3.122　使用引线插入表面粗糙度块

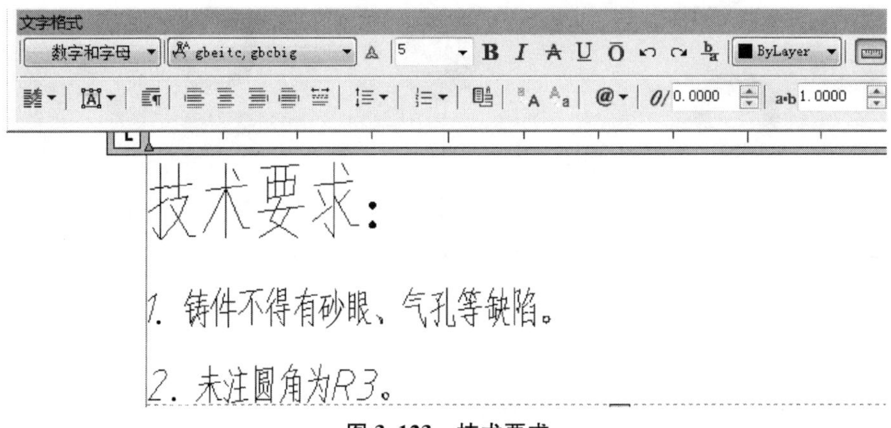

图 3.123　技术要求

6. 保存文件

知识链接

圆　环

圆环也是一种多段线，使用圆环命令可以绘制圆环。圆环可以有任意的内径与外径，如果内径与外径相等，则圆环就是一个普通的圆；如果内径为 0，则圆环为一个实心圆。

1. 执行方式

(1) 菜单：选择菜单【绘图(D)】→【圆环(D)】。

(2) 命令行：在命令行中输入【DONUT】(或【DO】)。

2. 操作方法

命令：_donut↙↙

指定圆环的内径＜0.5000＞：// 指定圆环的内径。

指定圆环的外径＜1.0000＞：//指定圆环的外径。

指定圆环的中心点或＜退出＞：//指定一点作为圆环的中心。

指定圆环的中心点或＜退出＞：//继续指定一点作为圆环的中心，可继续绘制相同内外径的圆环或按【Enter】键结束命令。

3. 选项说明

(1) 若指定内径为非零值，则画出圆环，如图 3.124(a)所示，若指定内径为零，则画出实心填充圆，如图 3.124(b)所示。

(2) 用命令 FILL 可以控制圆环是否填充，具体方法如下。

命令：FILL↙

输入模式［开(ON)/关(OFF)］＜开＞：//选择“开”表示填充，选择“关”表示不填充，如图 3.124(c)所示。

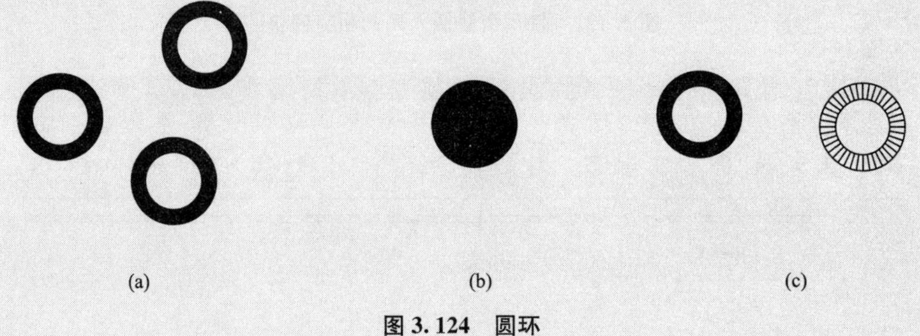

(a)　　(b)　　(c)

图 3.124　圆环

应用案例

图 3.125　绘制圆环

如图 3.125 所示，绘制一个内径为 90，外径为 140 的圆环。

命令：_donut↙

指定圆环的内径＜0.500＞：90。

指定圆环的外径＜1.000＞：140。

指定圆环的中心点或＜退出＞：

指定圆环的中心点或＜退出＞：

小　　结

本章主要介绍了盘盖类零件的工程图样的一般表达方法，在绘制图样的过程中，设置表格样式、插入表格并进行文字的编辑；标注过程中设置线性直径标注样式进行标注；定义带属性的块进行表面粗糙度的标注；带偏差的尺寸的标注方法，半径、角度样式的建立和标注，引线标注，特殊符号的标注等；圆环命令和打断于点命令的使用方法等。本章包含两个任务：齿轮和右端盖零件图的绘制。任务实施的步骤为：调用样板文件→画零件图→标注尺寸→书写技术要求→检查图形并修整→保存。

习　　题

1. 绘制如图 3.126 所示的压紧盖零件工程图样。

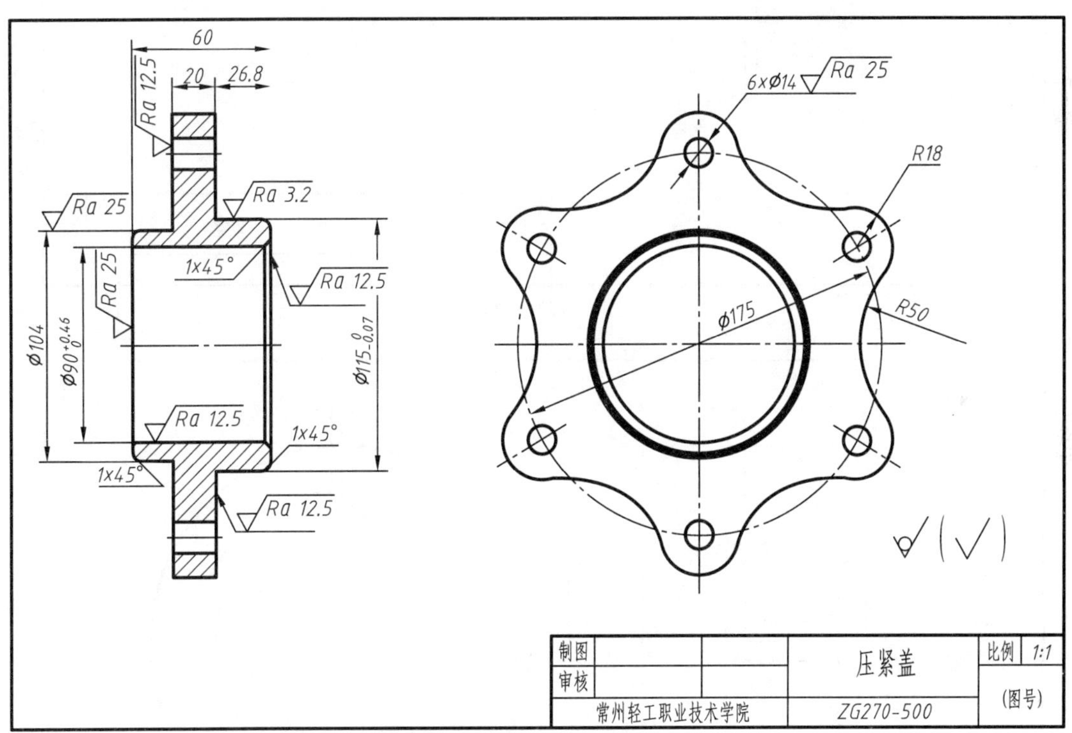

图 3.126　压紧盖

2. 绘制如图 3.127 所示的蜗轮零件工程图样。
3. 绘制如图 3.128 所示的甩油轮零件工程图样。
4. 绘制如图 3.129 所示的卡盘零件工程图样。
5. 绘制如图 3.130 所示的轴承盖零件工程图样。
6. 绘制如图 3.131 所示的端盖零件工程图样。

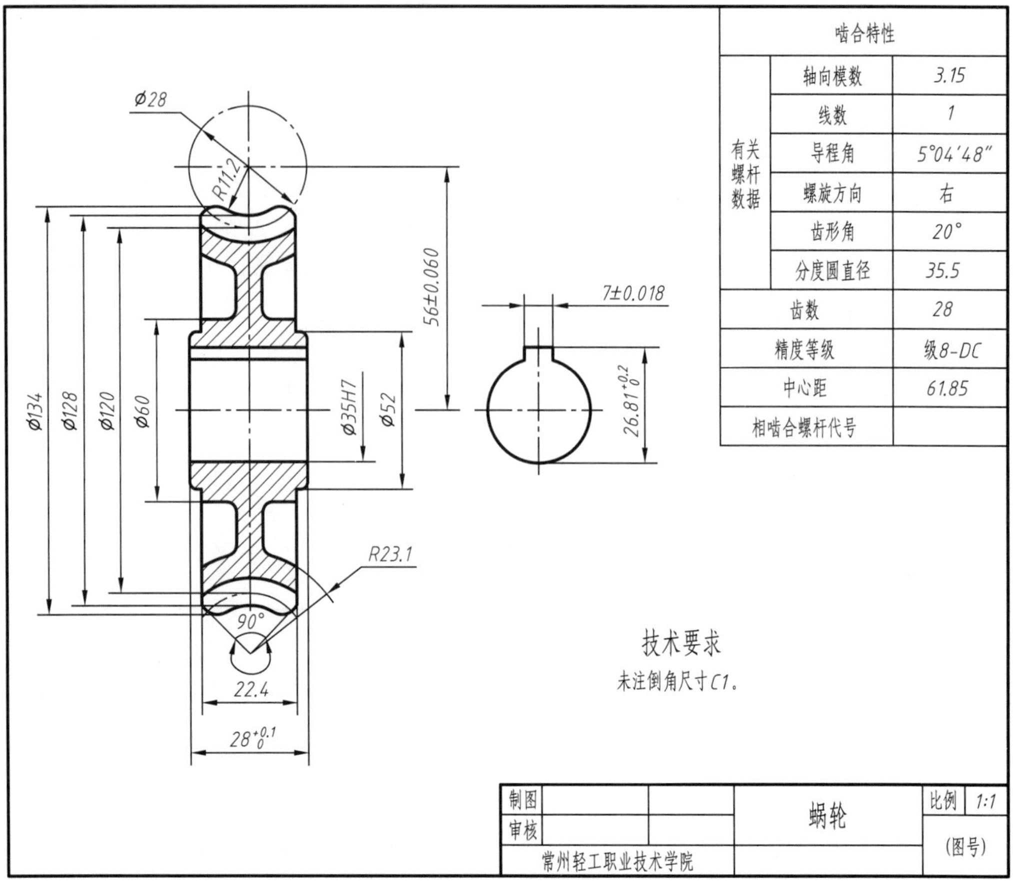

啮合特性
有关螺杆数据
轴向模数 3.15
线数 1
导程角 5°04′48″
螺旋方向 右
齿形角 20°
分度圆直径 35.5
齿数 28
精度等级 级8-DC
中心距 61.85
相啮合螺杆代号
Ø28
R11.2
56±0.060
7±0.018
26.81+0.2 0
Ø134
Ø128
Ø120
Ø60
Ø35H7
Ø52
R23.1
90°
22.4
28+0.1 0
技术要求
未注倒角尺寸C1。
制图
审核
蜗轮
比例 1:1
(图号)
常州轻工职业技术学院

图 3. 127　蜗轮

3
3
1x45°
6±0.020
Ø46
Ø40
Ø30H8
Ø40
Ø60
R10
2
3
18+0.2 -0.3
32.8+0.1 0
制图
审核
甩油轮
比例
(图号)
常州轻工职业技术学院

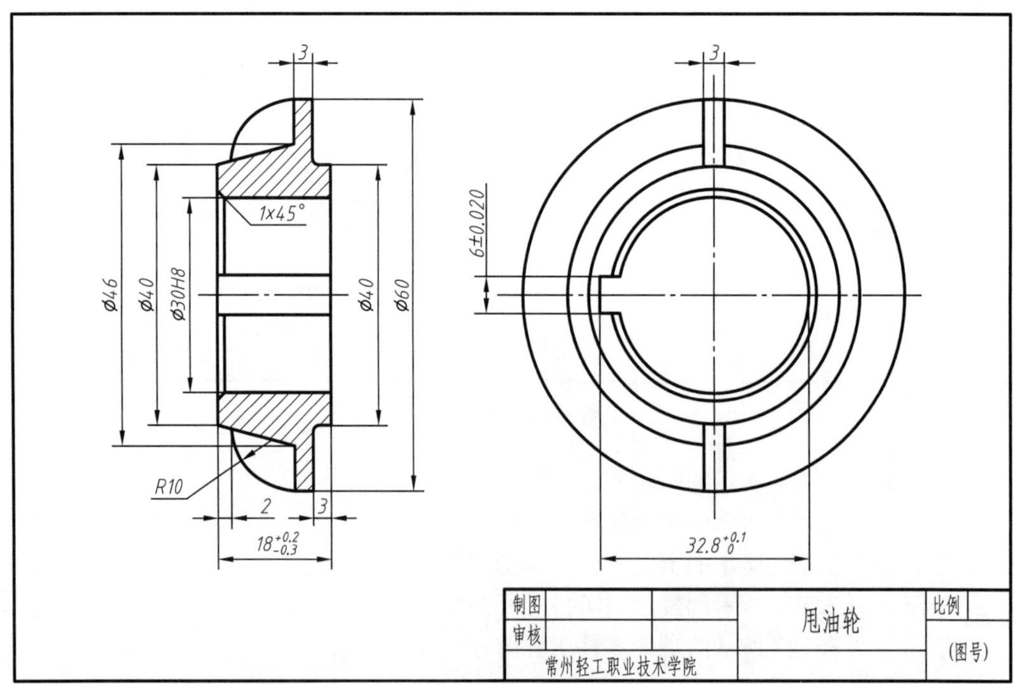

图 3. 128　甩油轮

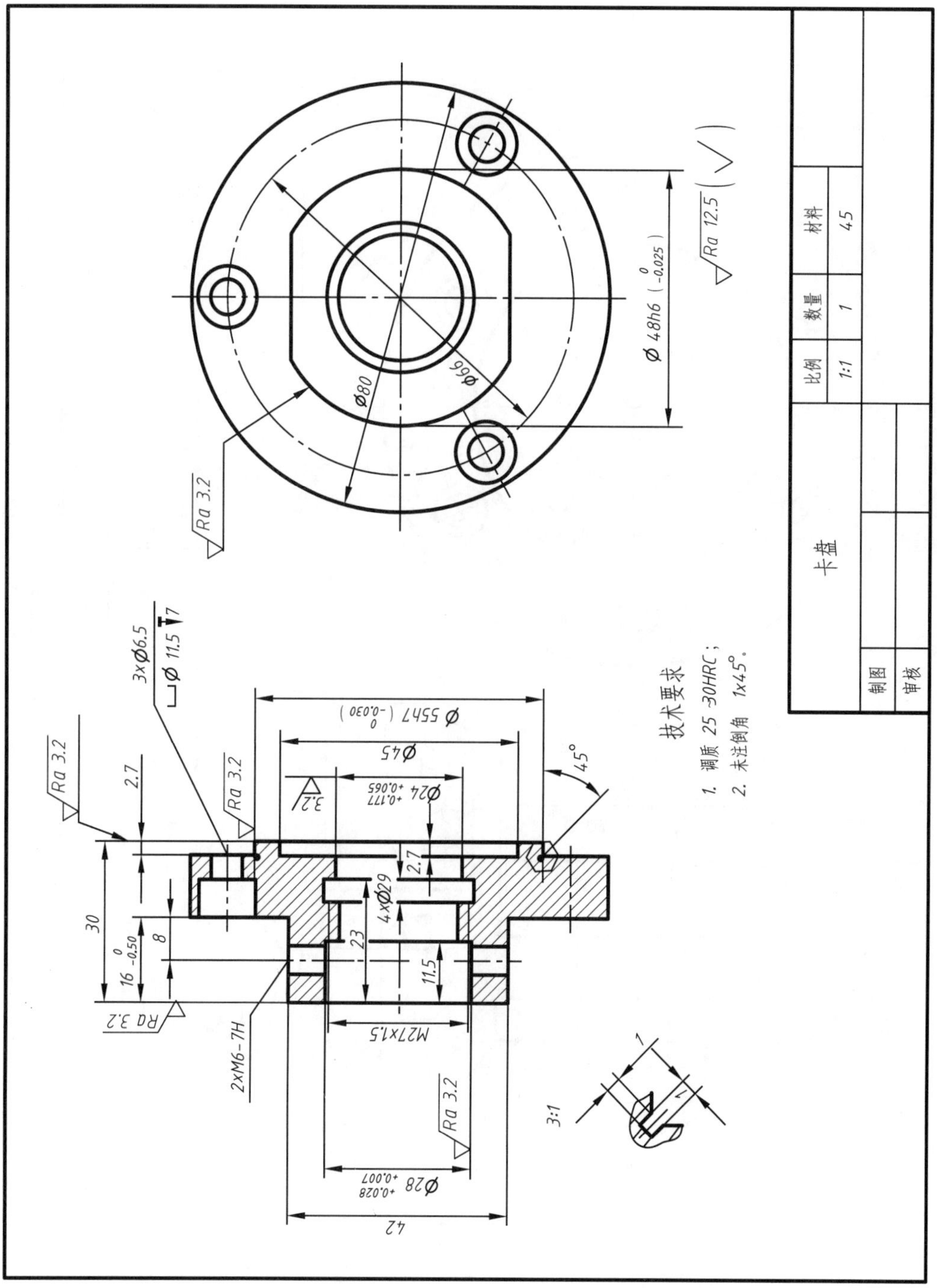

技术要求

1. 调质 25~30HRC；
2. 未注倒角 1x45°。

卡盘	比例	数量	材料
	1:1	1	45
制图			
审核			

图 3.129　卡盘

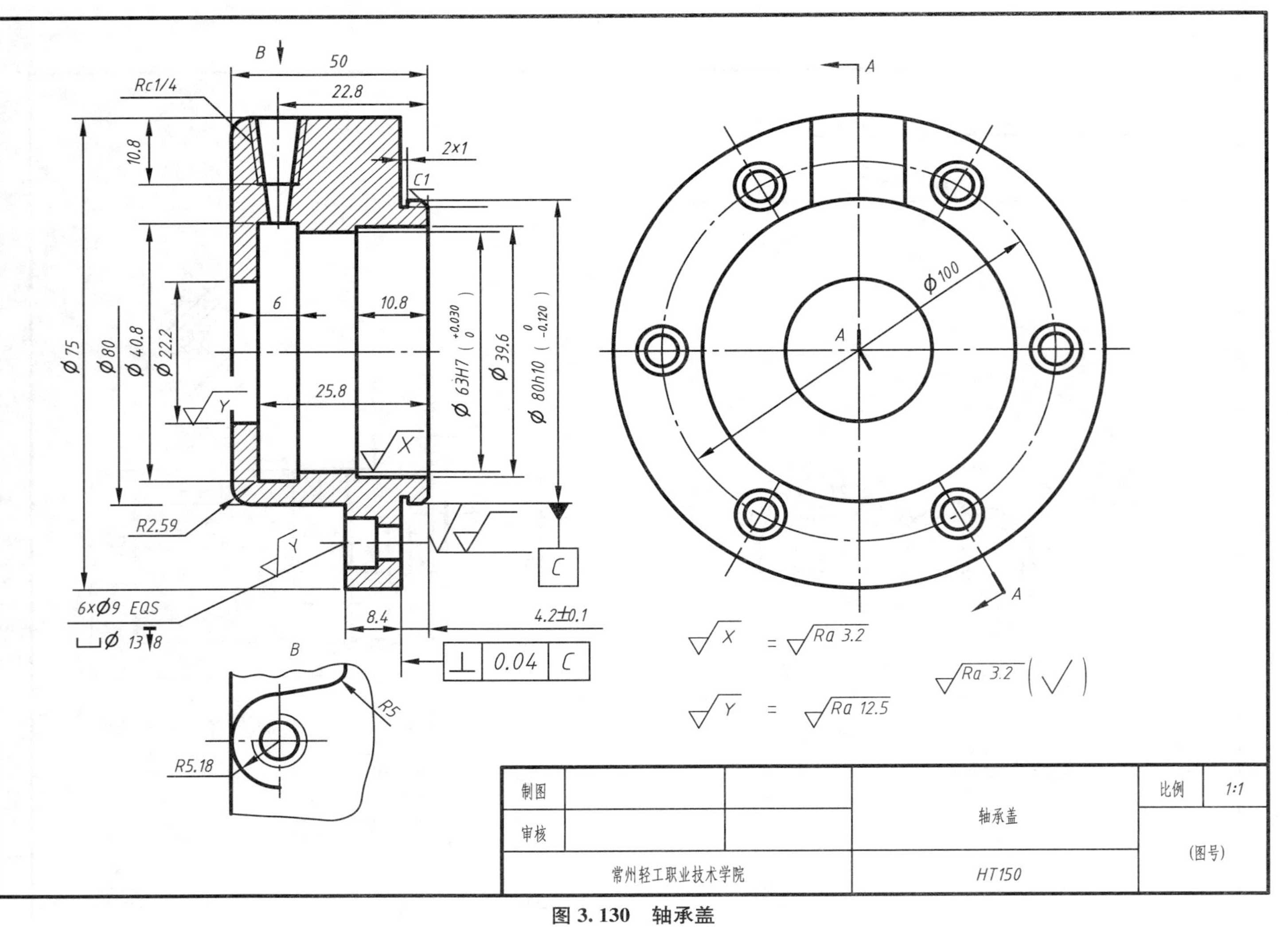
B
50
22.8
Rc1/4
10.8
2x1
C1
6
25.8
Ø 75
Ø 80
Ø 40.8
Ø 22.2
Ø 63H7 (+0.030 0)
Ø 39.6
Ø 80h10 (0 -0.120)
X
Y
R2.59
C
6xØ9 EQS
Ø 13 ↧8
8.4
4.2±0.1
⊥ 0.04 C
R5
R5.18
A
Ø 100
X = Ra 3.2
Y = Ra 12.5
Ra 3.2 (√)
制图
审核
轴承盖
比例
1:1
(图号)
常州轻工职业技术学院
HT150

图 3.130 轴承盖

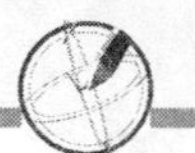

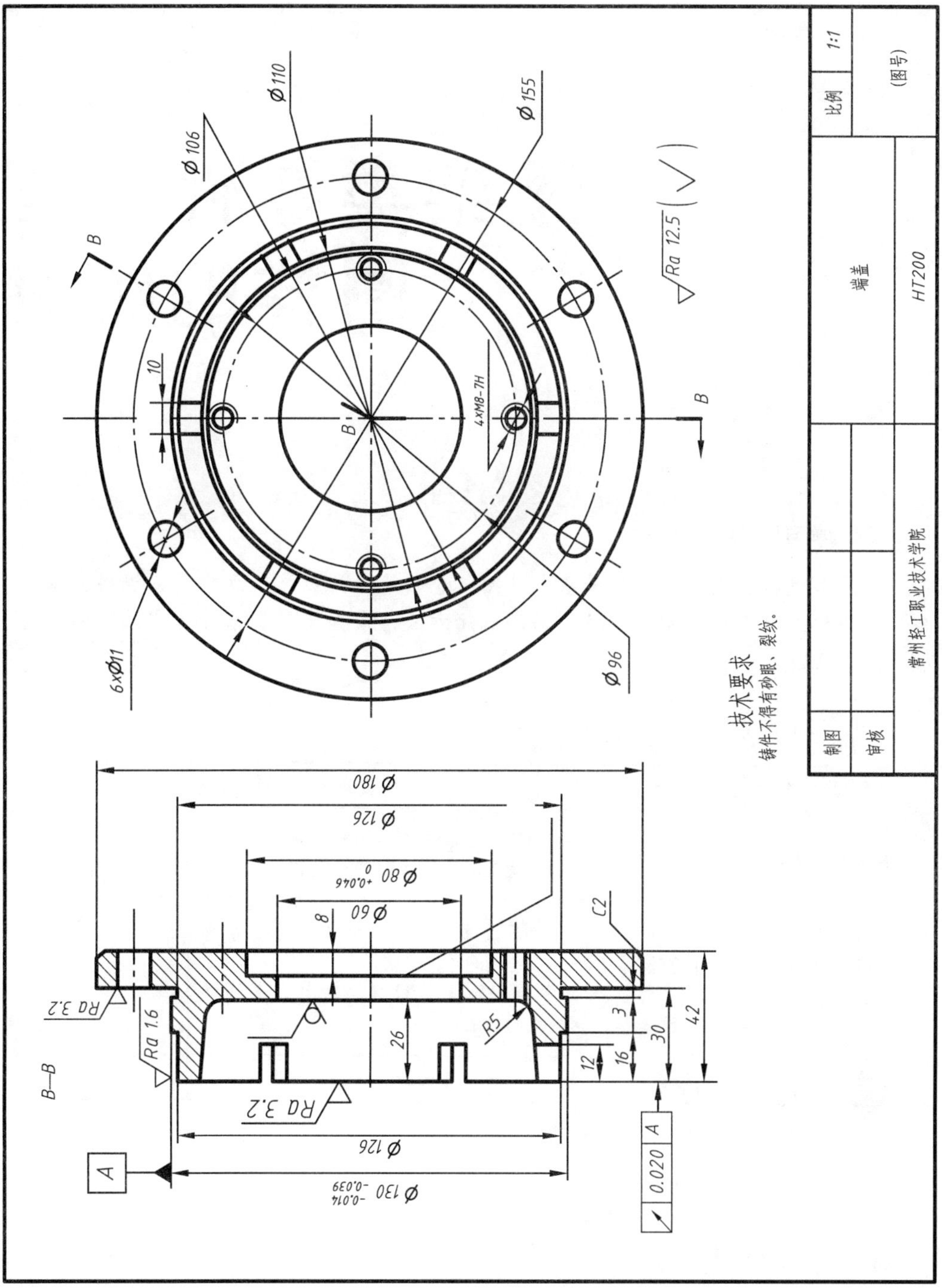

Ø110
Ø155
Ø106
Ra 12.5
B
10
4×M8-7H
6×Ø11
Ø96
技术要求
铸件不得有砂眼、裂纹。
Ø180
Ø126
Ø80 +0.046 0
Ø60
8
C2
Ra 3.2
Ra 1.6
26
R5
3
30
42
16
12
B—B
A
0.020 A
Ø130 -0.014 -0.039
端盖
比例
1:1
(图号)
HT200
制图
审核
常州轻工职业技术学院

图 3.131　端盖

模块4

叉架类零件工程图样的绘制

学习目标

熟悉多段线、椭圆、圆弧等基本绘图命令的使用；熟悉夹点编辑、编辑多段线、多线样式的设置；掌握形位公差的标注方法；掌握叉架类零件工程图样的绘制方法和步骤。

学习要求

能力目标	知识要点	权重
掌握叉架类零件的表达方法	叉架类零件工程图样的组成； 叉架类零件工程图样的识读	20%
掌握叉架类零件视图的绘制步骤和方法	多段线、多线、椭圆、圆弧等基本绘图命令； 夹点编辑、编辑多段线、多线样式的设置	50%
掌握叉架类零件的标注方法	形位公差的标注方法	30%

任务 4.1　拨叉零件工程图样的绘制

4.1.1　任务引入

绘制如图 4.1 所示的拨叉零件工程图样。

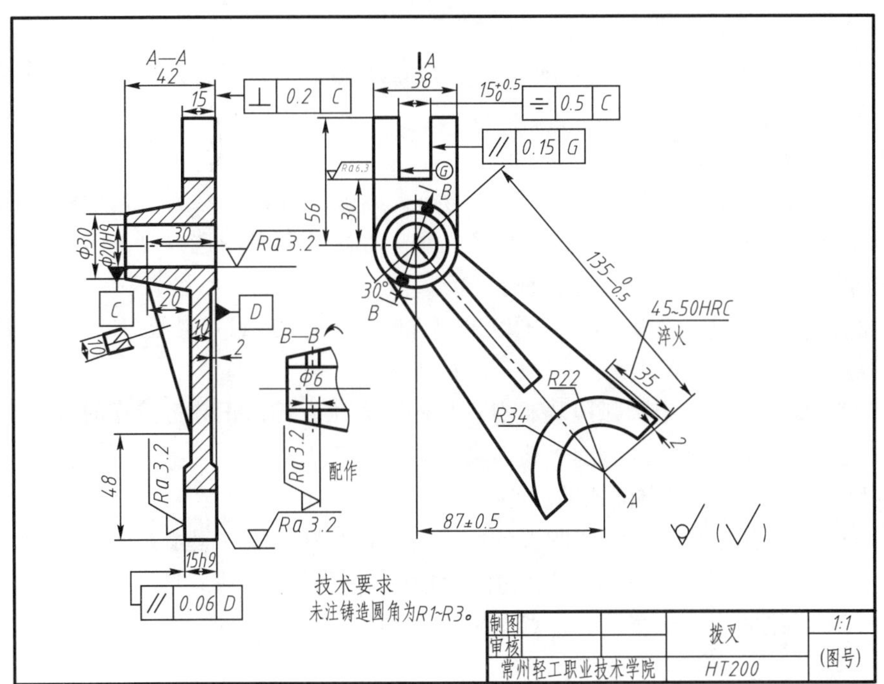

图 4.1　拨叉

4.1.2　任务分析

拨叉的表达由两个基本视图、一个局部剖视图和一个移出断面图组成。根据视图的配置可知，*A*—*A* 剖视图为主视图，左视图主要表达拨叉的外形，并表达了 *B*—*B* 局部剖视的剖切位置。拨叉图样主要采用直线、圆、偏移、修剪、多段线、椭圆等命令完成。

4.1.3　相关知识

1. 多段线命令

1) 功能

多段线是由一条或多条线段或弧线序列连接而成的一种特殊折线，使用此命令，不但可以绘制一条单独的线段或圆弧，还可以绘制有一定宽度的闭合或不闭合线段和弧线序列，如图 4.2 所示。

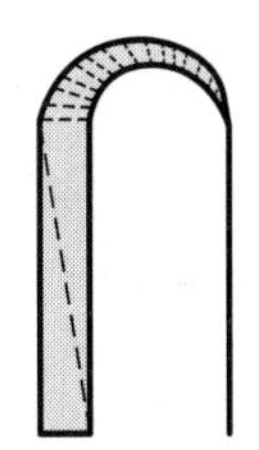

图 4.2　多段线

2) 执行方式

(1) 功能区：【常用】选项卡→【绘图】面板→【多段线】按钮。

(2) 菜单：选择菜单【绘图(D)】→【多段线(P)】。

(3) 工具栏：单击【绘图】工具栏中的【多段线】按钮。

(4) 命令行：在命令行中输入【PLINE】(或【PL】)。

3) 操作方法

命令：_pline↙

指定起点：//在绘图区域拾取一点作为起点。

当前线宽为 0.0000。

指定下一个点或 [圆弧(A)/半宽(H)/长度(L)/放弃(U)/宽度(W)]：//指定下一点或选择括号内的选项。

4) 选项说明

(1) 圆弧(A)：用于将当前多段线模式切换为画弧模式，以绘制由弧线组合而成的多段线。在命令行输入“a”，或者绘图区单击右键，在快捷菜单中选择【圆弧】选项，系统自动切换到画弧模式，且命令行提示如下。

指定圆弧的端点或 [角度(A)/圆心(CE)/方向(D)/半宽(H)/直线(L)/半径(R)/第二个点(S)/放弃(U)/宽度(W)]：

① 角度(A)：用于指定圆弧段从起点开始的包含角。输入正数将按逆时针方向创建圆弧段，输入负数将按顺时针方向创建圆弧段。如图 4.3 所示。

② 圆心(CE)：用于指定圆弧的圆心。

③ 方向(D)：用于取消直线和圆弧的相切关系，改变圆弧的起始方向。

④ 半宽(H)：用于指定圆弧的半宽值，如图 4.4 所示。激活此选项功能后，系统将提示用户输入多段线的起点半宽值和终点半宽值。

图 4.3　圆弧段的包含角

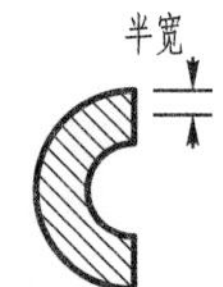

图 4.4　半宽

⑤ 直线(L)：用于切换直线模式。

⑥ 半径(R)：用于指定圆弧的半径。

⑦ 第二个点(S)：用于指定三点画圆弧方式中的第二个点。

⑧ 放弃(U)：用于删除最近一次添加到多段线上的圆弧段。

⑨ 宽度(W)：用于设置弧线的宽度值。

(2) 半宽(H)：用于设定多段线的半宽。

(3) 长度(L)：在与上一线段相同的角度方向上绘制指定长度的直线段。如果上一线段是圆弧，将绘制与该圆弧段相切的新直线段。

(4) 放弃(U)：删除最近一次添加到多段线上的圆弧段或直线段。

(5) 宽度(W)：用于设置多段线的宽度，起点宽度将成为默认的终点宽度。终点宽度在再次修改宽度之前将作为所有后续线段的统一宽度。

特别提示

- 在绘制具有一定宽度的多段线时，系统变量 Fillmode 控制多段线是否被填充，当变量值为 1 时，绘制的带有宽度的多段线将被填充；变量为 0 时，带有宽度的多段线将不会被填充。如图 4.5 所示。

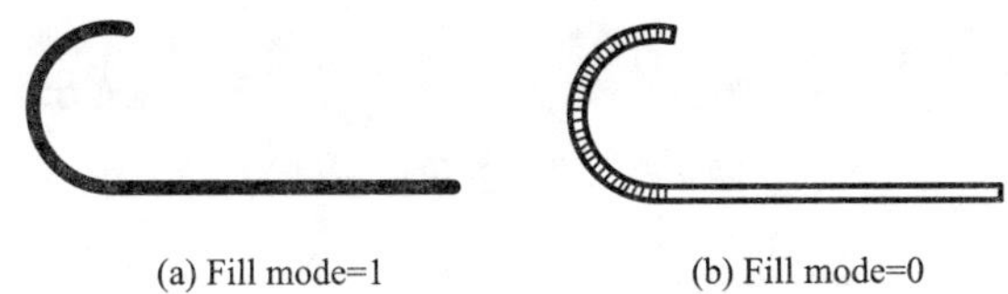

(a) Fill mode=1　　(b) Fill mode=0

图 4.5　多段线填充设置

2. 编辑多段线命令

1）功能

合并二维多段线、将线条和圆弧转换为二维多段线以及将多段线转换为近似 B 样条曲线的曲线(拟合多段线)。

2）执行方式

(1) 菜单：选择菜单【修改(M)】→【对象(O)】→【多段线(P)】。

(2) 工具栏：单击【修改Ⅱ】工具栏中的【编辑多段线】按钮。

(3) 命令行：在命令行中输入【PEDIT】(或【PE】)。

3）操作方法

命令：_pedit↙

选择多段线或［多条(M)］：//选择要编辑的对象。

是否将直线、圆弧和样条曲线转换为多段线？［是(Y)/否(N)］? <Y>：//选择是否转换为多段线。

输入选项［闭合(C)/打开(O)/合并(J)/宽度(W)/拟合(F)/样条曲线(S)/非曲线化(D)/线型生成(L)/反转(R)/放弃(U)］：//选择输入括号内的选项。

4）选项说明

(1) 多条(M)：同时选择多个多段线进行编辑。

(2) 闭合(C)/打开(O)：选择设置是否将多段线首尾衔接，如图 4.6 所示。

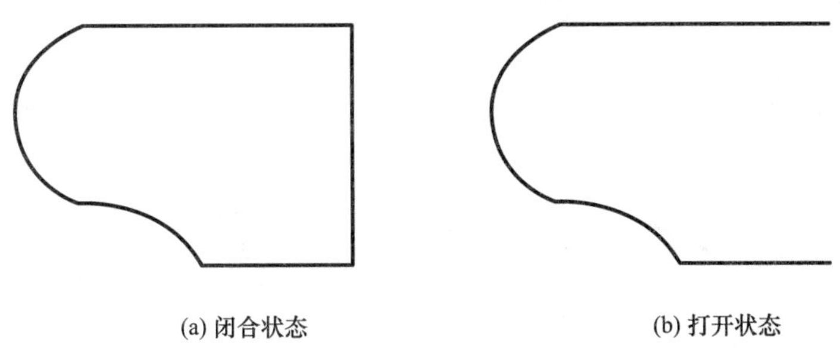

(a) 闭合状态　　(b) 打开状态

图 4.6　多段线的闭合和打开

(3) 合并(J)：在多段线处于打开状态时，将多段线和其他对象合并成新的多段线。

(4) 宽度(W)：设置多段线宽度，如图 4.7 所示。

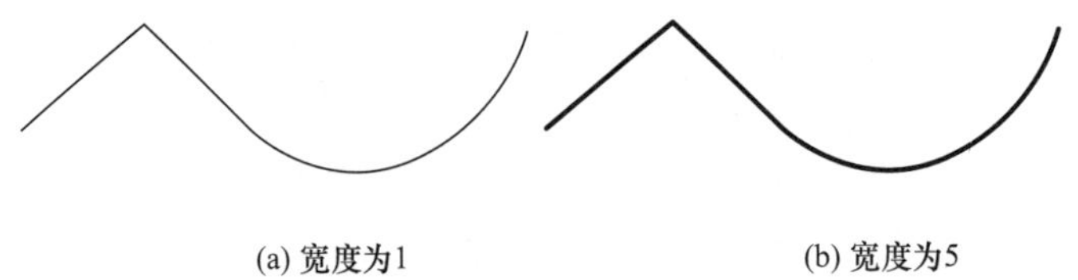

(a) 宽度为1　　(b) 宽度为5

图 4.7　设置多段线宽度

(5) 编辑顶点(E)：编辑多段线顶点。

(6) 拟合(F)：根据多段线特性生成拟合曲线，曲线由相切圆弧连接组成，如图 4.8 所示。

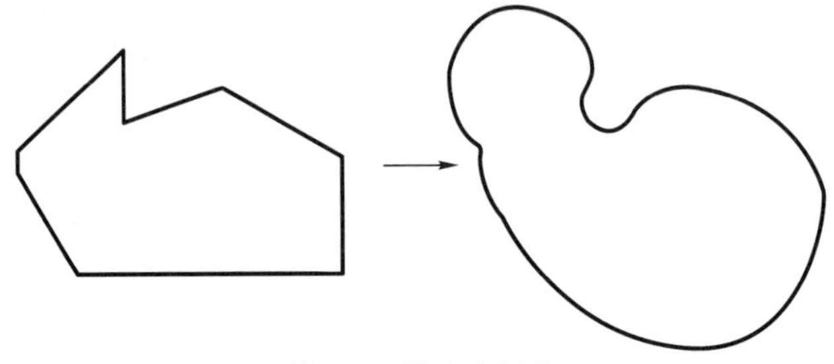

图 4.8　拟合多段线

(7) 样条曲线(S)：生成以多段线顶点为控制点的样条曲线。

(8) 非曲线化(D)：用直线段代替多段线中的圆弧段。

(9) 线型生成(L)：设置多段线是否能分段选择线型。

(10) 反转(R)：反转多段线顶点的顺序。使用此选项可反转使用包含文字线型的对象的方向。例如，根据多段线的创建方向，线型中的文字可能会倒置显示。

(11) 放弃(U)：放弃最近一次操作。

特别提示

- 在绘制三维图样时，可以用编辑多段线命令的合并选项，将多个对象合并为一条多段线，再对其进行拉伸、旋转等操作。

3. 椭圆命令

1) 功能

绘制椭圆，如图 4.9 所示。

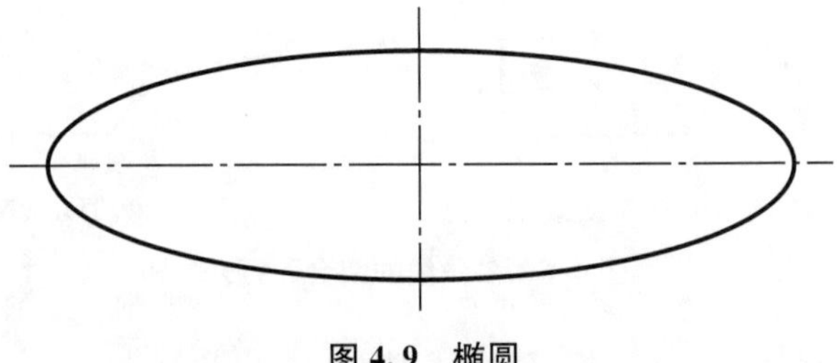

图 4.9　椭圆

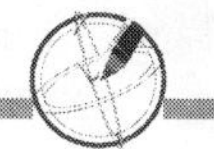

2）执行方式

（1）功能区：【常用】选项卡→【绘图】面板→【椭圆】按钮。

（2）菜单：选择菜单【绘图(D)】→【椭圆(E)】。

（3）工具栏：单击【绘图】工具栏中的【椭圆】按钮。

（4）命令行：在命令行中输入【ELLIPSE】（或【EL】）。

3）操作方法

命令：_ellipse↙

指定椭圆的轴端点或［圆弧(A)/中心点(C)］：//指定轴端点或选择括号内的选项。

指定轴的另一个端点：//指定另一个轴端点。

指定另一条半轴长度或［旋转(R)］：//指定另一个半轴长度。

4）选项说明

（1）在 AutoCAD 2014 软件中有 3 种绘制椭圆的方法，默认方法是指定轴端点、另一个半轴长度绘制椭圆，如图 4.10 所示。

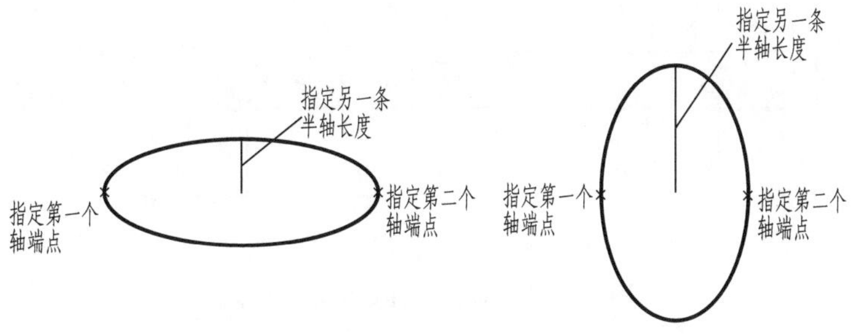

图 4.10　使用"轴、端点"法画椭圆

（2）中心点(C)：通过指定椭圆中心点，轴端点坐标以及指定另一条轴的长度来绘制椭圆，如图 4.11 所示。

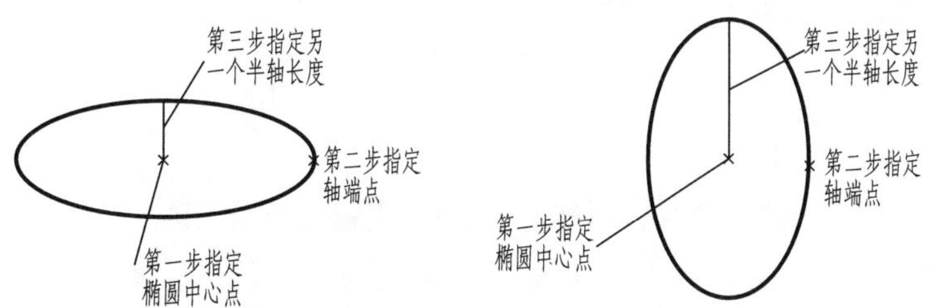

图 4.11　使用"中心点"法画椭圆

（3）旋转(R)：利用椭圆第一条轴的两个端点和一个以该轴为直径的圆绕该轴空间旋转的角度，来绘制椭圆。这个空间的圆在平面的投影就是所绘制的椭圆，如图 4.12 所示。

（4）圆弧(A)：可以用来绘制椭圆弧。

4．标注形位公差

1）功能

标注形位公差。形位公差是表示特征的形状、轮廓、方向、位置和跳动的允许偏差，一般由形位公差框、形位公差代号、形位公差值及基准代号组成，如图 4.13 所示。

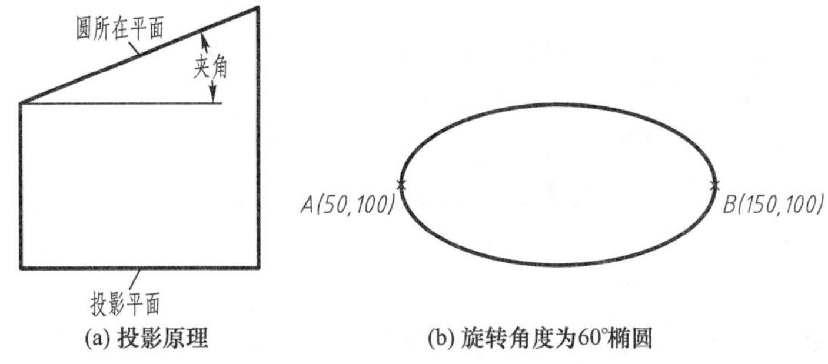

(a) 投影原理　　(b) 旋转角度为60°椭圆

图 4.12　利用“旋转角”绘制椭圆

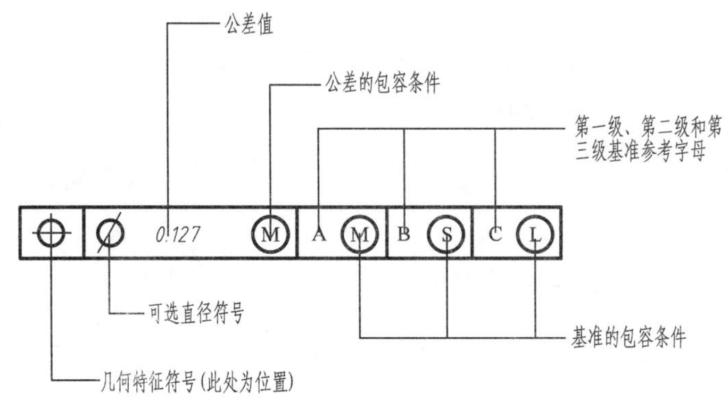

图 4.13　形位公差标注的基本组成

2）执行方式

(1) 菜单：选择菜单【标注(N)】→【公差(T)】。

(2) 工具栏：单击【标注】工具栏中的【公差】按钮。

(3) 命令行：在命令行中输入【TOLERANCE】(或【TOL】)。

3）操作方法

执行上述操作后，系统打开【形位公差】对话框，如图 4.14 所示。在该对话框中用户可以设置特征符号和公差值。

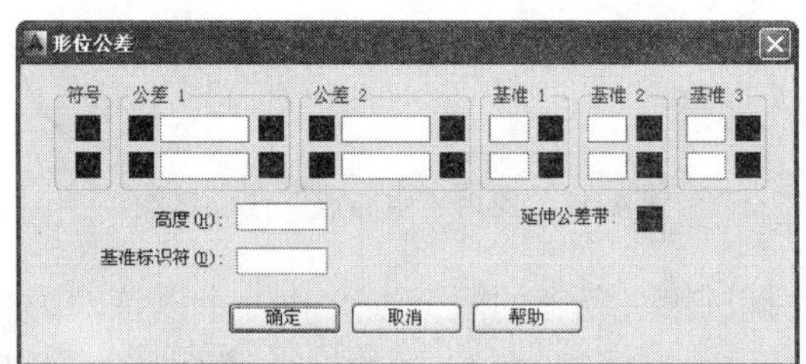

图 4.14　【形位公差】对话框

(1) 单击【符号】选项组中的黑色小方格，弹出【特征符号】对话框，如图 4.15 所示，在该对话框中可以选择特征符号。

(2) 单击【基准 1】选项组后面的黑色小方格，弹出【附加符号】对话框，如图 4.16 所示，在该对话框中可以选择包容条件。

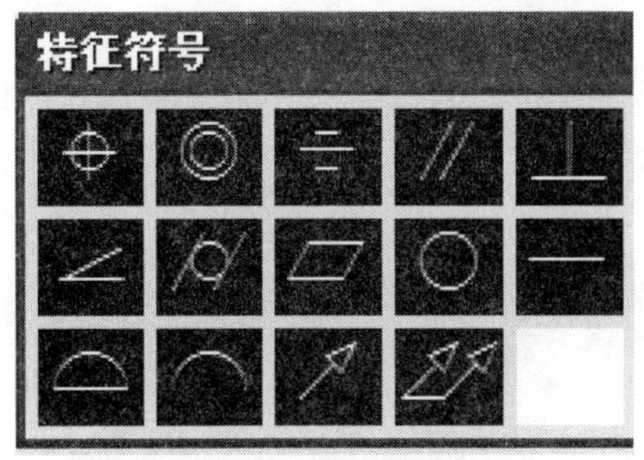

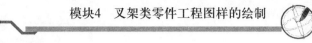

图 4.15 【特征符号】对话框

图 4.16 【附加符号】对话框

(3) 国家标准规定的形位公差特征符号及其含义见表 4-1。

表 4-1　特 征 符 号

公差	特征项目	符号	公差	特征项目	名称	符号
形状	直线度	—	位置	定向	平行度	//
					垂直度	⊥
					倾斜度	∠
	平面度	▱		定位	同轴(同心)度	◎
	圆度	○			对称度	⌯
	圆柱度	⌭			位置度	⌖
形状或位置	线轮廓度	⌒		跳动	圆跳动	↗
	面轮廓度	⌓			全跳动	⌰

特别提示

- 在标注形位公差时，也可以用快速引线命令，在命令提示下，输入【leader】，指定引线的起点，第二点，按两次【Enter】键显示注释，输入【t(公差)】，然后创建特征控制框。特征控制框将附着到引线的端点。

5. 夹点编辑

在 AutoCAD 中选择图形对象时，在图形上显示若干个蓝色方框，这些方框即为夹点，如图 4.17 所示。夹点是一种集成的编辑模式，单击夹点变成红色后右击弹出如图 4.18所示的快捷菜单，选择命令可对夹点进行拉伸、移动、复制、缩放、镜像等操作。

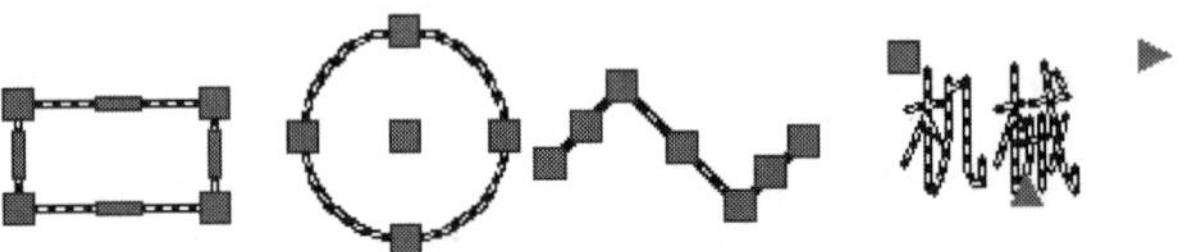

图 4.17 夹点显示

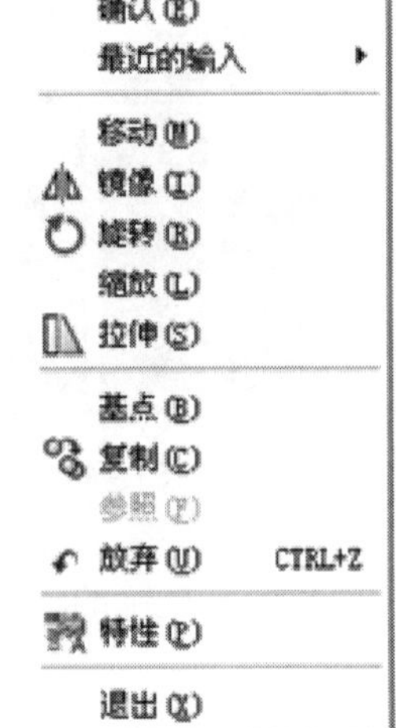

图 4.18 【夹点编辑】快捷菜单

1）使用夹点拉伸对象

拉伸模式是默认编辑模式，通过移动直线的端点或圆的象限点处的夹点来拉伸对象。

(1) 操作方法。

在快捷菜单中选择【拉伸】选项后，系统提示：

** 拉伸 **

指定拉伸点或［基点(B)/复制(C)/放弃(U)/退出(X)］：//指定夹点的新位置或选择括号内的选项。

(2) 选项说明。

① 基点：重新输入或拾取另外一个点作为拉伸的基点。

② 复制：拉伸的同时复制对象，并保留原对象。

③ 放弃：取消上次复制。

④ 退出：退出夹点编辑模式。

2）使用夹点移动对象

移动模式可以将对象从当前位置移动到新的位置，还可以将对象多次复制。

在快捷菜单中选择【移动】选项后，系统提示：

** 移动 **

指定移动点或［基点(B)/复制(C)/放弃(U)/退出(X)］：//指定新的位置点或选择括号内的选项。

3）使用夹点镜像对象

镜像模式可以将对象沿着镜像线进行镜像操作。镜像线由基点和另一指定的点构成。

(1) 操作方法。

在快捷菜单中选择【镜像】选项后，系统提示：

** 镜像 **

指定第二点或［基点(B)/复制(C)/放弃(U)/退出(X)］：//指定镜像线的第二点或选择括号内的选项。

(2) 选项说明。

默认状态下，镜像线由基点和指定的第二点构成，镜像后删除源对象。若需重新指定镜像线第一点，可选择【基点】，若镜像后不删除源对象，可选择【复制】。

4) 使用夹点旋转对象

旋转编辑模式可以将所选对象相对于基点进行旋转。

(1) 操作方法。

在快捷菜单中选择【旋转】选项后，系统提示：

** 旋转 **

指定旋转角度或［基点(B)/复制(C)/放弃(U)/参照(R)/退出(X)］：//指定旋转角度或选择括号内的选项。

(2) 选项说明。

参照(R)：使用参照方式旋转对象。

5) 使用夹点缩放对象

缩放模式用于将所选对象相对于基点按指定的比例放大或缩小。

在快捷菜单中选择【缩放】选项后，系统提示：

** 比例缩放 **

指定比例因子或［基点(B)/复制(C)/放弃(U)/参照(R)/退出(X)］：//指定缩放比例或选择括号内的选项。

4.1.4　操作步骤

1. 新建图形文件

单击【标准】工具栏中的【新建】按钮，在弹出的【选择样板】对话框中选择【GBA3.dwg】文件，单击【打开】按钮。

2. 绘制左视图

(1) 单击【图层】工具栏中的【图层控制】下拉箭头，将“中心线”图层设置为当前层。

(2) 打开状态栏中【正交模式】，单击【绘图】工具栏中的【直线】按钮，绘制两条垂直的中心线，如图4.19所示。

(3) 单击【图层】工具栏中的【图层控制】下拉箭头，将“轮廓线”图层设置为当前层。单击【绘图】工具栏中的【圆】按钮，绘制左视图上的圆台及通孔，直径分别为20、30和38，如图4.20所示。

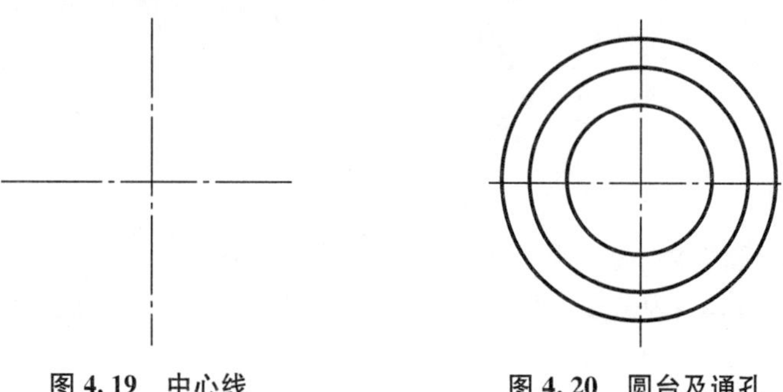

图 4.19　中心线　　　　图 4.20　圆台及通孔

(4) 单击【绘图】工具栏中的【直线】按钮，绘制左视图上拨叉上半部，如图 4.21 所示。

(5) 单击【修改】工具栏中的【偏移】按钮，设置偏移距离为 87，将中心线向右偏移。使用夹点编辑拉长偏移后的中心线，如图 4.22 所示。

图 4.21　拨叉上半部　　　　图 4.22　偏移中心线

(6) 单击【图层】工具栏中的【图层控制】下拉箭头，将“中心线”图层设置为当前层。单击【绘图】工具栏中的【圆】按钮，过圆心，绘制半径为 135 的辅助圆并修剪，如图 4.23 所示。

(7) 单击【绘图】工具栏中的【直线】按钮，捕捉圆心和辅助圆弧与中心线的交点，绘制拨叉下半部中心线。单击【对象捕捉】工具栏中的【垂足捕捉】按钮，绘制与中心线相垂直的辅助线。单击【修改】工具栏中的【复制】按钮，将辅助线在原位复制，再单击【修改】工具栏中的【旋转】按钮，将辅助线旋转 30°，得到 *B*—*B* 局部剖视图的剖切位置，删除辅助圆和直线，如图 4.24 所示。

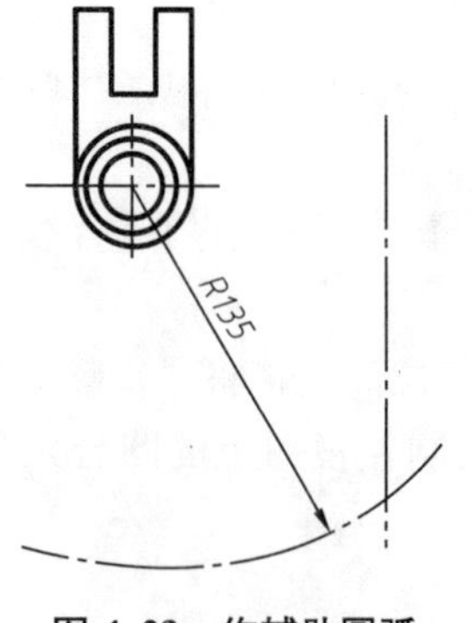

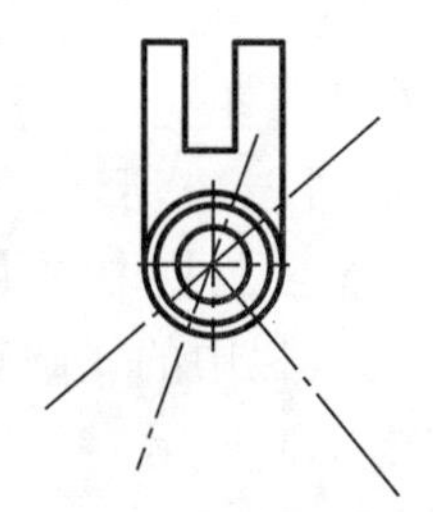

图 4.23　作辅助圆弧　　　　图 4.24　绘制辅助线

(8) 单击【修改】工具栏中的【偏移】按钮，输入偏移距离135，把辅助线往下偏移。再次单击【修改】工具栏中的【偏移】按钮，输入偏移距离2，把偏移后的辅助线往上偏移，如图4.25所示。

(9) 单击【图层】工具栏中的【图层控制】下拉箭头，将“轮廓线”图层设置为当前层。单击【绘图】工具栏中的【圆】按钮，绘制半径为22及34的圆，单击【绘图】工具栏中的【直线】按钮，绘制直线，单击【修改】工具栏中的【修剪】按钮，修剪圆并删除多余辅助线，如图4.26所示。

(10) 单击【绘图】工具栏中的【直线】按钮，配合使用对象捕捉中的切点捕捉，绘制连接板及肋板，如图4.27所示。

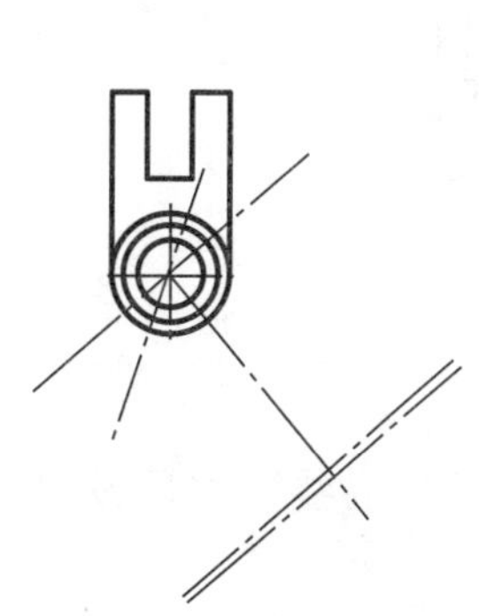

图4.25　偏移辅助线

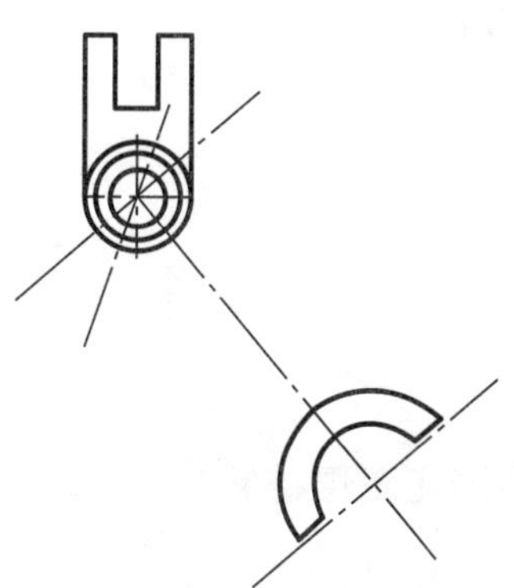

图4.26　绘制圆弧叉口

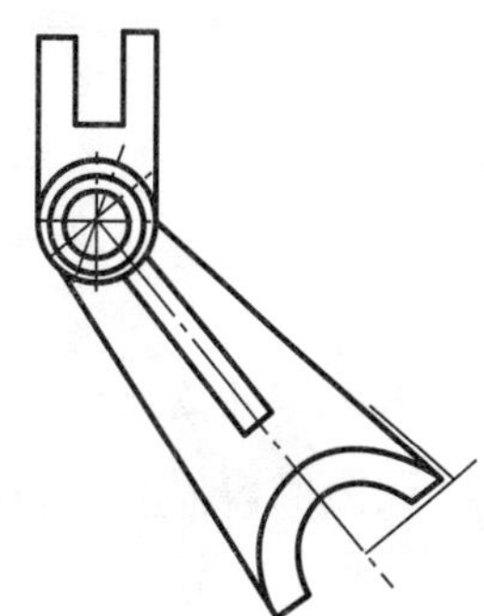

图4.27　绘制拨叉下半部两侧边

3. 绘制 *A*—*A* 剖视图

(1) 单击【图层】工具栏中的【图层控制】下拉箭头，将“中心线”图层设置为当前层。

(2) 单击【绘图】工具栏中的【直线】按钮，按高、平、齐原理及旋转剖原理作水平辅助线，如图4.28所示。

(3) 将“轮廓线”图层设置为当前层。单击【绘图】工具栏中的【直线】按钮，绘制 *A* -*A* 剖视图轮廓线，如图4.29所示。

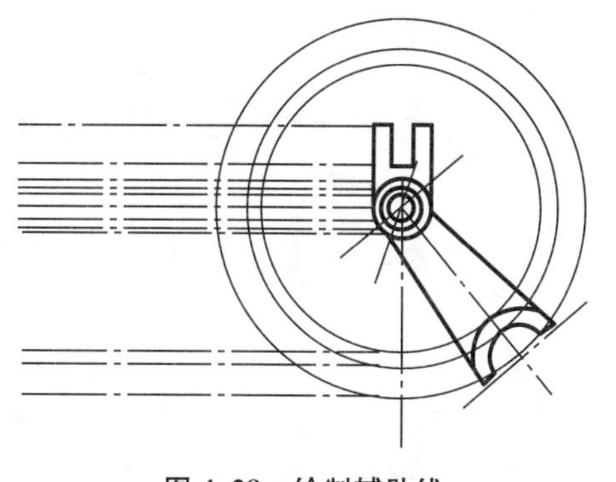

图4.28　绘制辅助线

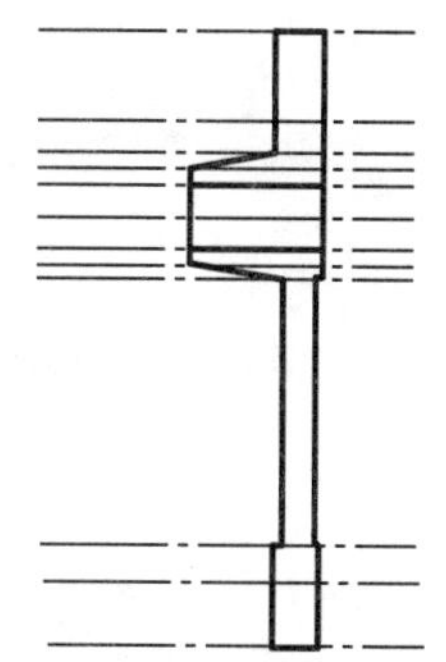

图4.29　绘制 *A*—*A* 剖视图轮廓线

(4) 选中多余的辅助线，单击【修改】工具栏中的【删除】按钮进行删除。单击

【修改】工具栏中的【偏移】按钮，设置偏移距离为 20 及 48，分别偏移线段，如图 4.30 所示。

(5) 单击【绘图】工具栏中的【直线】按钮，绘制肋板及清理图面，如图 4.31 所示。

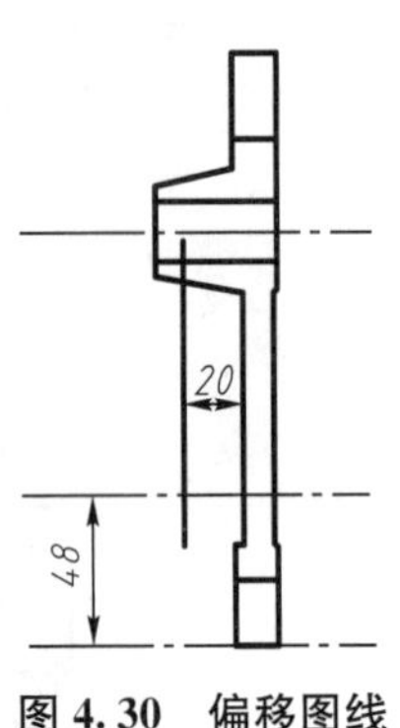

图 4.30 偏移图线

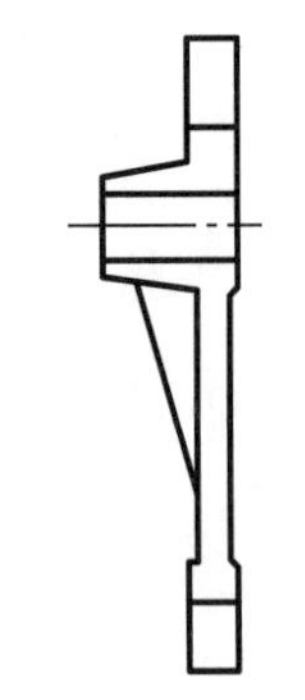
图 4.31 绘制肋板

4. 绘制移出断面图

(1) 单击【图层】工具栏中的【图层控制】下拉箭头，将"中心线"图层设置为当前层。

(2) 单击【绘图】工具栏中的【直线】按钮，单击【对象捕捉】工具栏中的【捕捉到垂足】按钮，绘制移出断面图中心线，使用夹点编辑拉长中心线，如图 4.32 所示。

(3) 单击【修改】工具栏中的【偏移】按钮，设置偏移距离为 5，偏移中心线，如图 4.33 所示。

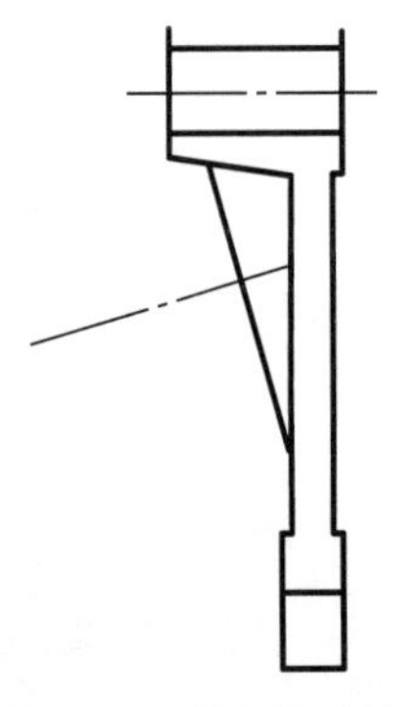
图 4.32 绘制中心线

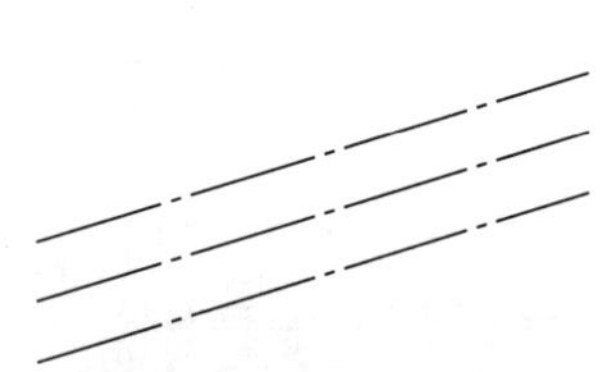
图 4.33 偏移中心线

(4) 单击【图层】工具栏中的【图层控制】下拉箭头，将"轮廓线"图层设置为当前层。单击【绘图】工具栏中的【直线】按钮，绘制断面图轮廓，如图 4.34 所示。

(5) 单击【图层】工具栏中的【图层控制】下拉箭头，将"细实线"图层设置为当前层。单击【绘图】工具栏中的【样条曲线】按钮，绘制波浪线并清理图面，如图 4.35 所示。

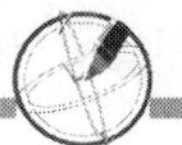

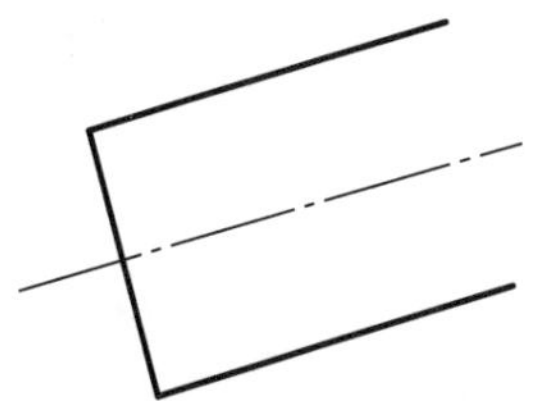

图 4.34　绘制断面图轮廓

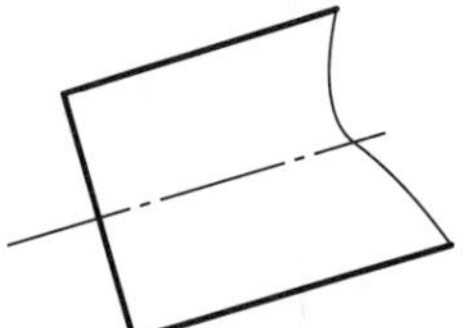

图 4.35　绘制波浪线

5. 绘制局部剖视图 $B—B$

(1) 单击【修改】工具栏中的【复制】按钮，到 $A—A$ 剖视图上复制相关图线，生成局部剖视图轮廓，如图 4.36 所示。

(2) 单击【图层】工具栏中的【图层控制】下拉箭头，将“细实线”图层设置为当前层。单击【绘图】工具栏中的【样条曲线】按钮，绘制波浪线并清理图面，如图 4.37 所示。

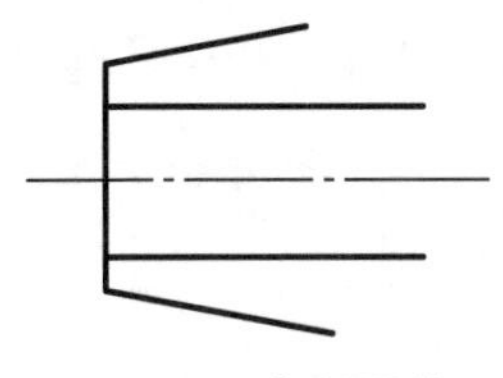

图 4.36　复制图线

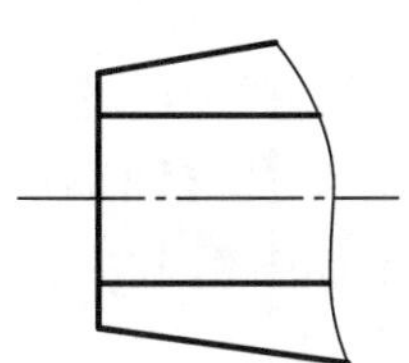

图 4.37　绘制波浪线

(3) 单击【图层】工具栏中的【图层控制】下拉箭头，将“中心线”图层设置为当前层。单击【绘图】工具栏中的【直线】按钮，绘制销孔中心线。单击【修改】工具栏中的【偏移】按钮，设置偏移距离为 3，偏移中心线，如图 4.38 所示。

(4) 单击【图层】工具栏中的【图层控制】下拉箭头，将“轮廓线”图层设置为当前层。单击【绘图】工具栏中的【直线】按钮，绘制销孔并删除辅助线，如图 4.39 所示。

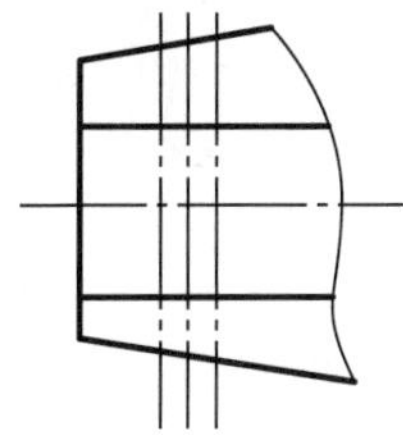

图 4.38　绘制中心线并偏移

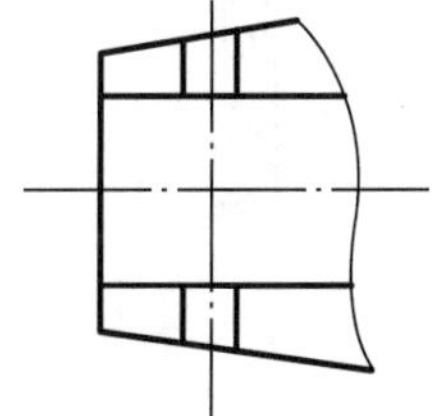

图 4.39　绘制销孔

6. 补画左视图上的销孔投影

单击【图层】工具栏中的【图层控制】下拉箭头，将“轮廓线”图层设置为当前层。单击【绘图】工具栏中的【椭圆】按钮，绘制销孔投影，如图 4.40 所示。

7. 倒圆角

单击【修改】工具栏中的【倒圆角】按钮，设置圆角半径为 2，对拨叉进行倒圆角处理，倒圆角结果如图 4.41 所示。

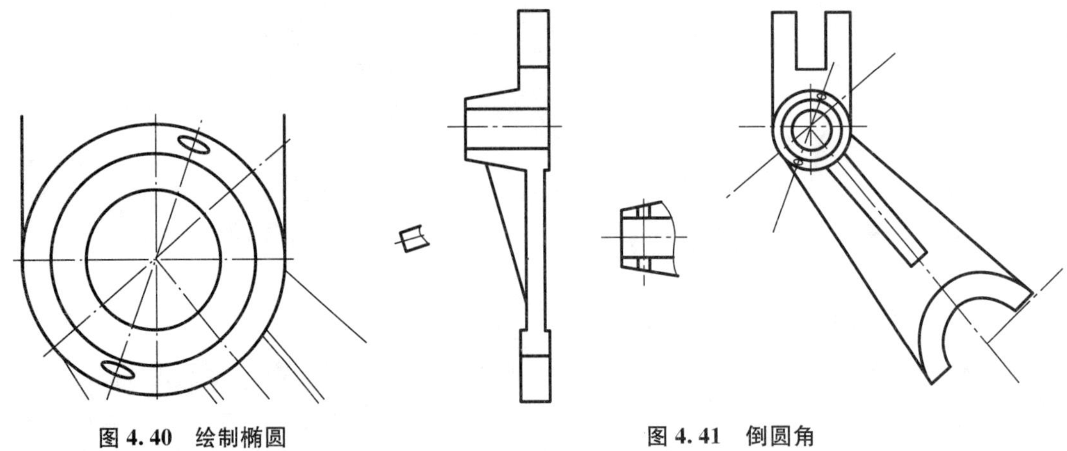

图 4.40　绘制椭圆　　　　图 4.41　倒圆角

8. 剖面线填充

单击【图层】工具栏中的【图层控制】下拉箭头，将“剖面线”图层设置为当前层。单击【绘图】工具栏中的【图案填充】按钮，选择填充图案 ANSI31，设置角度为 0，比例为 1，填充结果如图 4.42 所示。

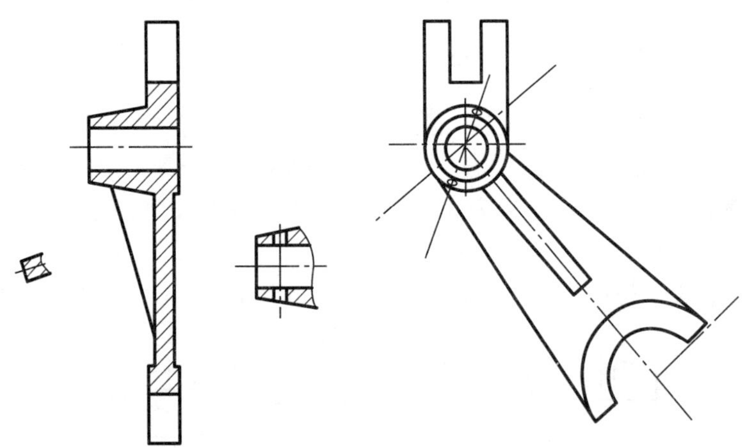

图 4.42　剖面线填充

9. 尺寸标注

(1) 单击【图层】工具栏中的【图层控制】下拉箭头，将“尺寸标注”图层设置为当前层。关闭剖面线图层，以避免剖面线干涉尺寸标注。

(2) 单击【标注】工具栏中的【线性】按钮和【对齐】按钮，标注所有线性尺寸。结果如图 4.43 所示。

(3) 单击 $A—A$ 剖视图上最下方的线性尺寸 15，单击【标准】工具栏上的【特性】按钮，弹出【特性】对话框，如图 4.44 所示。在【特性】对话框中找到【主单位】选项，在【标注后缀】里加上 h9，结果如图 4.45 所示。

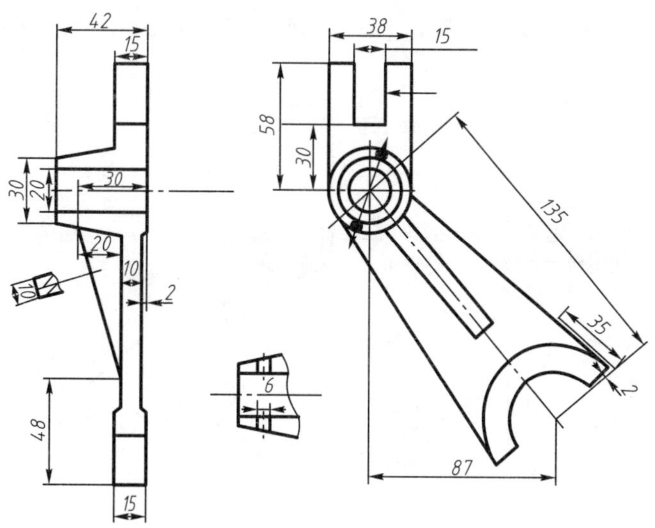

图 4.43　标注线性尺寸

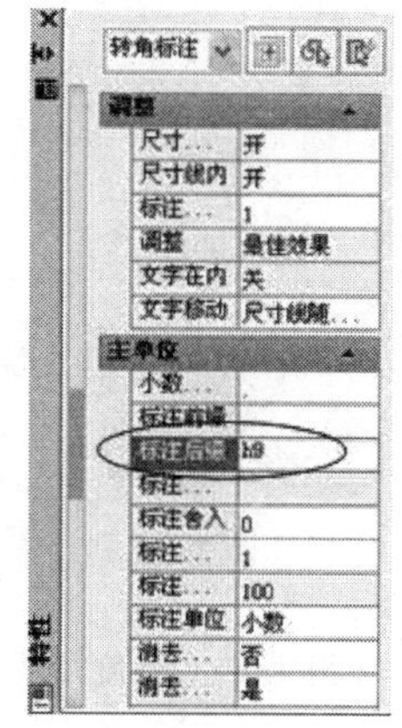

图 4.44 【特性】对话框

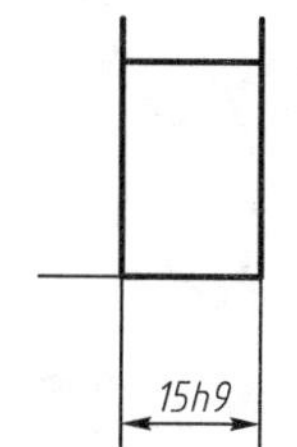

图 4.45　添加标注后缀

(4) 单击左视图最下方的线性尺寸 87，单击【标准】工具栏上的【特性】按钮，弹出【特性】对话框。在【特性】对话框中找到【公差】选项，在其中作如图 4.46 所示的修改，结果如图 4.47 所示。

图 4.46　修改公差选项

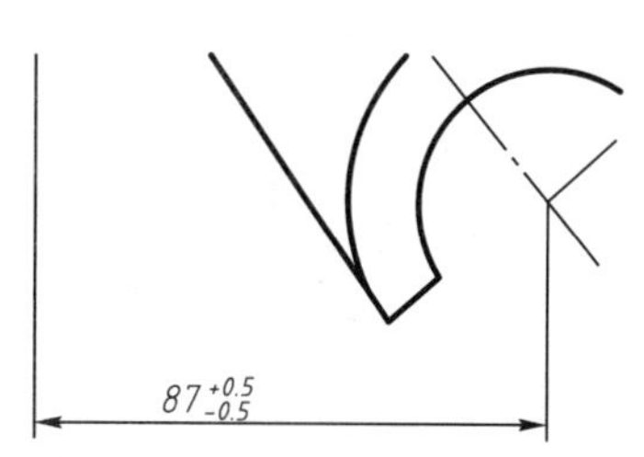

图 4.47　修改标注结果

(5) 其他类似尺寸的修改，参考上述方法。修改后结果如图 4.48 所示。

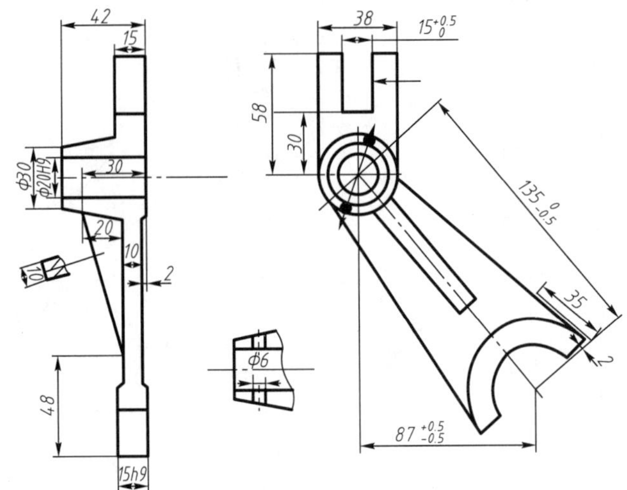

图 4.48　尺寸修改

(6) 单击【标注】工具栏中的【半径】按钮，标注半径，如图 4.49 所示，单击【标注】工具栏中的【角度】按钮，标注角度，如图 4.50 所示。

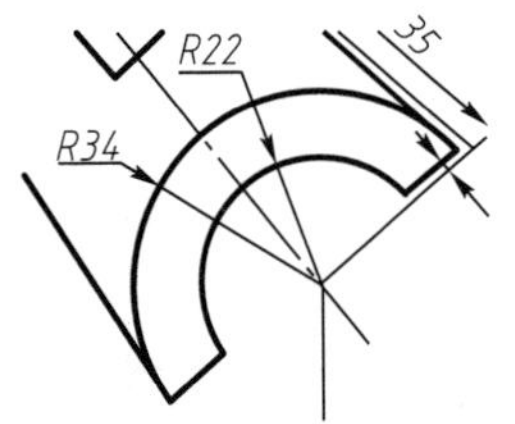

图 4.49　半径标注

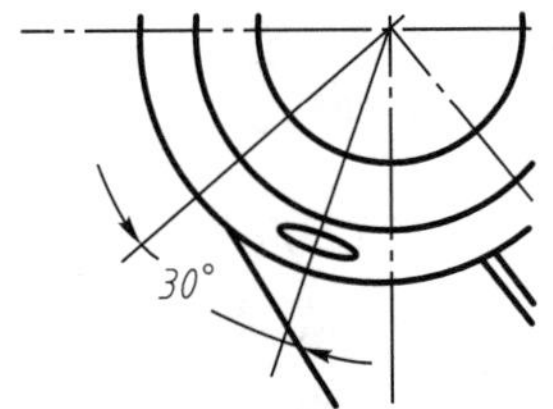

图 4.50　角度标注

(7) 利用 LEADER 命令，标注所有形位公差，标注结果如图 4.51 所示。

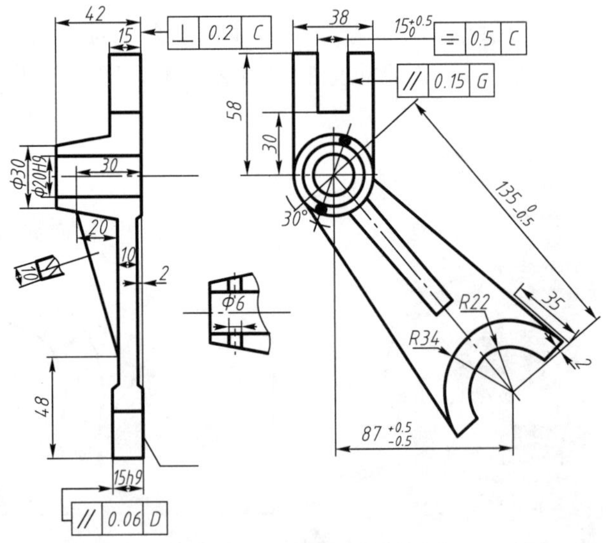

图 4.51　形位公差标注

10. 标注表面粗糙度和形位公差基准

单击【绘图】工具栏中的【插入块】按钮，引用预先建立好的外部块，将基准符号和表面粗糙度以块的形式插入，结果如图 4.52 所示。

注意：带引导线的表面粗糙度的插入方法如下。

命令：le

QLEADER

指定第一个引线点或［设置(S)］<设置>：//设置注释内容为块参数；

指定第一个引线点或［设置(S)］<设置>：

指定下一点：

指定下一点：输入块名或［?］<ccd1>：

单位：毫米　转换：1.0000

指定插入点或［基点(B)/比例(S)/X/Y/Z/旋转(R)］：

输入 X 比例因子，指定对角点，或［角点(C)/XYZ(XYZ)］<1>：

输入 Y 比例因子或<使用 X 比例因子>：

指定旋转角度<0>：

输入属性值

请输入粗糙度值？<Ra3.2>：

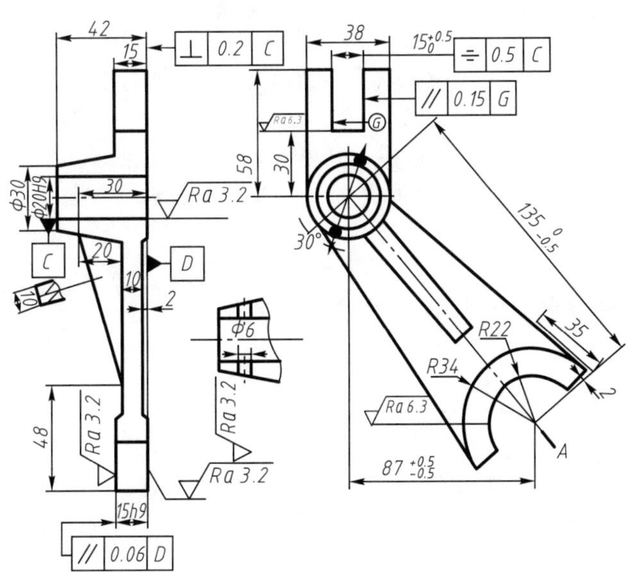

图 4.52　插入外部块

11. 书写文字

单击【绘图】工具栏中的【多行文字】按钮 **A**，书写技术要求和标题栏文字。

12. 绘制剖切符号和旋转标记

单击【绘图】工具栏中的【多段线】按钮，绘制剖切符号，视图旋转标记。打开剖面线图层，整理图面。完成拨叉零件图的绘制，结果如图 4.1 所示。

13. 保存文件

知识链接

椭 圆 弧

椭圆弧也是一种基本的构图元素，它包含了中心点、长轴和短轴等几何特征，还具有角度特征。

下面以绘制长轴为 120，短轴 60，角度为 90 的椭圆弧为例，学习如何使用椭圆弧命令。

(1) 单击【绘图】面板上的【椭圆弧】按钮，激活椭圆弧命令。

(2) 根据命令行的提示进行绘制椭圆弧，命令行操作如下。

命令：_ellipse↙

指定椭圆的轴端点或［圆弧(A)/中心点(C)］：a。

指定椭圆弧的轴端点或［中心点(C)］：c↙//选择指定中心点。

指定椭圆弧的中心点：//拾取一点，指定椭圆弧中心点。

指定轴的端点：120↙//输入长轴长度。

指定另一条半轴长度或［旋转(R)］：30↙//输入短轴长度。

指定起点角度或［参数(P)］：90↙//输入起始角度。

指定端点角度或［参数(P)/包含角度(I)］：180↙//输入终止角。

(3) 绘制结果如图 4.53 所示。

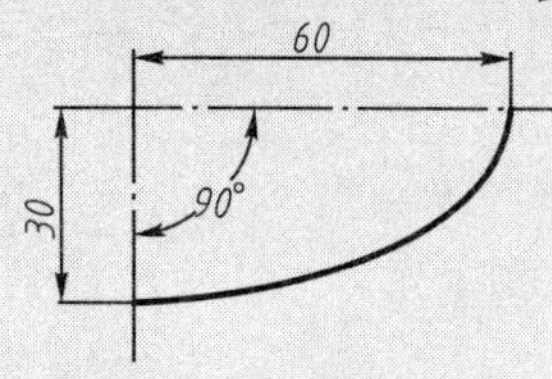

图 4.53 椭圆弧示例

应用案例

利用椭圆弧命令绘制如图 4.54 所示的平面图形。

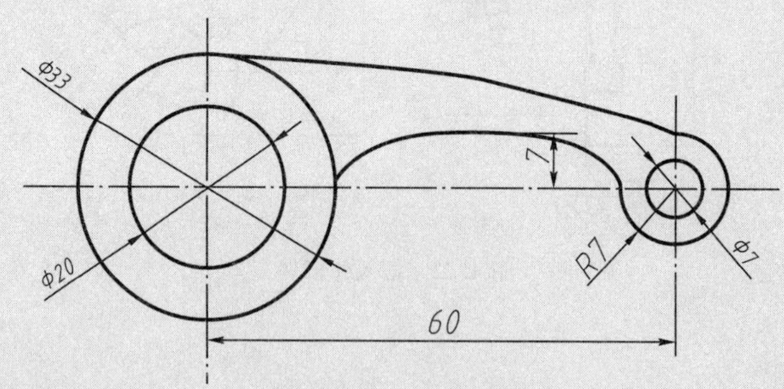

图 4.54 椭圆弧平面图形

(1) 单击【绘图】工具栏中的【直线】、【圆】，绘制如图 4.55 所示的平面图形。

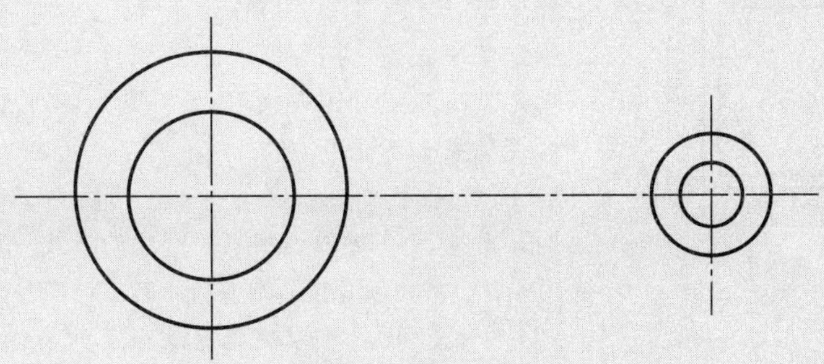

图 4.55　绘制中心线和圆

(2) 使用【绘图】工具栏中的【椭圆弧】、【圆弧】实现圆弧连接，如图 4.56 所示。

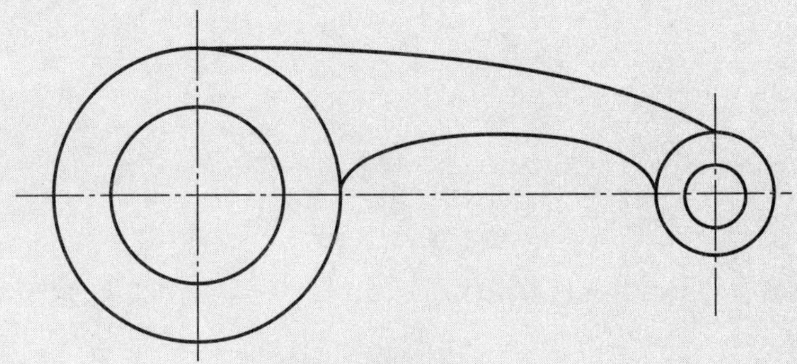

图 4.56　绘制椭圆弧、圆弧

(3) 单击【修改】工具栏中的【修剪】进行修剪，完成平面图形的绘制，如图 4.54 所示。

多　线

多线主要用于建筑墙体轮廓、多条平行直线的绘制。可以通过多线编辑命令对多线进行编辑。

1. 绘制多线

1) 执行方式

(1) 菜单：选择菜单【绘图(D)】→【多线(U)】。

(2) 命令行：在命令行中输入【MLINE】。

2) 操作方法

命令：_mline↙

当前设置：对正＝上，比例＝20.00，样式＝STANDARD。

指定起点或［对正(J)/比例(S)/样式(ST)］：s↙//激活［比例］选项。

输入多线比例<20.00>：10↙//设置多线比例。

当前设置：对正＝上，比例＝10.00，样式＝STANDARD。

指定起点或［对正(J)/比例(S)/样式(ST)］：//指定起点位置。

指定下一点：//200↙。

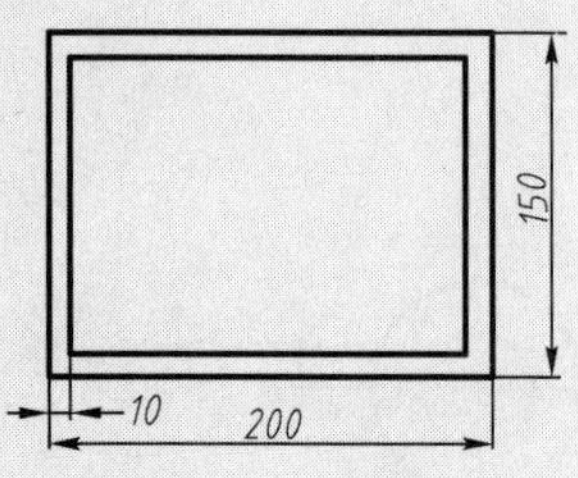

图 4.57　多线图形

指定下一点或［放弃(U)］：//150↙。

指定下一点或［闭合(C)/放弃(U)］：//200↙。

指定下一点或［闭合(C)/放弃(U)］：//c↙。

绘制结果如图 4.57 所示。

3）选项说明

(1) 比例(S)：可以绘制不同宽度的多线。默认比例为 20 个绘图单位。若输入负值，则多条平行线的顺序会产生反转。

(2) 样式(ST)：可以随意更改当前的多线样式。

(3) 对正(J)：AutoCAD 提供了三种对正方式，即上对正、下对正和中心对正，如图 4.58 所示。如果当前的多线对正方式不符合用户要求，可在命令行中输入 J，激活该选项，系统会出现如下提示。

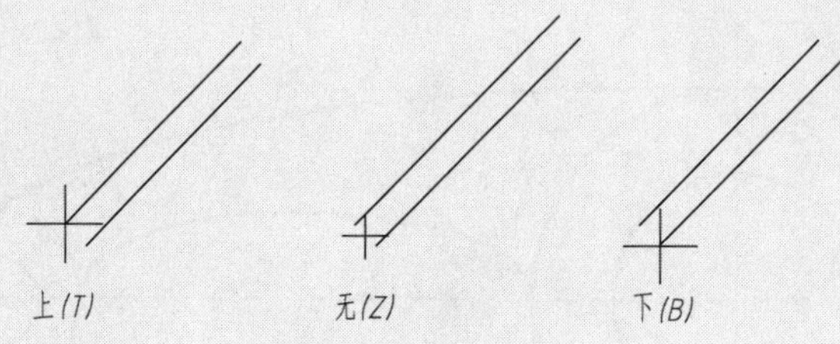

图 4.58　对正方式

输入对正类型［上(T)/无(Z)/下(B)］＜上＞：//选择用户需要的对正方式。

2. 编辑多线

多线的编辑应用于两条多线的衔接。

1）执行方式

(1) 菜单：选择菜单【修改(M)】→【对象(O)】→【多线(M)】。

(2) 命令行：在命令行中输入【MLEDIT】。

2）操作方法

启动【多线编辑】命令，系统弹出【多线编辑工具】对话框，如图 4.59 所示。根据图形需要选择多线编辑工具对多线进行编辑。对话框中各编辑工具含义如下。

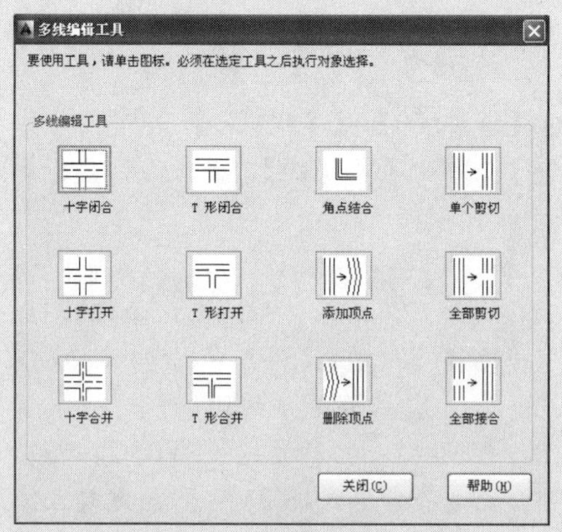

图 4.59　【多线编辑工具】对话框

(1) 十字形工具。

三种十字形工具用于消除各种相交线，如果选择十字形工具，系统会提示选择两条多线。AutoCAD总是切断用户所选的第一条多线，并根据所选工具切断第二条多线。

如图4.60所示，显示了运用十字形工具得到的结果，其中图形4.60(a)为选择垂直线作为第一条多线，图4.60(b)为选择水平线作为第一条多线。

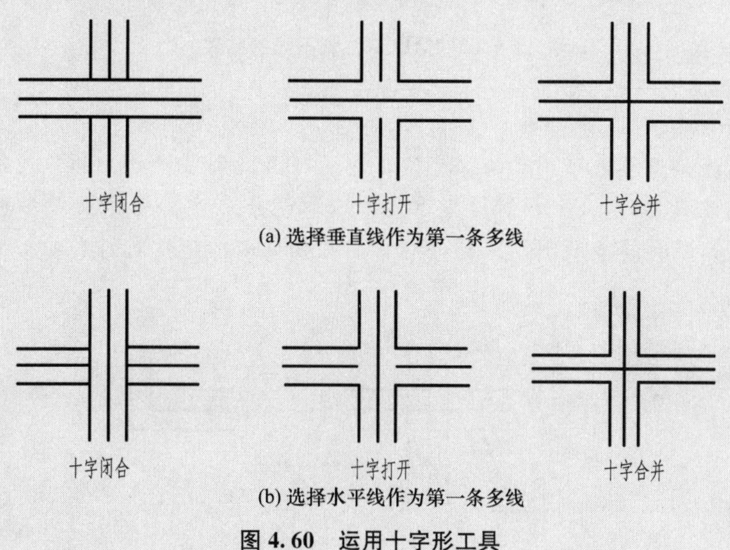

图4.60　运用十字形工具

(2) T形工具。

T形工具也用于消除交线，其编辑效果如图4.61所示。其中图4.61(a)为选择垂直线作为第一条多线，图4.61(b)为选择水平线作为第一条多线。

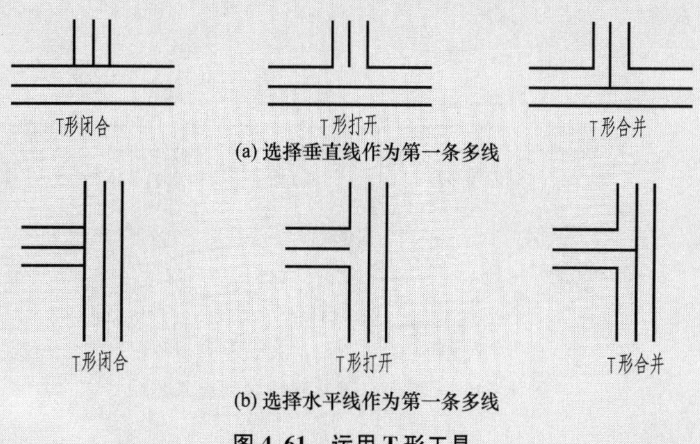

图4.61　运用T形工具

运用T形工具编辑多线时，选择第一条多线时拾取点的位置也会影响编辑结果，如图4.62所示。

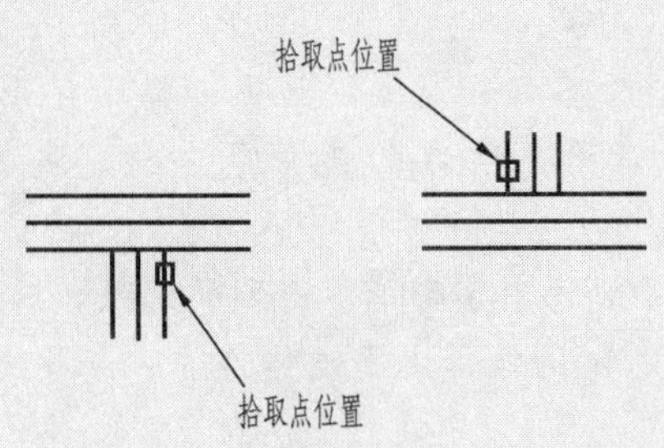

图 4.62　拾取点位置不同的结果

(3) 拐点连接工具。

运用拐角连接工具也可用于消除交线，它还可以消除多线一侧的延伸线，从而形成拐角。用户选此工具时，AutoCAD 提示用户选取两条多线，用户只需在想保留的多线上面拾取点，系统会将多线剪切或延伸到它们的相交点，其效果如图 4.63 所示。

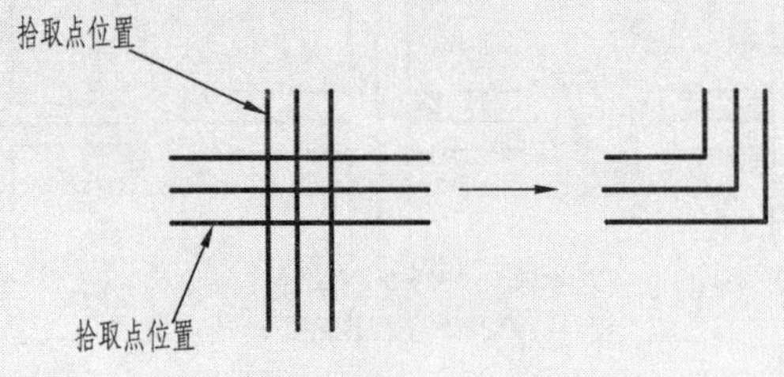

图 4.63　拐角连接工具

(4) 增、减顶点工具和删除顶点工具。

增加顶点工具可以为多线增加若干顶点，以便于处理多线，如拉伸等。删除顶点工具则从三个或更多顶点的多线上删除顶点。若当前选取的多线只有两个顶点，该工具无效，如图 4.64 所示。

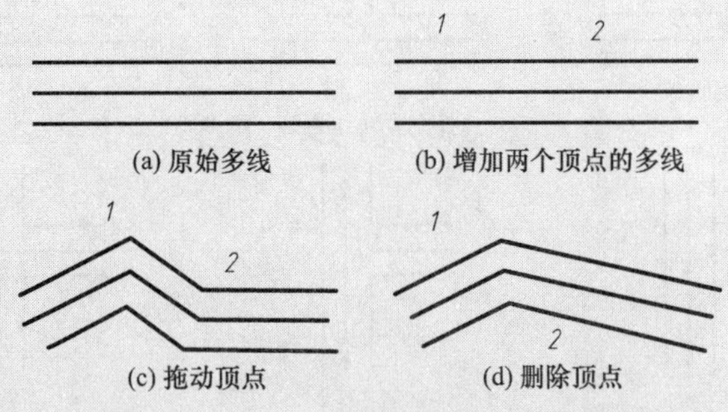

图 4.64　增加顶点工具和删除顶点工具

(5) 剪切工具。

剪切工具用于切断多线。单个剪切用于切断多线中的一条，只需要拾取多线的某一条线上的两个点，就可以把两个点之间的连线删除。同理，全部剪切用于切断整条多线。切断效果如图 4.65 所示。

(a) 原始多线　　(b) 单个剪切　　(c) 全部剪切

图 4.65　剪切工具

(6) 全部结合工具。

全部结合工具用于结合所选两点间的任意切断部分，其效果如图 4.66 所示。

(a) 单个剪切　　(b) 全部剪切

(c) 全部结合

图 4.66　结合工具

3. 多线样式

多线的外观由多线样式决定。在多线样式中，用户可以设定多线线条的数量、每条线的颜色、线型和线间的距离，还能指定多线两个端头的形式，如弧线端头、平直端头等。

1) 执行方式

(1) 菜单：选择菜单【格式(O)】→【多线样式(M)】。

(2) 命令行：在命令行中输入【MLSTYLE】。

2) 操作方法

下面通过创建新的多线样式来讲解多线样式的用法。

(1) 启动多线样式命令，打开【多线样式】对话框，如图 4.67 所示。

(2) 单击【新建】按钮，打开【创建新的多线样式】对话框，如图 4.68 所示，在【新样式名】文本框中输入新的样式名称“样式”。

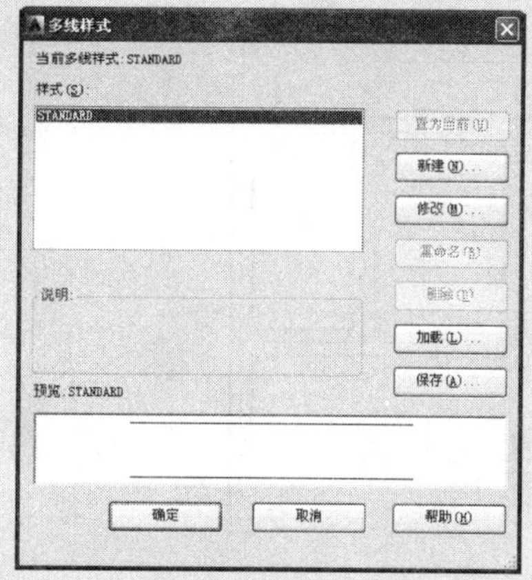

图 4.67　【多线样式】对话框

图 4.68　【创建新的多线样式】对话框

(3) 单击【继续】按钮，打开【新建多线样式：样式】对话框，单击【添加】按钮，可增加新的线；单击【线型】按钮，在打开的【选择线型】对话框中选择所需的线型，如图 4.69 所示。

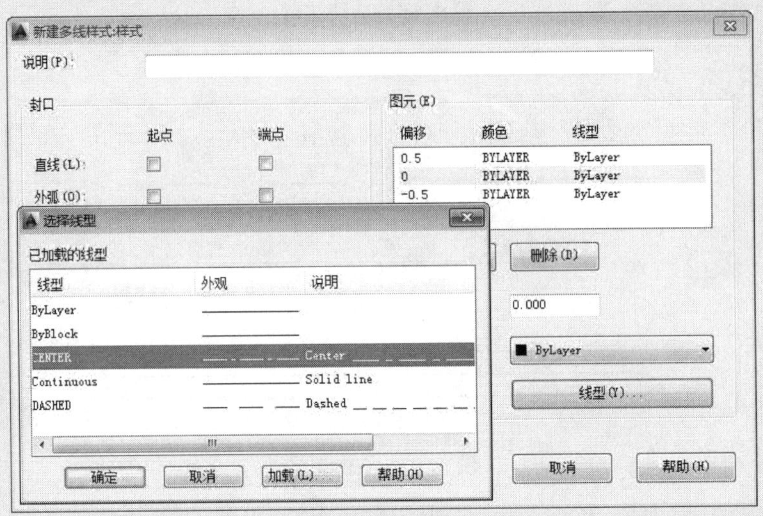

图 4.69 创建多线样式

(4) 在【多线样式】对话框中，单击【置为当前】按钮，单击【确定】按钮，关闭对话框。

(5) 新建的多线如图 4.70 所示。

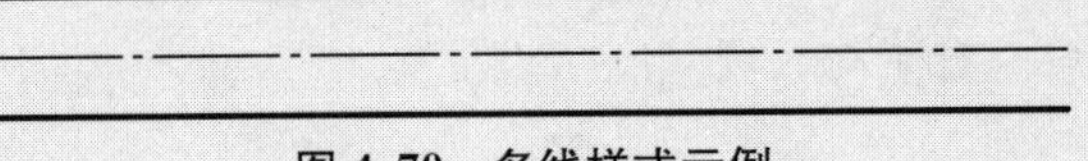

图 4.70 多线样式示例

应用案例

利用多线命令绘制如图 4.71 所示的平面图形。

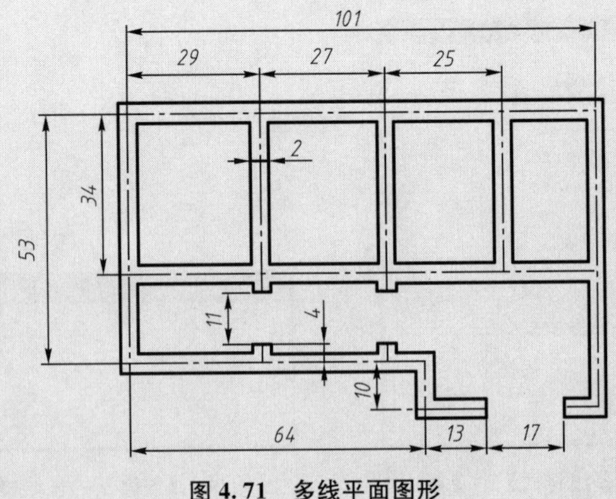

图 4.71 多线平面图形

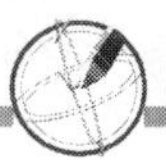

(1) 单击【格式】菜单【多线样式】，创建多线样式，如图 4.72 所示。

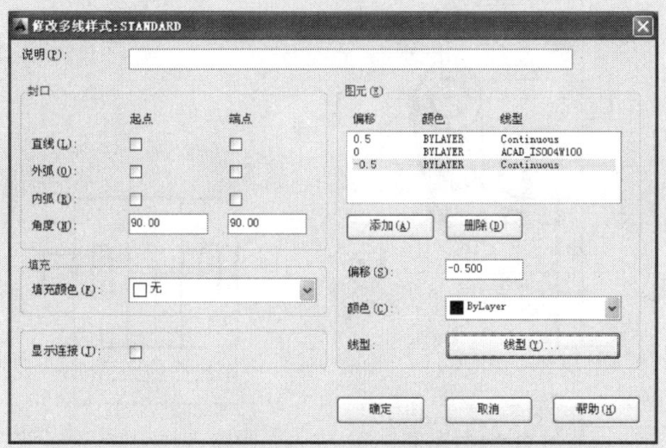

图 4.72　创建多线样式

(2) 单击【绘图】菜单中【多线】命令，设置对正方式为 z，比例为 2，绘制多线，如图 4.73 所示。

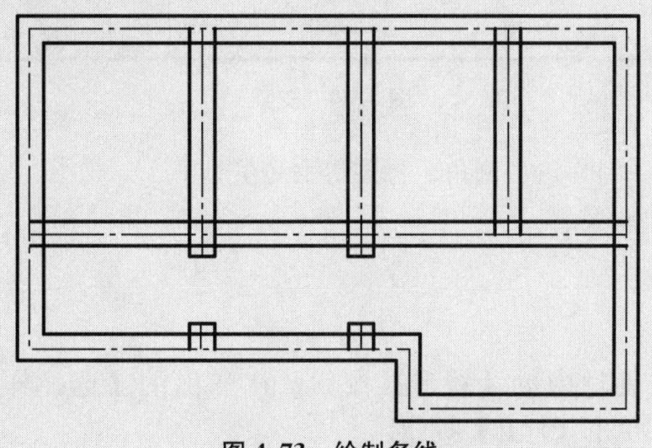

图 4.73　绘制多线

(3) 选择【修改】菜单中的【对象】→【多线】，编辑多线，如图 4.71 所示。

任务 4.2　支架零件工程图样的绘制

4.2.1　任务引入

绘制如图 4.74 所示的支架零件工程图样。

4.2.2　任务分析

支架的表达由两个基本视图、一个局部视图和一个移出断面图组成。根据视图的配置可知，主视图和俯视图表达支架的主体形状，在两个视图上做局部剖切，表达内部通孔位置和形状。移出断面图表达肋板的形状，局部视图表达底板的形状。支架图样主要采用直

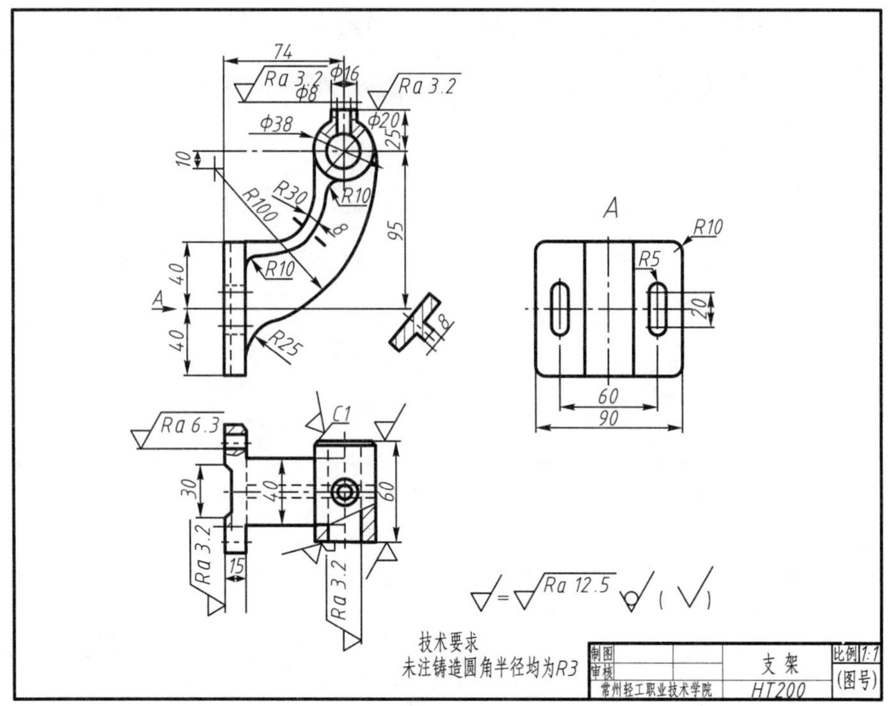

图 4.74　支架

线、圆、偏移、修剪、倒圆角、倒角、标注等命令完成。

4.2.3　操作步骤

1. 新建图形文件

单击【标准】工具栏中的【新建】按钮，在弹出的【选择样板】对话框中选择【GBA3.dwg】文件，单击【打开】按钮。

2. 绘制主视图

(1) 单击【图层】工具栏中的【图层控制】下拉箭头，将“轮廓线”图层设置为当前层。单击【绘图】工具栏中的【矩形】按钮，绘制长 15、高 80 的矩形，如图 4.75 所示。

(2) 单击【图层】工具栏中的【图层控制】下拉箭头，将“中心线”图层设置为当前层。绘制辅助线，单击【修改】工具栏中的【偏移】按钮，对辅助线进行偏移，结果如图 4.76 所示。

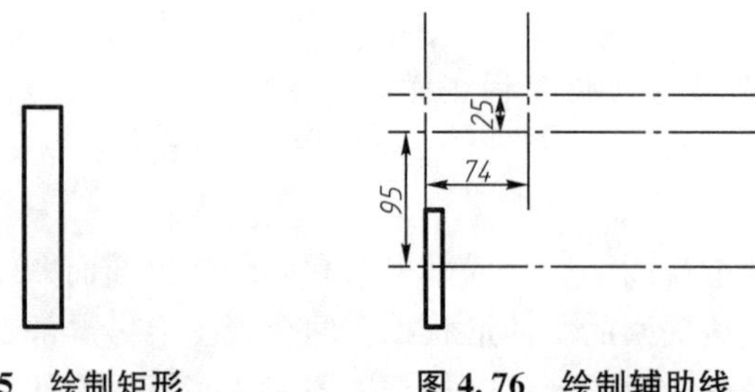

图 4.75　绘制矩形　　图 4.76　绘制辅助线

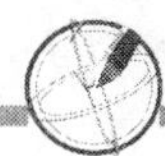

(3) 单击【图层】工具栏中的【图层控制】下拉箭头，将“轮廓线”图层设置为当前层。单击【绘图】工具栏中的【圆】按钮，分别绘制直径为38、36和20的圆。单击【绘图】工具栏中的【直线】按钮，绘制直线，结果如图4.77所示。

(4) 单击【图层】工具栏中的【图层控制】下拉箭头，将“细实线”图层设置为当前层。单击【绘图】工具栏中的【样条曲线】按钮，绘制波浪线。单击【修改】工具栏中的【修剪】按钮，进行修剪。单击【图层】工具栏中的【图层控制】下拉箭头，将“剖面线”图层设置为当前层。单击【绘图】工具栏中的【图案填充】按钮，进行剖面线填充，结果如图4.78所示。

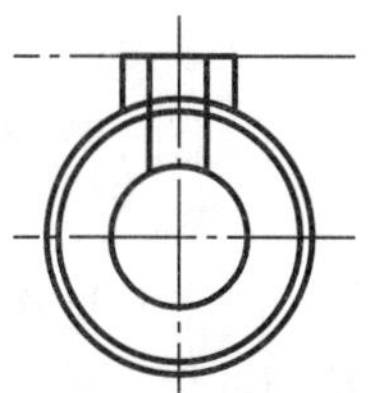

图4.77　绘制圆柱体部分

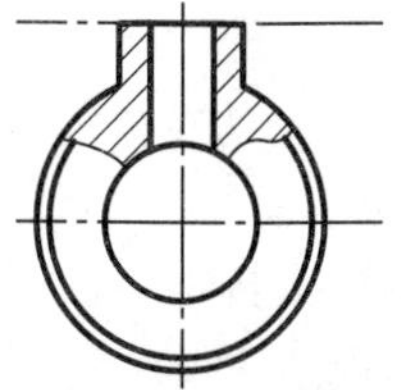

图4.78　完成局部剖面填充

(5) 单击【图层】工具栏中的【图层控制】下拉箭头，将“中心线”图层设置为当前层。单击【修改】工具栏中的【偏移】按钮，对中心线进行偏移。单击【绘图】工具栏中的【圆】按钮，绘制辅助圆，交点即为圆心，如图4.79所示。

(6) 单击【图层】工具栏中的【图层控制】下拉箭头，将“轮廓线”图层设置为当前层，单击【绘图】工具栏中的【圆】按钮，绘制半径为100的圆。单击【修改】工具栏中的【删除】按钮和【修剪】按钮，清理多余图线，结果如图4.80所示。

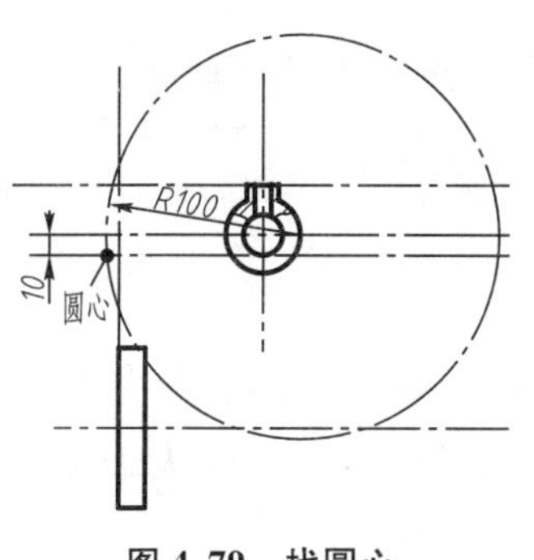

图4.79　找圆心

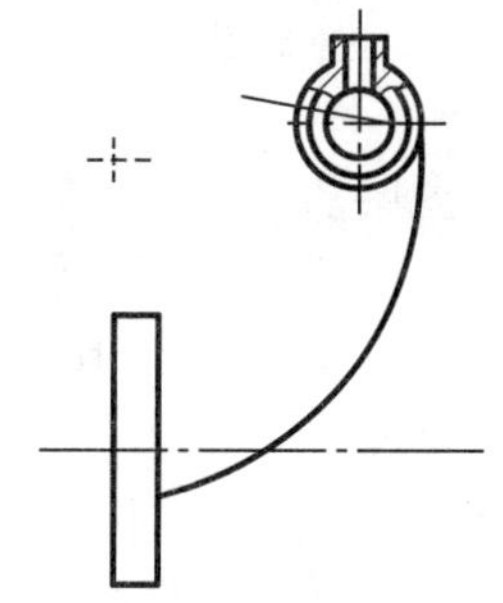

图4.80　绘制圆弧

(7) 单击【绘图】工具栏中的【直线】按钮，绘制水平和垂直直线。单击【修改】工具栏中的【倒圆角】按钮，设置圆角半径为30，进行倒圆角处理。单击【修改】工具栏中的【偏移】按钮，对倒圆角生成的圆弧进行偏移，设置偏移距离为8，如图4.81所示。

(8) 单击【修改】工具栏中的【分解】按钮，对矩形进行分解。单击【修改】工具栏中的【倒圆角】按钮，把修剪模式设置为不修剪，分别进行半径为10及25的倒圆角处理。再将修剪模式设置为修剪，在矩形上倒半径为3的圆角，使用夹点编辑补线及修饰图形，结果如图4.82所示。

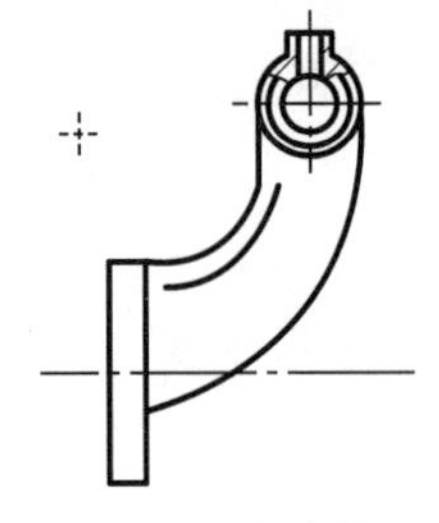
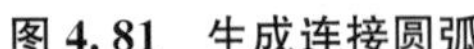

图 4.81　生成连接圆弧

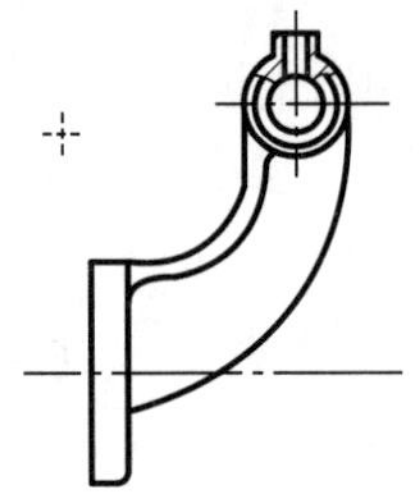

图 4.82　倒圆角

3. 绘制俯视图

(1) 单击【修改】工具栏中的【复制】按钮，将主视图上的底板部分，复制到俯视图上，如图 4.83 所示。

(2) 单击【图层】工具栏中的【图层控制】下拉箭头，将“中心线”图层设置为当前层，利用主视图和俯视图“长对正”原理绘制圆柱中心线及辅助线。单击【修改】工具栏中的【偏移】按钮，对水平中心线进行偏移，设置偏移距离分别为 20 和 30，如图 4.84 所示。

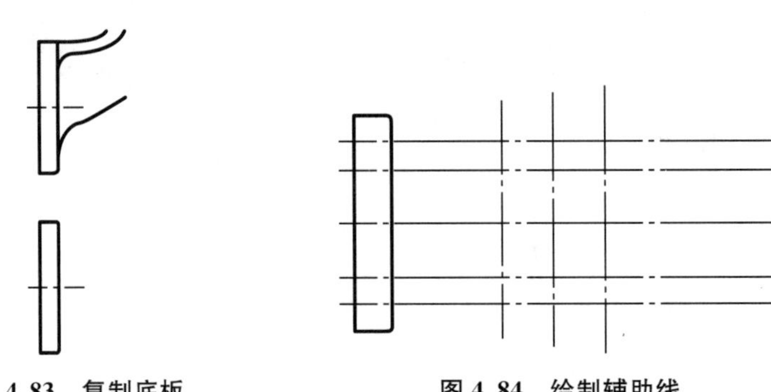

图 4.83　复制底板　　图 4.84　绘制辅助线

(3) 单击【图层】工具栏中的【图层控制】下拉箭头，将“轮廓线”图层设置为当前层，单击【绘图】工具栏中的【直线】按钮，绘制直线。单击【绘图】工具栏中的【圆】按钮，绘制直径为 16 和 8 的圆，如图 4.85 所示。

(4) 单击【修改】工具栏中的【修剪】按钮，修剪图线。单击【图层】工具栏中的【图层控制】下拉箭头，将“虚线”图层设置为当前层，利用【直线】和【偏移】命令，绘制虚线，如图 4.86 所示。

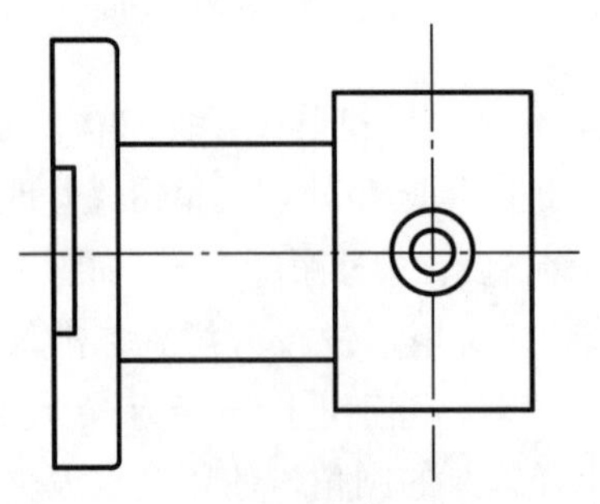

图 4.85　绘制轮廓线

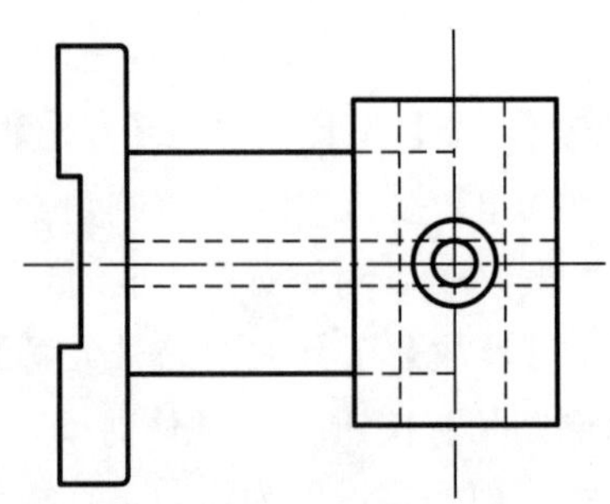

图 4.86　绘制虚线

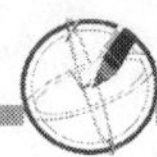

(5) 单击【修改】工具栏中的【倒圆角】按钮，设置圆角半径为3，倒圆角，利用夹点编辑补线。单击【修改】工具栏中的【倒角】按钮，倒直角。切换到轮廓线图层用【直线】命令补线，如图4.87所示。

(6) 单击【修改】工具栏中的【偏移】按钮，设置偏移距离为5，对中心线进行偏移。单击【绘图】工具栏中的【直线】按钮，绘制直线。切换到"细实线"图层，单击【绘图】工具栏中的【样条曲线】按钮，绘制波浪线。单击【修改】工具栏中的【修剪】按钮，进行修剪。单击【图层】工具栏中的【图层控制】下拉箭头，将"剖面线"图层设置为当前层。单击【绘图】工具栏中的【图案填充】按钮，进行剖面线填充，结果如图4.88所示。

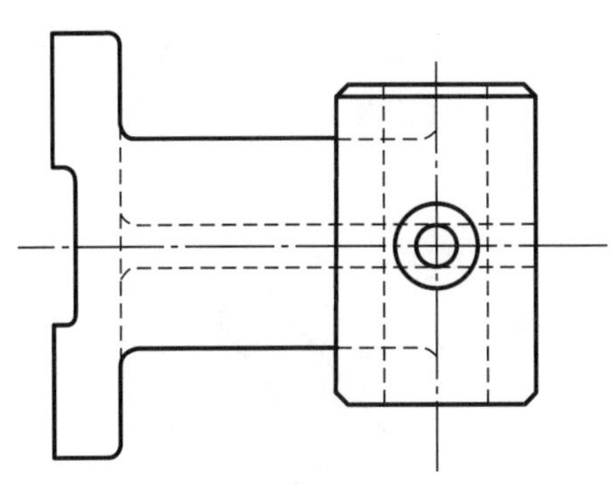

图4.87　倒圆角及倒直角

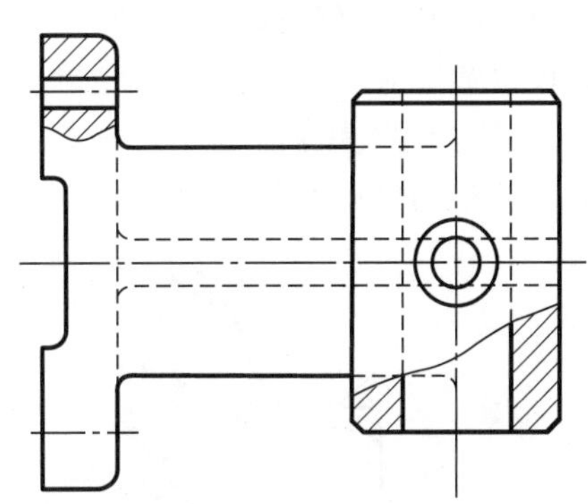

图4.88　完成局部剖面线填充

4. 绘制局部视图

(1) 单击【图层】工具栏中的【图层控制】下拉箭头，将"中心线"图层设置为当前层。单击【绘图】工具栏中的【直线】按钮，绘制中心线。单击【修改】工具栏中的【偏移】按钮，对中心线进行偏移，如图4.89所示。

(2) 单击【图层】工具栏中的【图层控制】下拉箭头，将"轮廓线"图层设置为当前层。单击【绘图】工具栏中的【直线】按钮和【圆】按钮，绘制轮廓线。单击【修改】工具栏中的【倒圆角】按钮，倒圆角。单击【修改】工具栏中的【修剪】按钮，进行修剪。单击【修改】工具栏中的【镜像】按钮，进行镜像，整理图面，删除多余图线，完成局部视图，如图4.90所示。

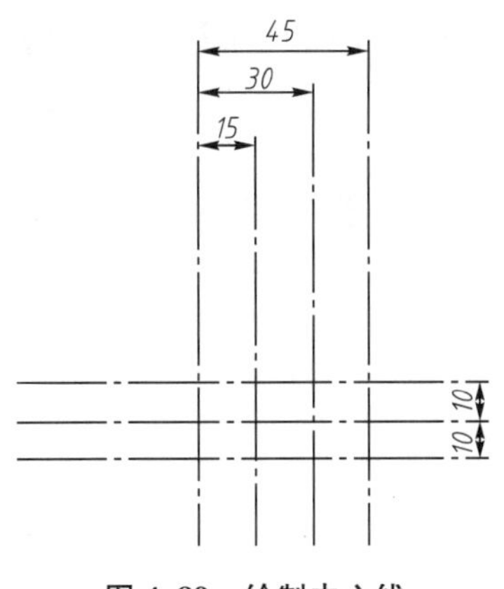

图4.89　绘制中心线

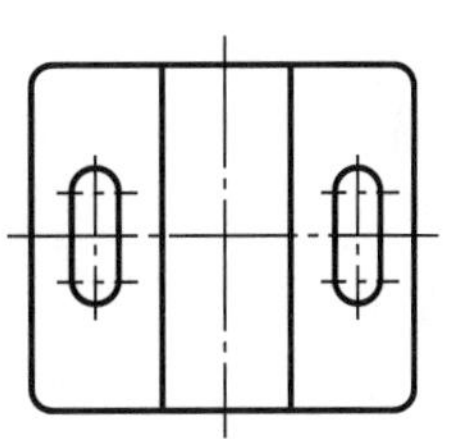

图4.90　完成局部视图

5. 绘制移出断面图

(1) 单击【图层】工具栏中的【图层控制】下拉箭头，将“中心线”图层设置为当前层。单击【绘图】工具栏中的【直线】按钮，过 R30 圆弧的圆心绘制中心线。单击【修改】工具栏中的【偏移】按钮，设置偏移距离分别为 4 和 20，对中心线进行偏移。绘制中心的直线，并偏移 8，如图 4.91 所示。

(2) 单击【图层】工具栏中的【图层控制】下拉箭头，将“轮廓线”图层设置为当前层。绘制断面图轮廓线。单击【图层】工具栏中的【图层控制】下拉箭头，将“细实线”图层设置为当前层。单击【绘图】工具栏中的【样条曲线】按钮，绘制波浪线。单击【修改】工具栏中的【修剪】按钮，进行修剪。单击【修改】工具栏中的【倒圆角】按钮，设置圆角半径为 3，倒圆角。单击【图层】工具栏中的【图层控制】下拉箭头，将“剖面线”图层设置为当前层。单击【绘图】工具栏中的【图案填充】按钮，进行剖面线填充，完成移出断面图，如图 4.92 所示。

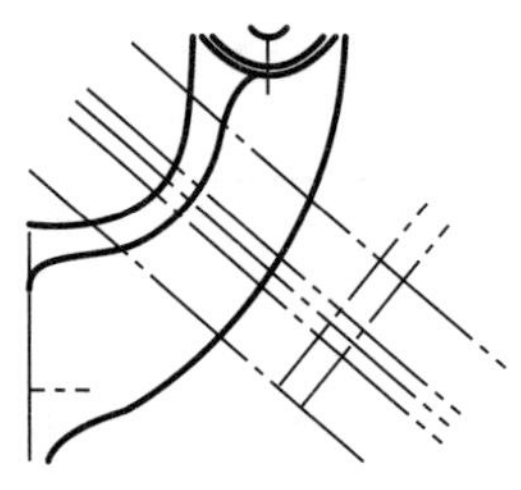

图 4.91　绘制中心线

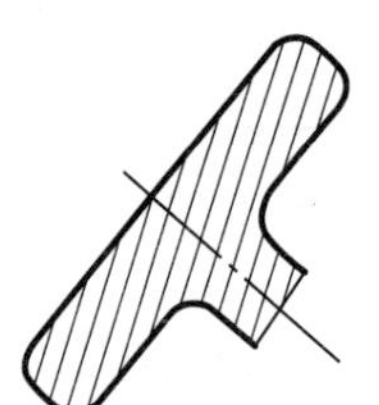

图 4.92　绘制断面图

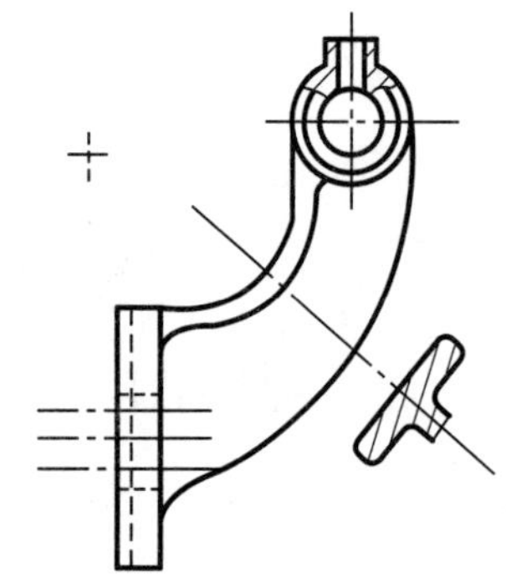

图 4.93　补画主视图

6. 补画主视图

单击【修改】工具栏中的【偏移】按钮，设置偏移距离分别为 10 和 15，对中心线进行偏移。单击【图层】工具栏中的【图层控制】下拉箭头，将“虚线”图层设置为当前层。利用主视图和俯视图长对正补画主视图上的虚线，如图 4.93 所示。

7. 尺寸标注

(1) 单击【图层】工具栏中的【图层控制】下拉箭头，将“尺寸标注”图层设置为当前层。关闭剖面线图层，以避免剖面线干涉尺寸标注。

(2) 单击【标注】工具栏中的【线性】按钮、【对齐】按钮，标注所有线性尺寸，结果如图 4.94 所示。

(3) 双击圆柱上直径为 8 和 6 的尺寸，在跳出的文字框中输入%%c，添加直径符号 ϕ，如图 4.95 所示。

(4) 单击【标注】工具栏中的【半径】按钮，标注半径尺寸。单击【标注】工具栏中的【直径】按钮，标注直径尺寸，如图 4.96 所示。

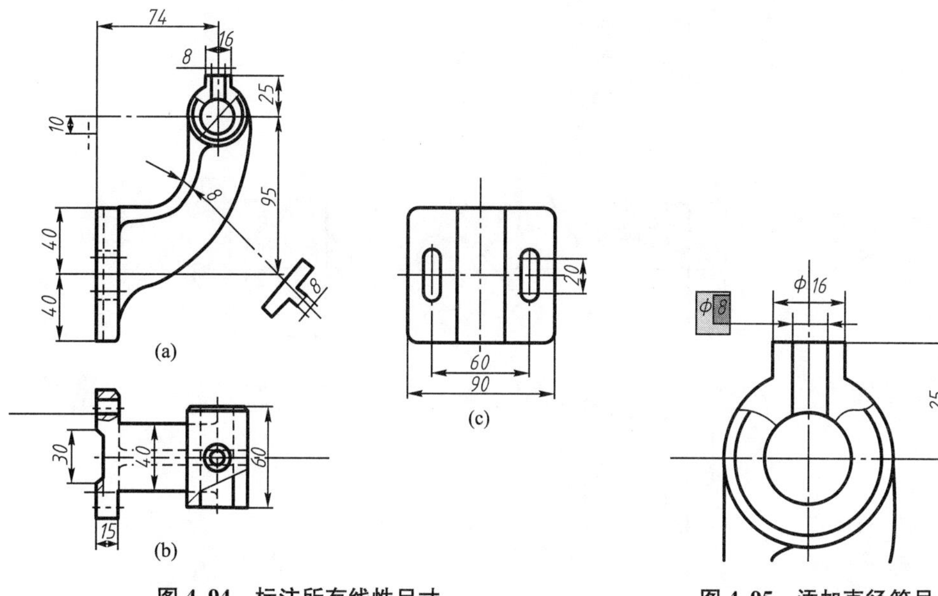

图 4.94　标注所有线性尺寸

图 4.95　添加直径符号

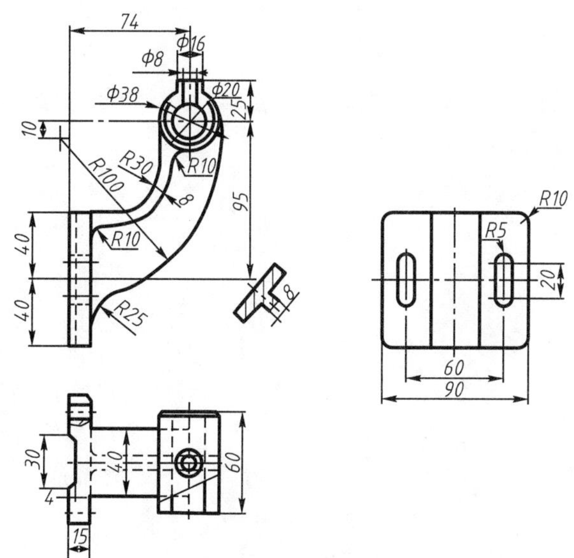

图 4.96　标注半径和直径尺寸

(5) 单击【绘图】工具栏中的【插入块】按钮，引用预先建立好的外部块，将表面粗糙度以块的形式插入，如图 4.97 所示。

8. 书写文字

单击【绘图】工具栏中的【多行文字】按钮 A，书写文字。书写技术要求、标题栏、标注倒角尺寸。

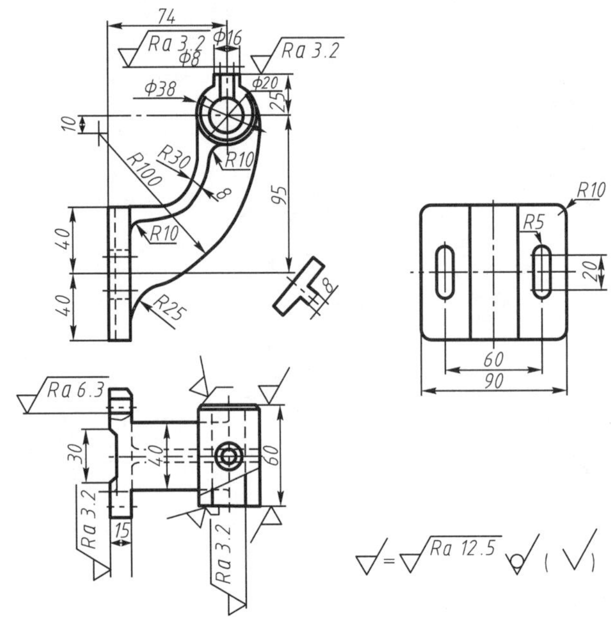

图 4.97　表面粗糙度标注

9. 绘制断面符号

单击【绘图】工具栏中的【多段线】按钮，绘制断面符号。打开剖面线图层，整理图面。完成支架零件图的绘制，结果如图 4.74 所示。

10. 保存文件

知识链接

圆　弧

圆弧也是基本的图形元素之一，AutoCAD 2014 中为用户提供了 11 中画圆弧的方法。如图 4.98 所示。但是经常用到的只有几种而已，在绘制机械图样时，常用“倒圆角”和“修剪”命令生成连接圆弧。在此仅介绍最常用到的三种圆弧绘制命令。

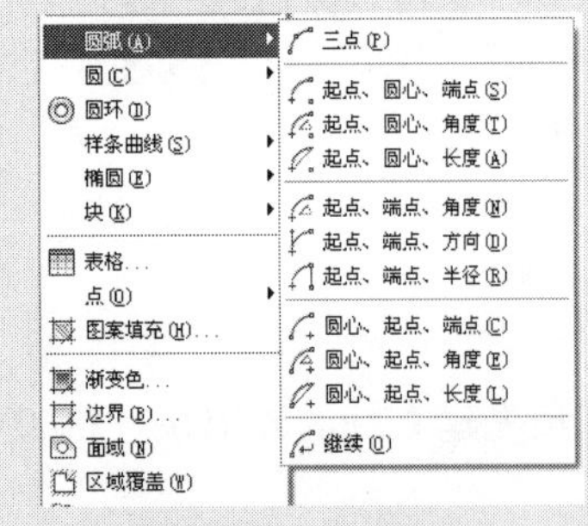

图 4.98　圆弧子菜单

1. 执行方式

(1) 菜单：选择菜单【绘图(D)】→【圆弧(A)】。

(2) 工具栏：单击【绘图】工具栏上的【圆弧】按钮。

(3) 命令行：在命令行中输入【ARC】。

2. 操作方法

1) 三点法

三点法画圆弧时，要依次输入圆弧的起点、中间点和终点。通过起点和终点确定圆弧弦长，中间点确定圆弧的凸度，如图 4.99 所示。

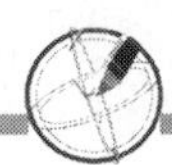

命令行提示如下。

命令：_arc↙

圆弧创建方向：逆时针(按住【Ctrl】键可切换方向)。

指定圆弧的起点或［圆心(C)］：//输入起点。

指定圆弧的第二个点或［圆心(C)/端点(E)］：//输入中间点。

指定圆弧的端点：//输入终点。

2) 起点、端点、半径法

用此方法画圆弧时必须知道圆弧半径、起点和终点，如图4.100所示。

命令行提示如下。

命令：_arc↙

圆弧创建方向：逆时针(按住【Ctrl】键可切换方向)。

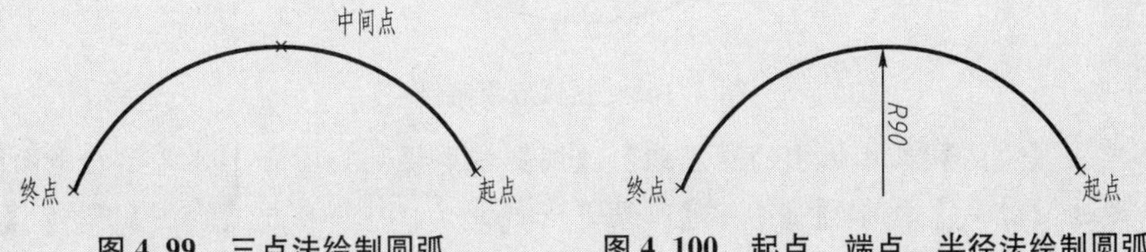

图4.99　三点法绘制圆弧　　图4.100　起点、端点、半径法绘制圆弧

指定圆弧的起点或［圆心(C)］：//输入起点。

指定圆弧的第二个点或［圆心(C)/端点(E)］：_e。

指定圆弧的端点：//输入终点。

指定圆弧的圆心或［角度(A)/方向(D)/半径(R)］：_r//指定圆弧的半径。

3) 起点、端点、角度法

用此方法画圆弧时必须知道圆弧的起点、终点和圆心角，如图4.101所示。

命令行提示如下。

命令：_arc↙

圆弧创建方向：逆时针(按住Ctrl键可切换方向)。

指定圆弧的起点或［圆心(C)］：//输入起点。

指定圆弧的第二个点或［圆心(C)/端点(E)］：_e。

指定圆弧的端点：//输入终点。

指定圆弧的圆心或［角度(A)/方向(D)/半径(R)］：_a。

指定包含角：//输入圆心角角度。

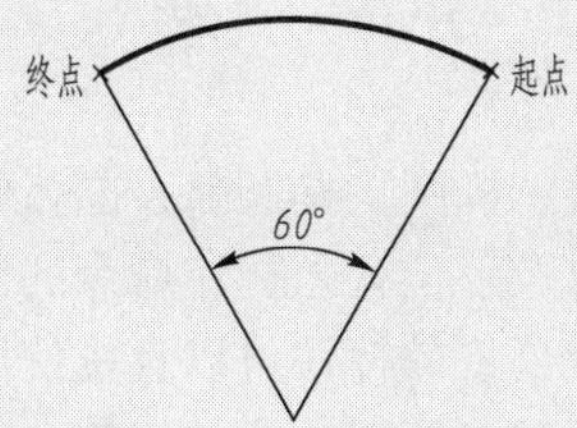

图4.101　起点、端点、角度法绘制圆弧

应用案例

利用圆弧命令绘制如图 4.102 所示的平面图形。

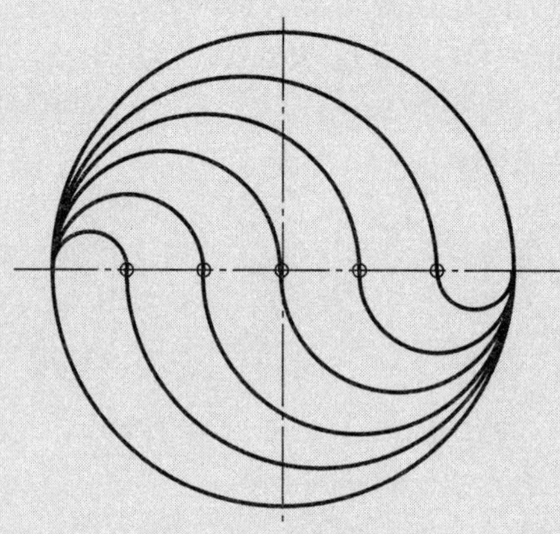

图 4.102 圆弧应用案例

(1) 单击【绘图】工具栏中的【直线】、【圆】命令绘制如图 4.103 所示的平面图形。

(2) 单击【格式】菜单【点样式】，设置点样式为◎。单击【绘图】菜单【点】子菜单【定数等分】，对水平中心线 6 等分，如图 4.104 所示。

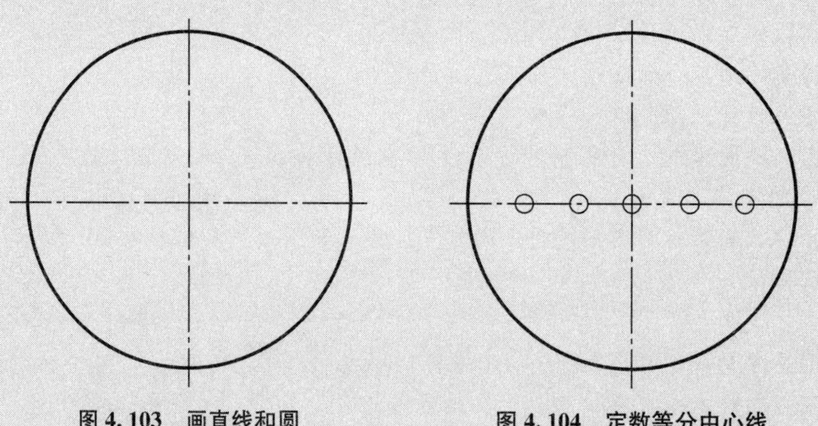

图 4.103 画直线和圆　　图 4.104 定数等分中心线

(3) 单击【绘图】菜单【圆弧】子菜单【起点、端点、角度】绘制包含角为 180°的圆弧，注意起点到终点的选择顺序按逆时针方向选择，如图 4.102 所示。

小　　结

本章主要介绍了多段线、多线、椭圆、椭圆弧、圆弧等绘图命令，夹点编辑，多段线的编辑，多线样式的设置方法，以及形位公差标注命令的使用。其中多段线命令可以用来做剖切符号，画引线和箭头，形位公差的标注可以直接使用公差命令，也可以调用快速引线命令。本章包含两个任务：拨叉和支架零件图的绘制。任务实施的步骤为：调用样板文件→画零件图→标注尺寸→书写技术要求→检查图形并修整→保存。

习　　题

1. 绘制如图 4.105 所示的拨叉零件工程图样。
2. 绘制如图 4.106 所示的拨叉零件工程图样。
3. 绘制如图 4.107 所示的支架零件工程图样。
4. 绘制如图 4.108 所示的支架零件工程图样。

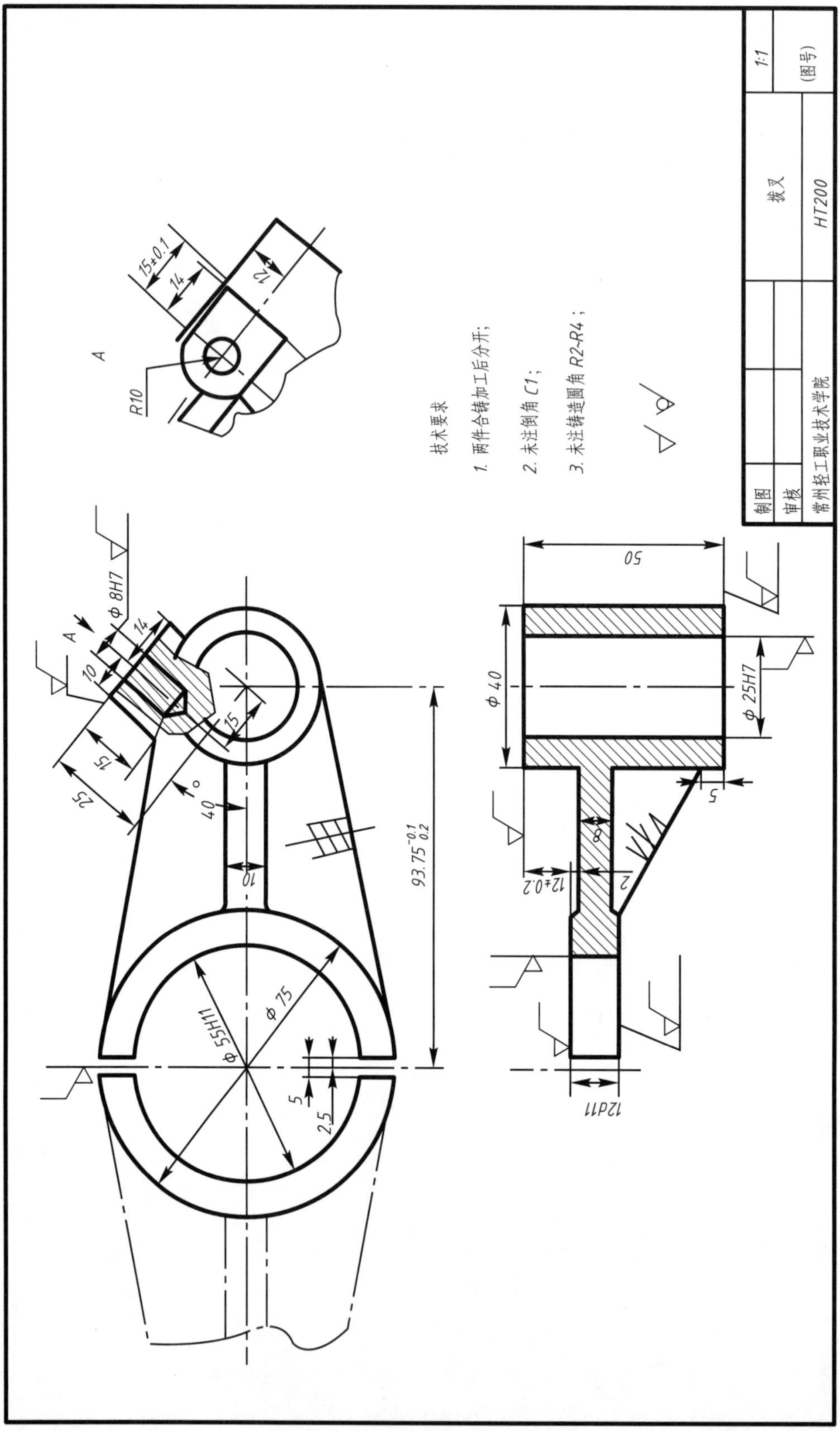

技术要求

1. 两件合铸加工后分开；
2. 未注倒角 C1；
3. 未注铸造圆角 R2~R4；

制图			拨叉	1:1
审核				(图号)
常州轻工职业技术学院			HT200	

图 4.105　拨叉

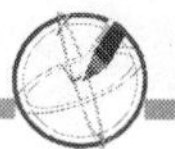

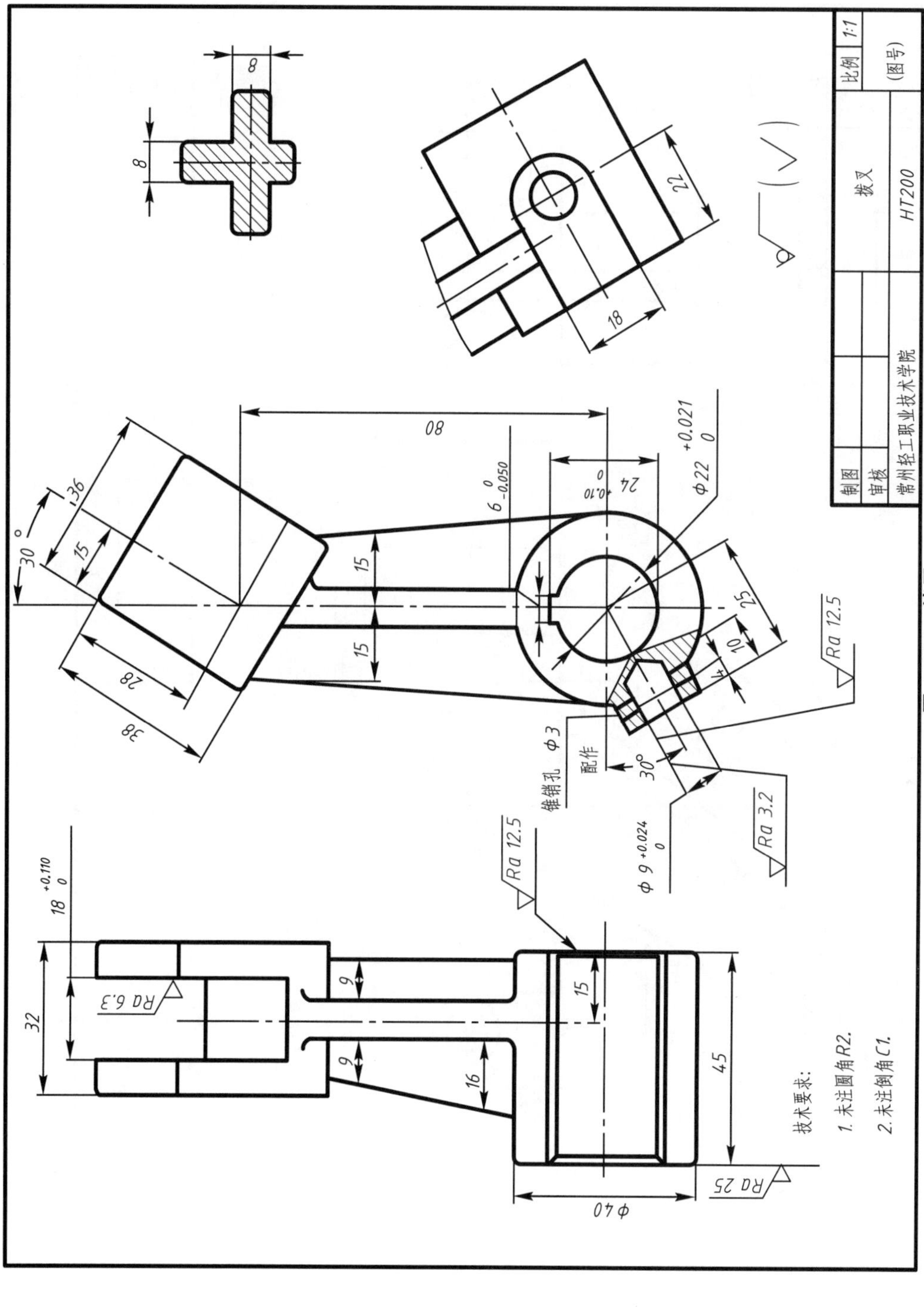

比例 1:1
(图号)
拨叉
HT200
制图
审核
常州轻工职业技术学院
技术要求：
1. 未注圆角R2.
2. 未注倒角C1.
锥销孔 Φ3
配作
Ra 12.5
Ra 3.2
Ra 6.3
Ra 25
Φ22 +0.021 0
Φ9 +0.024 0
Φ40
24 +0.10 0
6 0 -0.050
18 +0.110 0
80
36
38
28
45
32
30°

图 4.106　拨叉

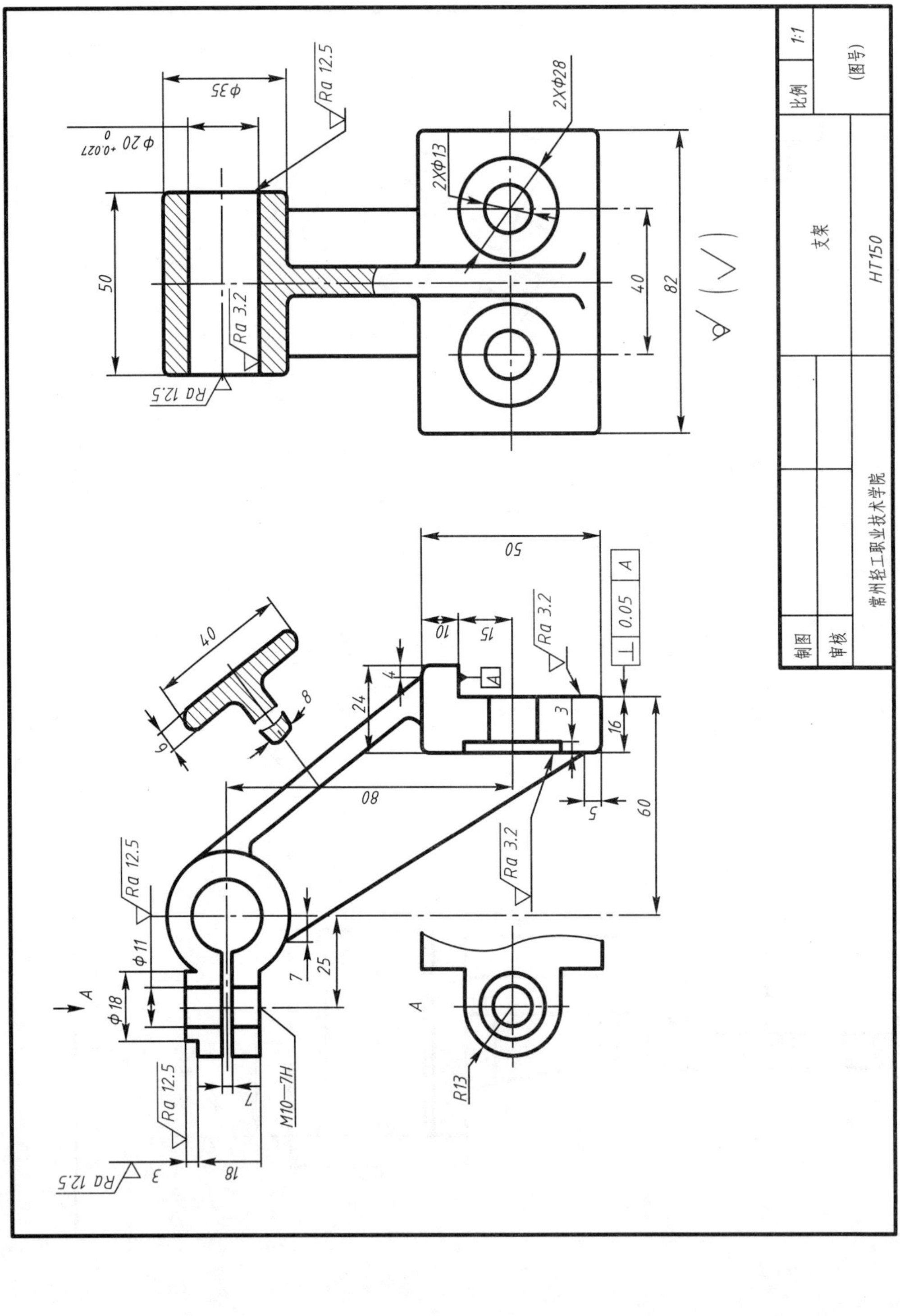

图 4.107　支架

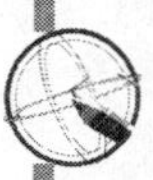

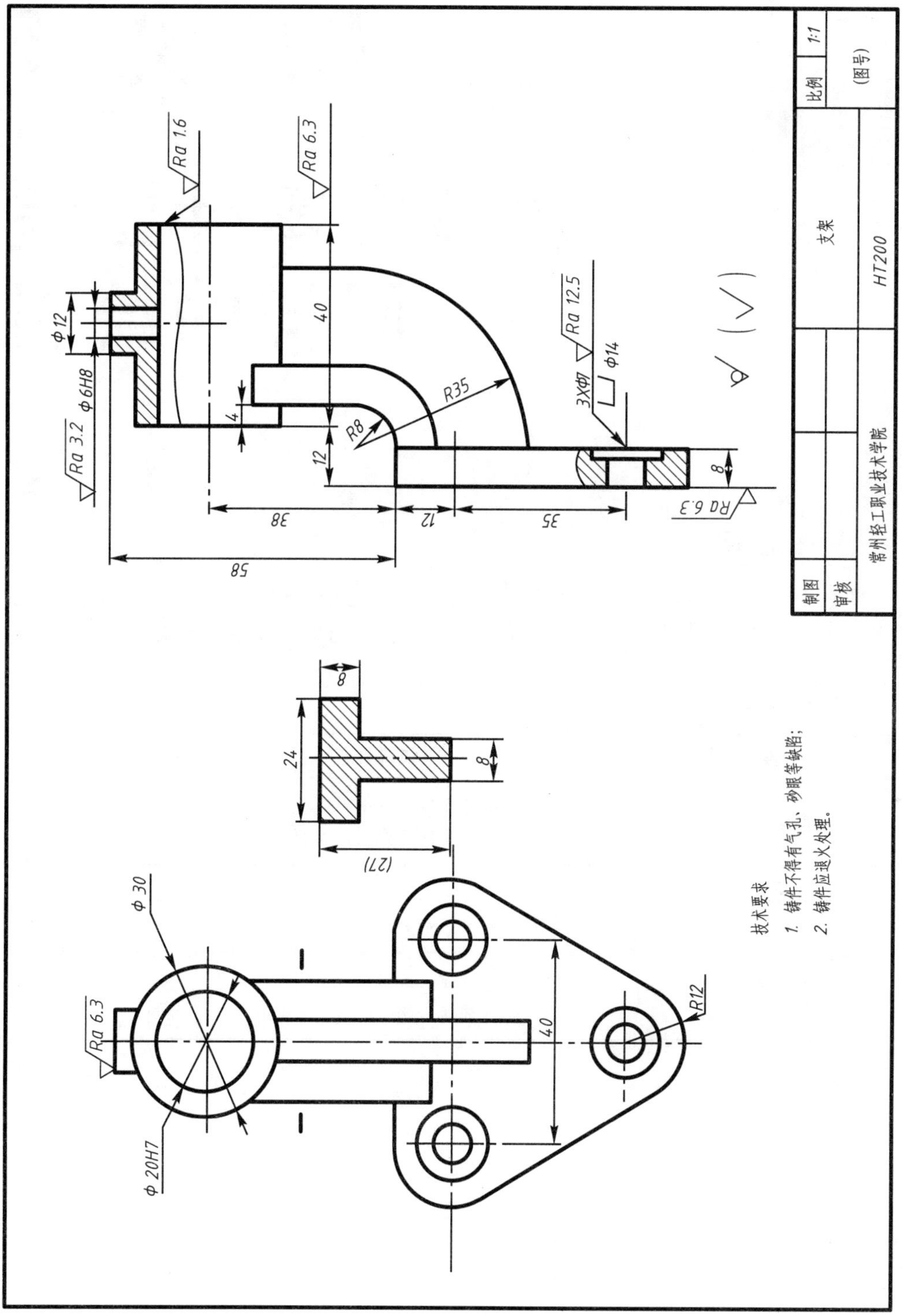

技术要求
1. 铸件不得有气孔、砂眼等缺陷；
2. 铸件应退火处理。
制图
审核
常州轻工职业技术学院
支架
HT200
比例 1:1
(图号)
Ra 1.6
Ra 6.3
Ra 3.2
Ra 12.5
3×Φ7
Φ14
Φ12
Φ6H8
Φ30
Φ20H7
R35
R8
R12
58
38
12
35
40
24
(27)

图 4.108　支架

模块 5

箱体类零件工程图样的绘制

学习目标

掌握分析和识读箱体类零件工程图样的方法，包括视图的选择、尺寸标注、技术要求和常见工艺结构；掌握箱体类零件工程图样的绘制方法和步骤。

学习要求

能力目标	知识要点	权重
掌握箱体类零件的表达方法	箱体类零件工程图样的组成； 箱体类零件工程图样的识读	20%
掌握箱体类零件视图的绘制步骤和方法	矩形阵列、环形阵列及路径阵列等图形编辑命令	40%
掌握箱体类零件的标注方法	折弯标注、编辑标注； 编辑标注文字	40%

任务 5.1　铣刀头底座零件工程图样的绘制

5.1.1　任务引入

绘制如图 5.1 所示的铣刀头底座零件工程图样。

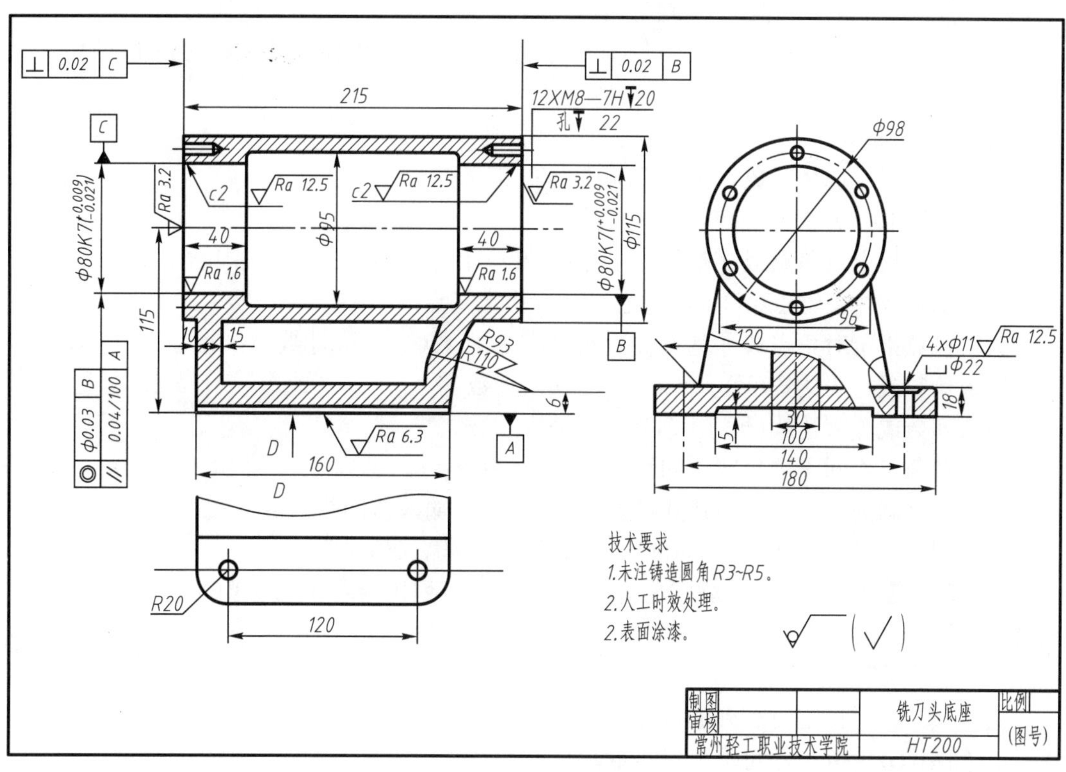

图 5.1　铣刀头底座

5.1.2　任务分析

铣刀头底座零件图由三个基本视图组成：主视图采用全剖视图，表达座体的形体特征和空腔的内部结构；左视图采用局部剖视图，表达底板和肋板的形状及其两端面螺纹孔的位置；俯视图采用 D 向局部视图，表达底板的圆角和安装孔的位置。铣刀头座体零件图主要采用直线、圆、阵列、标注等命令完成。

5.1.3　相关知识

1. 阵列命令

1）矩形阵列

（1）功能。

矩形阵列是按照行列方阵的方式进行实体复制的，执行矩形阵列时必须确定阵列的行数、列数及行距、列距，如图 5.2 所示。

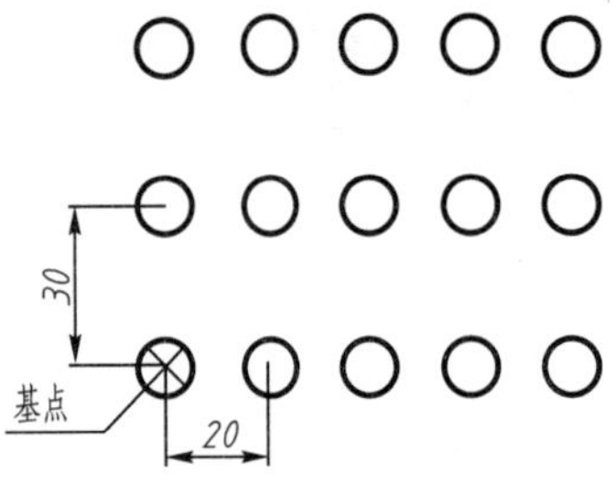

(2) 执行方式。

① 功能区：【常用】选项卡→【修改】面板→【矩形阵列】按钮。

② 工具栏：单击【修改】工具栏中的【矩形阵列】按钮。

③ 菜单：选择菜单【修改(M)】→【阵列】→【矩形阵列】。

④ 命令行：在命令行中输入【ARRAYRECT】。

图 5.2　矩形阵列

(3) 操作方法。

命令：_arrayrect↙

选择对象：//选择对象，按【Enter】键结束选择。

类型=矩形　关联=是。

为项目数指定对角点或［基点(B)/角度(A)/计数(C)］<计数>：b↙。

指定基点或［关键点(K)］<质心>：//指定基点。

为项目数指定对角点或［基点(B)/角度(A)/计数(C)］<计数>：c↙。

输入行数或［表达式(E)］<4>：//输入行数。

输入列数或［表达式(E)］<4>：//输入列数。

指定对角点以间隔项目或［间距(S)］<间距>：s↙。

指定行之间的距离或［表达式(E)］<15>：//输入行间距。

指定列之间的距离或［表达式(E)］<15>：//输入列间距。

按【Enter】键接受或［关联(AS)/基点(B)/行(R)/列(C)/层(L)/退出(X)］<退出>：//按【Enter】键退出命令。

(4) 选项说明。

① 计数(C)：指定行和列的数目。

② 间距(S)：指定行间距和列间距。

③ 基点(B)：指定阵列的基点。

④ 关键点(K)：对于关联阵列，在源对象上指定有效的约束(或关键点)以用作基点。如果编辑生成的阵列的源对象，阵列的基点保持与源对象的关键点重合。

⑤ 角度(A)：指定行轴的旋转角度。

⑥ 关联(AS)：指定是否在阵列中创建项目作为关联对象，或作为独立对象。

⑦ 层(L)：指定层数和层间距。

2) 环形阵列

(1) 功能。

环形阵列就是将图形对象按照指定的中心点和阵列数目，呈圆形排列，如图 5.3 所示。

(2) 执行方式。

① 功能区：【常用】选项卡→【修改】面板→【环形阵列】按钮。

② 工具栏：单击【绘图】工具栏中的【环形阵列】按钮。

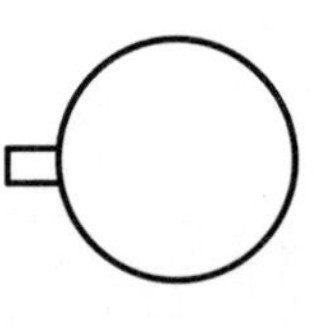

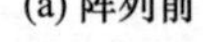

(a) 阵列前

(b) 阵列后

图 5.3　环形阵列

③ 菜单：选择菜单【修改(M)】→【阵列】→【环形阵列】。

④ 命令行：在命令行中输入【ARRAYPOLAR】。

(3) 操作方法。

命令：_arraypolar↙

选择对象：//选择阵列对象，并按【Enter】键完成选择。

类型=极轴　关联=是。

指定阵列的中心点或［基点(B)/旋转轴(A)］：//选择阵列的中心点。

输入项目数或［项目间角度(A)/表达式(E)］＜4＞：//输入阵列数目。

指定填充角度(+=逆时针、-=顺时针)或［表达式(EX)］＜360＞：//输入阵列角度。

按【Enter】键接受或［关联(AS)/基点(B)/项目(I)/项目间角度(A)/填充角度(F)/行(ROW)/层(L)/旋转项目(ROT)/退出(X)］＜退出＞：//按【Enter】键退出。

特别提示

- 环形阵列中，旋转项目(ROT)用于设置对象本身是否围绕基点旋转。如果设置不旋转复制项目，那么阵列出的对象将不会绕基点旋转，如图 5.4 所示。

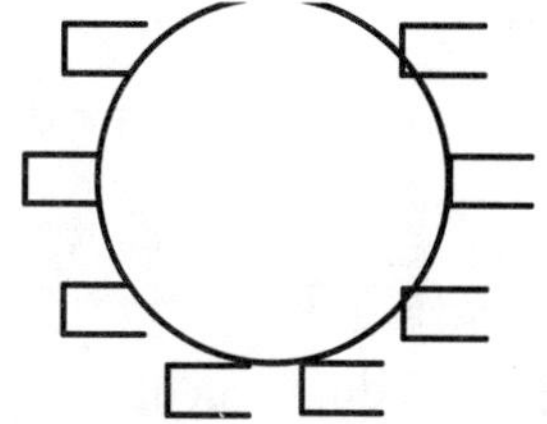

图 5.4　不绕基点旋转的环形阵列

3) 路径阵列

(1) 功能。

路劲阵列是将对象沿着一条路径进行排列，排列形态由路径形态而定，如图 5.5 所示。

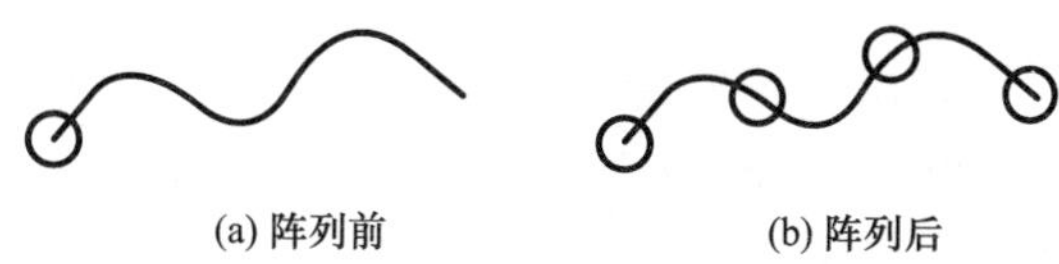

(a) 阵列前　(b) 阵列后

图 5.5　路径阵列

(2) 执行方式。

① 功能区：【常用】选项卡→【修改】面板→【路径阵列】按钮。

② 工具栏：单击【绘图】工具栏中的【路径阵列】按钮。

③ 菜单：选择菜单【修改(M)】→【阵列】→【路径阵列】。

④ 命令行：在命令行中输入【ARRAYPATH】。

(3) 操作方法。

命令：_arraypath↙

选择对象：//选择对象，并按【Enter】键完成选择。

类型=路径　关联=是。

选择路径曲线：//选择路径。

输入沿路径的项目数或［方向(O)/表达式(E)］<方向>：//输入复制的数量。

指定沿路径的项目之间的距离或［定数等分(D)/总距离(T)/表达式(E)］<沿路径平均定数等分(D)>：//定义密度。

按【Enter】键接受或［关联(AS)/基点(B)/项目(I)/行(R)/层(L)/对齐项目(A)/Z方向(Z)/退出(X)］<退出>：//按【Enter】键退出。

2. 半径折弯标注

1）功能。

当圆弧和圆的中心位于布局之外而且无法在其实际位置显示时，需创建圆和圆弧的折弯标注，半径折弯命令也称为缩放的半径标注，如图 5.6 所示。

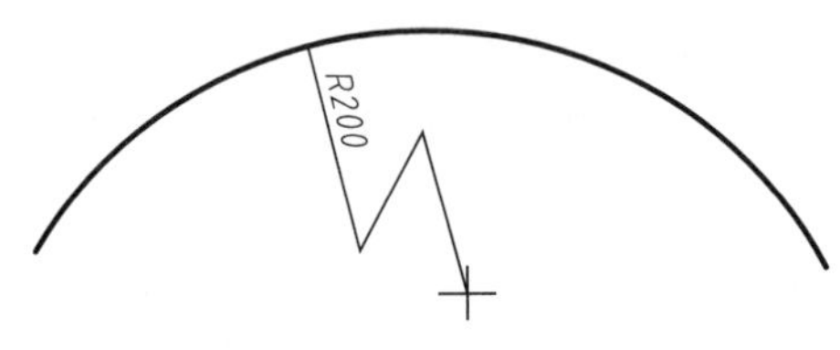

图 5.6　半径折弯标注

2）执行方式

(1) 菜单：选择菜单【标注(N)】→【折弯(J)】。

(2) 工具栏：单击【标注】工具栏中的【折弯】按钮。

(3) 命令行：在命令行中输入【DIMJOGGED】。

3）操作方法

命令：_dimjogged↙

选择圆弧或圆：//选择标注对象。

指定图示中心位置：//指定折线标注新圆心。

标注文字=34.62

指定尺寸线位置或［多行文字(M)/文字(T)/角度(A)］：//指定标注文字位置或输入选项。

指定折弯位置：//指定折弯线中心点。

4）选项说明

(1) 多行文字(M)：在弹出的【文字格式】对话框中编辑尺寸文字。

(2) 文字(T)：在命令行中输入标注文字。

(3) 角度(A)：输入标注角度。

3. 线性折弯标注

1）功能

折弯线用于表达不显示实际测量值的标注值。将折弯线添加到线性标注，即线性折弯标注。通常，折弯标注的实际测量值小于显示的值，如图 5.7 所示。

2）执行方式

(1) 菜单：选择菜单【标注(N)】→【线性折弯(J)】。

(2) 工具栏：单击【标注】工具栏中的【线性折弯】按钮。

(3) 命令行：在命令行中输入【DIMJOGLINE】。

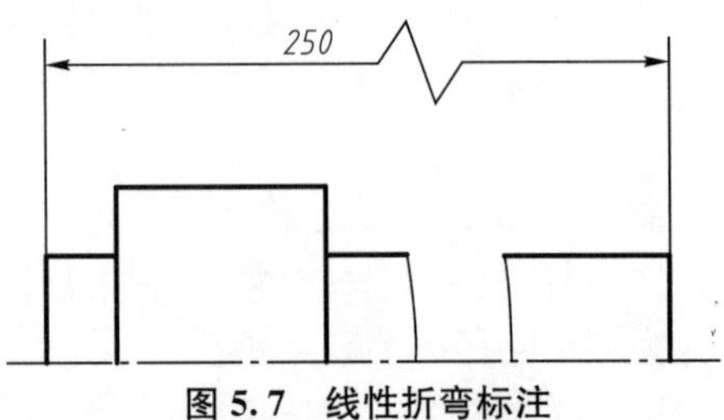

图 5.7　线性折弯标注

3）操作方法

命令：_dimjogline↙

选择要添加折弯的标注或［删除(R)］：//选择要折弯的线型尺寸。

指定折弯位置（或按 ENTER 键）：//选择折弯位置。

特别提示

- 折弯线由两条平行线和一条与平行线成45°角的交叉线组成。折弯的高度由标注样式的线性折弯大小值确定。

4. 编辑标注

1）功能

用来修改尺寸标注的文字和尺寸界线的旋转角度等，如图5.8所示。

2）执行方式

(1) 工具栏：单击【标注】工具栏中的【编辑标注】按钮。

(2) 命令行：在命令行中输入【DIMEDIT】。

3）操作方法

命令：_dimedit↙

输入标注编辑类型［默认(H)/新建(N)/旋转(R)/倾斜(O)］<默认>：//选择修改方式。

选择对象：//选择对象，可以多次选择。

4）选项说明

(1) 默认(H)：按默认方式放置文字。

(2) 新建(N)：选择此选项会打开多行文字编辑器，在编辑器中修改编辑标注文字，注意编辑器中“<>”内显示的是默认尺寸数字。

(3) 旋转(R)：将尺寸数字旋转指定角度。

(4) 倾斜(O)：将尺寸界线倾斜指定角度。

5. 编辑标注文字

1）功能

用于改变尺寸标注中尺寸文字的位置和旋转角度，如图5.9所示。

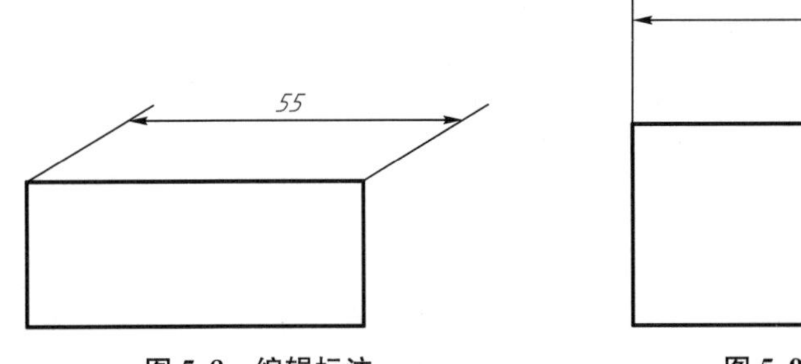

图5.8　编辑标注

图5.9　编辑标注文字

2）执行方式

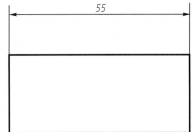

(1) 菜单：选择菜单【标注(N)】→【对齐文字(X)】。

(3) 工具栏：单击【标注】工具栏中的【编辑标注文字】按钮。

(4) 命令行：在命令行中输入【DIMTEDIT】。

3) 操作方法

命令：_dimtedit↙

选择标注：//选择需要编辑的尺寸对象。

为标注文字指定新位置或［左对齐(L)/右对齐(R)/居中(C)/默认(H)/角度(A)：//选择修改方式。

4) 选项说明

(1) 左对齐(L)和右对齐(R)：尺寸文字靠近尺寸线的左边或右边。

(2) 居中(C)：尺寸文字放置在尺寸线的中间。

(3) 默认(H)：按照默认位置放置尺寸文字。

(4) 角度(A)：将标注的尺寸文字旋转指定角度。

5.1.4 操作步骤

1. 新建图形文件

单击【标准】工具栏中的【新建】按钮，在弹出的【选择样板】对话框中选择【GBA2.dwg】文件，单击【打开】按钮。

2. 绘制左视图

(1) 单击【图层】工具栏中的【图层控制】下拉箭头，将“中心线”图层设置为当前层。

(2) 打开状态栏中【正交模式】，单击【绘图】工具栏中的【直线】按钮，绘制两条垂直的中心线，单击【绘图】工具栏中的【圆】按钮，绘制直径为 98 的辅助圆，如图 5.10 所示。

(3) 单击【图层】工具栏中的【图层控制】下拉箭头，将“轮廓线”图层设置为当前层。单击【绘图】工具栏中的【圆】按钮，绘制直径为 80 和 115 的圆，如图 5.11 所示。

(4) 单击【绘图】工具栏中的【圆】按钮，绘制直径为 8 和 6.8 的圆(螺纹的小径按大径的 0.85 倍画出)。选中直径为 8 的圆，更改图层为“细实线”图层，单击【修改】工具栏中的【修剪】按钮，进行修剪，如图 5.12 所示。

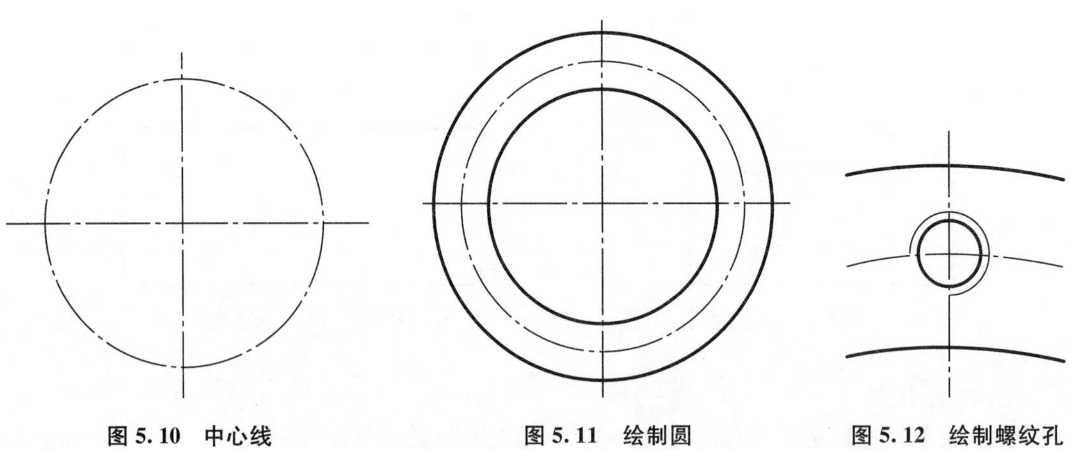

图 5.10 中心线　　**图 5.11 绘制圆**　　**图 5.12 绘制螺纹孔**

(5) 单击【绘图】工具栏中的【环形阵列】按钮，对螺纹孔进行阵列，如图 5.13 所示。

(6) 单击【修改】工具栏中的【偏移】按钮，设置偏移距离偏移中心线，并对偏移后的中心线进行夹点编辑，修改中心线，如图 5.14 所示。

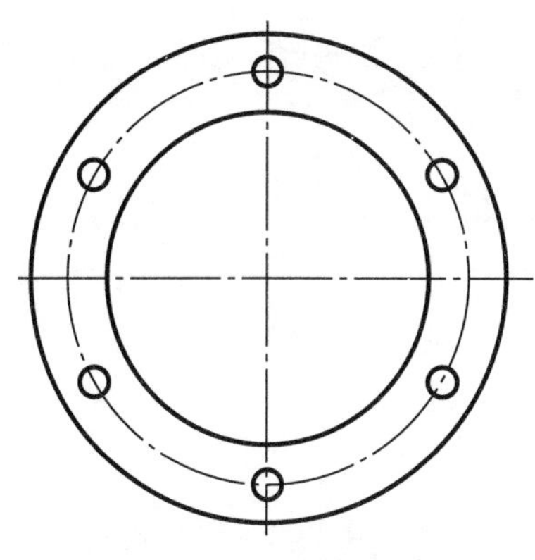

图 5.13 阵列螺纹孔

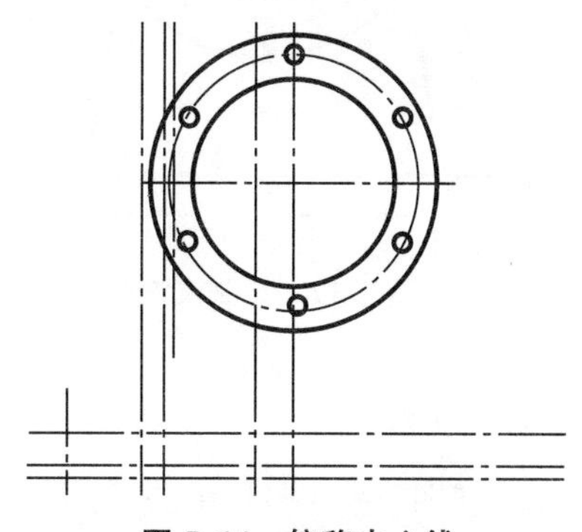

图 5.14 偏移中心线

(7) 切换到“轮廓线”图层，单击【绘图】工具栏中的【直线】按钮，绘制轮廓线。单击【修改】工具栏中的【倒圆角】按钮，倒圆角，如图 5.15 所示。

(8) 删除多余图线，单击【修改】工具栏中的【镜像】按钮，镜像图形，如图 5.16 所示。

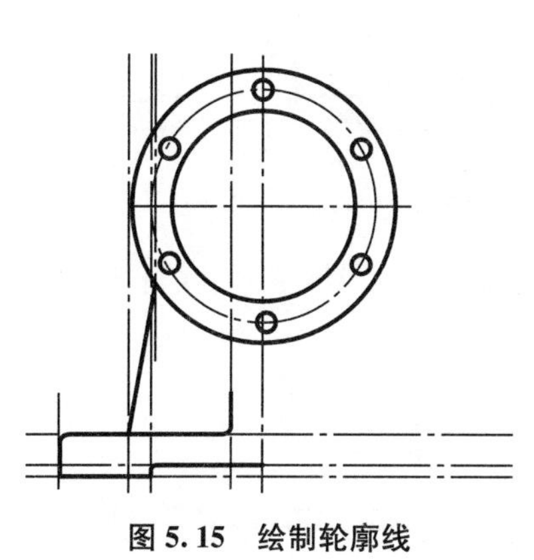

图 5.15 绘制轮廓线

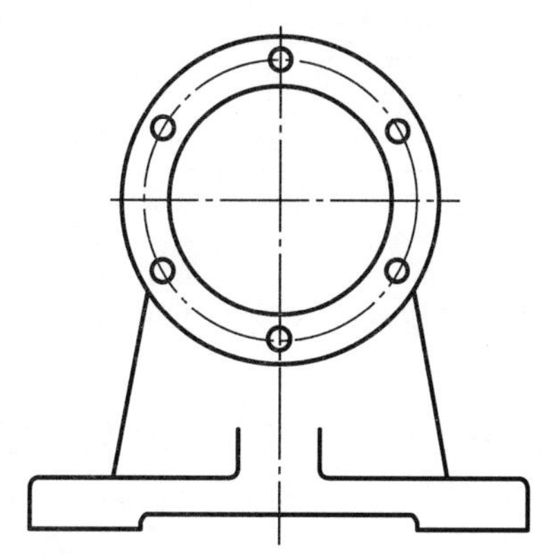

图 5.16 镜像图形

(9) 单击【图层】工具栏中的【图层控制】下拉箭头，将“细实线”图层设置为当前层。单击【绘图】工具栏中的【样条曲线】按钮，画波浪线。单击【修改】工具栏中的【修剪】按钮，进行修剪，如图 5.17 所示。

(10) 单击【修改】工具栏中的【偏移】按钮，偏移中心线。单击【图层】工具栏中的【图层控制】下拉箭头，将“轮廓线”图层设置为当前层。单击【绘图】工具栏中的【直线】按钮，绘制底板上的沉孔，如图 5.18 所示。

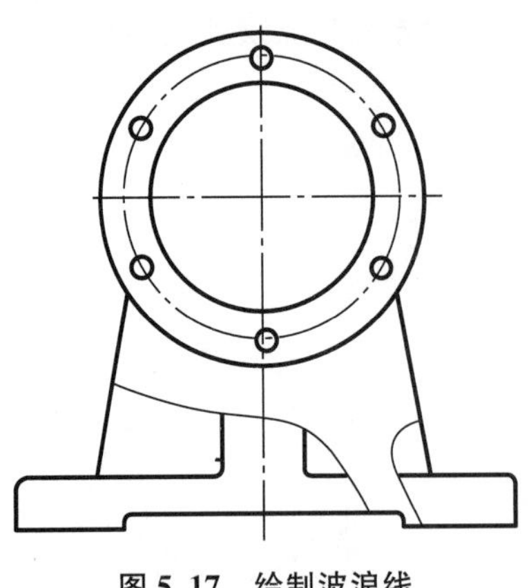
图 5.17　绘制波浪线

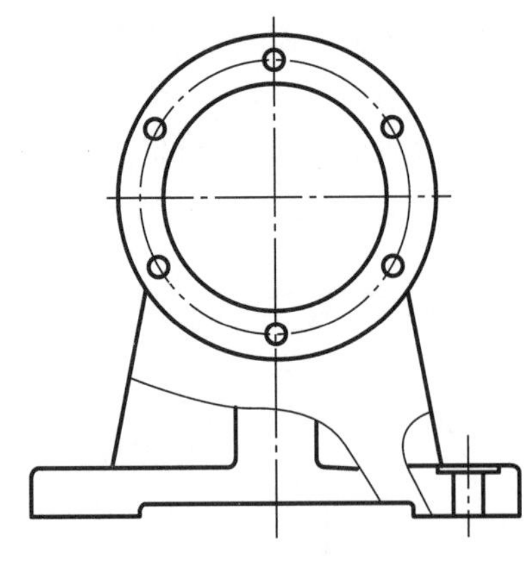
图 5.18　绘制沉孔

3. 绘制主视图

(1) 单击【图层】工具栏中的【图层控制】下拉箭头，将“中心线”图层设置为当前层。

(2) 单击【绘图】工具栏中的【直线】按钮，根据主视图和左视图高平齐原则绘制辅助线，如图 5.19 所示。

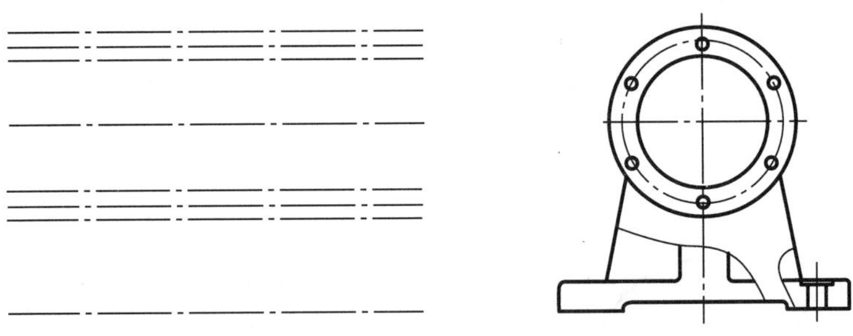
图 5.19　绘制辅助线

(3) 将“轮廓线”图层设置为当前层。单击【绘图】工具栏中的【直线】按钮，绘制轮廓线，如图 5.20 所示。

(4) 单击【修改】工具栏中的【偏移】按钮，偏移中心线。单击【绘图】工具栏中的【圆】按钮，画辅助圆，找到圆心，如图 5.21 所示。

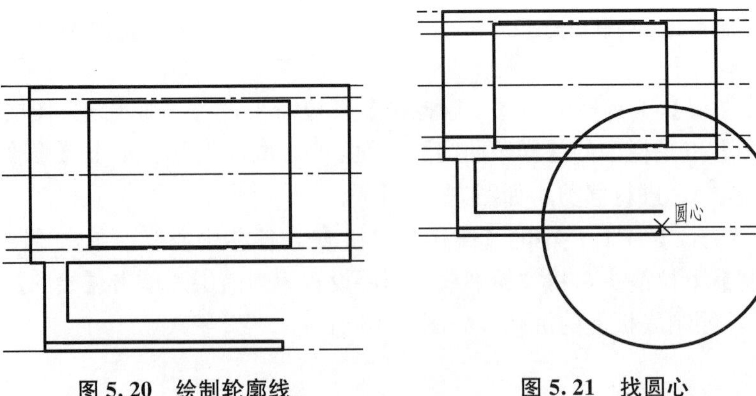

图 5.20　绘制轮廓线　　图 5.21　找圆心

(5) 单击【绘图】工具栏中的【圆】按钮，画圆。单击【修改】工具栏中的【修剪】按钮，进行修剪，删除图线，如图 5.22 所示。

(6) 单击【绘图】工具栏中的【直线】按钮，绘制主视图螺纹孔。单击螺纹孔大径，更改图层为“细实线”，如图 5.23 所示。

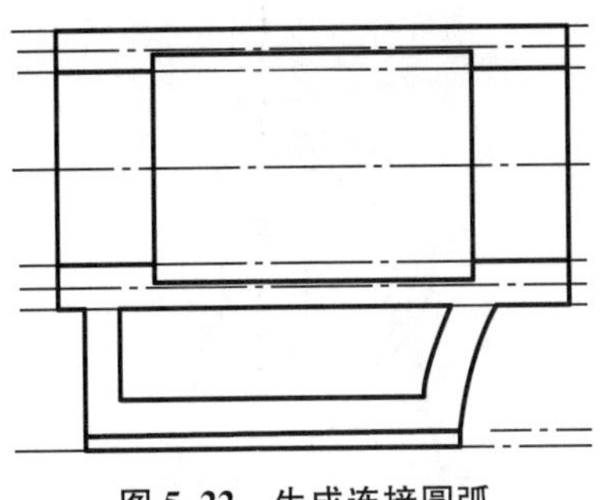

图 5.22　生成连接圆弧

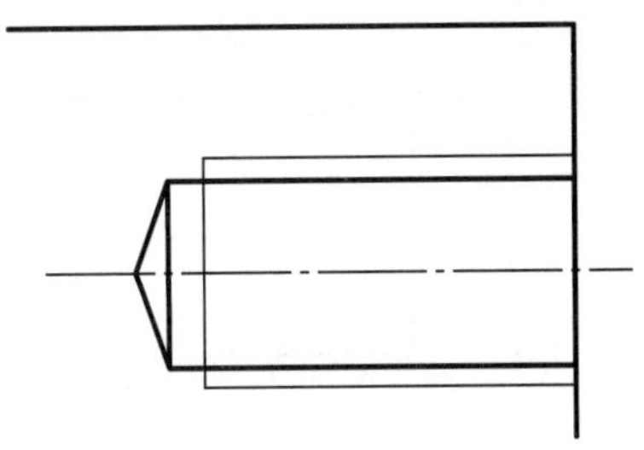

图 5.23　绘制螺纹孔

(7) 单击【修改】工具栏中的【镜像】按钮，镜像螺纹孔。清理图面，单击【修改】工具栏中的【倒圆角】按钮，设置圆角半径为 3，倒圆角。单击【修改】工具栏中的【倒角】按钮，设置倒角距离为 2，设置修剪模式为不修剪，进行倒角，并用【直线】命令补线。单击【修改】工具栏中的【修剪】按钮，修剪多余图线，如图 5.24 所示。

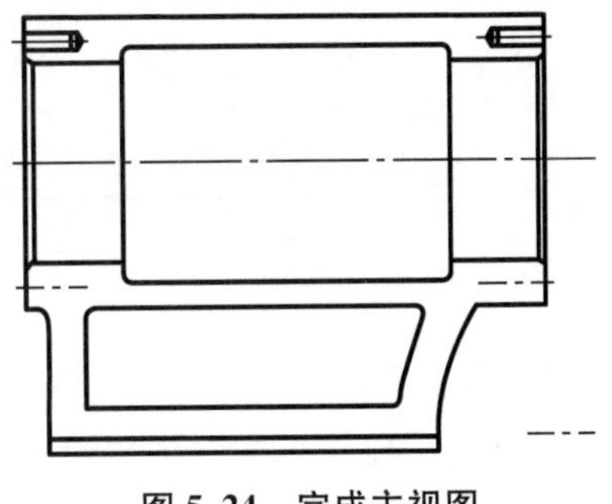

图 5.24　完成主视图

4. 绘制局部视图

(1) 单击【绘图】工具栏中的【直线】按钮，绘制直线，如图 5.25 所示。

(2) 单击【绘图】工具栏中的【圆】按钮，绘制直径为 11 的圆。单击【修改】工具栏中的【倒圆角】按钮，设置圆角半径为 20，倒圆角，如图 5.26 所示。

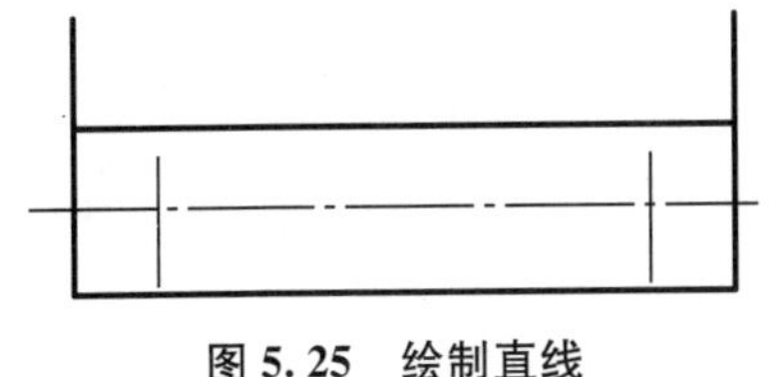

图 5.25　绘制直线

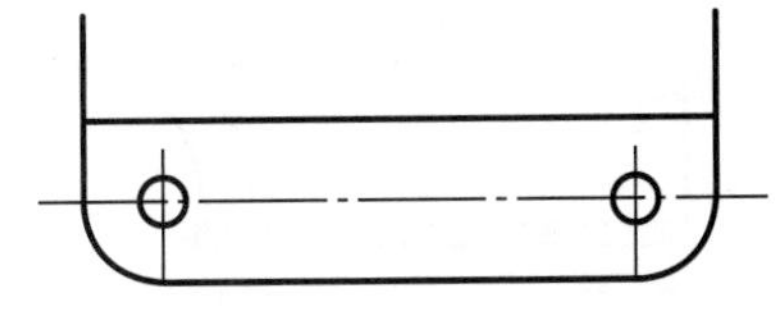

图 5.26　画圆及倒圆角

(3) 单击【图层】工具栏中的【图层控制】下拉箭头，将“细实线”图层设置为当前层。单击【绘图】工具栏中的【样条曲线】按钮，绘制局部视图波浪线，如图 5.27 所示。

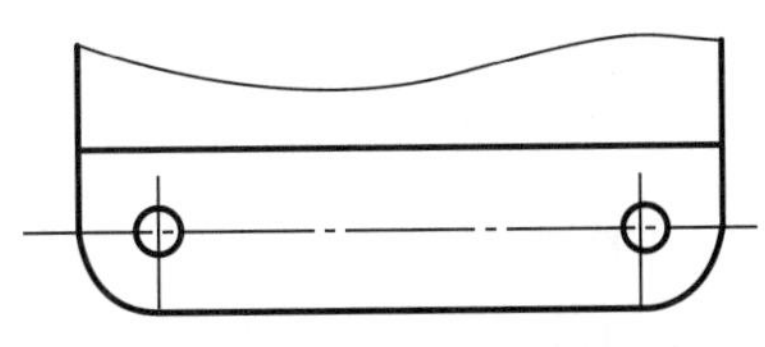

图 5.27　绘制波浪线

5. 填充剖面线

（1）单击【图层】工具栏中的【图层控制】下拉箭头，将“剖面线”图层设置为当前层。

（2）单击【绘图】工具栏中的【图案填充】按钮，在对话框中设置填充图案 ANSI31，填充比例为 20，以拾取点的方式选择填充边界，填充结果如图 5.28 所示。

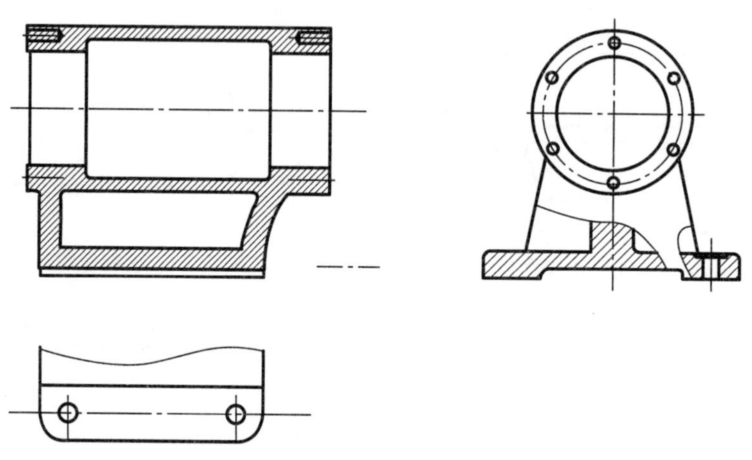

图 5.28　填充剖面线

6. 尺寸标注

（1）将“尺寸标注”图层设置为当前层。关闭剖面线图层，以避免干涉尺寸标注。单击【标注】工具栏中的【线性】按钮和【对齐】按钮标注尺寸，如图 5.29 所示。

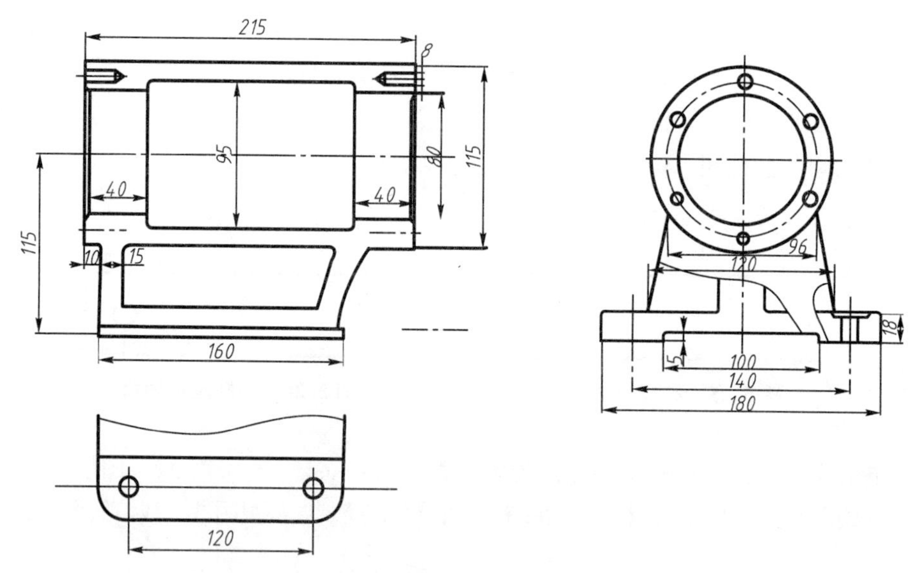

图 5.29　标注尺寸

（2）双击主视图上的尺寸 115，尺寸处于编辑状态，在弹出的【文字格式】对话框中单击符号下拉剪头 @▾，弹出下拉菜单如图 5.30 所示，选择直径，在尺寸 115 前插入直径符号。

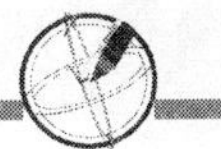

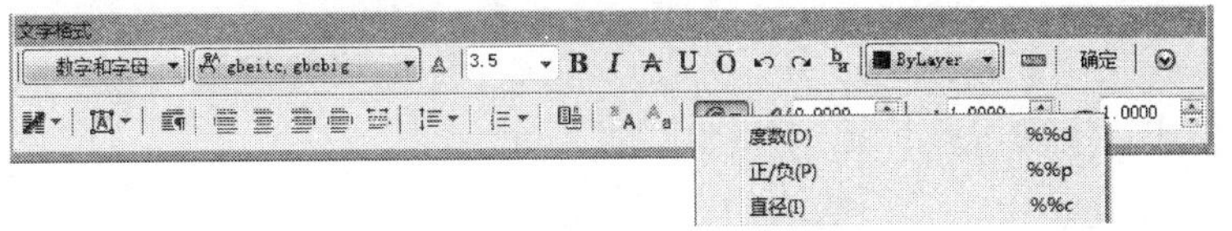

图 5.30　添加直径符号

(3) 双击主视图上的尺寸 80，尺寸处于编辑状态，在文字框中作结果如图 5.31 所示的修改。选中＋0.009^－0.021，按文字格式对话框中的【堆叠】按钮，结果如图 5.32 所示。

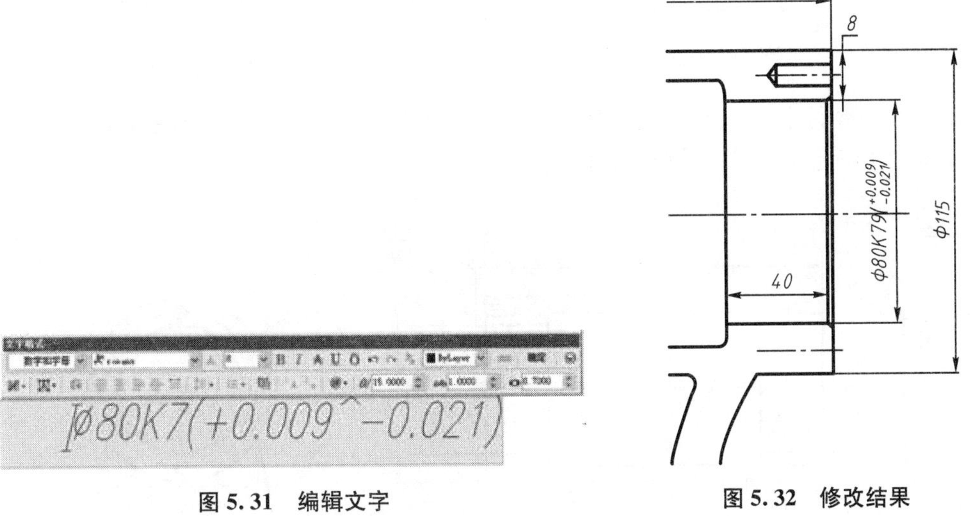

图 5.31　编辑文字　　　　图 5.32　修改结果

(4) 在修改螺纹孔的尺寸时，依然双击尺寸，在弹出的文字框中修改。值得注意的是孔深的标记 x，在文字框中输入字母 x，然后把 x 的字体改为 gdt 格式，孔深标记就会出现(也可创建特殊符号文字样式进行标注)。修改结果如图 5.33 所示。

(5) 单击【标注】工具栏中的【折弯】按钮，标注半径为 93 和 110，如图 5.34 所示。

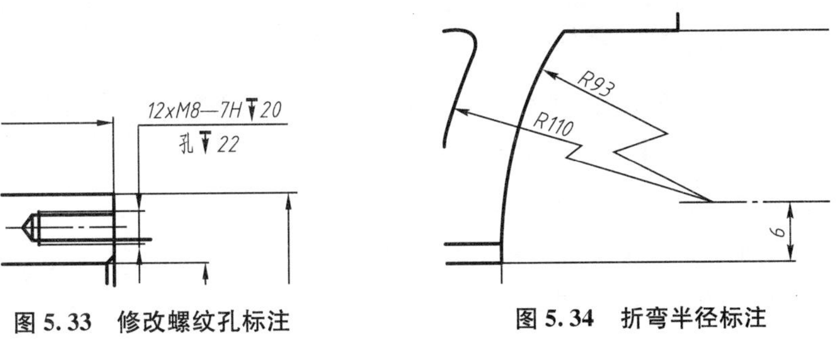

图 5.33　修改螺纹孔标注　　　　图 5.34　折弯半径标注

(6) 单击【标注】工具栏中的【编辑标注】按钮，编辑左视图上的 120 尺寸，让其尺寸界线倾斜，结果如图 5.35 所示。

(7) 在命令行中输入快速引线命令【LEADER】，绘制沉孔尺寸引出线。单击【绘图】工具栏中的【多行文字】按钮 A，书写沉孔尺寸。在标记沉孔符号时，输入 v，然后将字体设置为 gdt 格式，出现沉孔标记，如图 5.36 所示。

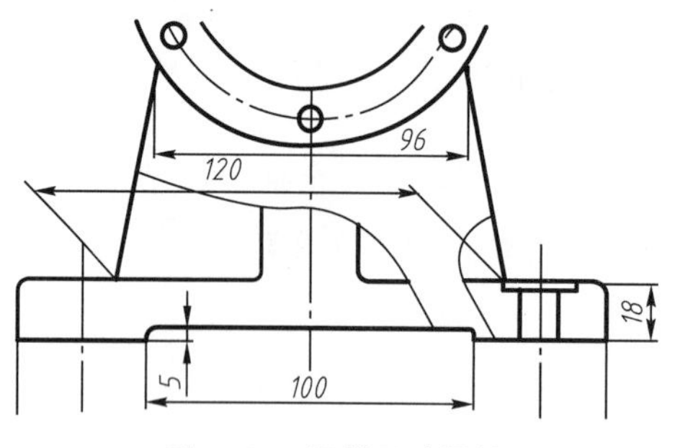

图 5.35 倾斜尺寸界线

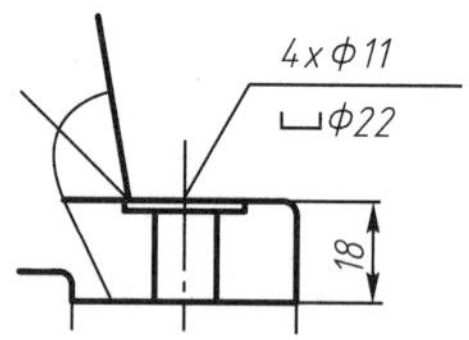

图 5.36 标注沉孔尺寸

(8) 在命令行中输入快速引线命令【LEADER】，配合使用尺寸标注工具栏中的公差命令，标注所有形位公差及倒角尺寸，如图 5.37 所示。

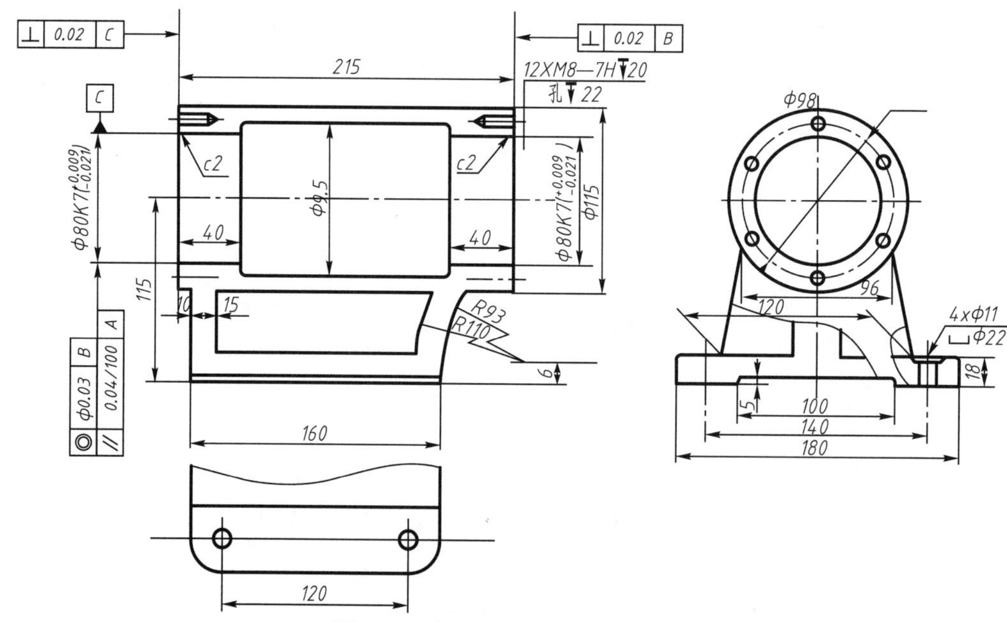

图 5.37 标注形位公差及倒角尺寸

(9) 单击【标注】工具栏中的【半径】按钮，标注局部视图上的半径 R20。单击【标注】工具栏中的【直径】按钮，标注左视图上的直径。

7. 标注表面粗糙度和形位公差基准符号

单击【绘图】工具栏中的【插入块】按钮，引用预先建立好的外部块，将基准符号和粗糙度以块的形式插入，结果如图 5.38 所示。

8. 书写文字

单击【绘图】工具栏中的【多行文字】按钮 A，书写技术要求、填写标题栏等。打开剖面线图层，整理图面。完成铣刀头底座零件图的绘制，结果如图 5.1 所示。

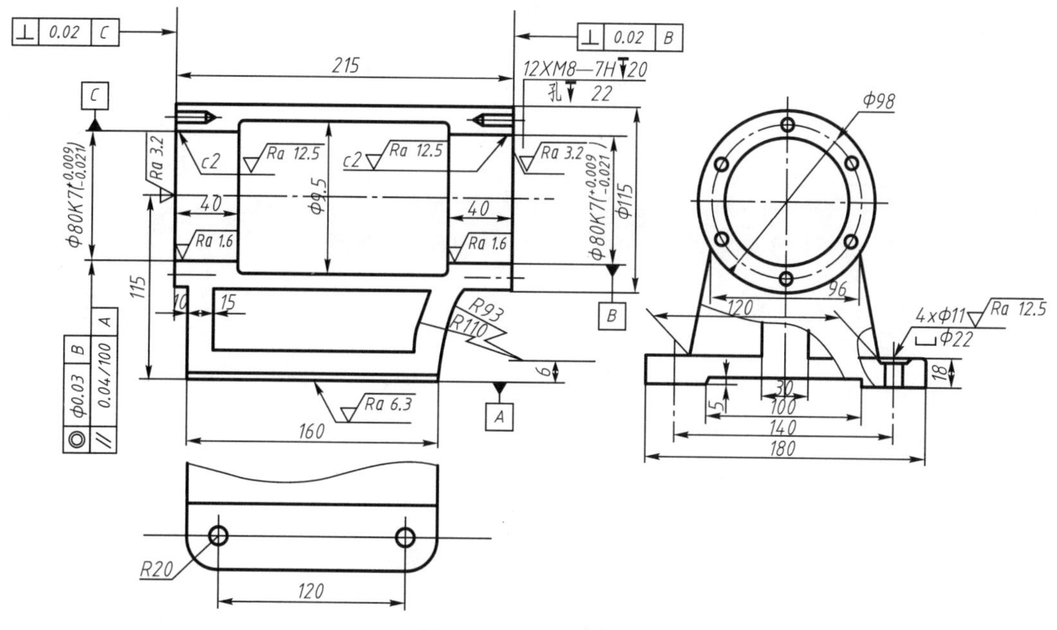

图 5.38　插入外部块

9. 保存文件

知识链接

拉伸、拉长、延伸

当绘制的实体长度需要变化，或部分实体的位置需要改变，而与之相关联的实体长度也需要随之变长或变短时，用户完全没有必要重新绘制实体，用 AutoCAD 中的拉伸、拉长和延伸命令就可以轻松进行修改。

1. 拉伸

1) 执行方式

(1) 菜单：选择菜单【修改(M)】→【拉伸(H)】。

(2) 工具栏：单击【修改】工具栏中的【拉伸】按钮。

(3) 命令行：在命令行中输入【STRETCH】。

2) 操作方法

命令：_stretch

以交叉窗口或交叉多边形选择要拉伸的对象…

选择对象：指定对角点：找到 1 个//用交叉窗选的方法选择矩形，如图 5.39 所示。注意：选择框不要包含 A、D 两点，如果包含，则变成移动操作。

选择对象：//按【Enter】键结束选择。

指定基点或［位移(D)］<位移>：//捕捉 A 点作为拉伸的基点。

指定第二个点或 <使用第一个点作为位移>：@40，0 //指定第二点，决定拉伸距离，结果如图 5.40 所示。

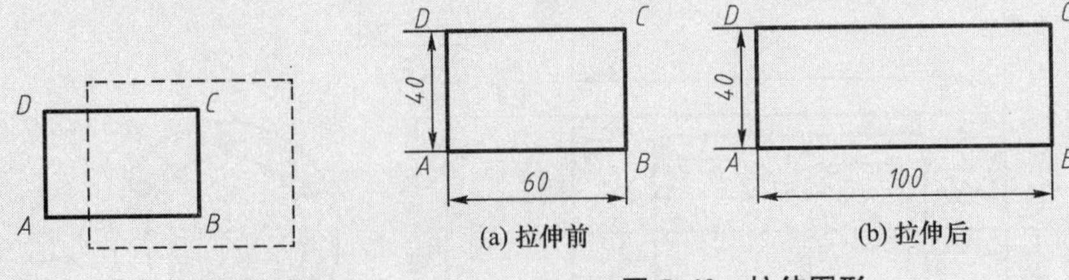

图 5.39 选择拉伸实体　　　　图 5.40 拉伸图形

2. 拉长

1) 执行方式

(1) 菜单：选择菜单【修改(M)】→【拉长(G)】。

(2) 命令行：在命令行中输入【LENGTHEN】。

2) 操作方法

(1) 增量。

选择增量拉长时，可以直接输入实体要拉长的长度，如图 5.41 所示。

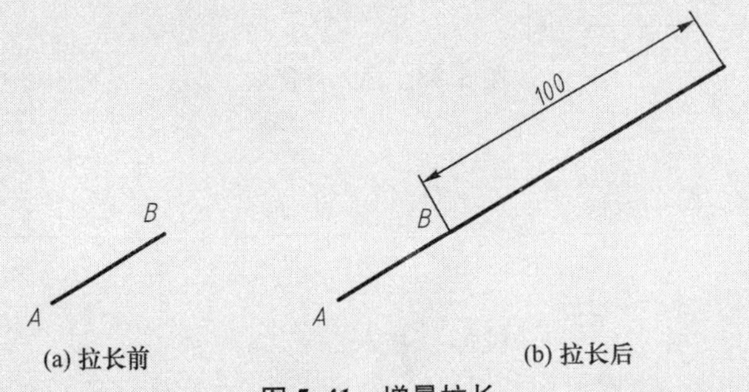

图 5.41 增量拉长

命令：_lengthen↙

选择对象或［增量(DE)/百分数(P)/全部(T)/动态(DY)］：de↙//选增量选项。

输入长度增量或［角度(A)］<0.0000>：//输入要拉长的长度。

选择要修改的对象或［放弃(U)］：//光标在需拉长一端拾取。

选择要修改的对象或［放弃(U)］：//按【Enter】键结束选择。

(2) 百分数。

百分数拉长是相对于被选中的实体而言的，要取原实体的一半，可以输入 50，要取原实体的两倍，可以输入 200，如图 5.42 所示。

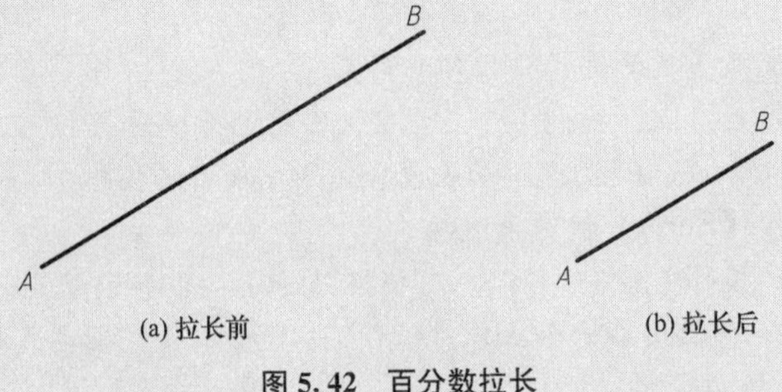

图 5.42 百分数拉长

命令：_lengthen↙

选择对象或［增量(DE)/百分数(P)/全部(T)/动态(DY)］：p↙//选择百分数选项。

输入长度百分数<100.0000>：//输入缩放比例。

选择要修改的对象或［放弃(U)］：//在拉长的一端拾取点选择对象。

选择要修改的对象或［放弃(U)］：//按【Enter】键结束选择。

(3) 全部。

全部是用来确定直线和圆弧的总长度，圆弧的圆心角。用此命令可以把实体量化，如图 5.43 所示。

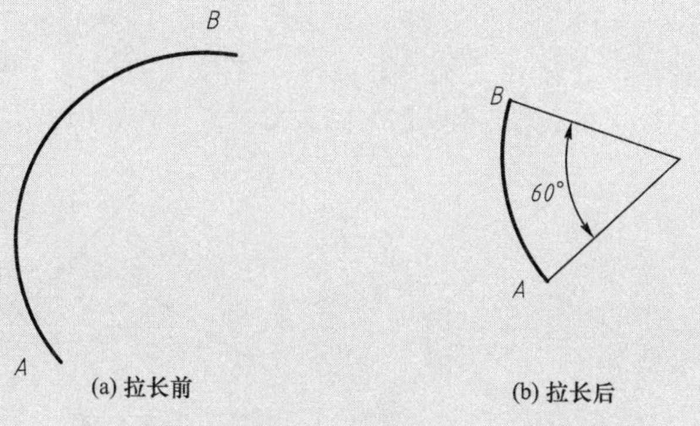

(a) 拉长前　　(b) 拉长后

图 5.43　全部拉长

命令：_lengthen

选择对象或［增量(DE)/百分数(P)/全部(T)/动态(DY)］：t↙//选择全部选项。

指定总长度或［角度(A)］<1.0000)>：a↙//选择角度项。

指定总角度<57>：60↙//输入圆弧的圆心角。

选择要修改的对象或［放弃(U)］：//选择圆弧。

选择要修改的对象或［放弃(U)］：//按【Enter】键结束选择。

(4) 动态拉长。

动态拉长是拉长命令中唯一的不定量的拉长选项。根据绘图的需要可以进行动态性的拉长，直到满足要求为止，如图 5.44 所示。

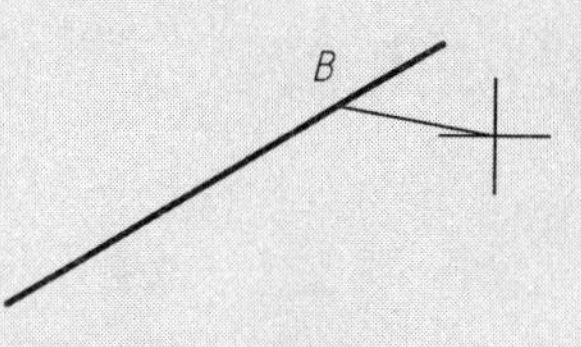

图 5.44　动态拉长

命令：_lengthen

选择对象或［增量(DE)/百分数(P)/全部(T)/动态(DY)］：dy//选择动态选项。

选择要修改的对象或［放弃(U)］：//在靠近 B 点处单击鼠标。

指定新端点：//在拖动鼠标时会发现线段随着鼠标移动而伸缩。

选择要修改的对象或［放弃(U)］：//可以继续选择实体进行伸缩，按【Enter】键结束选择。

3. 延伸

1) 执行方式

(1) 菜单：选择菜单【修改(M)】→【延伸(D)】。

(2) 命令行：在命令行中输入【EXTEND】。

2) 操作方法

命令：_extend

当前设置：投影=UCS，边=无

选择边界的边…

选择对象或 <全部选择>：找到 1 个//选择线段 CD。

选择对象：//按【Enter】键结束选择。

选择要延伸的对象，或按住【Shift】键选择要修剪的对象，或［栏选(F)/窗交(C)/投影(P)/边(E)/放弃(U)］：//选择线段 AB。

选择要延伸的对象，或按住【Shift】键选择要修剪的对象，或［栏选(F)/窗交(C)/投影(P)/边(E)/放弃(U)］：//按【Enter】键结束选择，如图 5.45 所示。

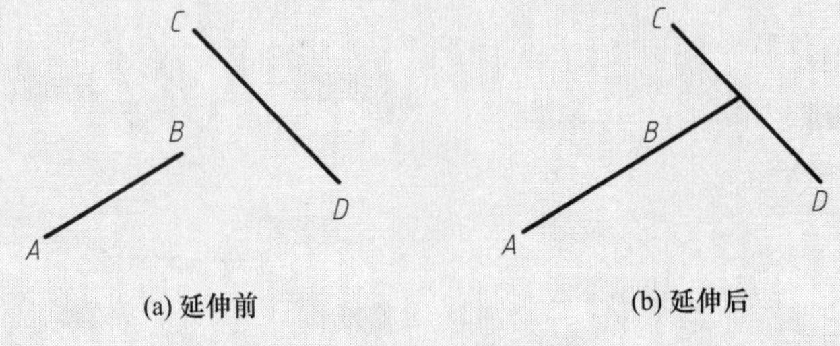

(a) 延伸前　(b) 延伸后

图 5.45　延伸线段 *AB*

3) 选项说明

边(E)：选择边界延伸还是不延伸。

其他选项与修剪命令的选项一致，在此不再重复。

应用案例

利用拉伸命令编辑如图 5.46 所示的图形。

(1) 单击【修改】菜单【拉伸】命令，从右到左框选需要被拉伸的部分，选择 A 点为基点，拉伸后如图 5.47 所示。

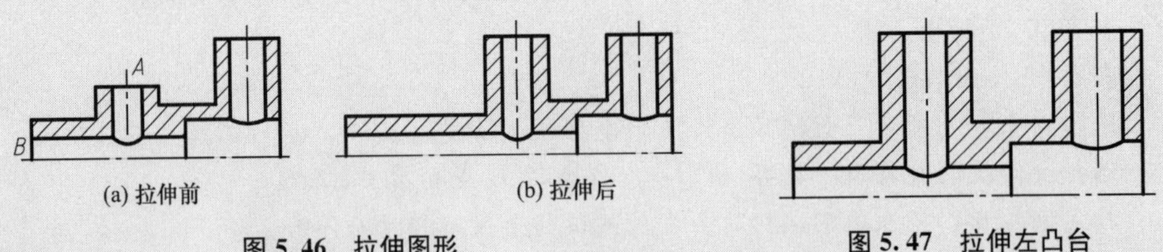

(a) 拉伸前　(b) 拉伸后

图 5.46　拉伸图形

图 5.47　拉伸左凸台

(2) 单击【修改】菜单【拉伸】命令，从右到左框选需要被拉伸的部分，选择 B 点为基点，拉伸后如图 5.46 所示。

对　　齐

在绘图过程中常常会遇到对齐对象的问题，可以用移动、旋转和比例缩放来完成任务，但利用对齐命令可以一次完成任务。

1）执行方式

(1) 菜单：选择菜单【修改(M)】→【三维操作(3)】→【对齐(L)】。

(2) 命令行：在命令行中输入【ALIGN】。

2）操作方法

命令：_align↙

选择对象：找到1个//选择矩形。

选择对象：//按【Enter】键完成选择。

指定第一个源点：//捕捉 C 点。

指定第一个目标点：//捕捉 A 点。

指定第二个源点：//捕捉 D 点。

指定第二个目标点：//捕捉 B 点。

指定第三个源点或＜继续＞：//回车。

是否基于对齐点缩放对象？[是(Y)/否(N)]＜否＞：//回车结束对齐，如图5.48所示，如果选择是，则如图5.49所示。

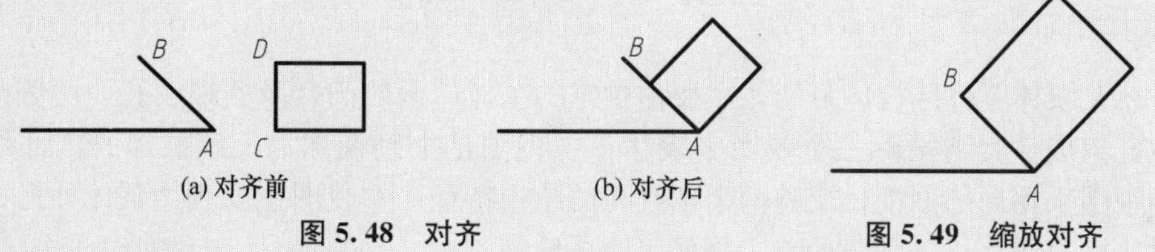

(a) 对齐前　　(b) 对齐后

图5.48　对齐　　图5.49　缩放对齐

应用案例

利用对齐命令绘制如图5.50所示的平面图形。

(1) 单击【绘图】工具栏中的【直线】命令，绘制尺寸任意的正三角形，如图5.51所示。

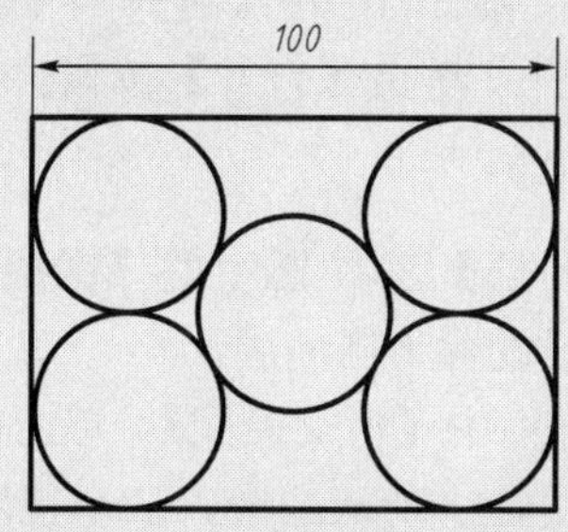

图5.50　对齐命令应用案例

图5.51　画正三角形

(2) 单击【绘图】工具栏中的【圆】命令，画圆并镜像圆，如图5.52所示。

(3) 单击【绘图】工具栏中的【构造线】命令，画切线并修剪。利用【绘图】工具栏中的【直线】命令绘制一条长度为100的线段，如图5.53所示。

图 5.52 画圆并镜像

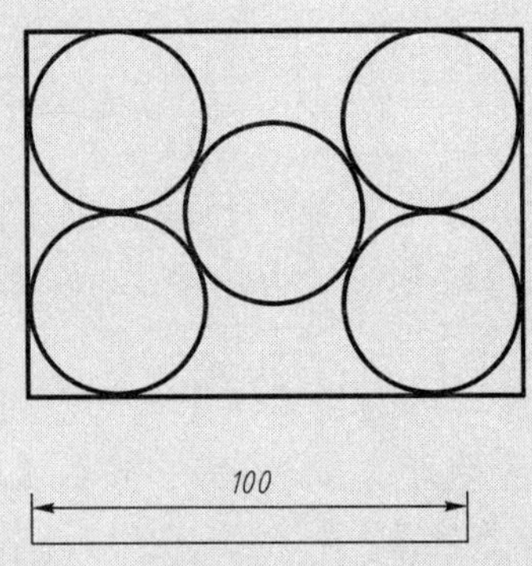

图 5.53 画切线和长度 100 的线段

(4) 在命令行中输入【ALIGN】，启动对齐命令，选中矩形及其中所有的圆向长度为 100 的线段对齐，在是否基于对齐点缩放对象中选择“是”，结果如图 5.50 所示。

任务 5.2 柱塞泵泵体零件工程图样的绘制

5.2.1 任务引入

绘制如图 5.54 所示的柱塞泵泵体零件工程图样。

5.2.2 任务分析

柱塞泵泵体零件结构较复杂，主要由中空的主体、两侧凸台及其螺纹孔、两侧凸板及其螺纹孔组成。其结构由三个视图来表达：主视图是全剖视图，反映泵体的内部结构形状；俯视图采用局部剖视，反映两个螺纹孔的结构特征；左视图主要表达泵体外形。柱塞泵泵体主要采用直线、圆、偏移、修剪等命令绘制。

5.2.3 操作步骤

1. 新建图形文件

单击【标准】工具栏中的【新建】按钮，在弹出的【选择样板】对话框中选择【GBA3.dwg】文件，单击【打开】按钮。

2. 绘制基准线

(1) 单击【图层】工具栏中的【图层控制】下拉箭头，将“中心线”图层设置为当前层。

(2) 打开状态栏中【正交模式】，单击【绘图】工具栏中的【直线】按钮，绘制基准线，三个视图的基准线应该按照投影关系同时画出，如图 5.55 所示。

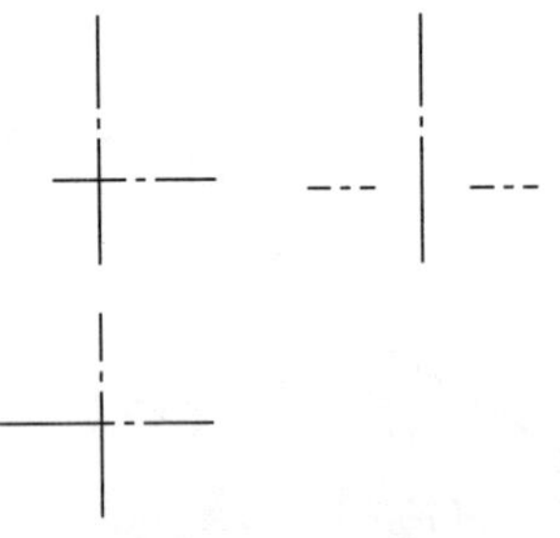
图 5.55 中心线

3. 绘制中空的主体结构

(1) 单击【修改】工具栏中的【偏移】按钮，对俯视图中水平中心线进行偏移，向

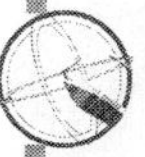

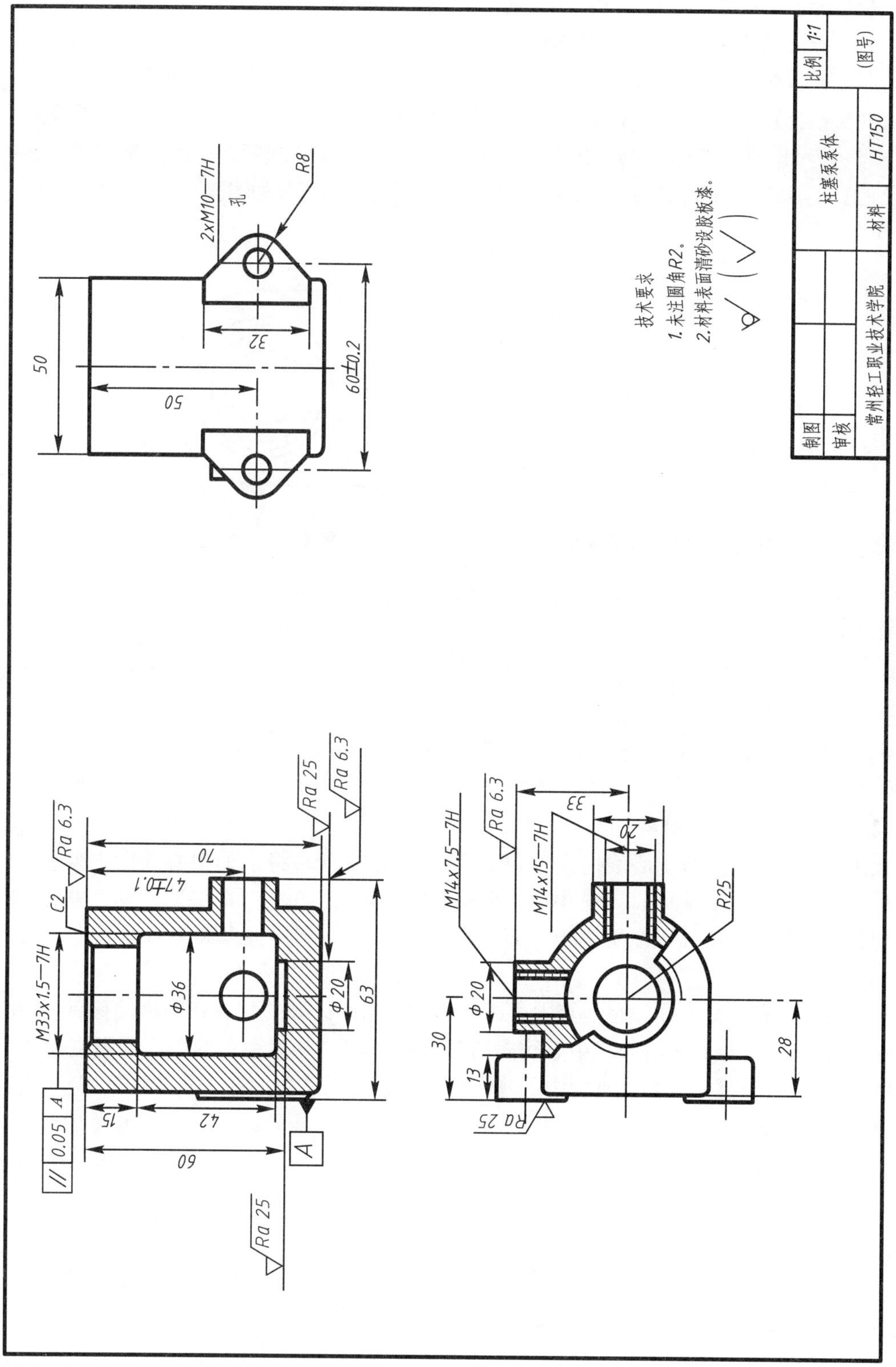

技术要求
1.未注圆角R2。
2.材料表面清砂设胶板漆。
制图
审核
常州轻工职业技术学院
柱塞泵泵体
材料
HT150
比例
1:1
(图号)
2xM10—7H
孔
R8
32
50
50
60±0.2
70
47±0.1
C2
M33x1.5—7H
φ36
φ20
63
15
42
60
0.05
A
Ra 6.3
Ra 25
M14x7.5—7H
M14x15—7H
33
20
R25
30
13
28

图 5.54　柱塞泵泵体

两侧各偏移 25，对竖直中心线向左偏移 28，选中偏移生成的直线，单击【图层】工具栏中的【图层控制】下拉箭头，将其所在层改为“0”层，即轮廓线层，结果如图 5.56 所示。

(2) 单击【图层】工具栏中的【图层控制】下拉箭头，将“0”图层设置为当前层。将光标放在状态栏【对象捕捉】按钮上单击右键，在弹出的临时菜单上设置捕捉端点、交点，并打开【对象捕捉】。单击【绘图】工具栏中的【圆】按钮，在俯视图上捕捉中心线交点分别绘制半径为 25、18、16.5、14、10 的圆，并将半径为 16.5 的圆所在层改为细实线层。单击【修改】工具栏中的【修剪】按钮，剪除多余的线段，结果如图 5.57 所示。

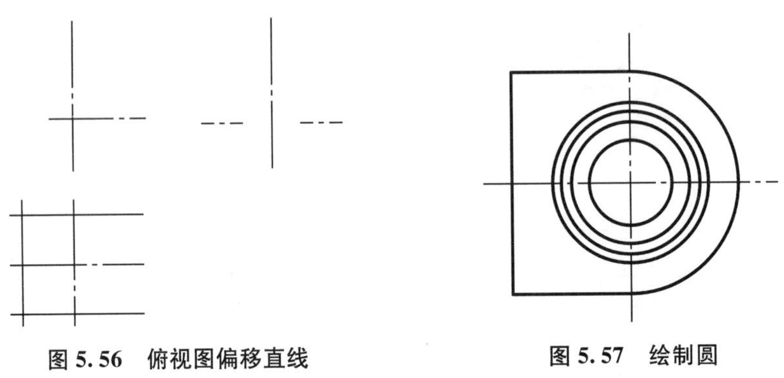

图 5.56 俯视图偏移直线　　图 5.57 绘制圆

特别提示

- 修剪命令单击后，可框选整个俯视图，选中图中所有要素，然后单击要剪除的线段进行剪除，可提高操作速度。
- 在绘图过程中可将状态栏中【线宽】命令关闭，即隐藏线宽，以免干扰画图。

(3) 绘制“中空主体结构”的主视图。

在主视图中，将竖直中心线向左偏移 28，向右偏移 25；将水平中心线向上偏移 47，再将偏移后的直线向下偏移 70，选中四条偏移生成的直线，单击【图层】工具栏中的【图层控制】下拉箭头，将其所在层改为“0”层。选中直线，利用夹点调整直线长度，结果如图 5.58 所示。

再次进行偏移命令操作，将竖直中心线分别向两侧偏移 18、14、10，将偏移后的中心线所在层改为“0”层；再将竖直中心线向两侧偏移 16.5，将偏移后的中心线所在层改为“细实线”层。单击【图层】工具栏中的【图层控制】下拉箭头，将“0”图层设置为当前层。单击【绘图】工具栏中的【直线】按钮，绘制内部结构轮廓线，再单击【修改】工具栏中的【修剪】按钮，剪除多余的线段，并对内螺纹的端部进行倒角，结果如图 5.59所示。

(4) 绘制“中空主体结构”的左视图。

在左视图中，将竖直中心线向两侧偏移 25，将偏移后的中心线所在层改为“0”层。打开【对象捕捉】和【对象捕捉追踪】按钮，单击【绘图】工具栏中的【直线】按钮，绘制水平直线。单击【修改】工具栏中的【修剪】按钮，剪除多余的线段，结果如图 5.60所示。

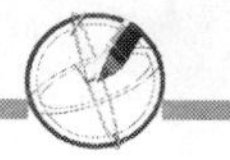

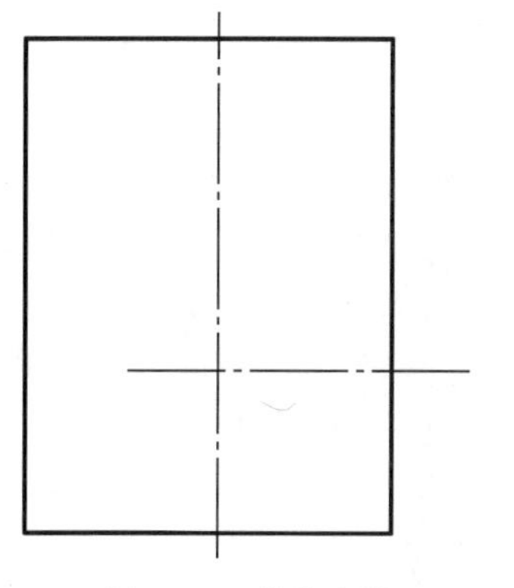

图 5.58　偏移直线

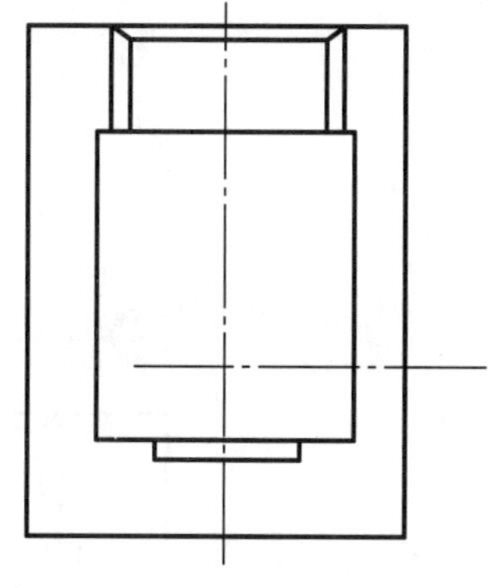

图 5.59　主视图偏移和绘制直线

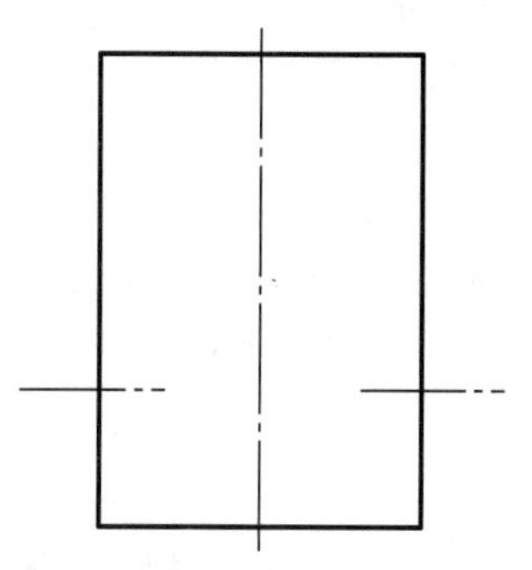

图 5.60　左视图偏移和绘制直线

4. 绘制两侧凸台及其螺纹孔

(1) 绘制凸台及螺纹孔俯视图。单击【修改】工具栏中的【偏移】按钮，将俯视图中的水平中心线和竖直中心线向两侧各偏移 7，选中偏移生成的直线，单击【图层】工具栏中的【图层控制】下拉箭头，将其所在层改为“细实线”层。再次单击【修改】工具栏中的【偏移】按钮，将俯视图中的水平中心线向两侧各偏移 10、5.95，然后再将其向上侧偏移 33；同样将竖直中心线也向两侧各偏移 10、5.95，然后再将其向右侧偏移 33。选中偏移生成的直线，单击【图层】工具栏中的【图层控制】下拉箭头，将其所在层改为“0”层，结果如图 5.61 所示。

(2) 单击【修改】工具栏中的【修剪】按钮，剪除多余的线段，结果如图 5.62 所示。

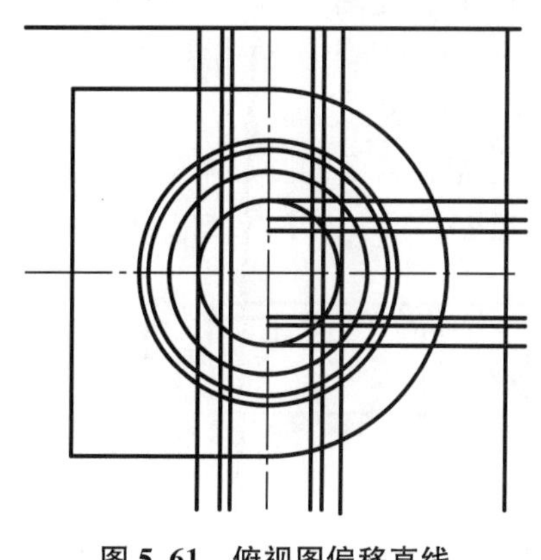

图 5.61　俯视图偏移直线

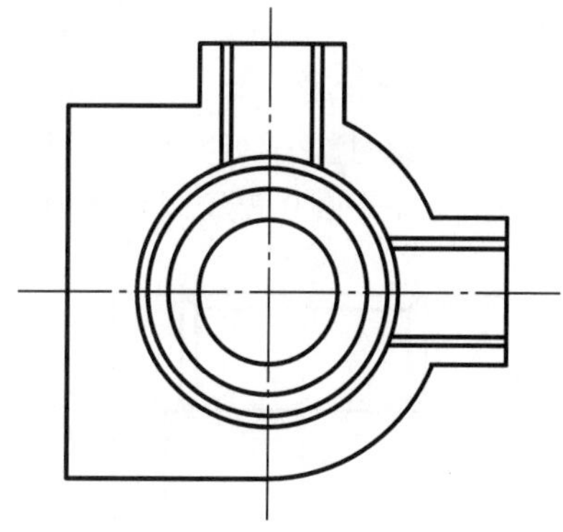

图 5.62　修剪直线

(3) 将“细实线”图层设置为当前层。单击【绘图】工具栏中的【样条曲线】按钮，绘制局部剖的波浪线。单击【修改】工具栏中的【修剪】按钮，剪除多余的线段。

(4) 单击【绘图】工具栏中的【图案填充】按钮，在【图案】选项中单击，选择，单击【确定】按钮，然后单击【添加拾取点】按钮，依次单击需要填充剖面线的区域内部，填充剖面线，如图 5.63 所示。

(5) 绘制“两侧凸台及其螺纹孔”的主视图。单击【修改】工具栏中的【偏移】按钮 ，将主视图中的水平中心线向两侧各偏移 7，选中偏移生成的直线，单击【图层】工具栏中的【图层控制】下拉箭头，将其所在层改为“细实线”层。再将水平中心线向两侧各偏移 10、5.95，将竖直中心线向右侧偏移 33，选中偏移生成的直线，单击【图层】工具栏中的【图层控制】下拉箭头，将其所在层改为“0”层。单击【修改】工具栏中的【修剪】按钮 ，剪除多余的线段，结果如图 5.64 所示。

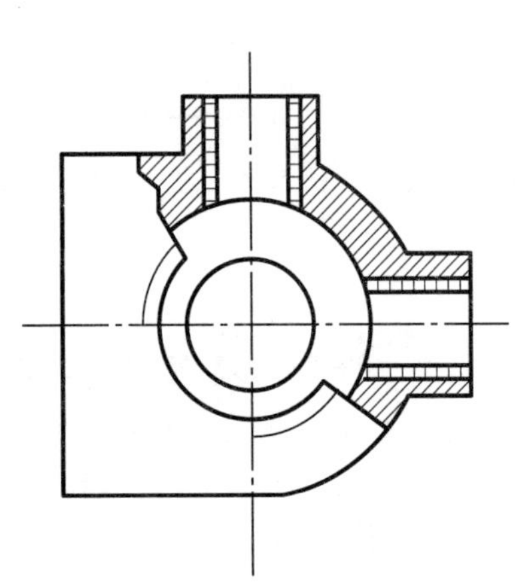

图 5.63 俯视图填充剖面线

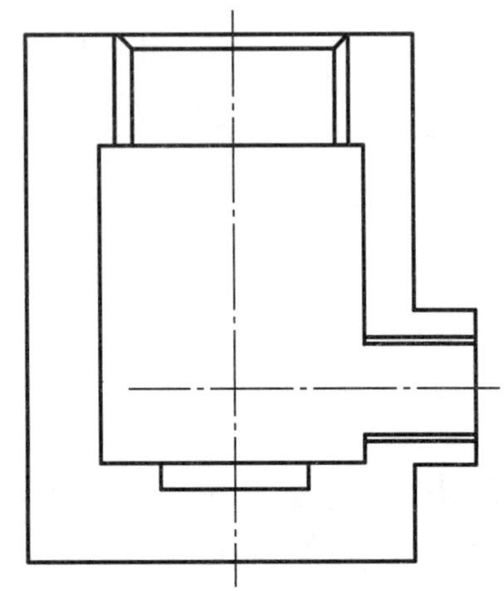

图 5.64 主视图偏移直线

(6) 绘制相贯线。单击菜单栏上的【绘图】，在下拉菜单中选择【圆弧】中的【起点、端点、半径】命令，捕捉主视图中凸台螺纹孔小径和主体孔结构相交的两个端点，上端点作为起点，下端点作为终点，输入半径 18，完成命令，绘制好的相贯线如图 5.65 所示。

(7) 填充主视图的剖面线。单击【绘图】工具栏中的【图案填充】按钮 ，在【图案】选项中单击 ，选择 ，单击【添加拾取点】按钮 ，依次单击需要填充剖面线的区域内部，填充剖面线。

(8) 单击【绘图】工具栏中的【圆】按钮 ，绘制半径为 7 的圆，调整至“细实线”图层，并修剪成 3/4 个圆，再绘制半径为 5.95 的圆，调整至“0”图层，结果如图 5.66 所示。

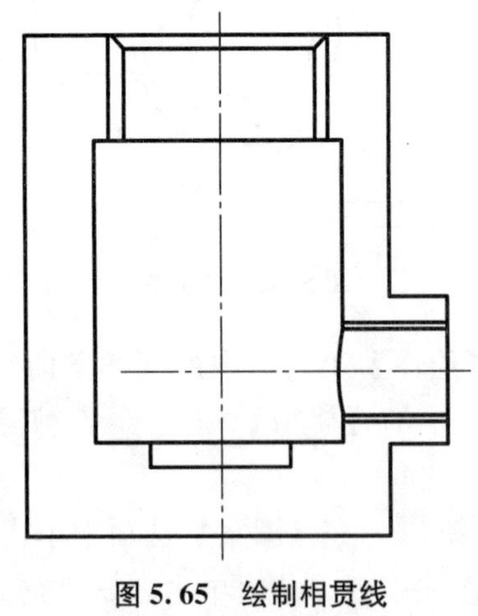

图 5.65 绘制相贯线

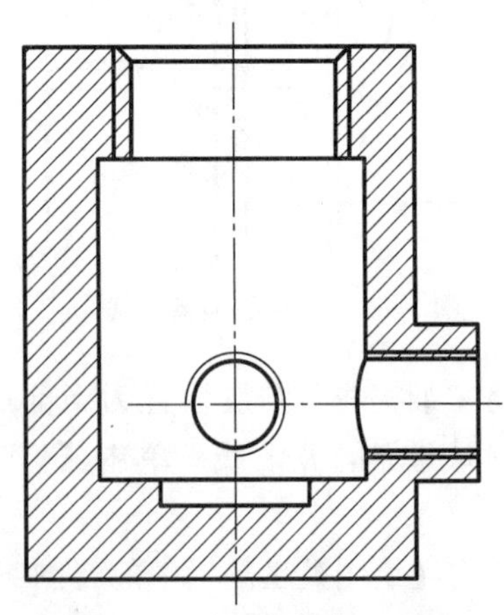

图 5.66 主视图填充剖面线

(9)绘制“两侧凸台及其螺纹孔”的左视图。单击【修改】工具栏中的【偏移】按钮，将左视图中的竖直中心线向右侧偏移 33，选中偏移生成的直线，单击【图层】工具栏中的【图层控制】下拉箭头，将其所在层改为“0”层。单击【绘图】工具栏中的【直线】按钮，绘制直线，如图 5.67 所示。单击【修改】工具栏中的【修剪】按钮，剪除多余的线段。单击【修改】工具栏中的【镜像】按钮，选中上步骤中产生的直线作为镜像对象，捕捉主视图中的水平中心线作为镜像对称线(注意：凸台的中心对称线是主视图中的水平中心线，而左视图中的水平中心线是前后侧凸板的中心线)，生成镜像对象。单击【修改】工具栏中的【修剪】按钮，剪除多余的线段，结果如图 5.68 所示。

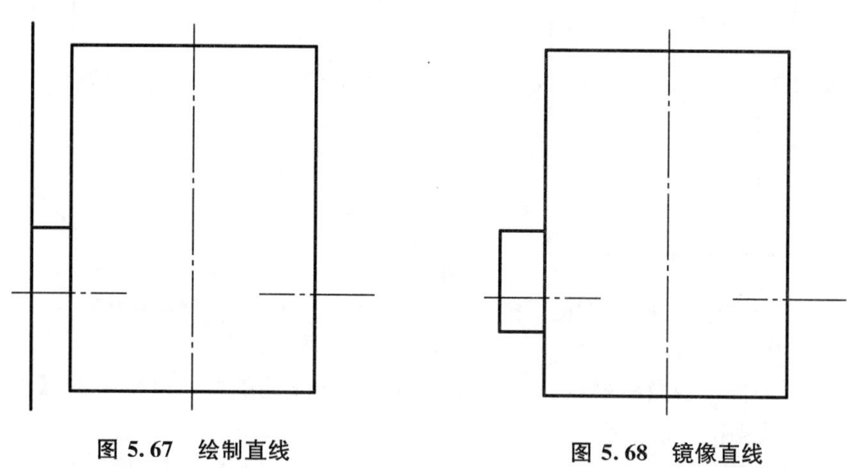

图 5.67　绘制直线　　图 5.68　镜像直线

5. 绘制两侧凸板及其螺纹孔

(1) 单击【修改】工具栏中的【偏移】按钮，将左视图中竖直中心线向右偏移 30、18，将右边水平中心线向两侧各偏移 16，选中偏移 18 和 16 的三条线，单击【图层】工具栏中的【图层控制】下拉箭头，将其所在层改为“0”层。单击【修改】工具栏中的【修剪】按钮，剪除多余的线段，得到的图形如图 5.69 所示。单击【绘图】工具栏中的【圆】按钮，捕捉新生成的中心线交点为圆心，分别绘制半径为 8、5 和 4.25 的圆，并将 R5 的圆调整至“细实线”层。单击【绘图】工具栏中的【直线】按钮，绘制 R8 圆的切线。单击【修改】工具栏中的【修剪】按钮，剪除多余的线段，结果如图 5.70 所示。

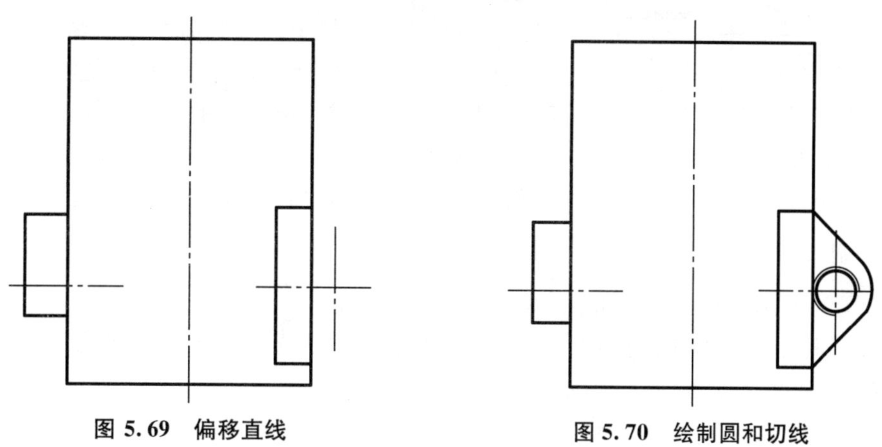

图 5.69　偏移直线　　图 5.70　绘制圆和切线

(2) 单击【修改】工具栏中的【镜像】按钮，选中上一步骤所画的凸板及其螺纹孔轮廓线，以左视图中的竖直中心线为镜像对称线，如图 5.71 所示。

(3) 单击【修改】工具栏中的【修剪】按钮，剪除多余的线段，得到零件左视图如图 5.72 所示。

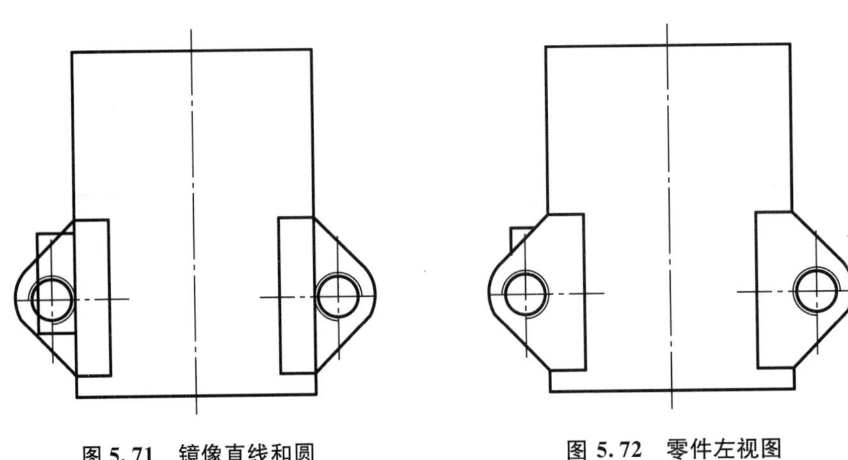

图 5.71　镜像直线和圆　　图 5.72　零件左视图

(4) 绘制"两侧凸板及其螺纹孔"的主视图。单击【绘图】工具栏中的【直线】按钮，绘制直线，如图 5.73 所示。

(5) 绘制"两侧凸板及其螺纹孔"的俯视图。单击【修改】工具栏中的【偏移】按钮，将俯视图中竖直中心线向左偏移 30，水平中心线向上偏移 38；单击【绘图】工具栏中的【直线】按钮，捕捉两偏移中心线的交点，向右画出一条长为 13 的直线，再向下画到与主体结构相交；再次单击【绘图】工具栏中的【直线】按钮，捕捉两偏移中心线的交点，向下画出一条长为 20 的直线，再向右画到与主体结构相交。单击【修改】工具栏中的【偏移】按钮，将水平中心线向上偏移 30 作为螺纹孔中心线；单击【修改】工具栏中的【修剪】按钮，剪除多余的线段，如图 5.74 所示。单击【修改】工具栏中的【镜像】按钮，选中刚才画的几条直线及螺纹孔中心线为镜像对象，以水平中心线为对称线进行镜像，并删除辅助的中心线，结果如图 5.75 所示。

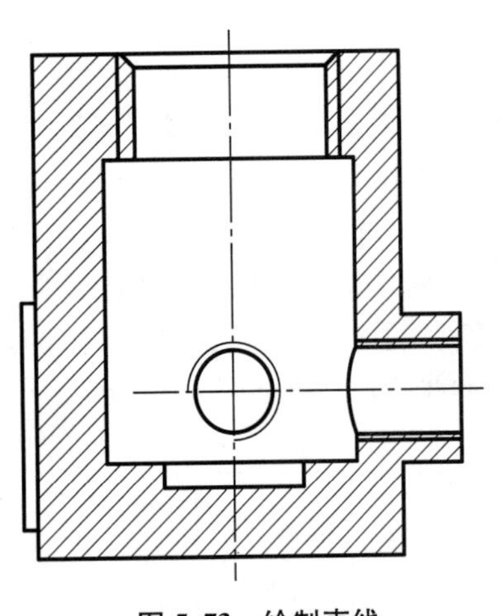

图 5.73　绘制直线

6. 绘制未注圆角 $R2$，并检查全图

在三视图上进行所有未注圆角 $R2$ 的绘制。单击【修改】工具栏中的【圆角】按钮，输入圆角半径值为 2，依次单击圆角的两条边，即可完成圆角的绘制，如图 5.76 所示。

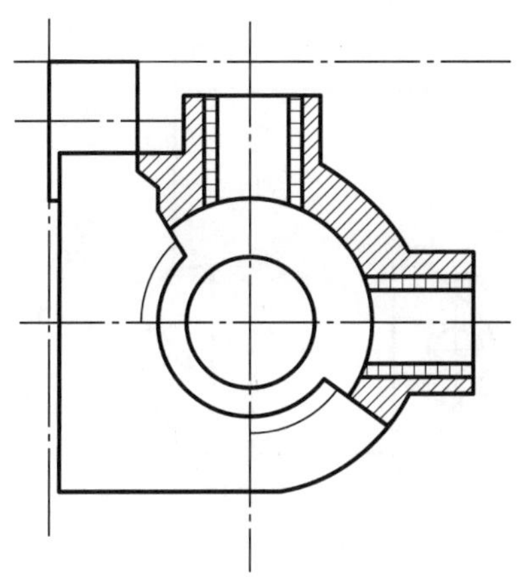

图 5.74　偏移和绘制直线

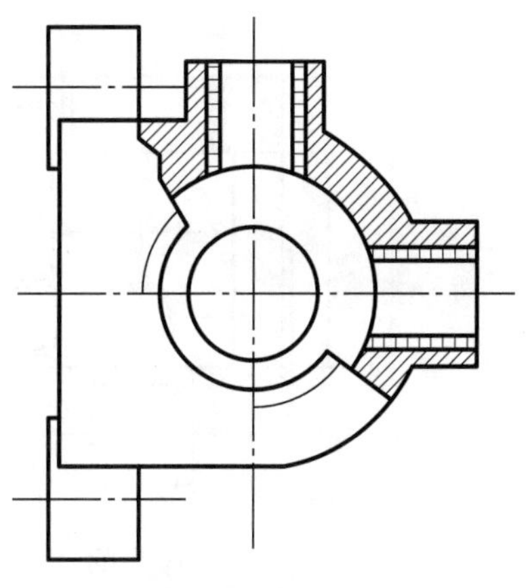

图 5.75　偏移直线

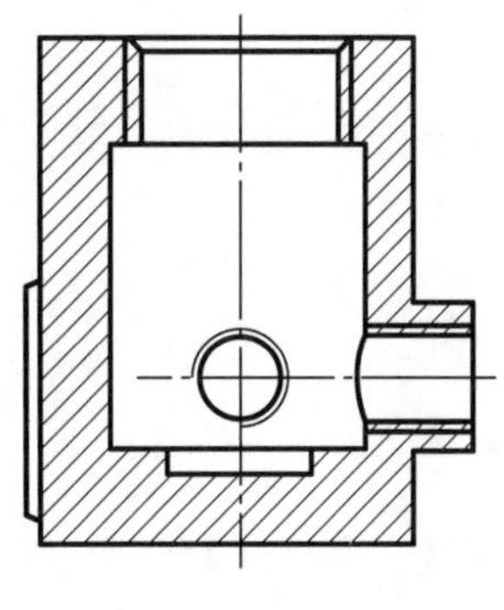

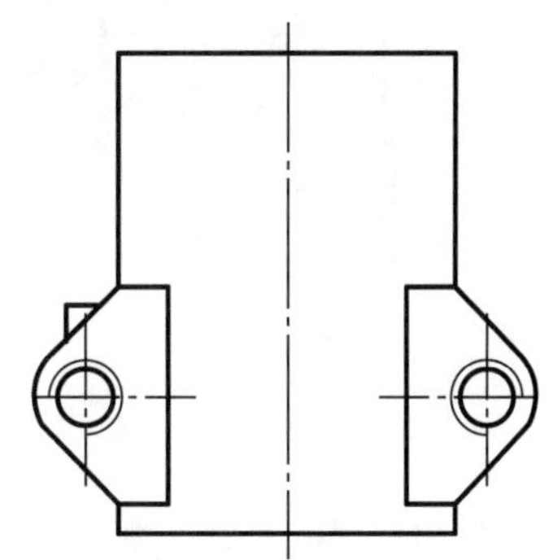

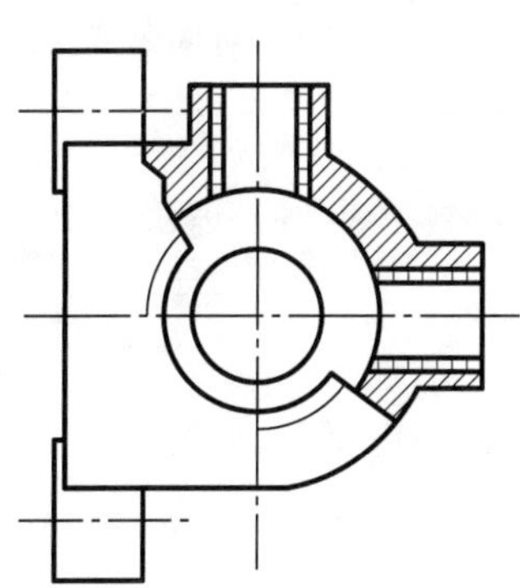

图 5.76　零件三视图

7. 尺寸标注

(1) 将“尺寸标注”图层设置为当前层。

(2) 进行中空主体结构的尺寸标注。分别通过【标注】工具栏中的【线性】按钮 和【半径】按钮 ，标注尺寸如图 5.77 所示。

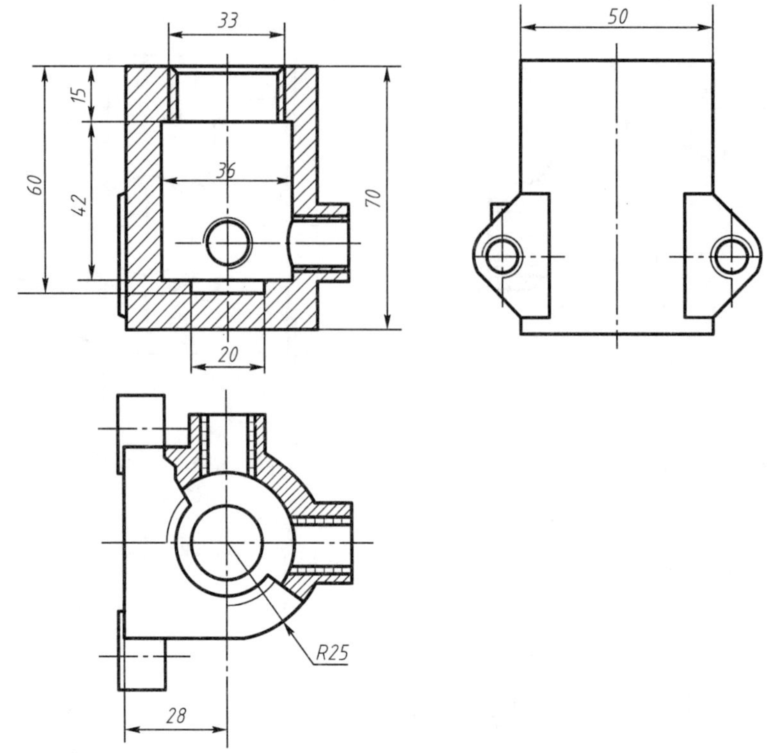

图 5.77　线性尺寸标注

(3) 双击尺寸 20，尺寸处于编辑状态，在弹出的【文字格式】对话框中单击符号下拉剪头 @▾，弹出下拉菜单如图 5.78 所示，选择直径，在尺寸 20 前插入直径符号。以相同的方式编辑尺寸 36，结果如图 5.79 所示。

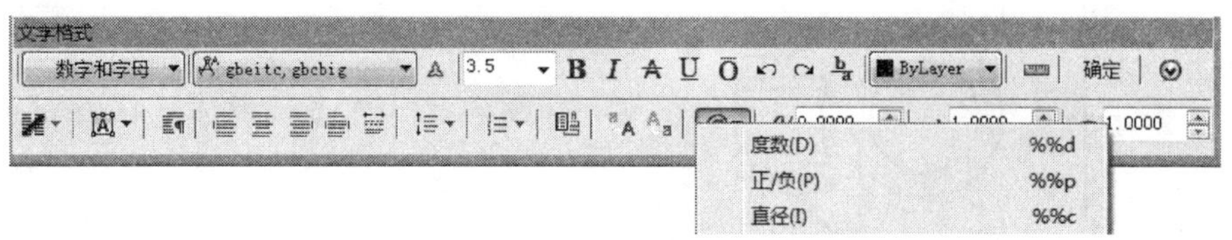

图 5.78　符号插入

(4) 单击【修改】工具栏中的【打断】按钮，将 36 尺寸处的中心线打断，如图 5.80 所示。

(5) 双击尺寸 33，尺寸处于编辑状态，在弹出的【文字格式】对话框中将数字 33 改写为 M33×15－7H，如图 5.81 所示。

(6) 在命令行输入“MLEADERSTYLE”，打开【修改多重引线样式：Standard】对话框，单击【修改】按钮，在【符号】下拉菜单中选择“无”，如图 5.82 所示。单击【确定】按钮关闭对话框。单击菜单栏中的【标注】按钮，在下拉菜单中单击【多重引线】命令，进行螺纹孔倒角 C2 的标准。主体结构的尺寸标注完毕，如图 5.83 所示。

(7) 按以上标注方法进行两侧凸台结构的尺寸标注。其中，关于两个螺纹孔的标注采

用引出标注，具体方式是：先进行线性标注，如图 5.84 所示，单击【修改】工具栏中的【分解】按钮，选中螺纹孔的线性标注尺寸 14，回车将其分解，删除尺寸数字 14，再采用【多重引线】命令进行标注，如图 5.85 所示。选中线性尺寸标注 47，单击鼠标右键，在弹出的菜单中单击【特性】按钮，弹出【特性】对话框，在对话框【公差】一栏进行如图 5.86 所示的设置，关闭特性对话框，结果如图 5.87 所示。

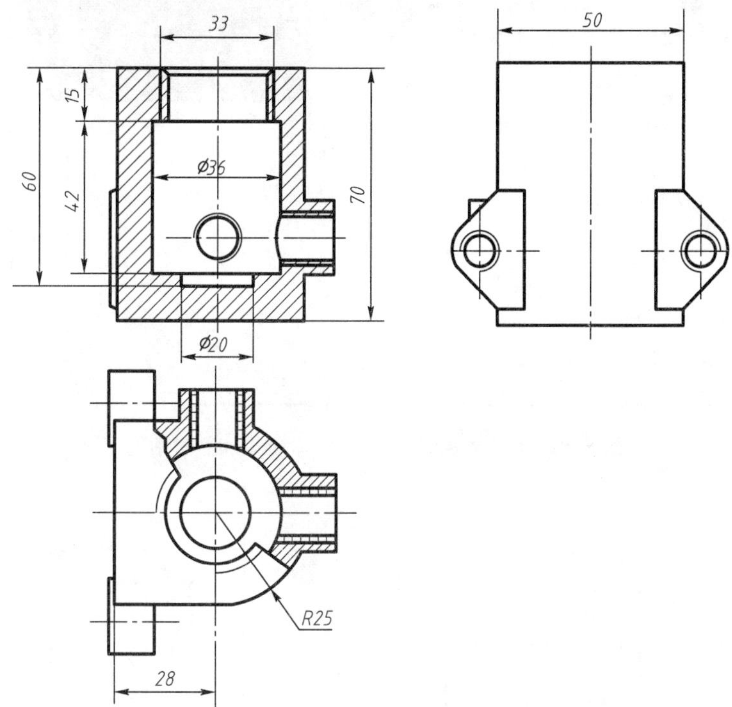

图 5.79　尺寸编辑

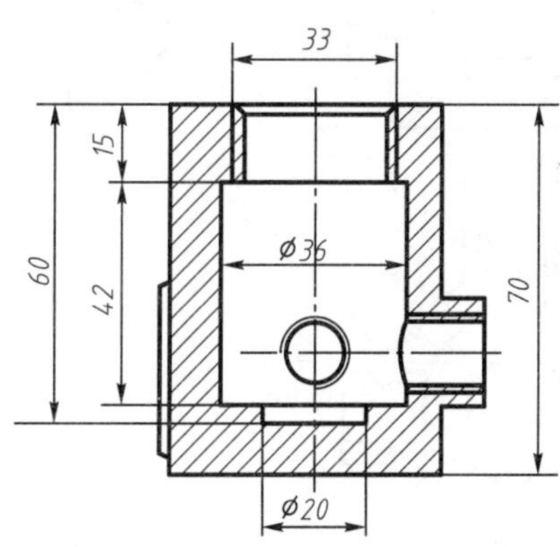

图 5.80　打断中心线

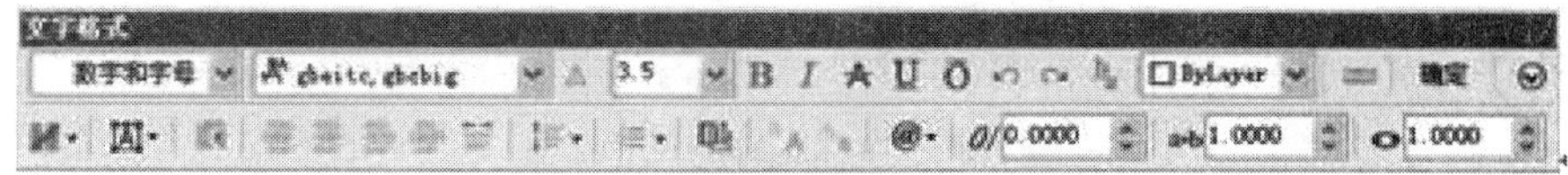

图 5.81　编辑尺寸标注数字

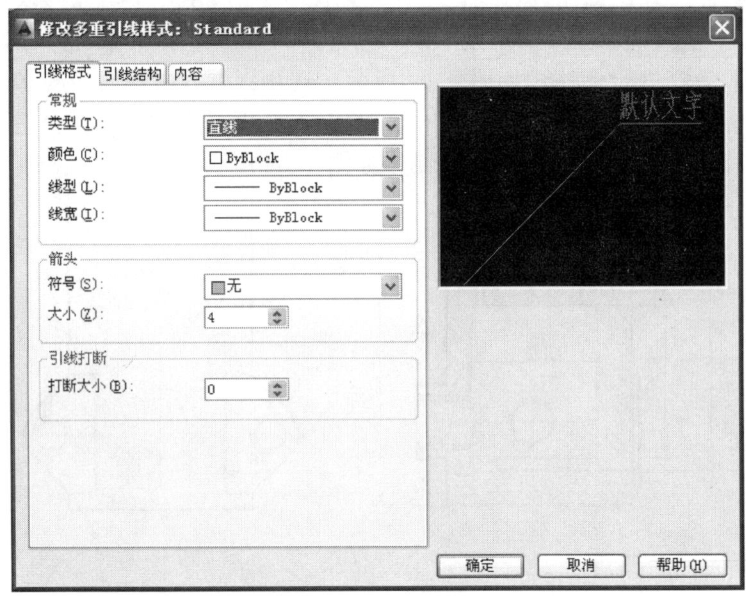

图 5.82 【修改多重引线样式：Standard】对话框

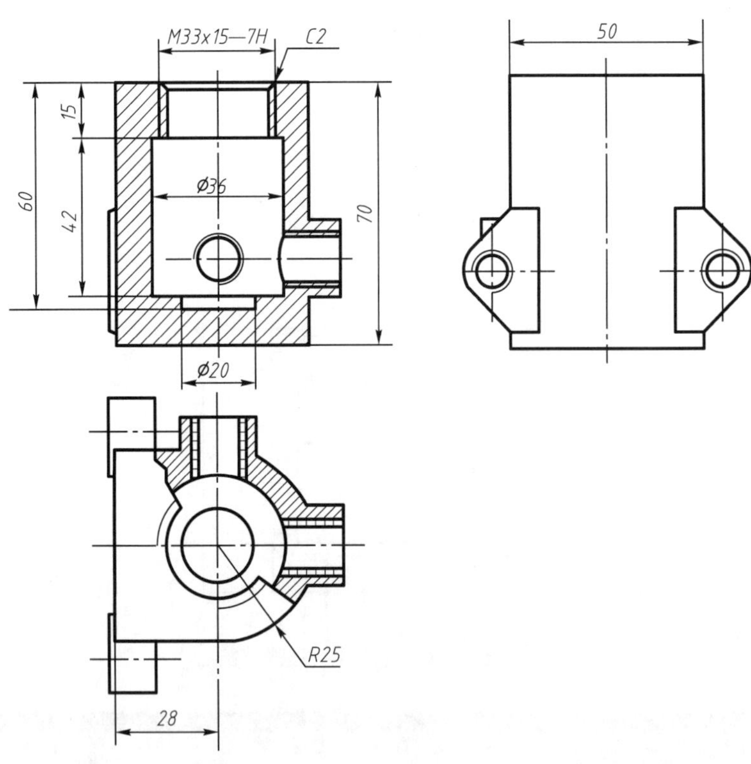

图 5.83 主体结构的尺寸标注

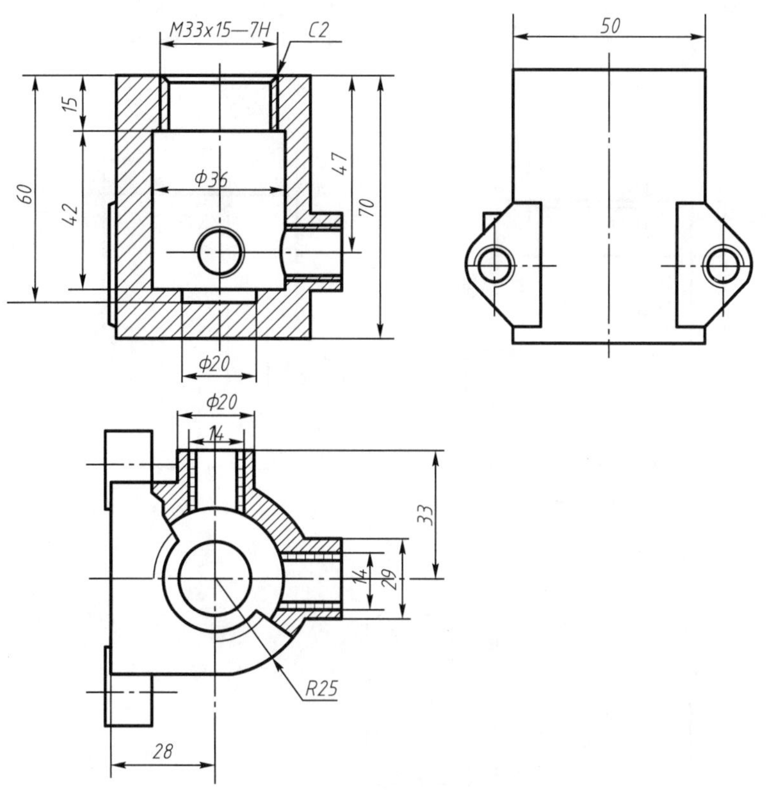

图 5.84　两侧凸台的线性标注

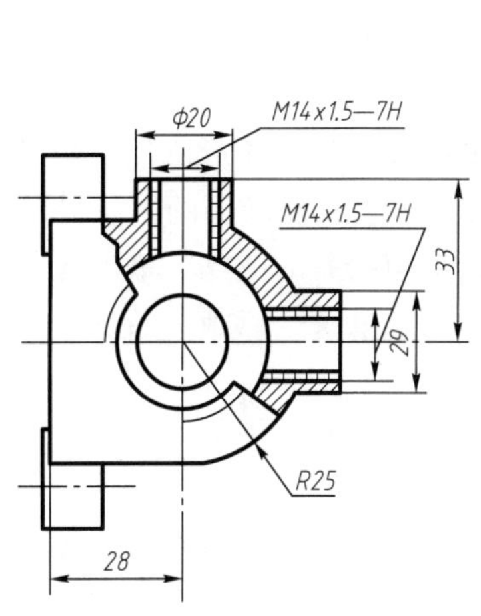

图 5.85　两侧凸台上螺纹孔的引出标注

转角标注

换算...	
公差	
换算...	是
公差对齐	运算符
显示公差	对称
公差...	0.1
公差...	0.1
水平...	中
公差精度	0.0
公差...	否
公差...	是
公差...	是
公差...	是
公差...	1
换算...	0.000
换算...	否
换算...	否
换算...	是

特性

图 5.86　【特性】对话框的设置

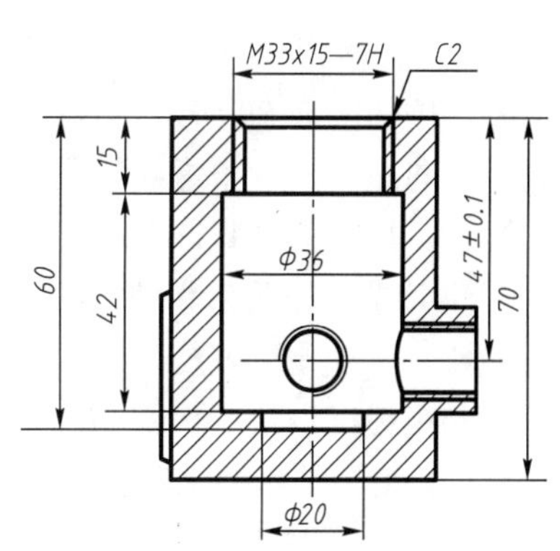

图 5.87　带公差的尺寸标注

(8) 按以上标注方法进行两侧凸板结构的尺寸标注。其中，左视图中螺纹孔的标注下方有“通孔”二字，可单击【绘图】工具栏中的【多行文字】按钮A直接写出，两侧凸板及其螺纹孔的尺寸标注完毕，最后标注总长为63，结果如图5.88所示。

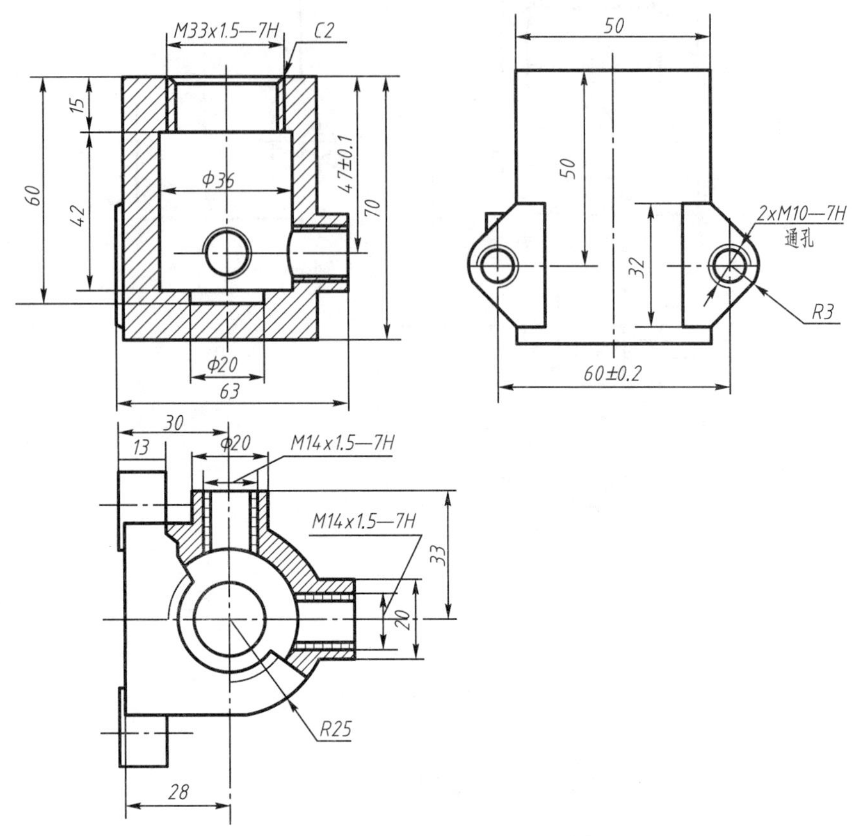

图 5.88 零件的尺寸标注

8. 标注技术要求

(1) 标注形位公差。单击【标注】工具栏中的【公差】按钮，弹出【形位公差】对话框，按如图5.89所示设置，单击【确定】按钮，把鼠标移至旁边尺寸箭头的端点处不要点，向左拉出一条虚线，隔开一定距离后单击鼠标左键放下形位公差的图框，单击【绘图】工具栏中的【直线】按钮，捕捉图框右边线中点和旁边尺寸箭头端点画一条直线作为标注引线，如图5.90所示。

(2) 单击【绘图】工具栏中的【插入块】按钮，引用预先建立好的外部块，将基准符号和粗糙度以块的形式插入，结果如图5.91所示。

(3) 填写技术要求和标题栏。单击【绘图】工具栏中的【多行文字】按钮A，完成技术要求和标题栏的填写，打开【显示线宽】按钮，如图5.54所示。

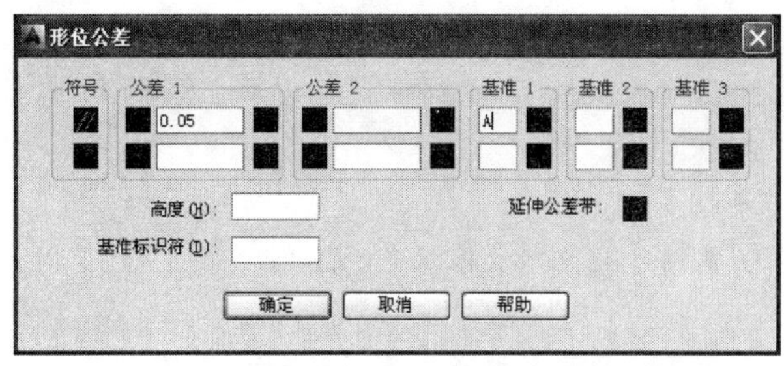

图 5.89　形位公差图框设置

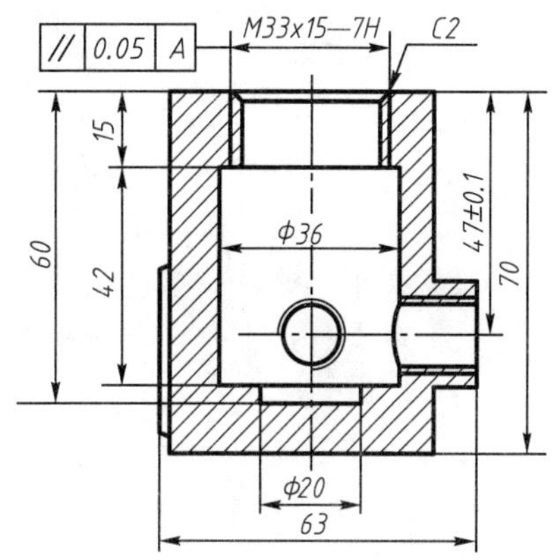

图 5.90　形位公差图框标注

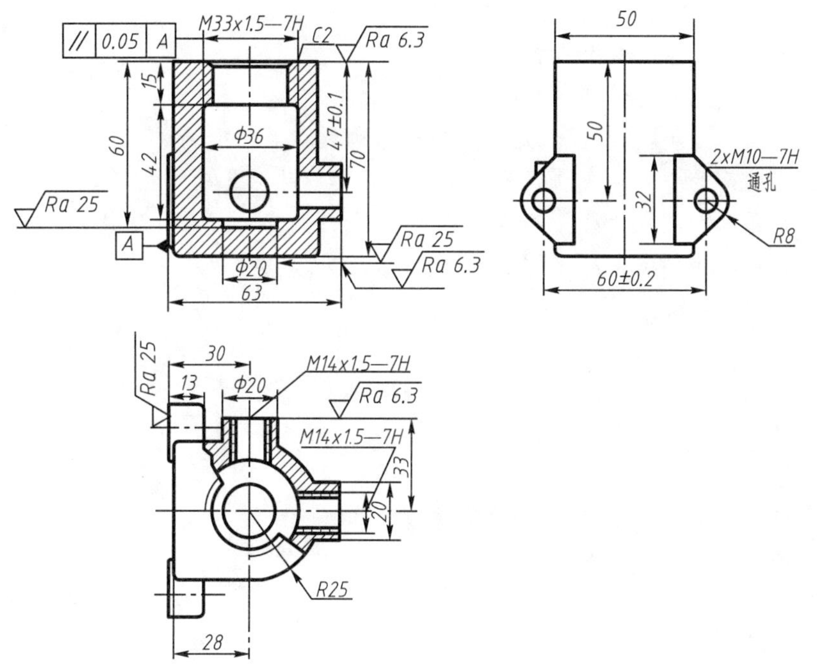

图 5.91　技术要求标注

知识链接

多　边　形

由三条或三条以上的线段首尾顺次连接所组成的封闭图形叫做多边形。多边形可以分为正多边形和非正多边形。非正多边形可以根据具体的形状用【直线】命令绘制，这里主要介绍正多边形的绘制。正多边形是指各边相等，各角也相等的多边形。正多边形的外接圆的圆心叫做正多边形的中心。中心与正多边形顶点连线的长度叫做半径。中心与边的距离叫做边心距。

1. 执行方式

在 AutoCAD 2014 中，可以使用【多边形】命令绘制边数为 3～1024 的正多边形。执行【多边形】命令主要有以下几种方式。

(1) 工具栏：单击【绘图】工具栏中的【多边形】按钮⬠。

(2) 菜单：选择菜单【绘图(D)】→【多边形(Y)】。

(3) 命令行：在命令行中输入【POLYGON】。

2. 操作方法

绘制正多边形的方式有两种，分别是根据边长绘制和根据半径绘制。

1) 根据边长绘制正多边形

在绘制图样时，常出现已知正多边形一条边的两个端点绘制多边形的情况，这样不仅确定了正多边形的边长，也指定了正多边形的位置。其操作步骤如下。

(1) 单击【绘图】工具栏中的【多边形】按钮⬠。

(2) 根据命令行提示操作如下。

命令：_polygon↙

输入侧面数（ 4 ）：//6↙指定正多边形的边数。

指定正多边形的中心点或［边 E］：// e↙选择以边为基础绘制。

指定边的第一个端点：//指定边的第一个端点。

指定边的第二个端点：//：100↙指定边长。

(3) 绘制结果如图 5.92 所示。

2) 根据半径绘制正多边形

(1) 单击【绘图】工具栏中的【多边形】按钮⬠。

(2) 根据命令行提示操作如下。

命令：_polygon↙

输入侧面数(4)：// 7↙指定正多边形的边数。

指定正多边形的中心点或［边 E］：//指定中心点。

输入选项［内接于圆(I)/外切于圆(C)］（ I ）：//默认选项是内接于圆，直接回车即选择内接于圆绘制。

指定圆的半径：// 100↙设定半径长度。

(3) 绘制结果如图 5.93 所示。

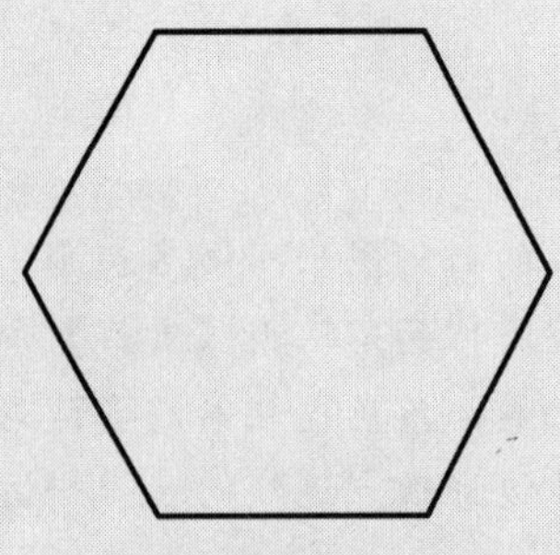

图 5.92　正六边形

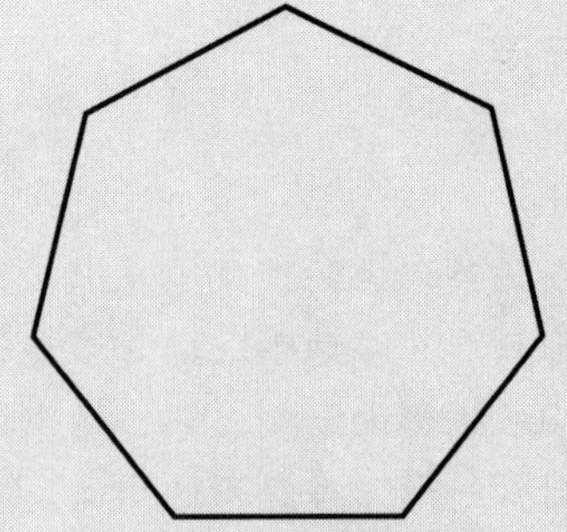

图 5.93　正七边形

特别提示

- 选择【内接于圆】和【外切于圆】选项时，命令行提示输入的数值是不同的。【内接于圆】命令行要求输入正多边形外圆的半径，也就是正多边形中心点至端点的距离，创建的正多边形所有的顶点都在此圆周上。【外切于圆】命令行要求输入正多边形中心点至各边线中点的距离。同样是输入数值10，创建的内接于圆正多边形小于外切于圆正多边形，如图5.94所示。

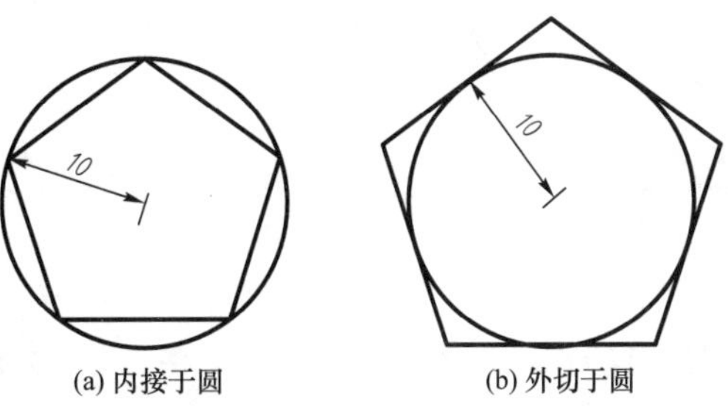

(a) 内接于圆　　(b) 外切于圆

图5.94　内接于圆与外切于圆正多边形的区别

应用案例

绘制如图5.95所示的图形。

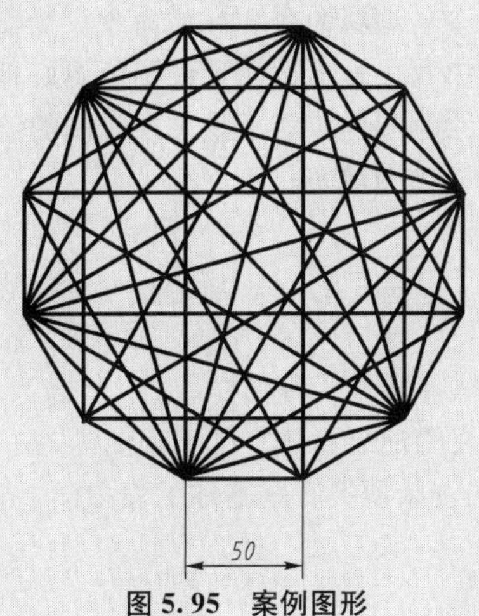

图5.95　案例图形

(1) 选择【绘图】工具栏中的【多边形】命令，按照根据边长绘制多边形的方式绘制边长为50的正12边形，如图5.96所示。

(2) 单击【绘图】工具栏中的【直线】按钮，选择正多边形的任意一个顶点，绘制它和其他顶点的连线，如图5.97所示。

(3) 选择【修改】下拉菜单中的【阵列】→【环形阵列】命令，选择上一步骤中所画的对角线，以正多边形的中心为阵列中心进行环形阵列，完成后的图形如图5.95所示。

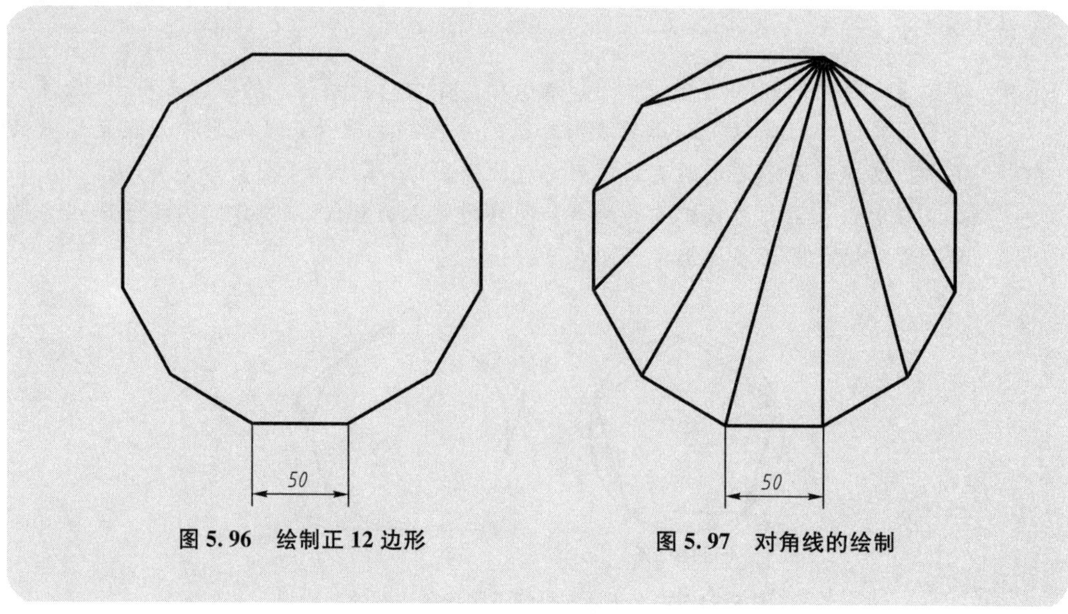

图 5.96　绘制正 12 边形　　图 5.97　对角线的绘制

小　　结

本章主要介绍了箱体类零件的图纸绘制步骤和方法，要求能在掌握箱体类零件的表达方法的基础上熟练运用绘图命令、编辑命令和标注命令等操作命令进行箱体类零件的二维工程图样的绘制和技术要求的书写。分析读懂零件图可更好地帮助图样的表达；良好的分层绘图习惯可帮助更好地修改绘制图样；对于重复项较高的绘图元素，合理利用块功能及定义属性可快速插入图样，提高绘图效率。

习　　题

1. 绘制如图 5.98 所示的底座零件工程图样。
2. 绘制如图 5.99 所示的齿轮油泵泵体零件工程图样。
3. 绘制如图 5.100 所示的铣床顶尖底座零件工程图样。

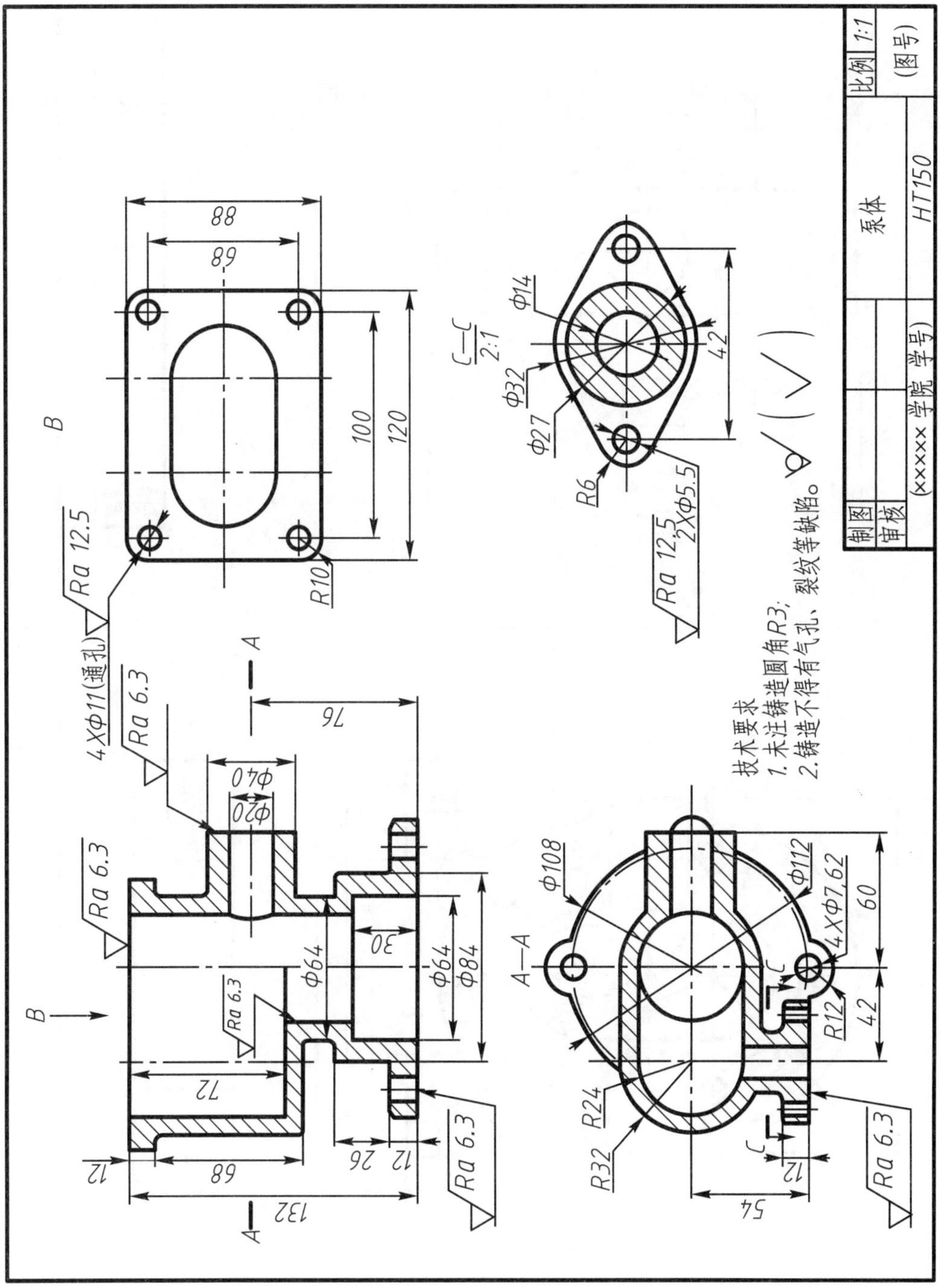

B

A—A

C—C
2:1

技术要求
1. 未注铸造圆角R3;
2. 铸造不得有气孔、裂纹等缺陷。

制图			泵体	比例	1:1
审核				(图号)	
(×××××学院 学号)			HT150		

图 5.98　底座

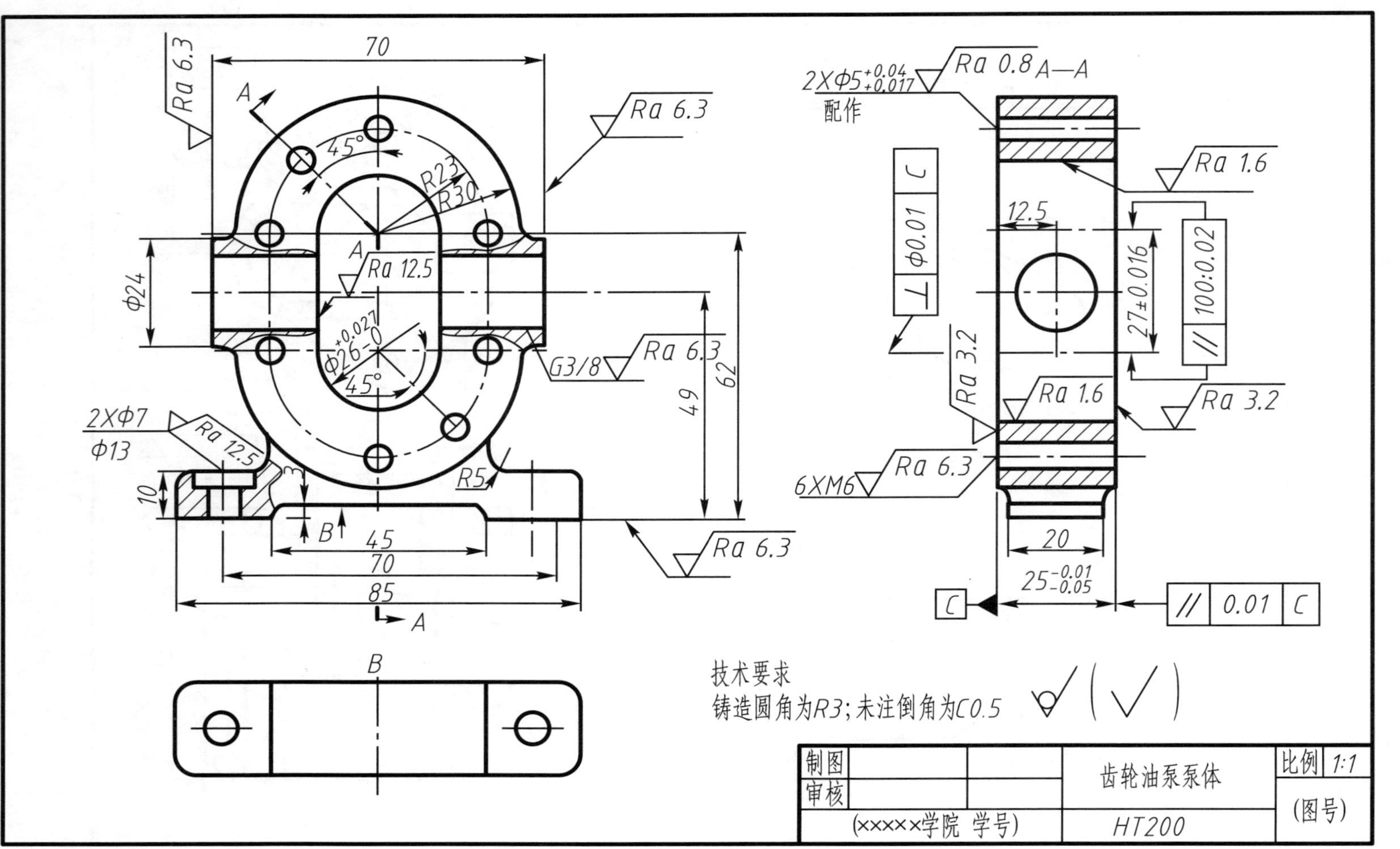

图 5.99 齿轮油泵泵体

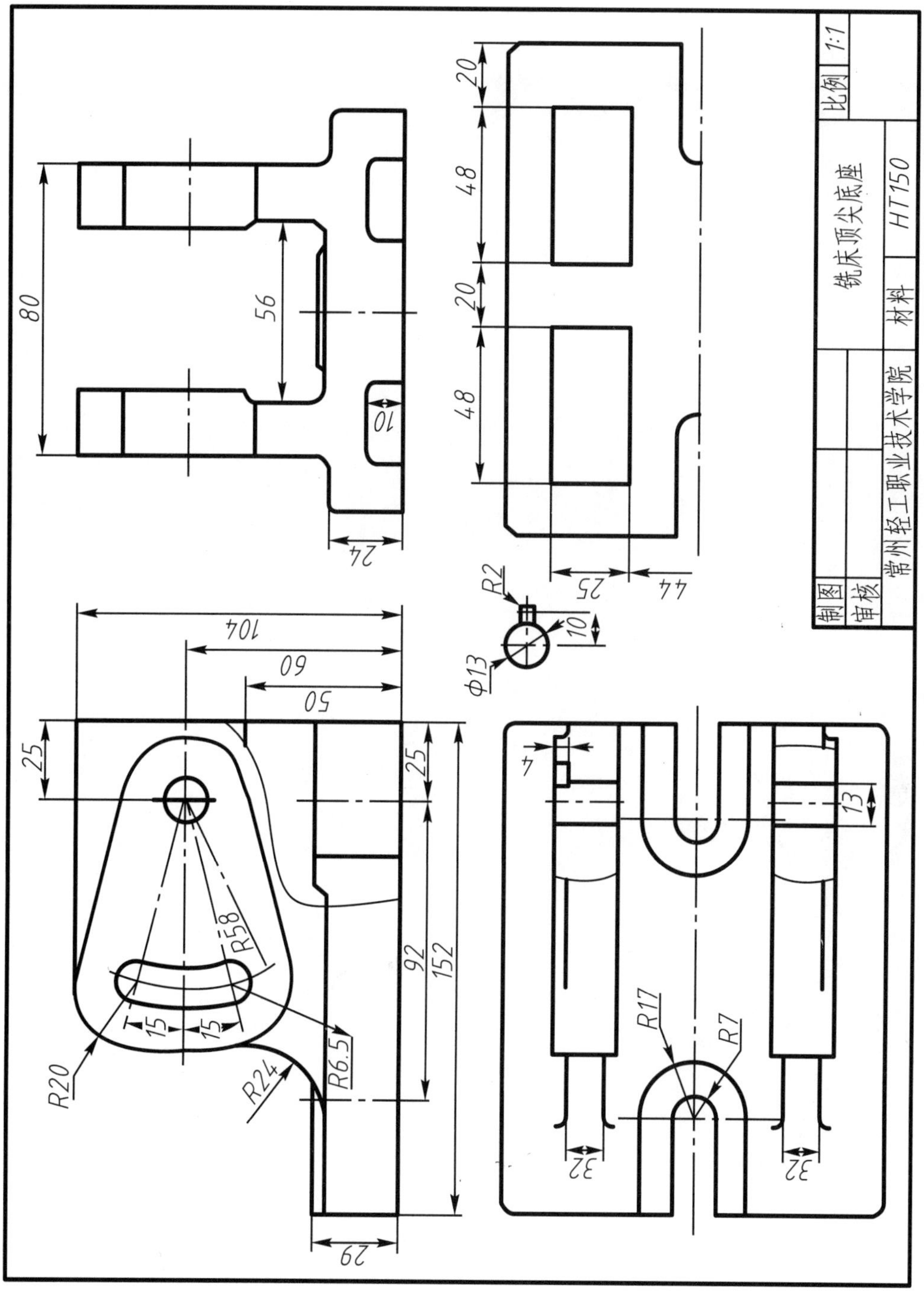

图 5.100　铣床顶尖底座零件工程图样

第 2 篇　装配图绘制

本篇主要介绍机械产品装配图的绘制方法。

通过本篇的学习，读者将掌握利用 AutoCAD 2014 软件绘制装配图的方法和技巧。

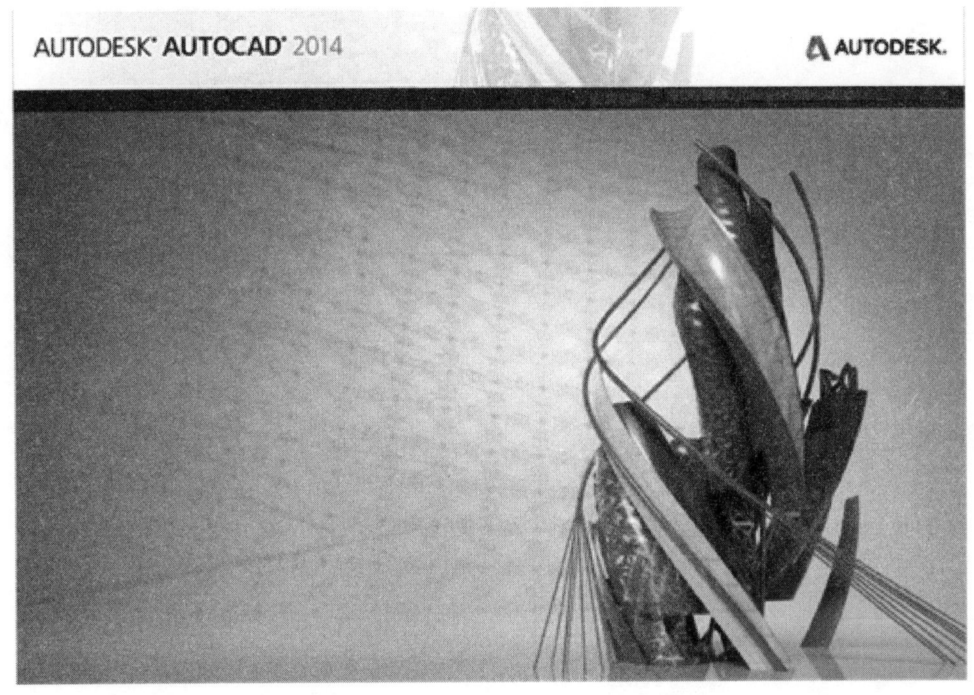

模块 6

台虎钳装配图的绘制

学习目标

掌握装配图的表达方法，在绘制装配图的过程中由零件生成装配图的方法和步骤，装配图中零件序号的标注方法，以及装配图中明细栏的生成方法。

学习要求

能力目标	知识要点	权重
掌握装配图的表达方法	装配图的组成； 装配图的表达方法	30%
掌握装配图的绘制步骤和方法	插入零件图生成装配图的方法和步骤	50%
掌握装配图的标注方法	零件序号的标注方法； 装配图明细栏的生成方法	20%

任务 6.1　台虎钳装配图的绘制

6.1.1　任务引入

绘制如图 6.1 所示的台虎钳装配图。

6.1.2　任务分析

台虎钳是较为常见的装夹工具，利用两钳口作定位基准，靠丝杠、螺母传送机械力的原理进行工作。台虎钳结构简单，装夹迅速，加工时省时省力，提高了加工效率。台虎钳主要由钳座、钳口板、活动钳身、螺杆、螺母块等组成，当用扳手转动螺杆时，由于螺杆的左边用开口销卡住，使它只能在固定钳座的圆孔柱中转动，而不能移动，这时螺杆带动方块螺母使活动钳身沿着固定钳座的内腔作直线运动。方块螺母和活动钳身用螺钉连接整体，这样使钳口闭合或开放，便于夹紧或卸下零件。台虎钳装配图主要采用图块的插入、修改、零件序号的生成、明细表生成等方法来完成。

6.1.3　相关知识

在 AutoCAD 2014 中，绘制装配图的方法有直接绘制法、图块插入法、插入图形文件法以及用设计中心插入图块法等。

1. 直接绘制法

该方法主要运用二维绘图、编辑、设置和层控制等功能，按照画图步骤绘制出装配图。

如要绘制图 6.2 所示的装配图，首先设置 A4 图幅和绘图环境，然后根据装配体包含的零件，创建下列 5 个零件图层：轴、齿轮、平键、垫圈、螺母。

从主要零件开始，在相应的零件层由右向左依次画出 5 个零件，即从轴 1(图 6.3)→齿轮 2(图 6.4)→平键 3(图 6.5)→垫圈 4(图 6.6)→螺母 5(图 6.7)逐一画出，注意应将影响装配关系的尺寸准确绘制出来，然后标注尺寸、编序号、填写明细表。

通过该方法绘制出的二维装配图，各零件的尺寸精确且在不同的层，为从装配图拆画零件图提供了方便。

2. 图块插入法

图块插入法是将装配图中的各个零部件的图形制作成图块，然后按零件间的相对位置将图块逐个插入，拼画成装配图。

拼画装配图的步骤如下。

(1) 绘图前进行必要的设置，统一图层线型、线宽、颜色，各零件的比例应当一致，为了绘图方便，比例选择为 1∶1。

(2) 各零件的尺寸必须准确，可以暂不标注尺寸和填充剖面线；或在制作零件图块之前关闭尺寸层、剖面线层。

(3) 将每个零件用【写块】命令定义为 dwg 文件。为方便零件间的装配，块的基点应选择与其他零件有装配关系或定位关系的关键点。

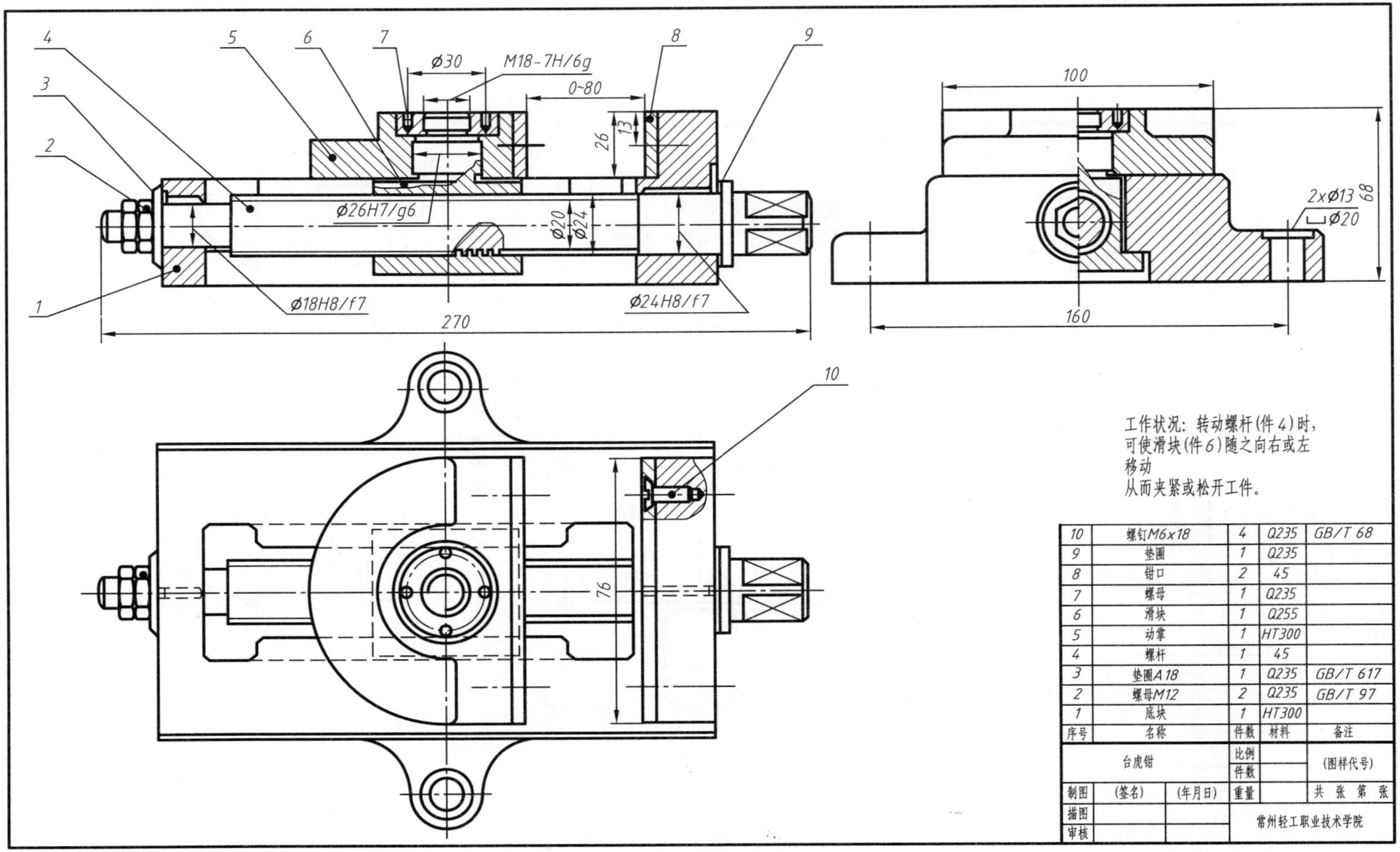

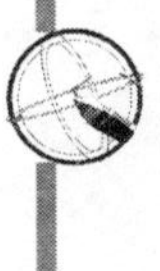

1
2
3
4
5
6
7
8
9
10
Ø30
M18-7H/6g
0~80
26
13
Ø26H7/g6
Ø20
Ø24
Ø18H8/f7
Ø24H8/f7
270
100
2xØ13
⌴Ø20
68
160
76
工作状况：转动螺杆(件4)时，
可使滑块(件6)随之向右或左
移动
从而夹紧或松开工件。
10 螺钉M6x18 4 Q235 GB/T 68
9 垫圈 1 Q235
8 钳口 2 45
7 螺母 1 Q235
6 滑块 1 Q255
5 动掌 1 HT300
4 螺杆 1 45
3 垫圈A18 1 Q235 GB/T 617
2 螺母M12 2 Q235 GB/T 97
1 底块 1 HT300
序号 名称 件数 材料 备注
台虎钳
比例
件数
(图样代号)
制图 (签名) (年月日) 重量
共 张 第 张
描图
审核
常州轻工职业技术学院

图 6.1　台虎钳装配图

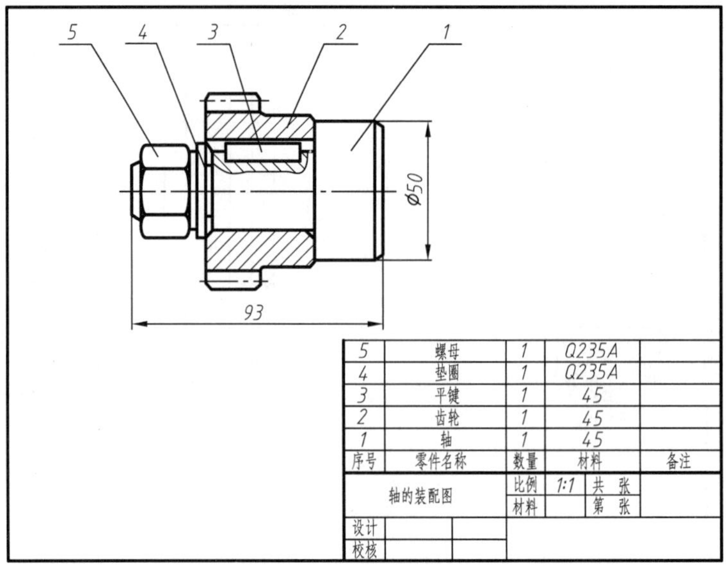

5	螺母	1	Q235A	
4	垫圈	1	Q235A	
3	平键	1	45	
2	齿轮	1	45	
1	轴	1	45	
序号	零件名称	数量	材料	备注

轴的装配图	比例	1:1	共 张
	材料		第 张
设计			
校核			

图 6.2　轴的装配图

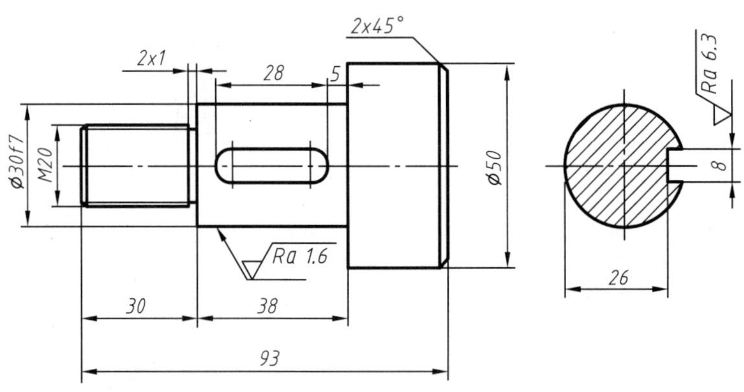

图 6.3　轴

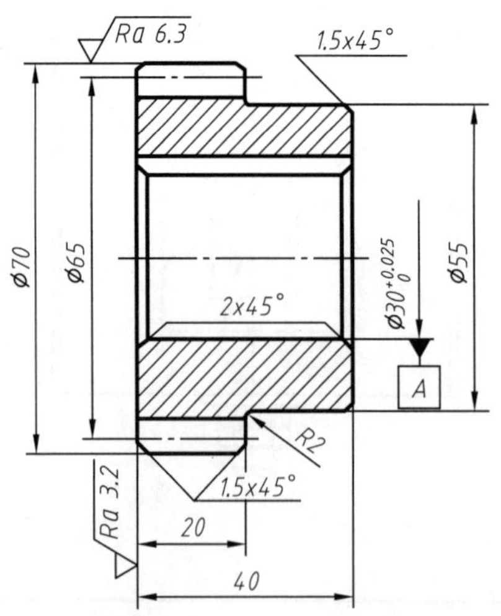

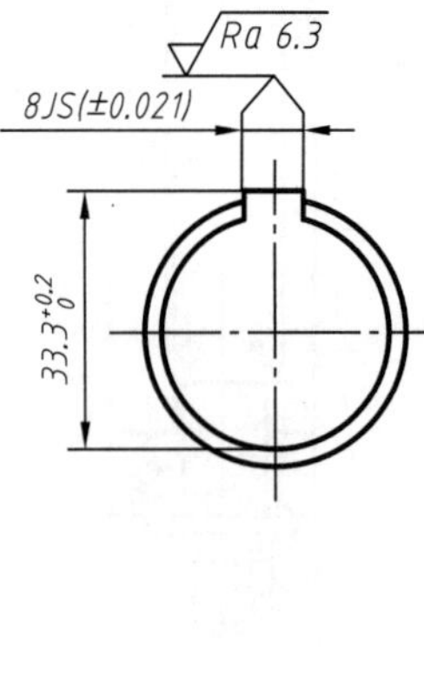

图 6.4　齿轮

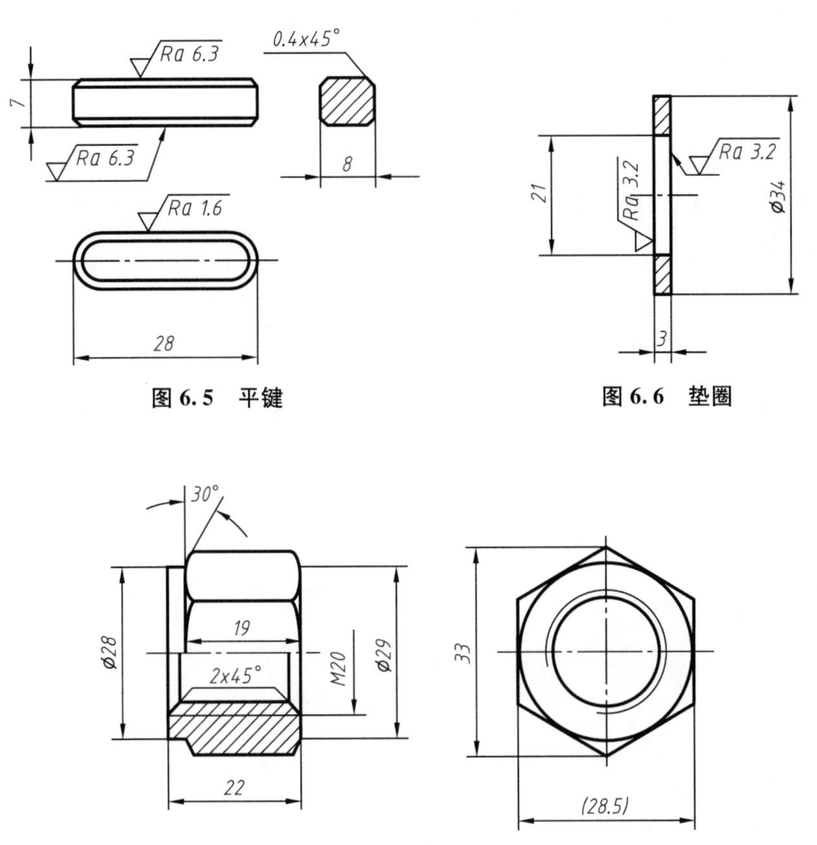

图 6.5　平键

图 6.6　垫圈

图 6.7　螺母

3. 插入图形文件法

在 AutoCAD2000 以后，图形文件可以在不同的图形中直接插入。如果已经绘制了机器或部件的所有零件图形，当需要一张完整的装配图时，也可考虑利用插入图形文件法来拼画装配图，这样既可以避免重复劳动，又提高了绘图效率。

为了使图形插入后能准确地放置在相应位置上，在绘制完零件图形后，先关闭尺寸层、标注层、剖面线层等，然后用【base】命令设置好插入基点，最后再存盘。

4. 用设计中心插入图块法

设计中心是一个集成化的图形组织和管理工具。利用设计中心，可以方便、快速地浏览或使用其他图形文件中的图形、图块、图层和线型等信息，大大地提高了绘图效率。

在绘制零件图时，为了装配的方便，可将零件图的主视图或其他视图分别定义成块。注意：在定义块时应不包括零件的尺寸标注和定位中心线。

6.1.4　操作步骤

1. 新建图形文件

单击【标准】工具栏中的【新建】按钮，在弹出的【选择样板】对话框中选择

【GBA2. dwg】文件，单击【打开】按钮。

2. 组装装配图

1）组装零件图

(1) 插入钳座平面图。

① 选择菜单栏【工具(T)】/【选项板】/【设计中心(D)】命令，弹出【设计中心】对话框，如图 6.8 所示。

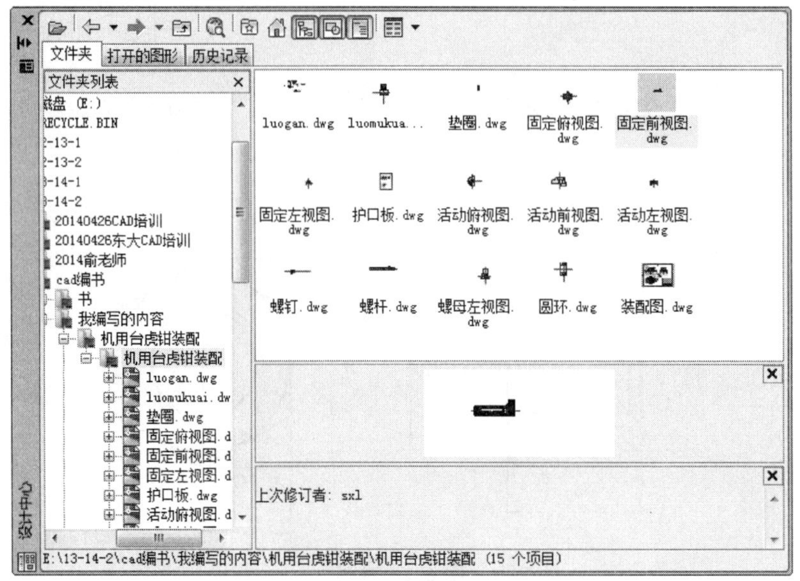

图 6.8 【设计中心】对话框

② 插入图形文件。在【设计中心】对话框中单击【文件夹】选项卡，则显示计算机中的所有文件，选择要插入的文件，单击鼠标右键，在弹出的快捷菜单中选择【复制】选项，然后在图框相应位置单击鼠标右键，在快捷菜单中选择【粘贴(P)】选项，如图 6.9 所示。此步骤也可以用鼠标在设计中心选择需要的文件，拖曳到绘图区域；或者单击鼠标右键，选择【插入为块(I)】来实现。

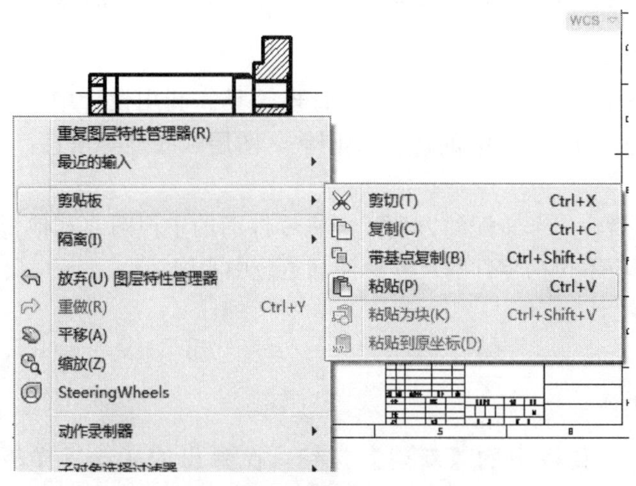

图 6.9 插入图形文件

③ 选择【粘贴】后，命令行会出现以下提示：

命令：_pasteclip

命令：_. INSERT 输入块名或［?］＜固定前视图＞："E：\ 13. 14. 2 \ cad 编书 \ 我编写的内容 \ 机用台虎钳装配 \ 机用台虎钳装配 \ 固定前视图 . dwg"。

单位：毫米　转换：1. 0000

指定插入点或［基点(B)/比例(S)/X/Y/Z/旋转(R)］：//选择插入点。

输入 X 比例因子，指定对角点，或［角点(C)/XYZ(XYZ)］＜1＞：//输入 X 方向比例。

输入 Y 比例因子或＜使用 X 比例因子＞：//输入 Y 方向比例。

指定旋转角度 ＜0＞：//输入旋转角度。

根据命令行提示操作完成，固定钳座主视图即已在绘图区域，如图 6. 10 所示。

图 6. 10　插入固定钳座主视图

④ 用同样方法插入钳座左视图和俯视图，插入的过程注意长对正、高平齐，如图 6. 11 所示。

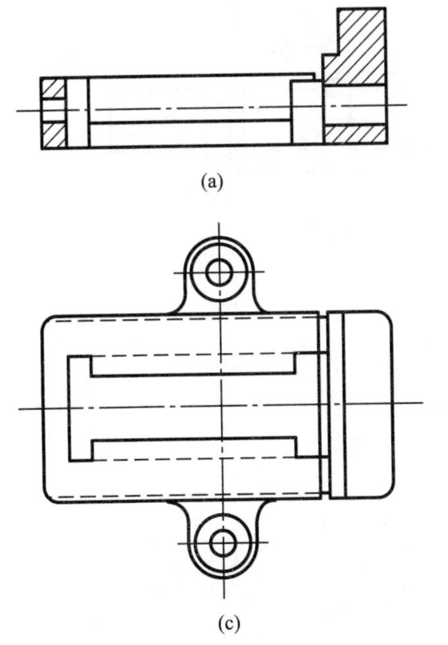

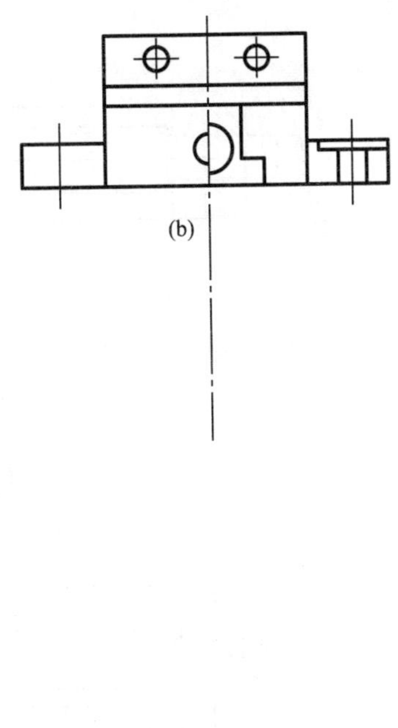

(a)　(b)　(c)

图 6. 11　插入固定钳座图形左视图和俯视图

⑤ 插入垫圈主视图、俯视图，注意配合并修改，在修改图线之前先把固定钳座和螺杆分解，再进行修改，修改结果如图 6. 12、图 6. 13 所示。

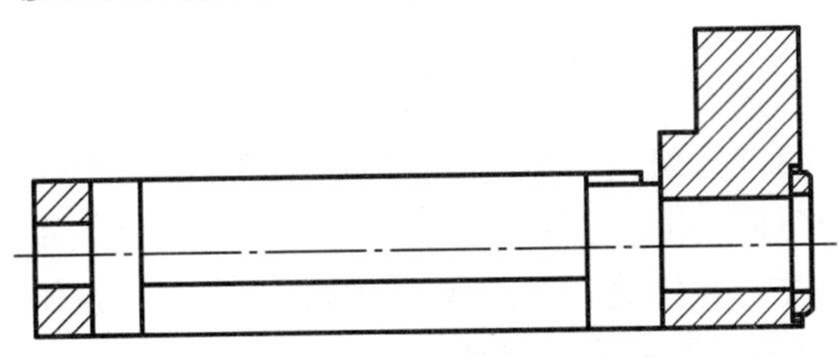

图 6. 12　插入垫圈主视图

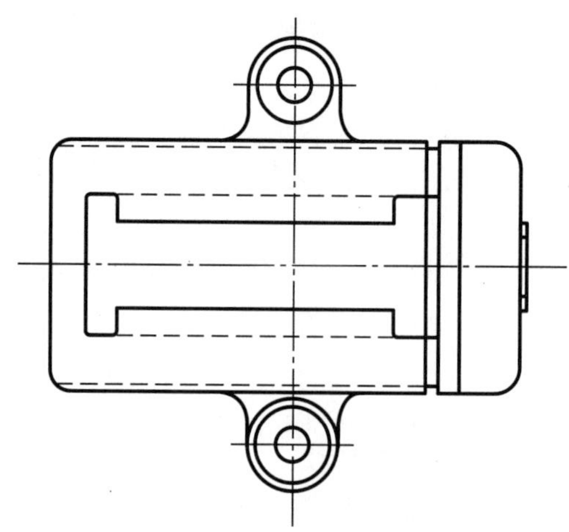

图 6.13　插入垫圈俯视图

⑥ 插入螺杆主视图，注意配合位置关系，如图 6.14 所示。

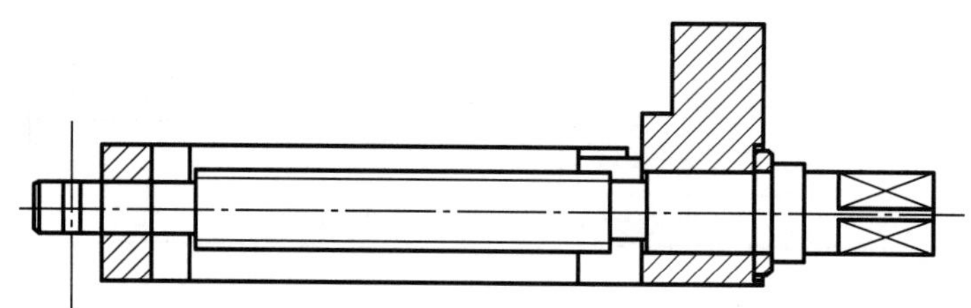

图 6.14　插入螺杆主视图

⑦ 插入螺杆俯视图，并修改，如图 6.15 所示。

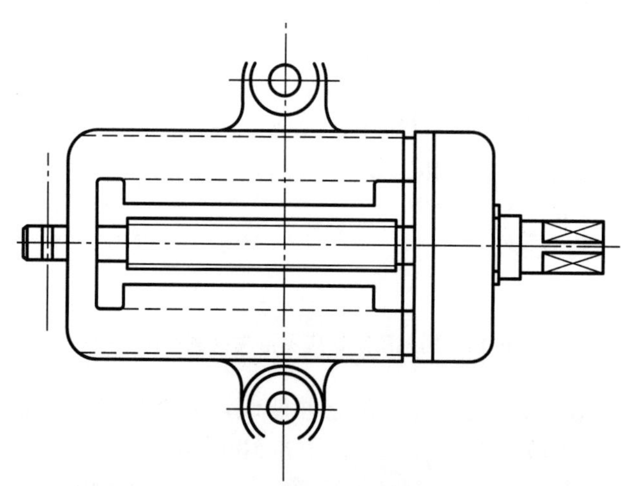

图 6.15　插入螺杆俯视图

⑧ 插入螺母块主视图，并修改，如图 6.16 所示。修改图形时，不仅要注意螺母块与螺杆之间的遮挡关系，还要注意螺母块与固定钳座之间的遮挡关系。

⑨ 左视图插入螺母块，并修改，如图 6.17 所示。注意：在俯视图上，螺母块被活动钳身全部遮挡住了，所以不需要插入螺母俯视图。

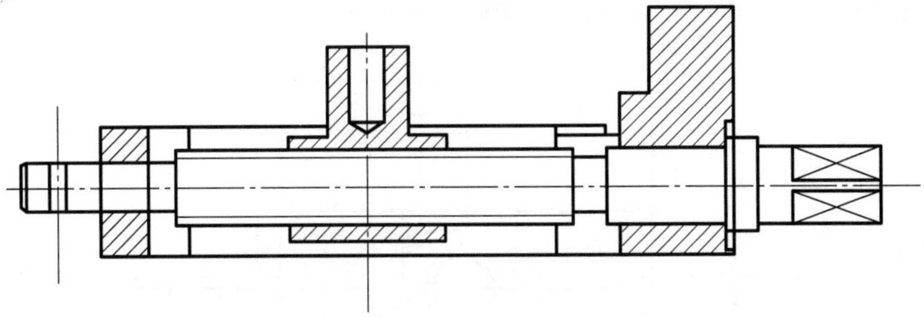

图 6.16　插入螺母主视图

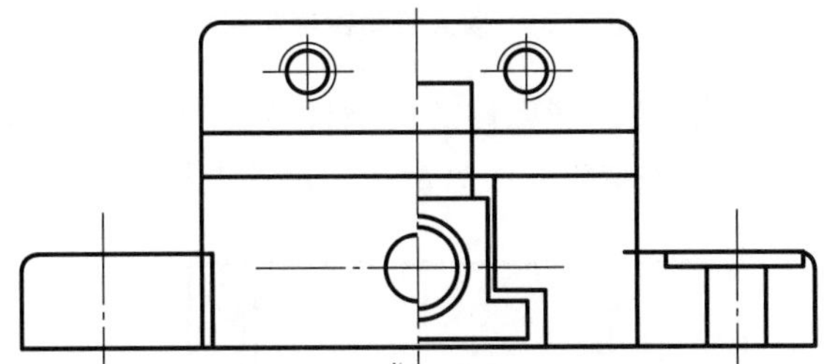

图 6.17　插入螺母块左视图

⑩ 主视图插入活动钳身，并修改，如图 6.18 所示。

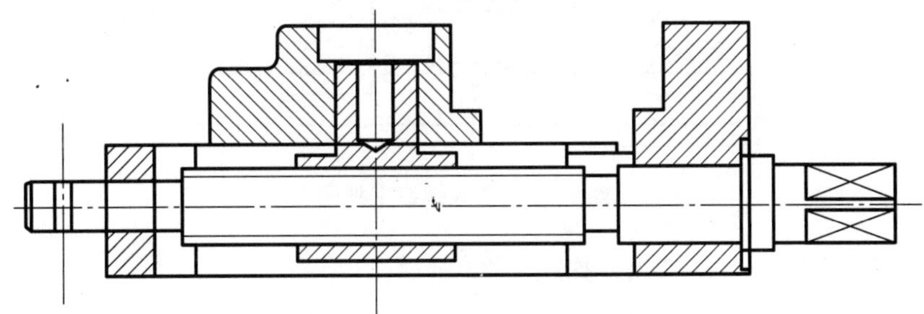

图 6.18　插入活动钳身主视图

⑪ 俯视图插入活动钳身，并修改，如图 6.19 所示。

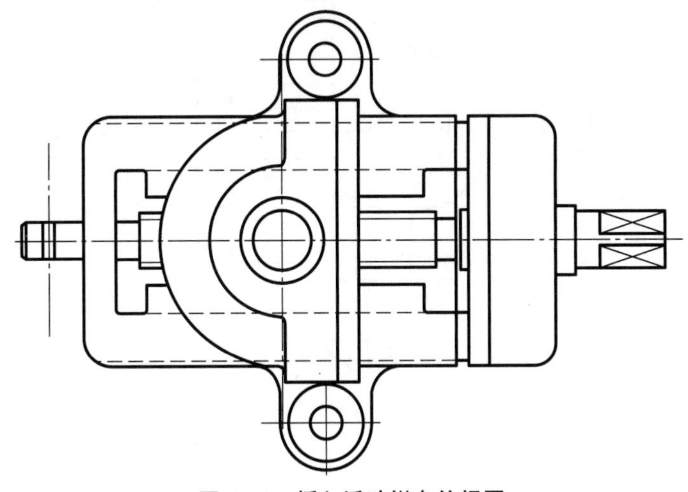

图 6.19　插入活动钳身俯视图

⑫ 左视图插入活动钳身，并修改，如图 6.20 所示。

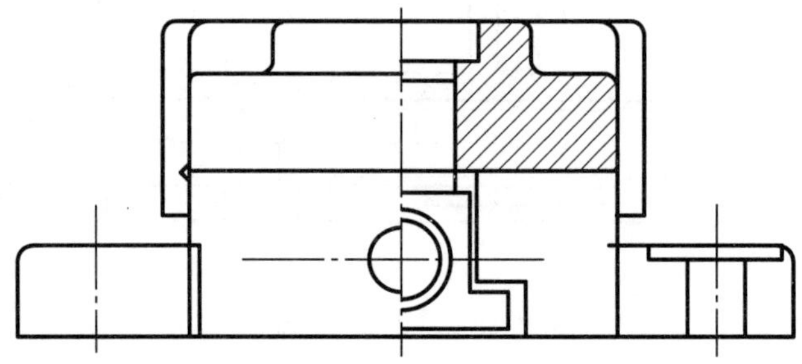

图 6.20　插入活动钳身左视图

⑬ 主视图插入螺钉，并修改。此处修改时请注意螺纹连接的画法，螺纹旋合部分要按照外螺纹的画法，所以需要先把粗实线修剪掉，再补上细实线，如图 6.21 所示。

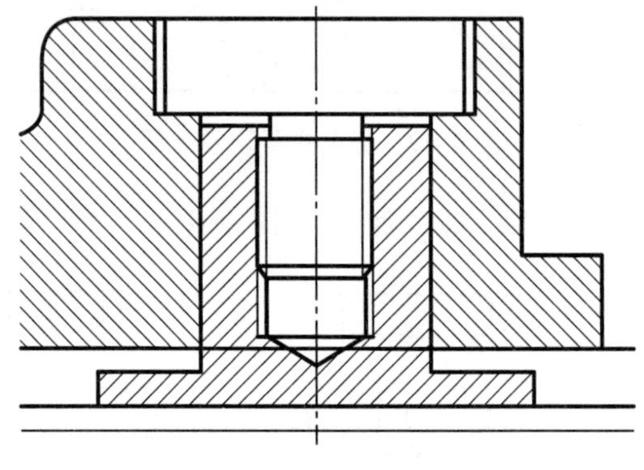

图 6.21　插入螺钉主视图

⑭ 俯视图插入螺钉，并修改，如图 6.22 所示。

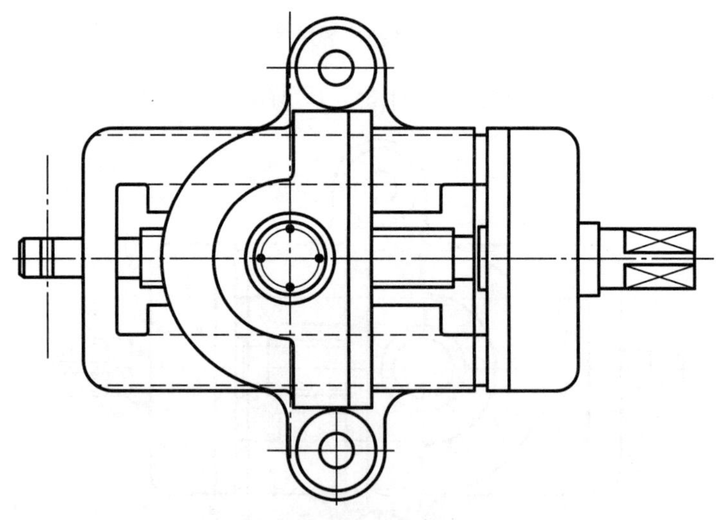

图 6.22　插入螺钉俯视图

⑮ 左视图插入螺钉，并修改，如图 6.23 所示。

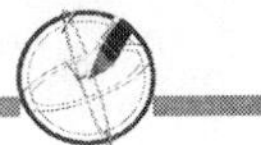

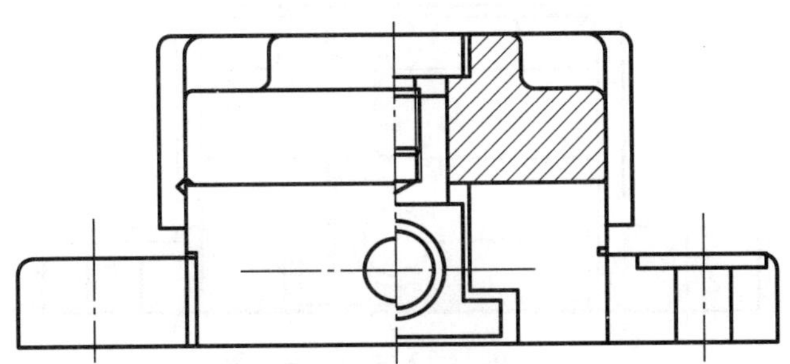

图 6.23　插入螺钉左视图

⑯ 主视图插入护口板，并修改，如图 6.24 所示。

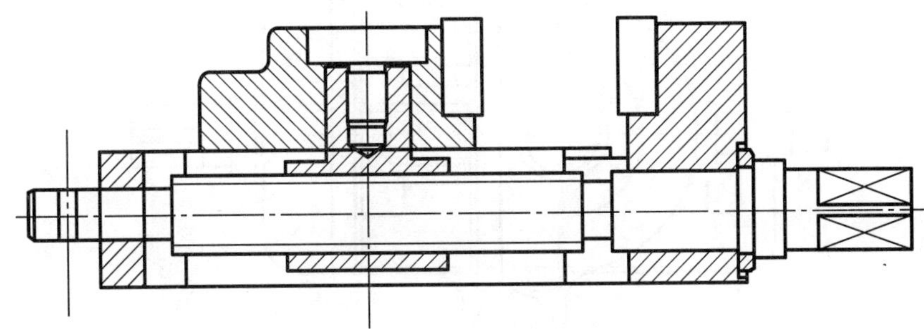

图 6.24　插入护口板主视图

⑰ 俯视图插入护口板，并修改，如图 6.25 所示。

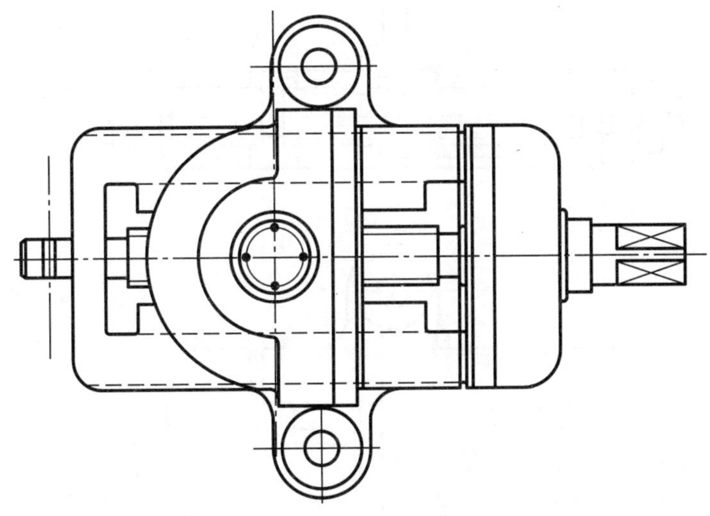

图 6.25　插入护口板俯视图

⑱ 左视图插入护口板，并修改，如图 6.26 所示。

⑲ 俯视图插入连接护口板与钳座的螺钉，并修改，如图 6.27 所示。

⑳ 螺杆左侧插入垫片、圆环和螺钉，并修改，如图 6.28 所示。

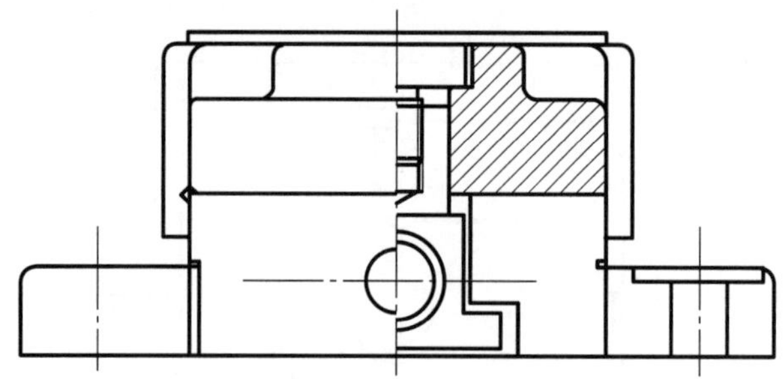

图 6.26　插入护口板左视图

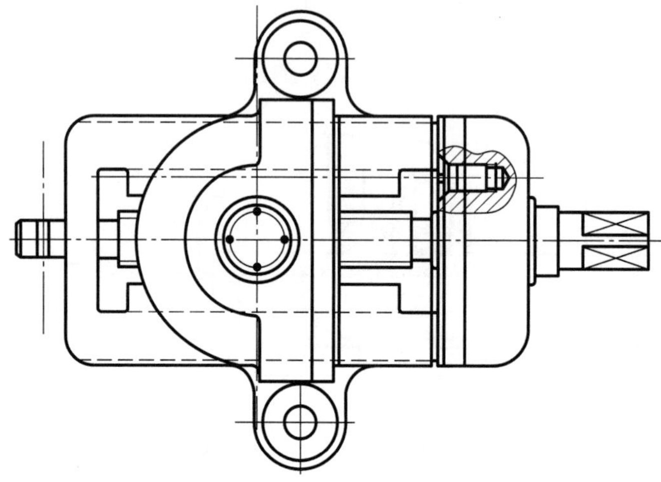

图 6.27　插入螺钉俯视图

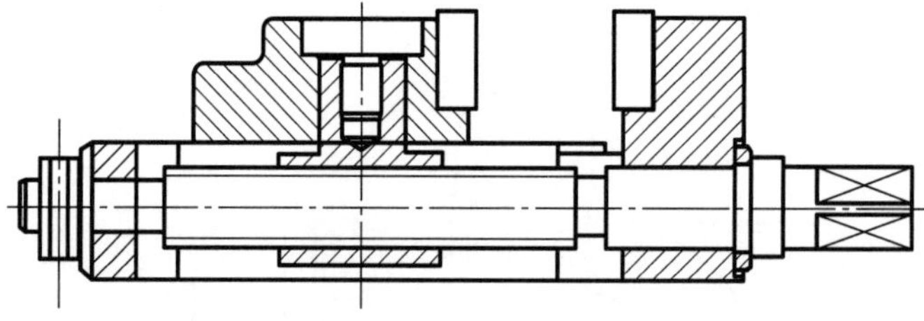

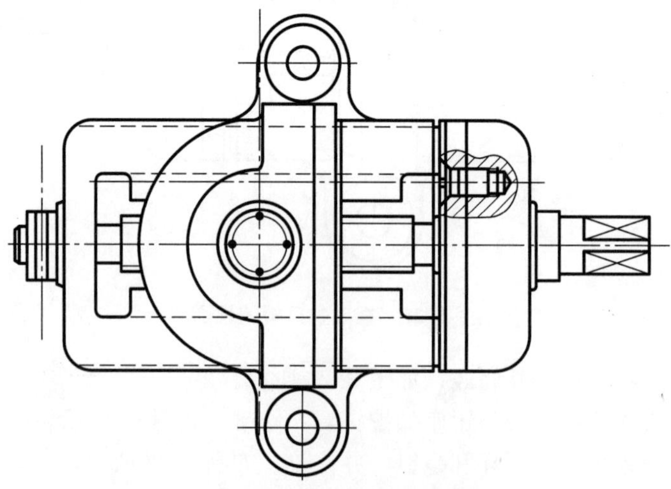

图 6.28　螺杆左端插入零件

㉑ 主视图和俯视图插入销，并修改，如图 6.29、图 6.30 所示。

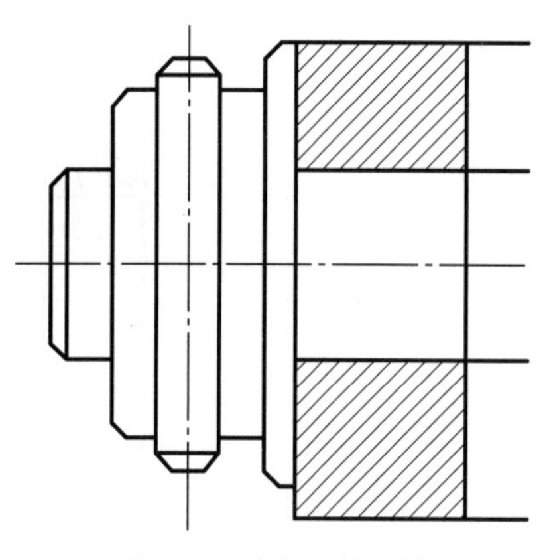

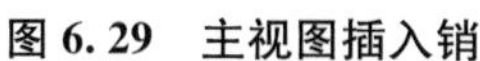

图 6.29　主视图插入销

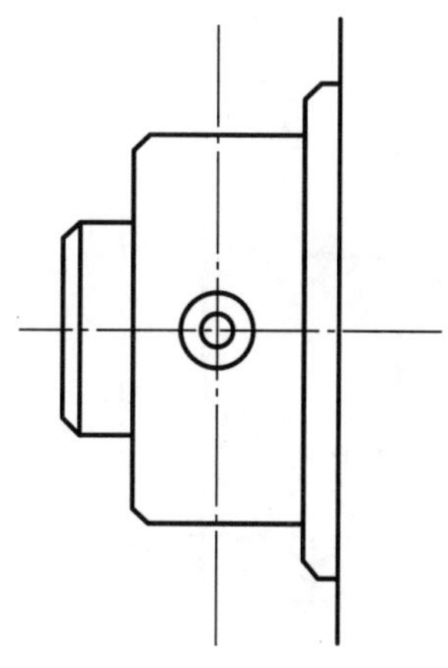

图 6.30　俯视图插入销

㉒ 总体检查，整体修改，填充剖面线，如图 6.31 所示。

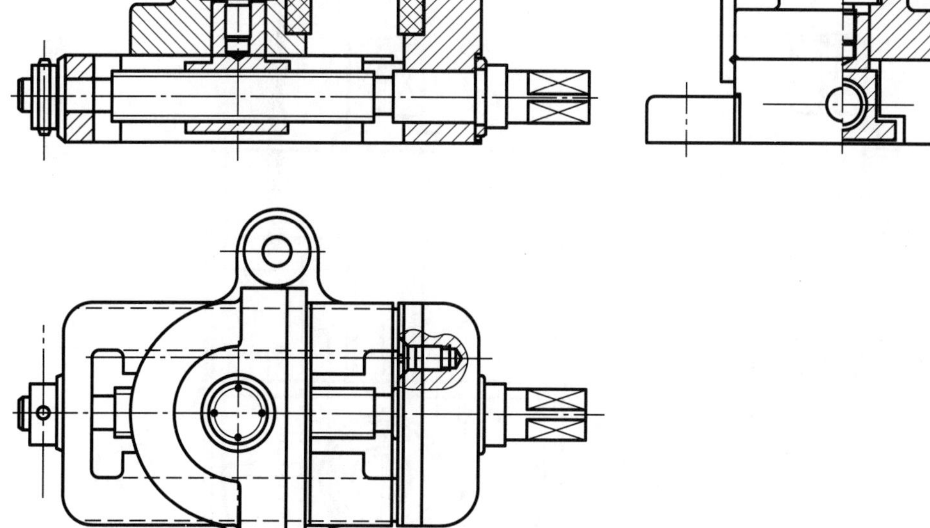

图 6.31　整体修改

3. 标注装配图

1）标注尺寸

在装配图中，需要标注的尺寸有规格尺寸、装配尺寸、外形尺寸、安装尺寸以及其他重要尺寸，标注方法与零件图相同。台虎钳装配图尺寸标注完成后如图 6.32 所示。

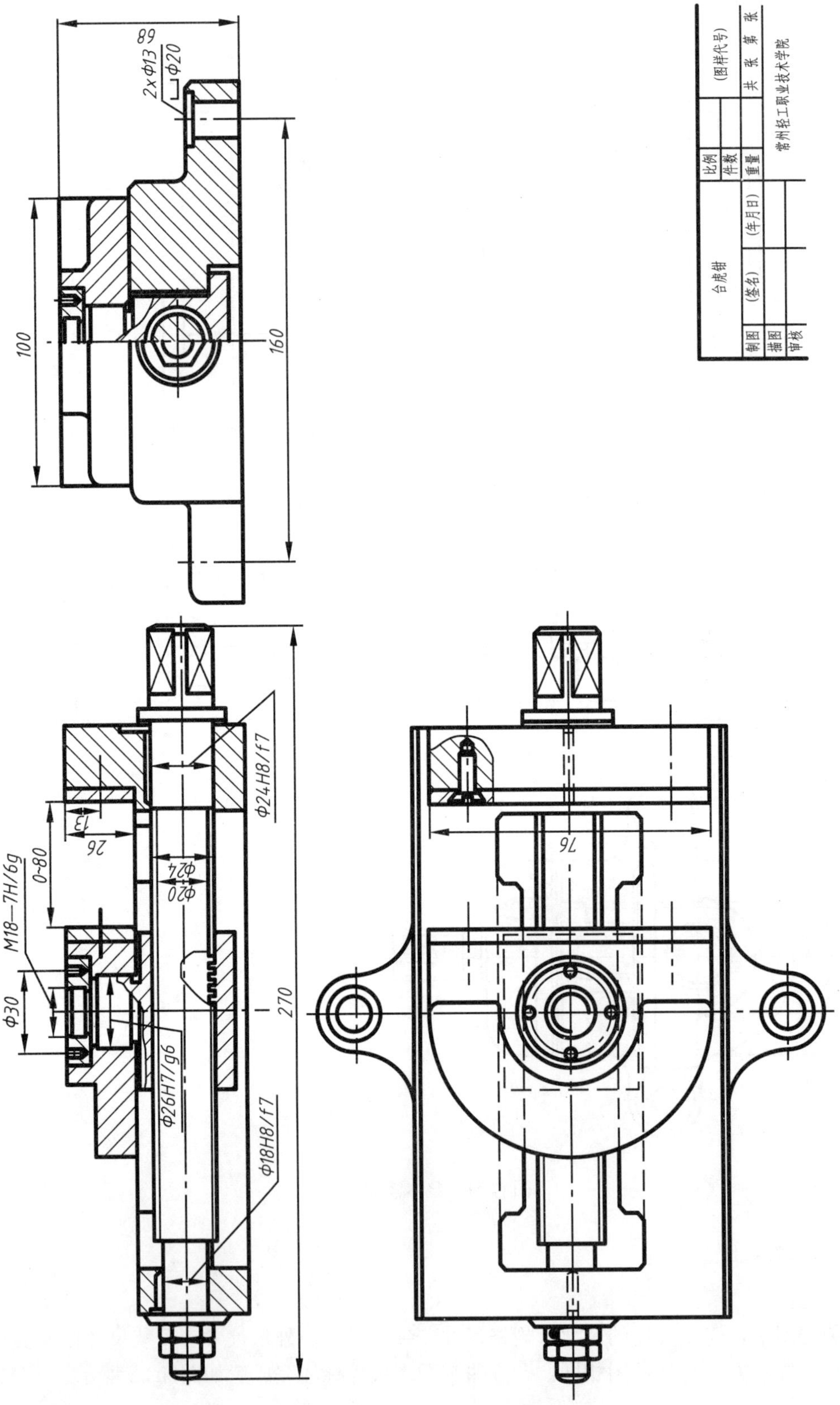

图 6.32 尺寸标注

2）标注零件序号

采用【QLEADER】命令标注零件序号，输入【S】进行设置，如图 6.33 所示。【注释】选【多行文字】，【引线和箭头】选【点】，【附着】选【最后一行加下划线】。在标注引线时，为了保证引线的文字在同一水平线上，可以在合适的位置先绘制出一条辅助线。标注完成如图 6.34 所示。

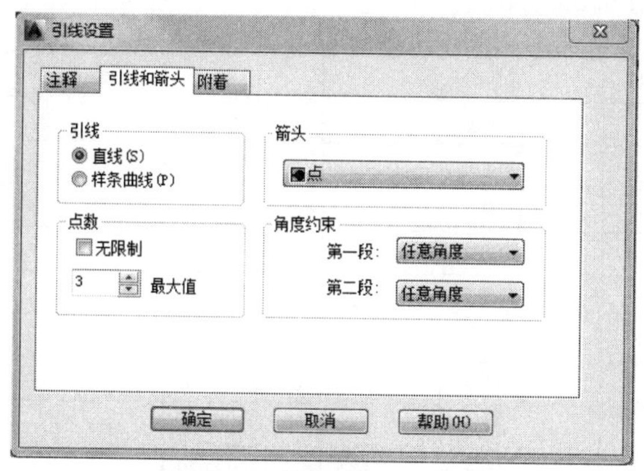

图 6.33　【引线设置】对话框

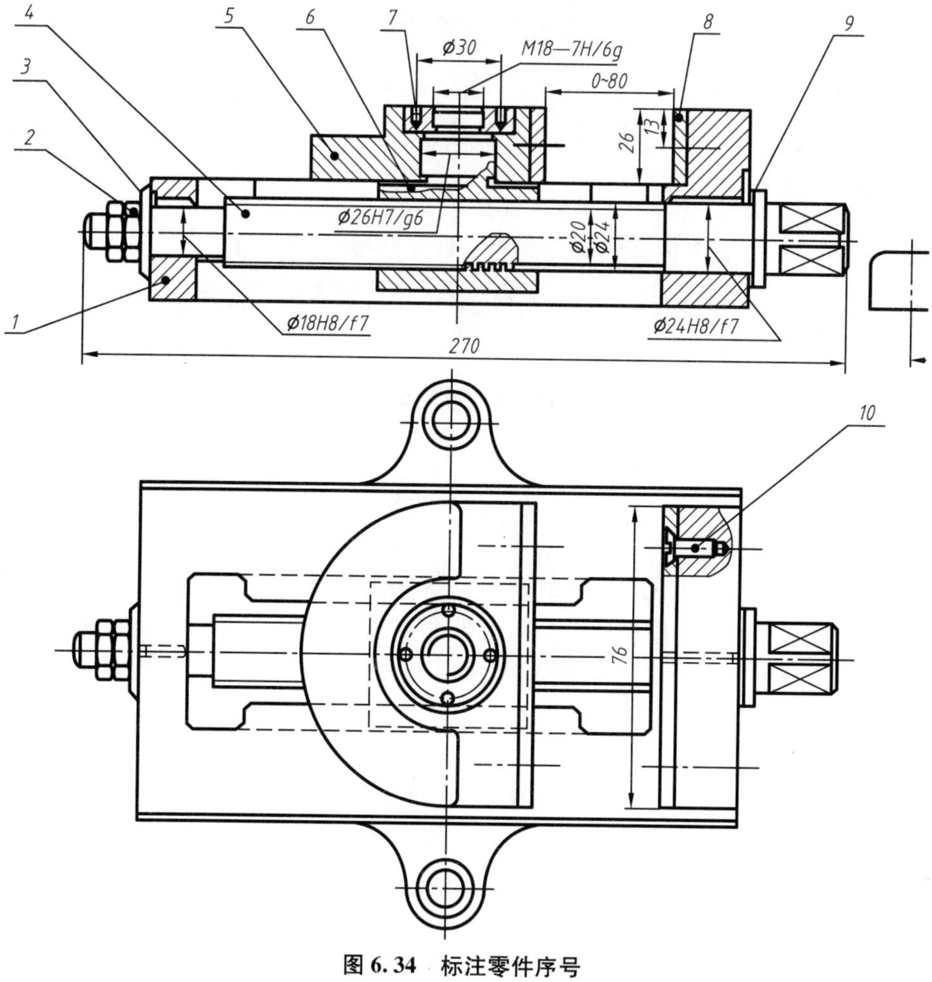

图 6.34　标注零件序号

4. 填写标题栏和明细表

1）填写明细表

通过【设计中心】，将【明细表】图块插入到装配图中，插入点选择在标题栏的右上角处。插入【明细表】图块后，单击【绘图】工具栏中的【多行文字】按钮，填写明细表，填好的明细表如图 6.35 所示。

10	螺钉M6x18	4	Q235	GB/T 68
9	垫圈	1	Q235	
8	钳口	2	45	
7	螺母	1	Q235	
6	滑块	1	Q255	
5	动掌	1	HT300	
4	螺杆	1	45	
3	垫圈A18	1	Q235	GB/T 617
2	螺母M12	2	Q235	GB/T 97
1	底块	1	HT300	
序号	名称	件数	材料	备注

图 6.35　填写明细表

2）书写文字

单击【绘图】工具栏中的【多行文字】按钮 A，书写技术要求、填写标题栏等，如图 6.36 所示。

工作状况：转动螺杆(件4)时，可使滑块(件6)随之向右或向左移动，从而夹紧或松开工件。

图 6.36　书写文字

小　　结

本章主要介绍了 AutoCAD 2014 软件中绘制装配图的方法，主要有直接绘制法、图块插入法、插入图形文件法、用设计中心插入图块法等；在对装配图进行标注的过程中，除了需要标注出一些必要的尺寸外，还需要标注零件序号，明细栏的生成也是装配图上不可缺少的内容。

习　　题

1. 根据图 6.38～图 6.41 所示的零件图，绘制螺旋千斤顶装配图，如图 6.37 所示。

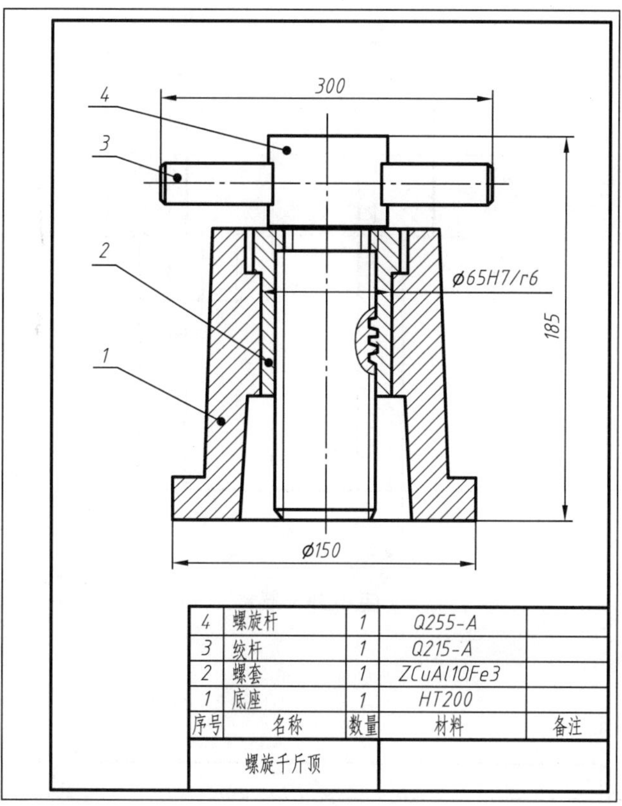

图 6.37　螺旋千斤顶

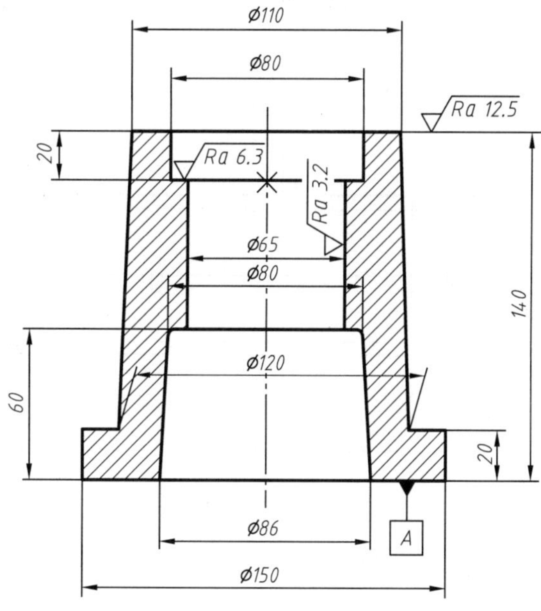

图 6.38　底座

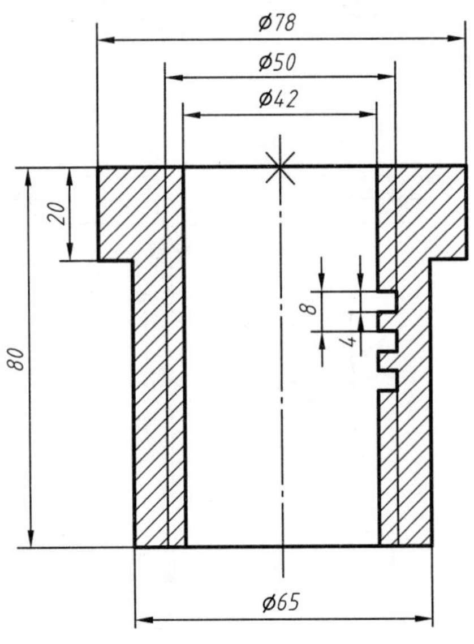

图 6.39　螺套

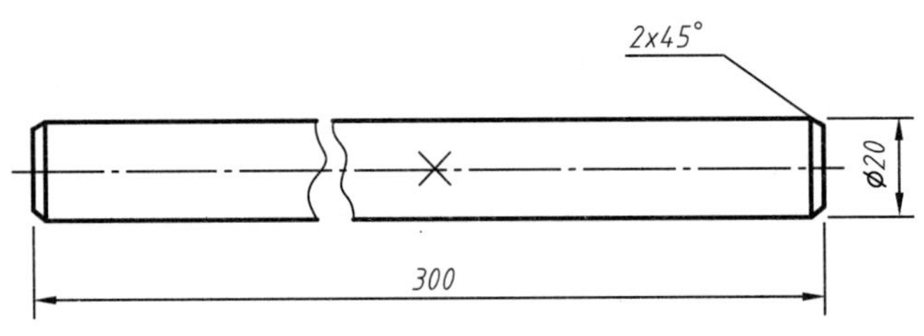

图 6.40　绞杆

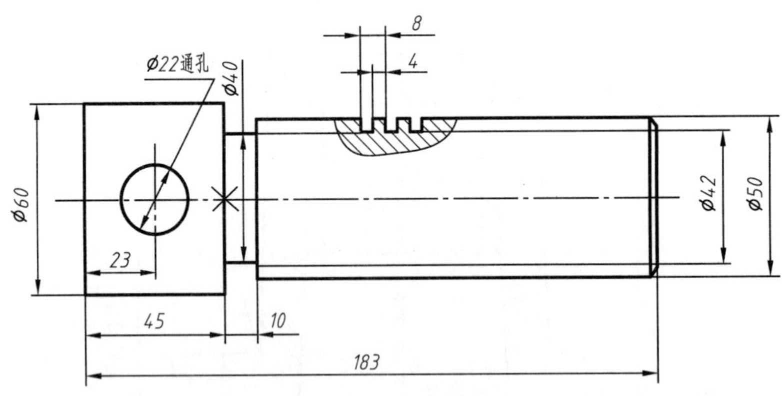

图 6.41　螺杆

2. 根据图 6.42 所示的轴承架装配示意图，绘制出轴承架装配图，各零件图如图 6.43～图 6.47 所示。

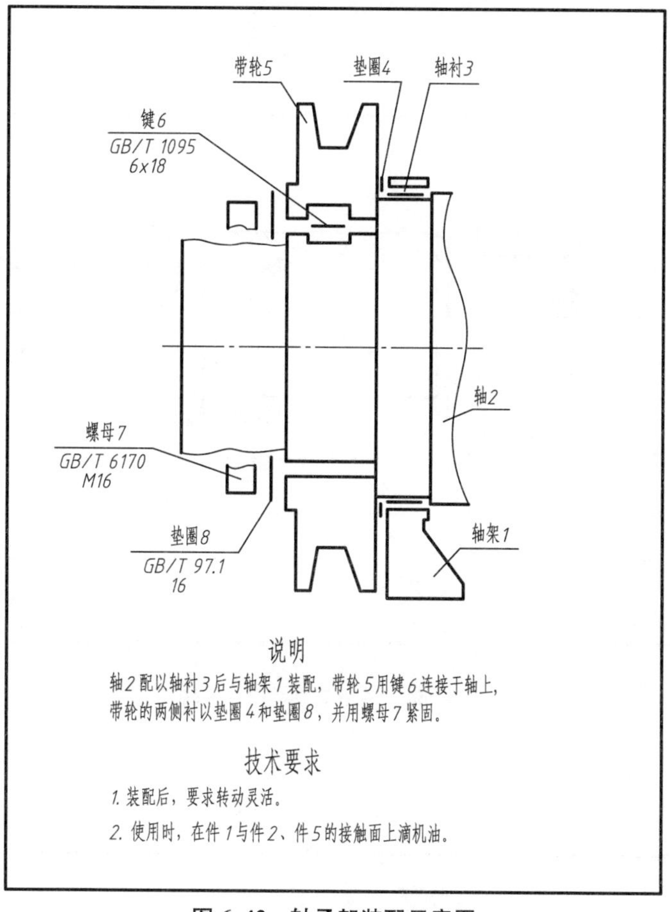

图 6.42　轴承架装配示意图

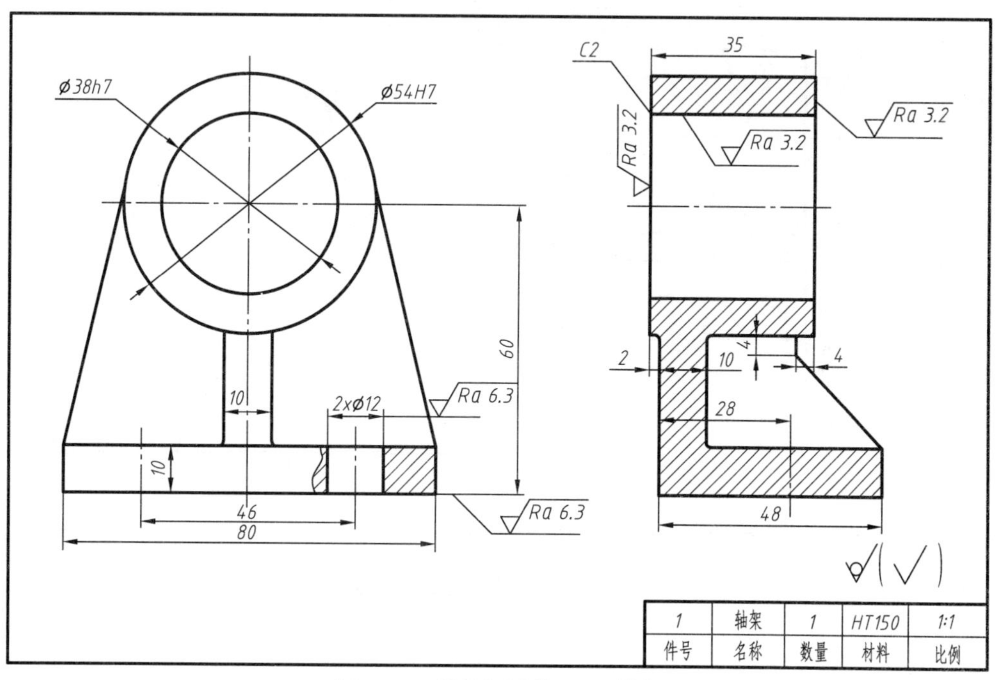

图 6.43　轴承架零件1——轴架

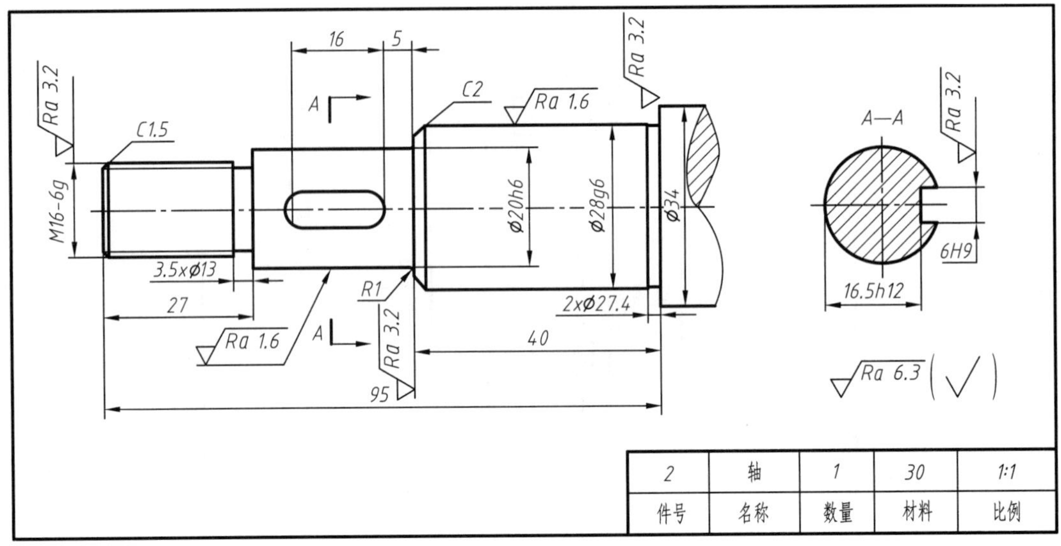

图 6.44　轴承架零件 2——轴

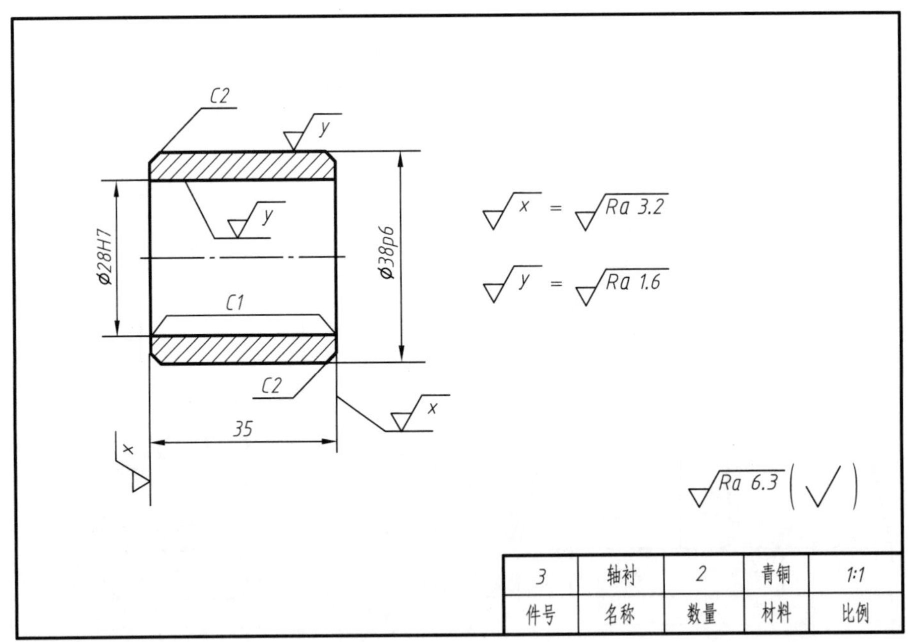

图 6.45　轴承架零件 3——轴衬

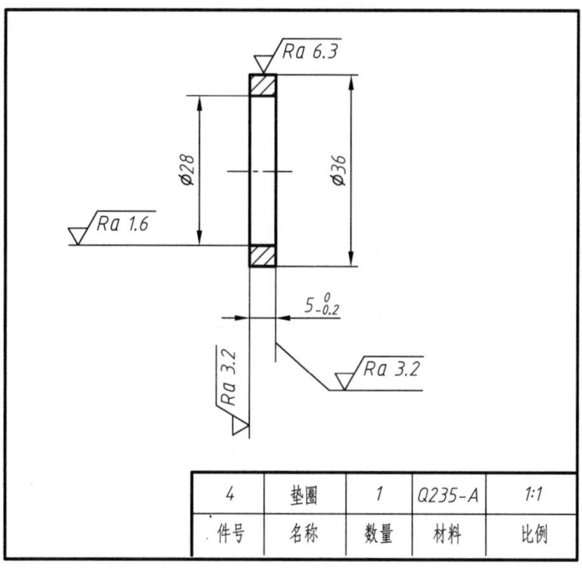

4	垫圈	1	Q235-A	1:1
件号	名称	数量	材料	比例

图 6.46　轴承架零件 4——垫圈

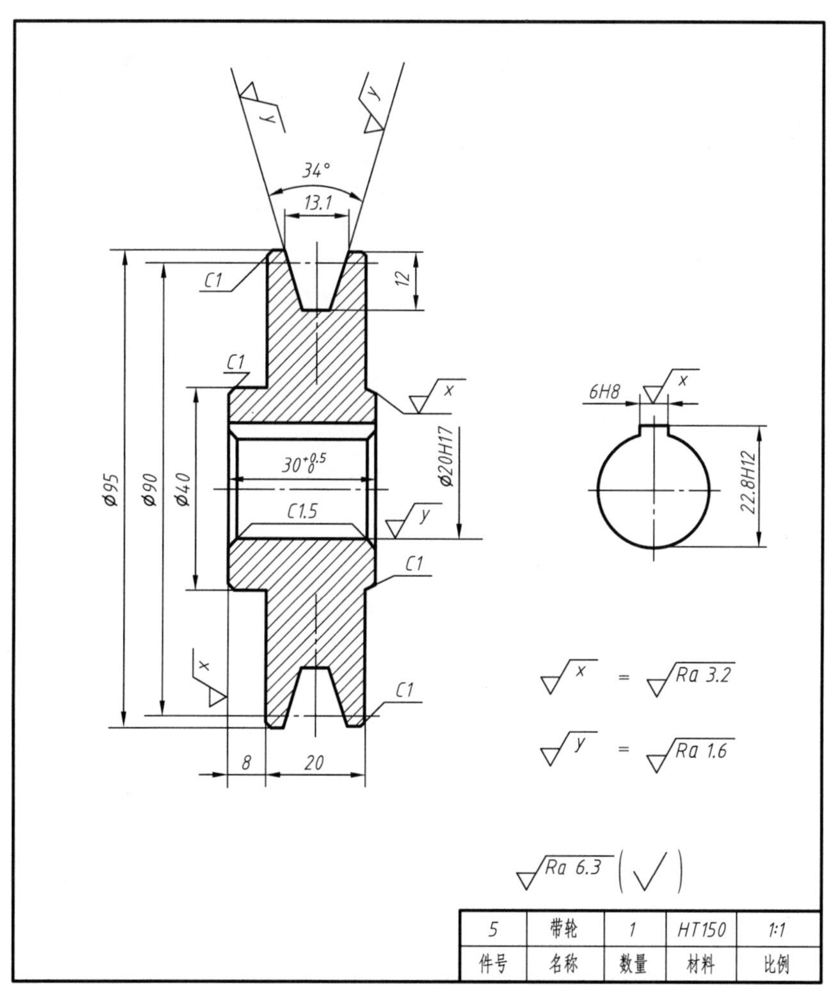

5	带轮	1	HT150	1:1
件号	名称	数量	材料	比例

图 6.47　轴承架零件 5——带轮

第 3 篇　三维图绘制

本篇主要介绍三维机械工程制图的基本流程和操作方法。

通过本篇的学习，读者将掌握三维绘图基础知识以及利用特征操作和特征编辑命令绘制常见机械零件三维图的方法和技巧。

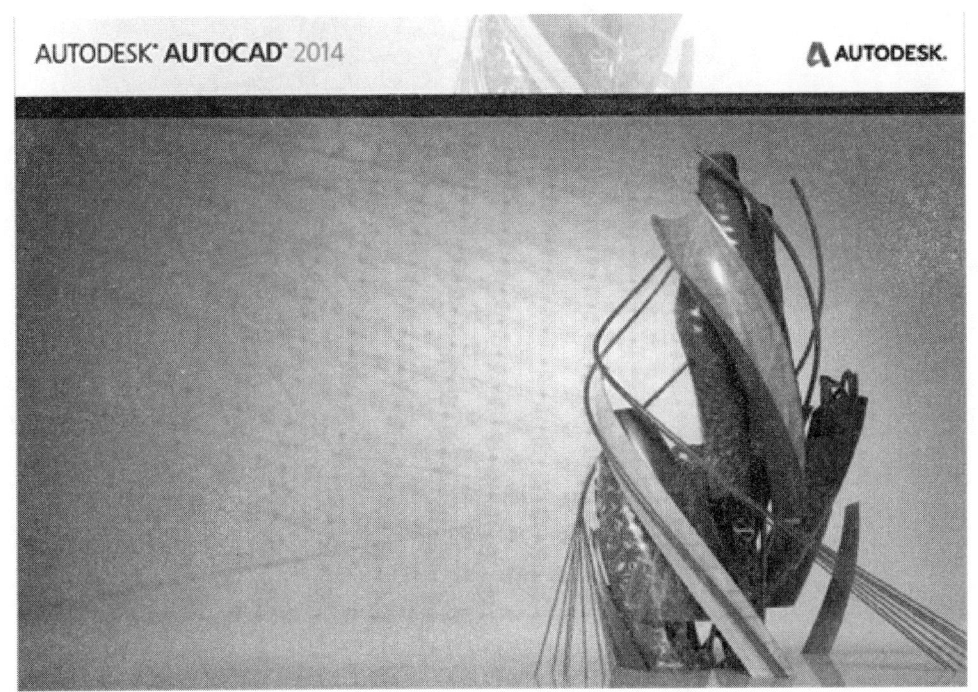

模块 7

拉伸和旋转实体的绘制

学习目标

了解 AutoCAD 2014 软件三维基础知识，包括三维坐标系统、视觉样式控件、视点等基础操作；掌握基本的长方体、圆柱体、球体等基本实体创建操作；掌握常见拉伸和旋转实体的创建方法；掌握布尔运算、三维镜像、三维阵列等常用三维实体编辑方法。

学习要求

能力目标	知识要点	权重
掌握 AutoCAD 2014 软件三维绘图基本知识	三维坐标系统； 三维动态观察器； 视觉样式； 视点	40%
掌握三维实体创建方法	基本体创建； 拉伸实体、旋转实体创建	30%
掌握三维实体编辑方法	布尔运算； 三维镜像、三维阵列； 三维倒角； 抽壳	30%

任务 7.1　轴承座三维图形的绘制

7.1.1　任务引入

绘制如图 7.1 所示的轴承座三维图形。

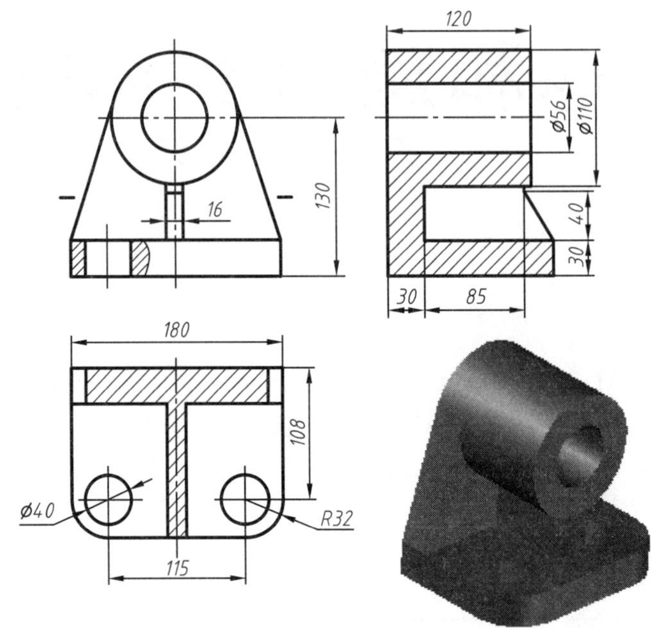

图 7.1　轴承座

7.1.2　任务分析

轴承座主要由圆筒、支承板、肋板和底板组成。其建模思路是：利用基本实体命令创建底板、圆筒和孔，然后绘制支承板和肋板的拉伸截面，并利用拉伸命令创建支承板和肋板实体，最后进行布尔运算。

7.1.3　相关知识

1. 三维坐标系统

在三维空间中，图形对象上任何点的位置均用三维坐标表示。在 AutoCAD 2014 中，三维坐标系分为世界坐标系和用户坐标系。

1）世界坐标系

世界坐标系(WCS)由系统默认提供，又称通用坐标系或绝对坐标系。世界坐标系用于满足二维图形的绘制。

2）用户坐标系

用户坐标系(UCS)由用户根据自己的需要创建。用户坐标系用于方便地绘制三维图形。

① 执行方式。

a. 菜单：选择菜单【工具(T)】→【新建 UCS(W)】。

b. 工具栏：单击【UCS】工具栏中按钮。

c. 命令行：在命令行中输入【UCS】。

d. 功能区：【视图】选项卡→【坐标】面板。

② 操作方法。

命令：_ ucs↙

当前 UCS 名称：*世界*

指定 UCS 的原点或［面(F)/命名(NA)/对象(OB)/上一个(P)/视图(W)/X/Y/Z/Z 轴(ZA)］<世界>：//指定 UCS 原点或选择括号内的选项。

③ 选项说明。

a. 指定 UCS 原点：使用一点、两点或三点定义新的 UCS。三点按顺序分别为坐标原点、X 轴正方向上的任一点和 Y 轴正方向上的任一点。

b. 面(F)：通过三维实体的表面来定义新的 UCS。新建 UCS 的 XY 面与实体表面重合。

c. 命名(NA)：保存自定义的坐标系或恢复已存储的坐标系。

d. 对象(OB)：通过指定的三维对象来定义新的 UCS。新建 UCS 的 Z 轴正方向与选定对象的拉伸方向一致。

e. 上一个(P)：恢复上一个 UCS。

f. 视图(W)：以垂直于观察方向(平行于屏幕)的平面为 XY 平面定义新的 UCS。X 轴指向水平，原点保持不变。

g. $X/Y/Z$：绕指定轴旋转当前 UCS。

h. Z 轴：用指定的正 Z 轴定义新的 UCS。

i. 世界：将当前 UCS 设置为世界坐标系。

2. 三维动态观察器

1）功能

AutoCAD 提供了具有交互控制功能的三维动态观测器，用三维动态观测器可以实时控制和改变当前视口中创建的三维视图。三维动态观察有三种方式。

2）三维动态观察方式

(1) 受约束的动态观察。

① 执行方式。

a. 菜单：选择菜单【视图(V)】→【动态观察(B)】→【受约束的动态观察(C)】。

b. 工具栏：单击【动态观察】工具栏中的【受约束的动态观察】按钮。

c. 命令行：在命令行中输入【3DORBIT】(或【3DO】)。

d. 功能区：【视图】选项卡→【导航】面板→【动态观察】按钮。

② 操作方法。

启动【动态观察】命令后，系统将显示三维动态观察光标图。如果水平拖动光标，相机将平行世界坐标系的 XY 平面移动；如果垂直拖动光标，相机将沿 Z 轴移动。

(2) 自由动态观察。

① 执行方式。

a. 菜单：选择菜单【视图(V)】→【动态观察(B)】→【自由动态观察(F)】。

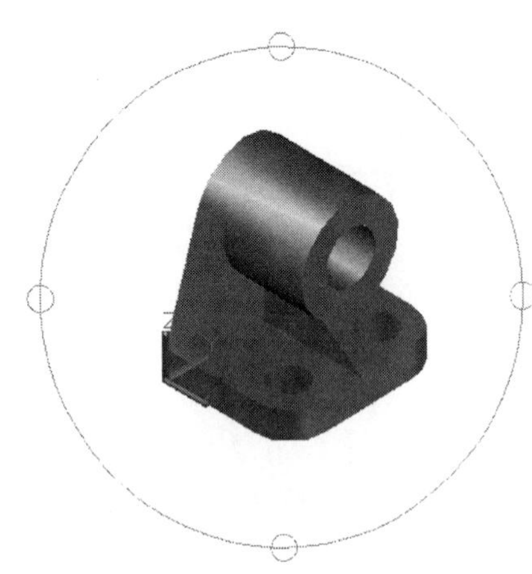
图 7.2 自由动态观察

b. 工具栏：单击【动态观察】工具栏中的【自由动态观察】按钮。

c. 命令行：在命令行中输入【3DFORBIT】(或【3DF】)。

d. 功能区：【视图】选项卡→【导航】面板→【自由动态观察】按钮。

② 操作方法。

启动【自由动态观察】命令后，三维自由动态观察视图中会显示一个导航球，它被 4 个绿色小圆分成四个区域。此时通过拖动鼠标就可以对视图进行旋转观测，如图 7.2 所示。

(3) 连续动态观察。

① 执行方式。

a. 菜单：选择菜单【视图(V)】→【动态观察(B)】→【连续动态观察(O)】。

b. 工具栏：单击【动态观察】工具栏中的【连续动态观察】按钮。

c. 命令行：在命令行中输入【3DCORBIT】(或【3DC】)。

d. 功能区：【视图】选项卡→【导航】面板→【连续动态观察】按钮。

② 操作方法。

启动【连续动态观察】命令后，界面出现动态观察图标，拖动鼠标，图形按拖动方向旋转，旋转速度为拖动速度。

3. 视觉样式

1) 功能

视觉样式用来控制视口中模型边和着色的显示。

2) 执行方式

(1) 功能区：【视图】选项卡 →【视觉样式】面板。

(2) 菜单：选择菜单【视图(V)】→【视觉样式(S)】子菜单。

(3) 工具栏：单击【视觉样式】工具栏中按钮。

(4) 命令行：在命令行中输入【SHADEMODE】(或【SHA】)。

3) 操作方法

命令：_shademode↙

输入选项 [二维线框(2)/线框(W)/隐藏(H)/真实(R)/概念(C)/着色(S)/带边缘着色(E)/灰度(G)/勾画(SK)/X 射线(X)/其他(O)]：//选择括号内的选项。

4) 选项说明

(1) 二维线框(2)：用直线和曲线表示边界的对象，其中光栅、OLE 对象、线型和线宽都是可见的，如图 7.3(a)所示。

(2) 线框(W)：用直线和曲线显示边界的对象，并显示一个已着色的三维 UCS 图标，如图 7.3(b)所示。

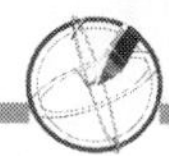

(3) 消隐(H)：用三维线框表示对象，并隐藏后面被遮挡的图线，如图 7.3(c)所示。

(4) 真实(R)：着色时使对象的边平滑化，并显示已附着到对象的材质，如图 7.3(d)所示。

(5) 概念(C)：着色时使对象的边平滑化，着色效果缺乏真实感，如图 7.3(e)所示。

(6) 着色(S)：模型仅着色显示，并显示已附着到对象的材质，如图 7.3(f)所示。

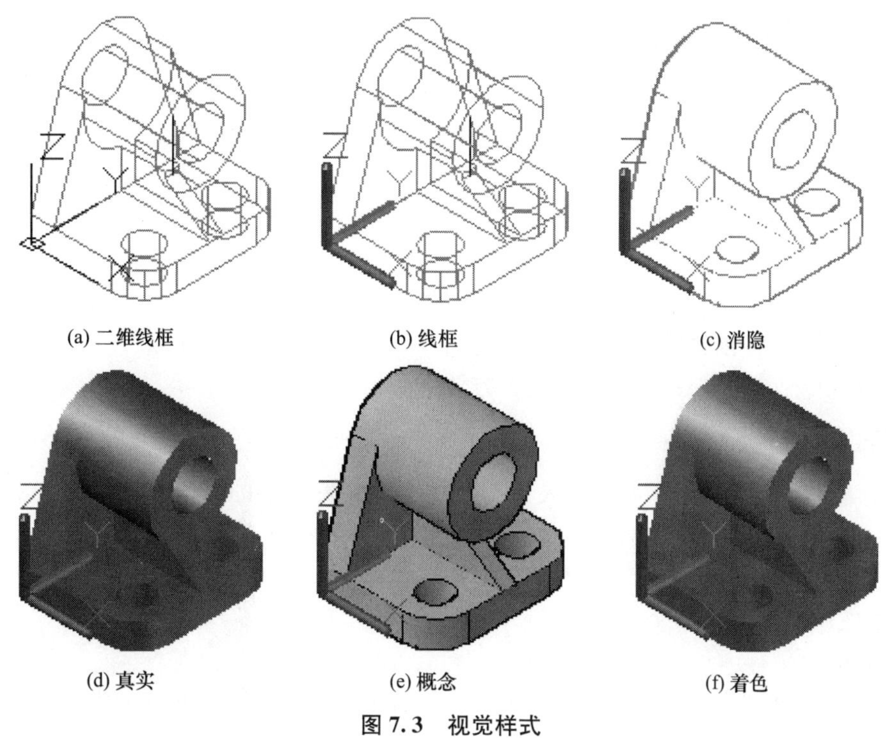

(a) 二维线框　(b) 线框　(c) 消隐

(d) 真实　(e) 概念　(f) 着色

图 7.3　视觉样式

4. 视点

1) 功能

视点是指观察图形的方向。在三维绘图时，利用视点显示不同的视图，可以方便地验证图形的三维效果。在默认状态下，系统设置了 10 种视点，分别为俯视、仰视、左视、右视、前视、后视、西南等轴测、东南等轴测、东北等轴测和西北等轴测。

2) 执行方式

(1) 功能区：【视图】选项卡→【视图】面板。

(2) 菜单：选择菜单【视图(V)】→【三维视觉(D)】子菜单。

(3) 工具栏：单击【视图】工具栏中按钮。

(4) 命令行：在命令行中输入【ERASE】(或【E】)。

5. 基本实体

1) 长方体

(1) 功能。

创建实心长方体或实心立方体。

(2) 执行方式。

① 功能区：【实体】选项卡→【图元】面板→【长方形】按钮。

② 菜单：选择菜单【绘图(D)】→【建模(M)】→【长方体(B)】。

③ 工具栏：单击【建模】工具栏中的【长方体】按钮。

④ 命令行：在命令行中输入【BOX】。

(3) 操作方法。

命令：_box↙

指定第一角点或［中心(C)］：//指定第一点或选择括号内的选项。

指定其他角点或［立方体(C)/ 长度(L)］：//指定第二点或选择括号内的选项。

指定高度或［两点(2P)］：//指定长方体高度或选择括号内的选项。

(4) 选项说明。

① 指定第一角点：确定长方体的一个顶点。

② 中心(C)：用指定中心点创建长方体。

③ 指定其他角点：确定长方体的另一角点。

④ 立方体(C)：创建长、宽、高相等的长方体。

⑤ 长度(L)：通过长、宽、高创建长方体。

特别提示

- 在输入角点坐标时，如果输入的是正值，则沿着当前 UCS 的 *X*、*Y* 和 *Z* 轴的正向绘制长度；如果输入的是负值，则沿着 *X*、*Y* 轴和 *Z* 轴的负向绘制长度。

2) 圆柱体

(1) 功能。

创建以圆或椭圆为底面的圆柱体。在默认状态下，圆柱体的底面位于当前用户坐标系的 *XY* 平面上。

(2) 执行方式。

① 功能区：【实体】选项卡→【图元】面板→【圆柱体】按钮。

② 菜单：选择菜单【绘图(D)】→【建模(M)】→【圆柱体(C)】。

③ 工具栏：单击【建模】工具栏中的【圆柱体】按钮。

④ 命令行：在命令行中输入【CYLINDER】(或【CYL】)。

(3) 操作方法。

命令：_cylinder↙

指定底面的中心或［三点(3P)/两点(2P)/切点、切点、半径(T)/椭圆(E)］：//指定圆柱底面的中心或选择括号内的选项。

指定底面半径或［直径(D)］<35.0000>：//输入圆柱体底面半径或直径。

指定高度或［两点(2P)/轴端点(A)］<60.0000>：//指定圆柱体的高度。

(4) 选项说明。

① 三点(3P)：通过指定 3 点来确定圆柱体的底面。

② 两点(2P)：通过指定两点来确定圆柱体的底面。

③ 切点、切点、半径(T)：通过指定圆柱体底面的两个切点和半径来确定圆柱体的底面。

④ 椭圆(E)：创建截面为椭圆的圆柱体。

⑤ 轴端点(A)：通过指定圆柱体轴的端点位置确定圆柱高度。

特别提示

- 在输入圆柱体高度时，如果输入的是正值，则沿着当前UCS的Z轴的正向绘制圆柱体；如果输入的是负值，则沿着Z轴的负向绘制圆柱体。

3）球体

(1) 功能。

创建球体。

(2) 执行方式。

① 功能区：【实体】选项卡→【图元】面板→【球体】按钮。

② 菜单：选择菜单【绘图(D)】→【建模(M)】→【球体(S)】。

③ 工具栏：单击【建模】工具栏中的【球体】按钮。

④ 命令行：在命令行中输入【SPHERE】(或【SPH】)。

(3) 操作方法。

命令：_sphere↙

指定中心点或［三点(3P)/两点(2P)/切点、切点、半径(T)：//指定球心或选择括号内的选项。

指定半径或［直径(D)］：//输入球体的半径或直径。

特别提示

- 在线框模式下，系统变量ISOLINES控制实体的线框密度，确定实体表面上的网格线数，ISOLINES=4和ISOLINES=8的效果对比如图7.4所示。
- 系统变量FACETRES控制着色或三维实体的平滑度，FACETRES=0.5和FACETRES=5的效果对比如图7.5所示。

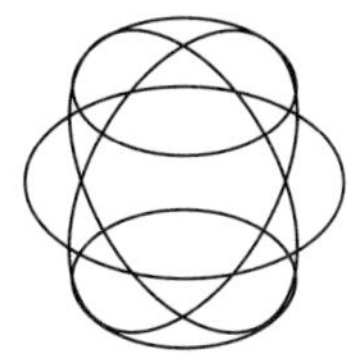

(a) ISOLINES=4

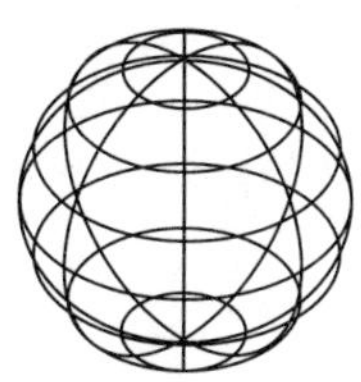

(b) ISOLINES=8

图7.4　系统变量ISOLINES对比

(a) FACETRES=0.5

(b) FACETRES=5

图7.5　系统变量FACETRES对比

4）楔体

(1) 功能。

创建楔体，如图7.6所示。

图7.6　楔体

(2) 执行方式。

① 功能区：【实体】选项卡→【图元】面板→【楔体】按钮。

② 菜单：选择菜单【绘图(D)】→【建模(M)】→【楔体(W)】。

③ 工具栏：单击【建模】工具栏中的【楔体】按钮。

④ 命令行：在命令行中输入【WEDGE】(或【WE】)。

(3) 操作方法。

命令：_wedge↙

指定第一角点或［中心(C)］：//指定楔体底面的第一个角点。

指定其他角点或［立方体(C)/长度(L)］：//指定楔体底面的第二个角点。

指定高度或［两点(2P)］＜64.0000＞：//输入楔体的高度。

(4) 选项说明。

楔体可看成是长方体沿对角线切开而成，因此可使用与创建长方体相同的方法来创建楔体，各选项的含义与长方体相同。

5) 圆锥体

(1) 功能。

创建圆底或椭圆底圆锥体。

(2) 执行方式。

① 功能区：【实体】选项卡→【图元】面板→【圆锥体】按钮。

② 菜单：选择菜单【绘图(D)】→【建模(M)】→【圆锥体(O)】。

③ 工具栏：单击【建模】工具栏中的【圆锥体】按钮。

④ 命令行：在命令行中输入【CONE】。

(3) 操作方法。

命令：_cone↙

指定底面的中心或［三点(3P)/两点(2P)/切点、切点、半径(T)/椭圆(E)］：//指定圆锥体底面的中心或选择括号内的选项。

指定底面半径或［直径(D)］＜35.0000＞：//输入圆锥体底面半径或直径。

指定高度或［两点(2P)/轴端点(A)/顶面半径(T)］＜60.0000＞：//指定圆锥体的高度。

(4) 选项说明。

① 顶面半径(T)：输入圆锥体顶面圆的半径。

② 创建圆锥体的方法与圆柱体相同，各选项含义与圆柱体相同。

6) 圆环

(1) 功能。

创建圆环体。

(2) 执行方式。

① 功能区：【实体】选项卡→【图元】面板→【圆环体】按钮。

② 菜单：选择菜单【绘图(D)】→【建模(M)】→【圆环体(T)】。

③ 工具栏：单击【建模】工具栏中的【圆环体】按钮。

④ 命令行：在命令行中输入【TORUS】(或【TOR】)。

(3) 操作方法。

命令：_torus↙

指定中心点或［三点(3P)/两点(2P)/切点、切点、半径(T)］：//指定圆环体的中心或选择括号内的选项。

指定半径或［直径(D)］＜35.0000＞：//输入圆环体的半径或直径。

指定圆管半径或［两点(2P)/直径(A)］＜5.0000＞：//输入圆管的半径或直径。

6. 布尔运算

1）功能

布尔运算是在面域或实体间进行类似于数学集合的和、差、交运算，如图 7.7 所示。布尔运算是创建实体上各种特征的主要工具。

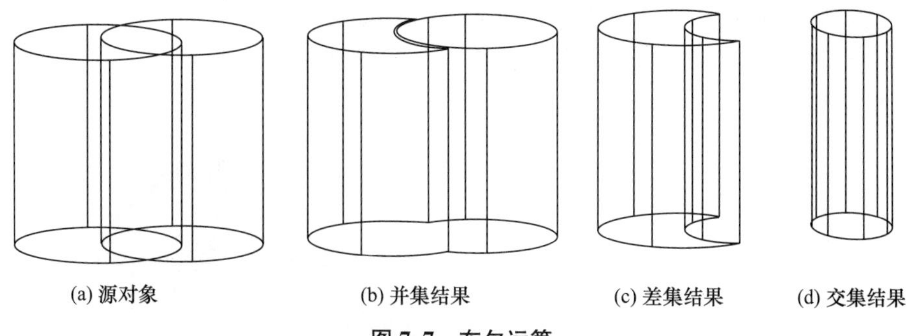

(a) 源对象　(b) 并集结果　(c) 差集结果　(d) 交集结果

图 7.7　布尔运算

2）执行方式

(1) 功能区：【实体】选项卡→【布尔值】面板。

(2) 菜单：选择菜单【修改(M)】→【实体编辑(N)】→【并集(U)/差集(S)/交集(I)】。

(3) 工具栏：单击【建模】工具栏中的【并集】按钮 /【差集】按钮 /【交集】按钮。

(4) 命令行：在命令行中输入【UNION】/【SUBTRACT】/【INTERSECT】。

7. 拉伸实体

1）功能

将二维图形沿 Z 轴或指定方向拉伸生成实体，如图 7.8 所示。

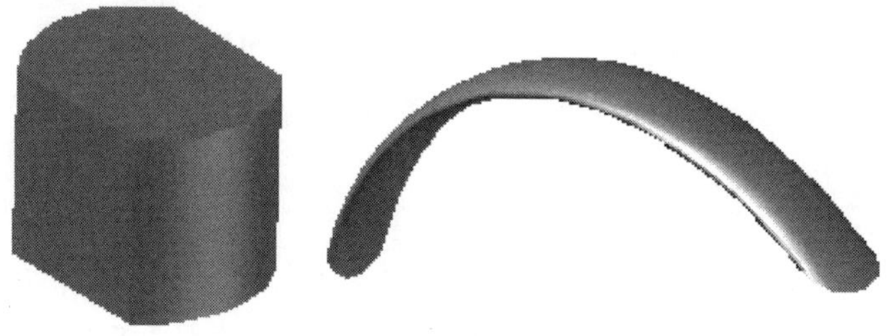

图 7.8　拉伸实体

2）执行方式

(1) 功能区：【实体】选项卡→【实体】面板→【拉伸】按钮。

(2) 菜单：选择菜单【绘图(D)】→【建模(M)】→【拉伸(X)】。

(3) 工具栏：单击【建模】工具栏中的【拉伸】按钮。

(4) 命令行：在命令行中输入【EXTRUDE】(或【EXT】)。

3）操作方法

命令：_extrude↙

当前线框密度：ISOLINE=4，闭合轮廓创建模式=实体。

选择拉伸的对象或［模式(MO)］：//选择二维图形，然后按【Enter】键完成选择。

指定拉伸的高度或［方向(D)/路径(P)/倾斜角(T)/表达式(E)］：//输入拉伸的高度或选择括号内的选项。

4）选项说明

(1) 方向(D)：通过指定两点来确定拉伸方向和高度。

(2) 路径(P)：以现有的图形对象作为拉伸方向创建实体。如图 7.9 所示以圆弧为路径创建拉伸实体。

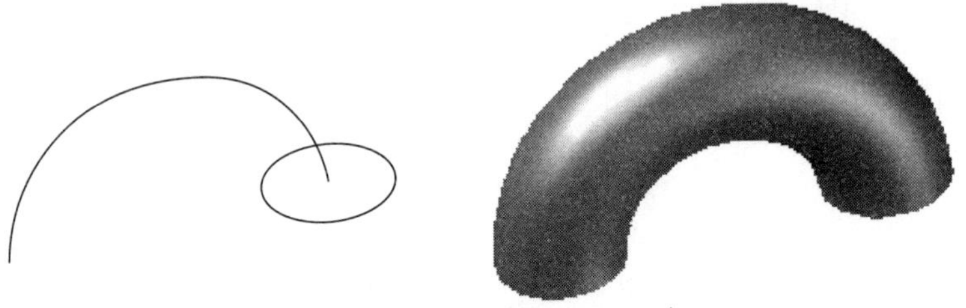

图 7.9　沿路径拉伸

(3) 倾斜角(T)：设置拉伸时倾斜的角度，使创建的实体带有拔模角，如图 7.10 所示。

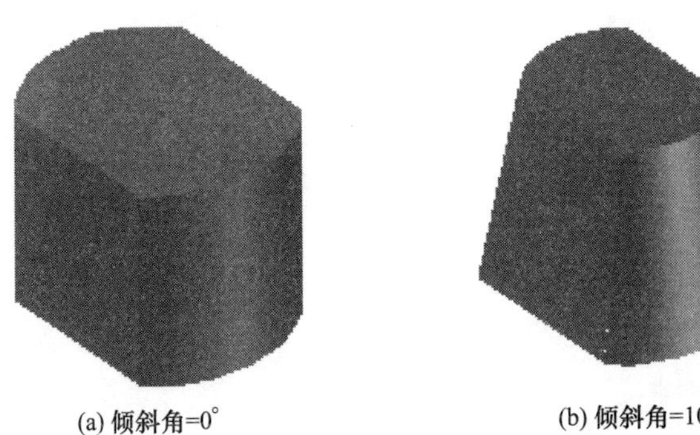

(a) 倾斜角=0°　　(b) 倾斜角=10°

图 7.10　设置倾斜角

特别提示

- 如果拉伸的对象是二维封闭图形(封闭多段线、多边形、圆、椭圆、封闭样条曲线、圆环或面域)，则生成三维实体；如果拉伸的对象是开放图形，则生成片体。

8. 三维镜像

1）功能

将三维模型沿平面进行对称复制。

2）执行方式

(1) 功能区：【常用】选项卡→【修改】面板→【三维镜像】按钮。

(2) 菜单：选择菜单【修改(M)】→【三维操作(3)】→【三维镜像(D)】。

(3) 命令行：在命令行中输入【3DMIRROR】。

3) 操作方法

命令：_3dmirror↙

选择对象：//选择镜像的对象，然后按【Enter】键完成选择。

指定镜像平面(三点)的第一点或［对象(O)/最近的(L)/Z 轴(Z)/视图(V)/XY 平面(XY)/YZ 平面(YZ)/ZX 平面(ZX)/三点(3)］<三点>：//指定镜像平面的第一点或选择括号内的选项。

是否删除源对象？［是(Y)/否(N)］：//确定是否删除源对象。

4) 选项说明

(1) 点：输入镜像平面上第一个点的坐标。该选项通过 3 个点确定镜像平面，是系统的默认选项。

(2) 对象(O)：定义指定对象所在的平面作为镜像平面。

(3) 最近的(L)：用最近一次定义的镜像平面作为当前镜像平面。

(4) *Z* 轴(Z)：通过确定平面上一点和该平面法线上的一点来定义镜像平面。

(5) 视图(V)：指定一个与当前视图平面(即计算机屏幕)平行的面作为镜像平面。

(6) XY(YZ、XZ)平面：定义与当前 UCS 的 XY、YZ、XZ 面平行的平面作为镜像平面。

7.1.4 操作步骤

1. 新建文件

单击【标准】工具栏中的【新建】按钮，在弹出的【选择样板】对话框中选择【acadiso.dwg】文件，单击【打开】按钮。

2. 设置视点

(1) 设置工作空间。单击【状态托盘】中的【切换工作空间】按钮，弹出【切换工作空间】列表，在列表中选择【三维建模】。

(2) 单击【视图】选项卡【视图】面板中的【东南等轴测】按钮，设置观察方向。

3. 创建底板

(1) 创建长方体。单击【实体】选项卡【图元】面板【长方体】按钮，指定坐标原点为第一个角点，使用【长度】选项输入长、宽、高分别为 140、180 和 30，绘制长方体如图 7.11 所示。

(2) 单击【常用】选项卡【修改】中的【倒圆角】按钮，输入倒角半径 32，结果如图 7.12 所示。

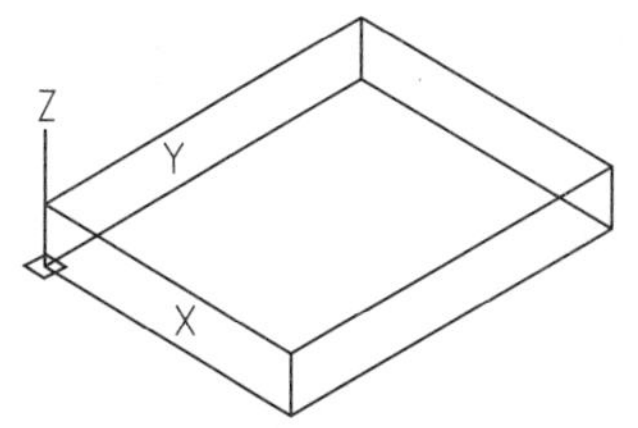

图 7.11 创建长方体

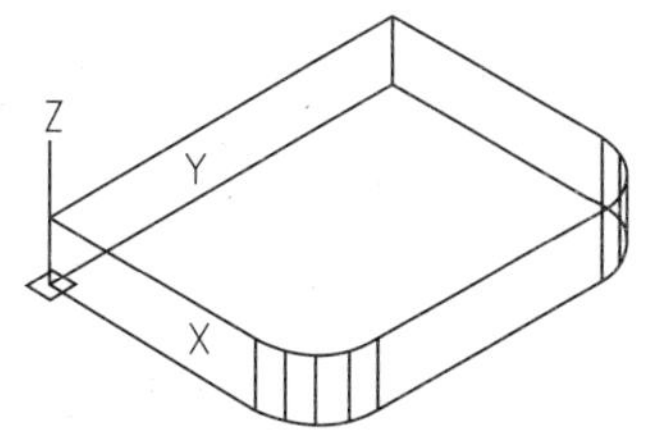

图 7.12 倒圆角

(3) 创建圆柱体。单击【实体】选项卡【图元】面板【圆柱体】按钮，捕捉长方体底面圆角圆心为圆柱体底面中心，输入圆柱半径为 20，高度 30，结果如图 7.13 所示。

(4) 镜像圆柱体。单击【常用】选项卡【修改】面板【三维镜像】按钮，捕捉三个中点定义镜像平面，如图 7.14 所示，镜像结果如图 7.15 所示。

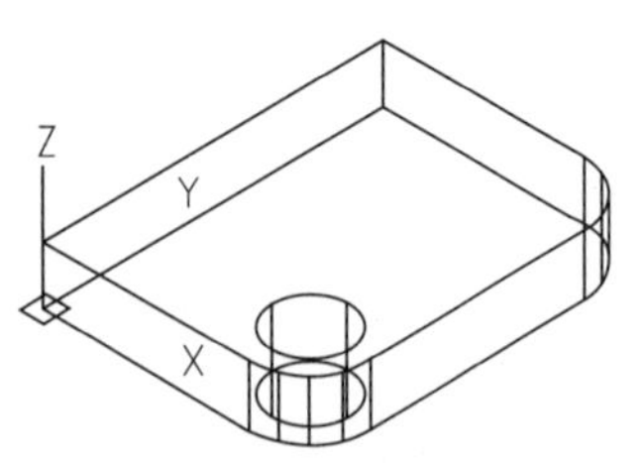

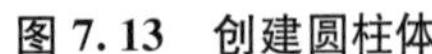

图 7.13 创建圆柱体

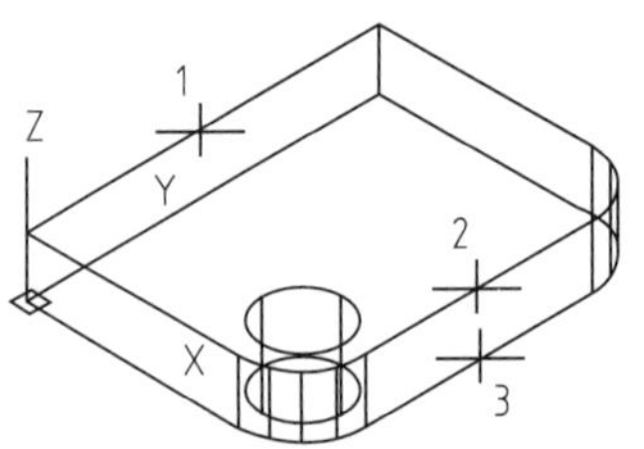

图 7.14 镜像平面

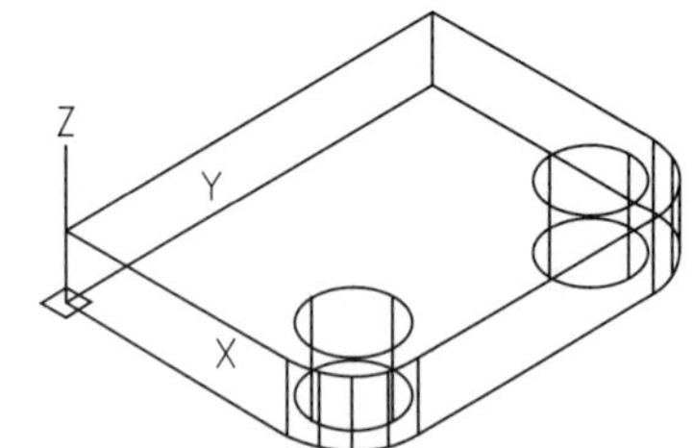

图 7.15 镜像结果

4. 创建圆筒

(1) 创建 UCS。单击【视图】选项卡【坐标】面板【原点】按钮，输入坐标原点为(0，90，130)。单击【视图】选项卡【坐标】面板【绕 Y 轴旋转用户坐标系】按钮，输入旋转角度为 90，结果如图 7.16 所示。

(2) 创建圆柱体。单击【实体】选项卡【图元】面板【圆柱体】按钮，定义坐标原点为圆柱体底面中心，输入圆柱半径为 55，高度为 120。

(3) 以同样的方法创建直径为 56，高度为 120 的圆柱体，结果如图 7.17 所示。

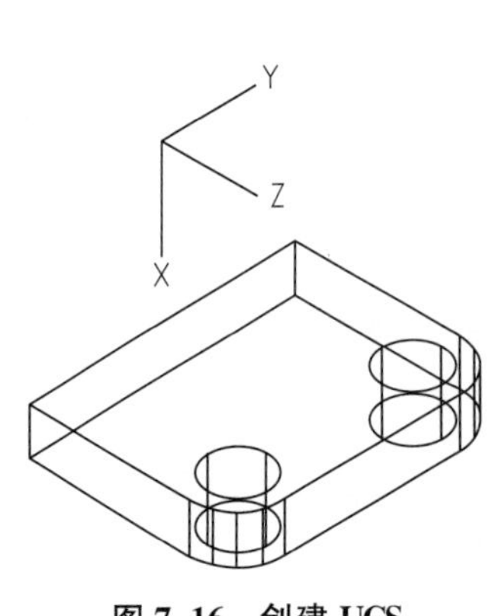

图 7.16 创建 UCS

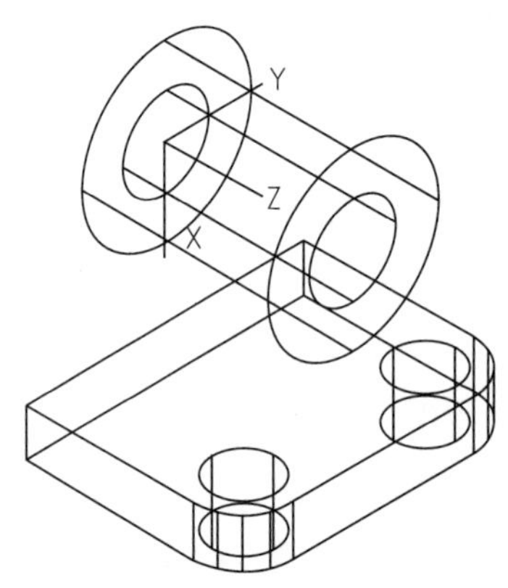

图 7.17 创建圆筒

5. 创建支承板

(1) 绘制支承板截面。单击【常用】选项卡【绘图】面板【直线】按钮，捕捉端点和切点，绘制支承板截面，如图 7.18 所示。

(2) 创建面域。单击【常用】选项卡【绘图】面板【面域】按钮，选择截面图形的四个对象，创建面域。

(3) 创建拉伸实体。单击【实体】选项卡【实体】面板【拉伸】按钮，选择面域为拉伸对象，输入拉伸高度为 30，如图 7.19 所示。

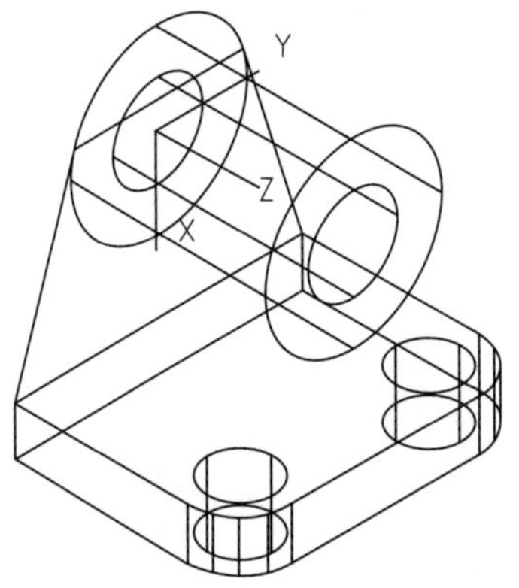

图 7.18　支承板截面

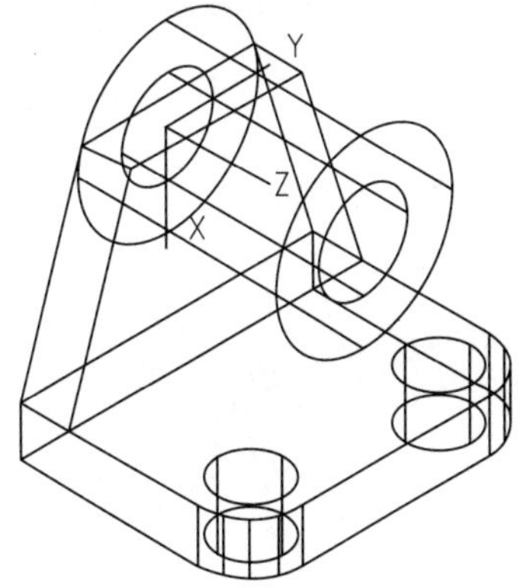

图 7.19　创建支承板

6. 创建加强肋

(1) 创建 UCS。单击【视图】选项卡【坐标】面板【绕 X 轴旋转用户坐标系】按钮，输入旋转角度为 90，结果如图 7.20 所示。

(2) 绘制加强肋截面。利用【直线】和【修剪】命令，绘制加强肋截面，并创建面域，如图 7.21 所示。

(3) 创建拉伸实体。选择加强肋截面面域为拉伸对象，输入拉伸高度为 16，结果如图 7.22所示。

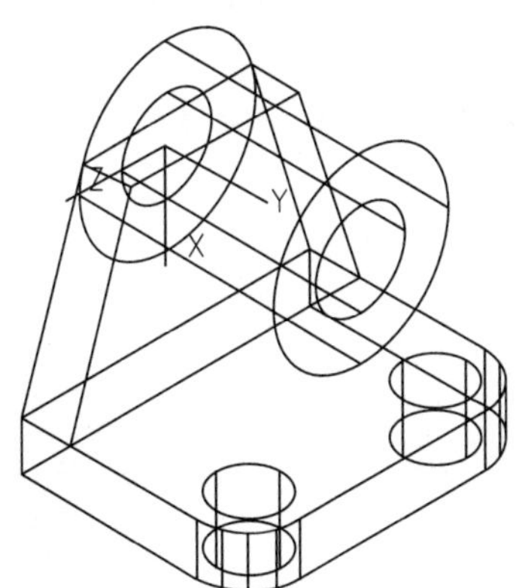

图 7.20　旋转 UCS

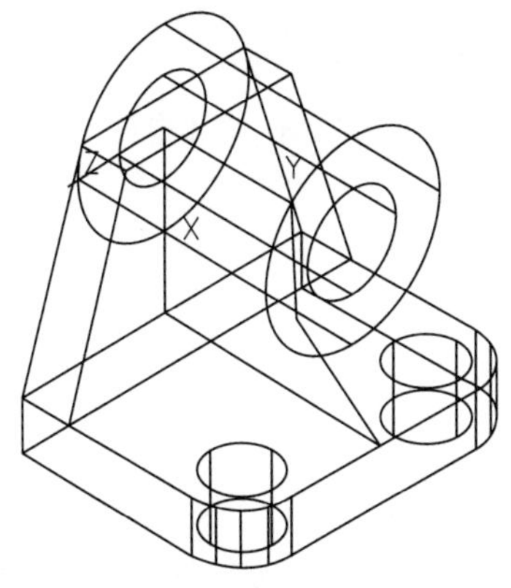

图 7.21　加强肋截面

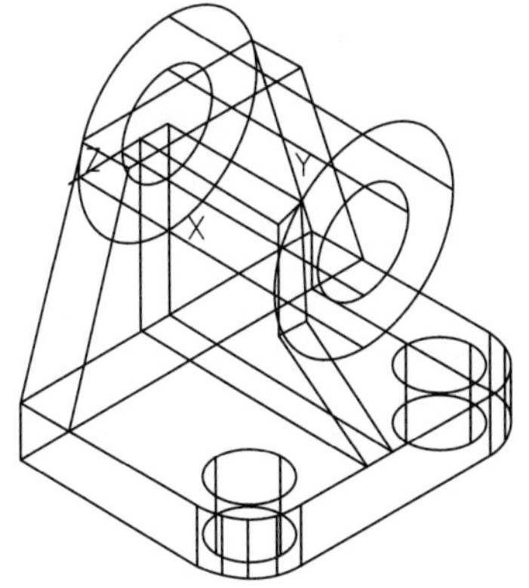

图 7.22　创建加强肋

(4) 移动加强肋。单击【常用】选项卡【修改】面板【移动】按钮，以加强肋棱边中点为基点，如图 7.23 所示，移至底板棱边中点，结果如图 7.24 所示。

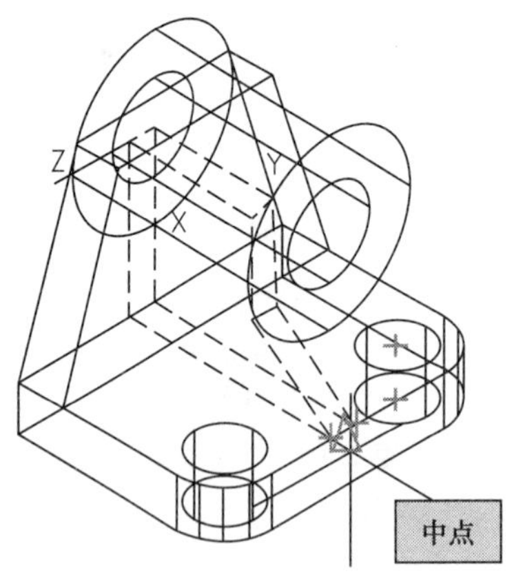

图 7.23　指定基点

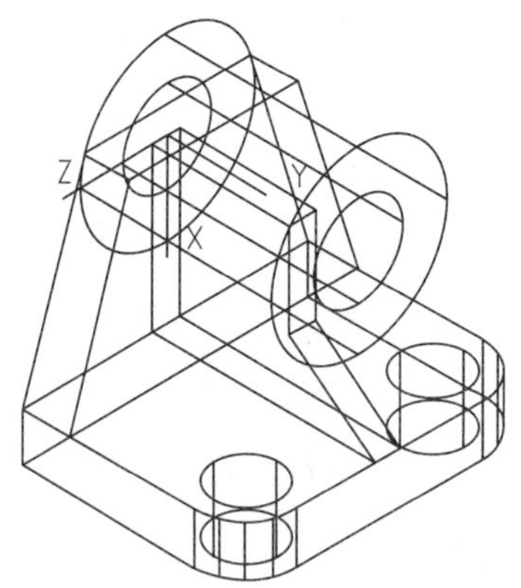

图 7.24　移动结果

7. 布尔运算

(1) 并集运算。单击【实体】选项卡【布尔值】面板【并集】按钮，选择底板、圆筒、支承板和加强肋，将四个对象合并成一个整体，结果如图 7.25 所示。

(2) 差集运算。单击【实体】选项卡【布尔值】面板【差集】按钮，选择合并对象为被减对象，底板和圆筒上的三个圆柱体为要减去的对象。

(3) 单击【视图】选项卡【视觉样式】面板【着色】按钮，结果如图 7.26 所示。

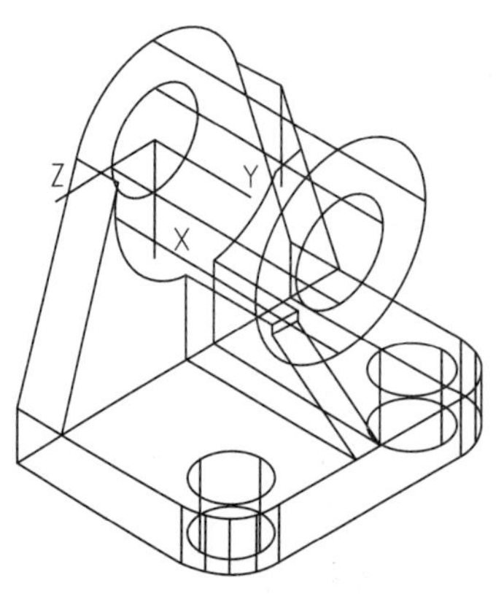

图 7.25　并集运算

图 7.26　差集运算

8. 保存文件

三 维 阵 列

1. 功能

在三维空间按矩形或环形阵列的方式，创建指定对象的多个副本，如图 7.27 所示。

图 7.27　三维阵列

2. 执行方式

(1) 菜单：选择菜单【修改(M)】→【三维操作(3)】→【三维阵列(3)】。

(2) 工具栏：单击【建模】工具栏中的【三维阵列】按钮。

(3) 命令行：在命令行中输入【3DARRAY】。

3. 操作方法

命令：_3darray↙

选择对象：//选择阵列的对象，然后按【Enter】键完成选择。

输入阵列类型［矩形(R)/环形(P)］〈矩形〉：//选择阵列类型。

4. 选项说明

(1) 矩形(R)：系统默认的选项，选择该选项后通过输入行数、列数、层数和行间距、列间距、层间距来阵列复制对象。

(2) 环形(P)：选择该选项后通过阵列复制的数目、填充的角度及旋转轴来阵列复制对象。

应用案例

利用三维阵列绘制如图 7.28 所示的圆盘三维图形。

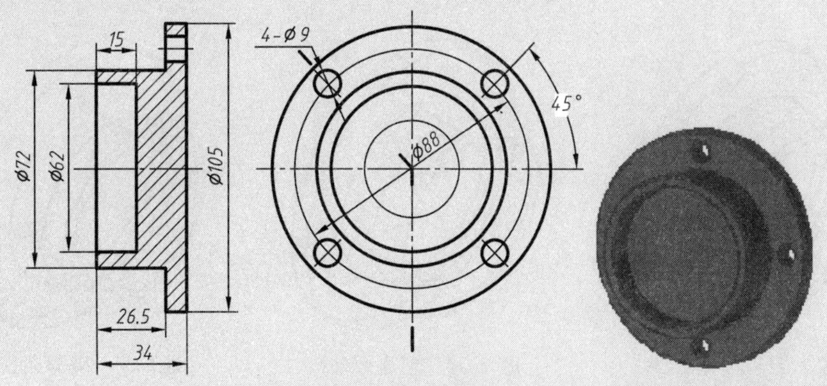

图 7.28　圆盘

(1) 创建 UCS。单击【视图】选项卡【坐标】面板【绕 X 轴旋转用户坐标系】按钮，输入旋转角度为 90。

(2) 创建圆柱体。单击【实体】选项卡【图元】面板【圆柱体】按钮，以坐标原点为圆柱体底面圆心，创建直径为 105，高度为 7.5 的圆柱体，结果如图 7.29 所示。

(3) 创建圆柱体。捕捉已创建圆柱体端面圆心为圆柱体底面圆心，创建直径为 72，高度为 26.5 的圆柱体。以相同的方法捕捉直径为 72 的圆柱体端面圆心为圆柱体底面圆心，创建直径为 62，高度为 15 的圆柱体，结果如图 7.30 所示。

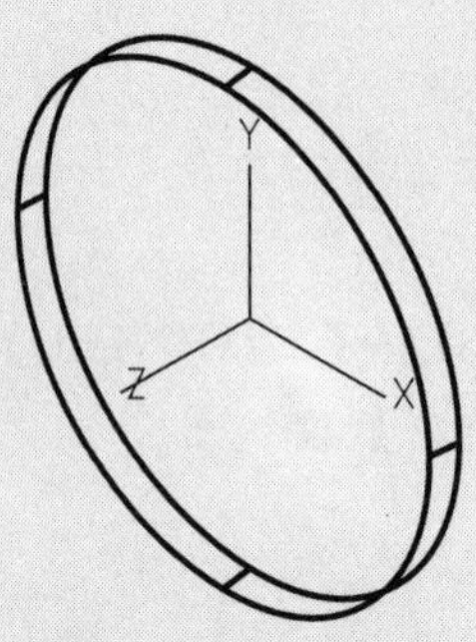

图 7.29 创建圆柱体

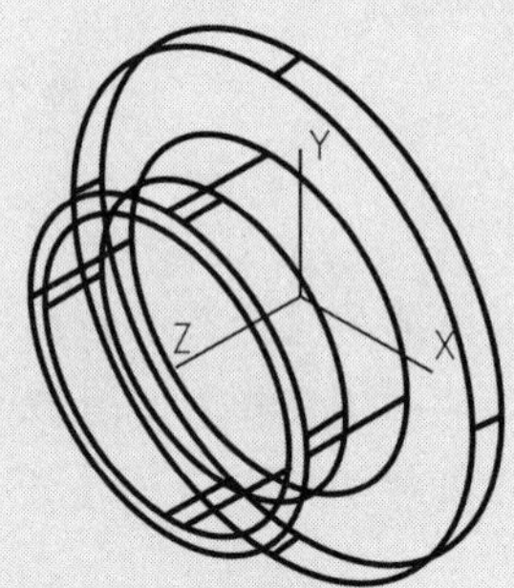

图 7.30 创建圆柱体

(4) 创建 UCS。单击【视图】选项卡【坐标】面板【原点】按钮，输入坐标原点为(0，44，0)，结果如图 7.31 所示。

(5) 创建圆柱体。单击【实体】选项卡【图元】面板【圆柱体】按钮，以坐标原点为圆柱体底面圆心，创建直径为 9，高度为 7.5 的圆柱体，结果如图 7.32 所示。

(6) 阵列圆柱体。单击【建模】工具栏中的【三维阵列】按钮，选择小圆柱体为阵列对象，以大圆柱体轴线为旋转轴，输入阵列数量为 4，阵列复制小圆柱体，结果如图 7.33 所示。

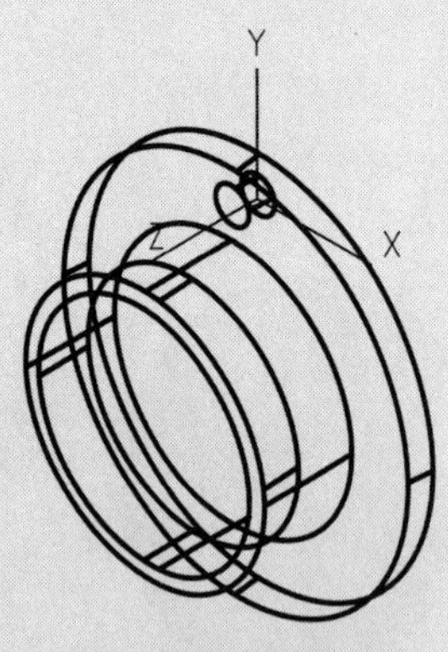

图 7.31 创建 UCS

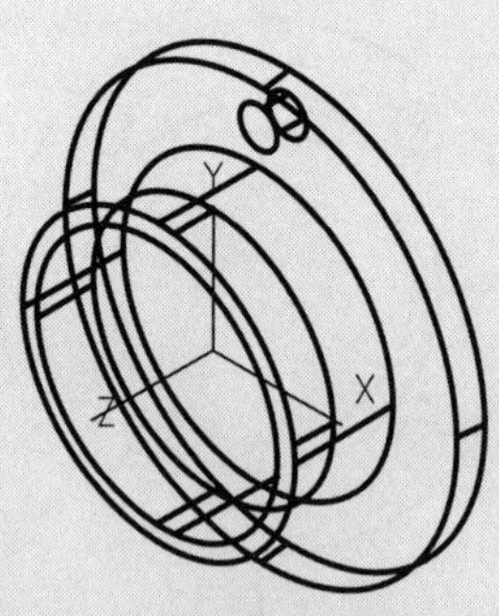

图 7.32 创建圆柱体

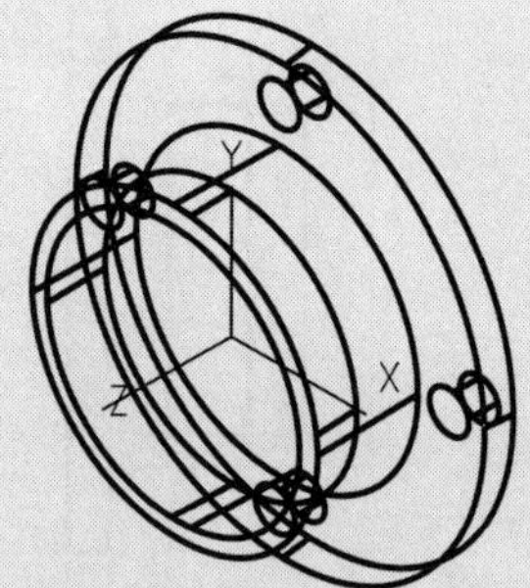

图 7.33 阵列圆柱体

(7) 布尔运算。合并直径为 105 和 72 的两个圆柱体，并在合并体上减去四个直径为 9 的圆柱体和直径为 62 的圆柱体，结果如图 7.28 所示。

任务 7.2　输出轴三维图形的绘制

7.2.1　任务引入

创建如图 7.34 所示的输出轴三维图。

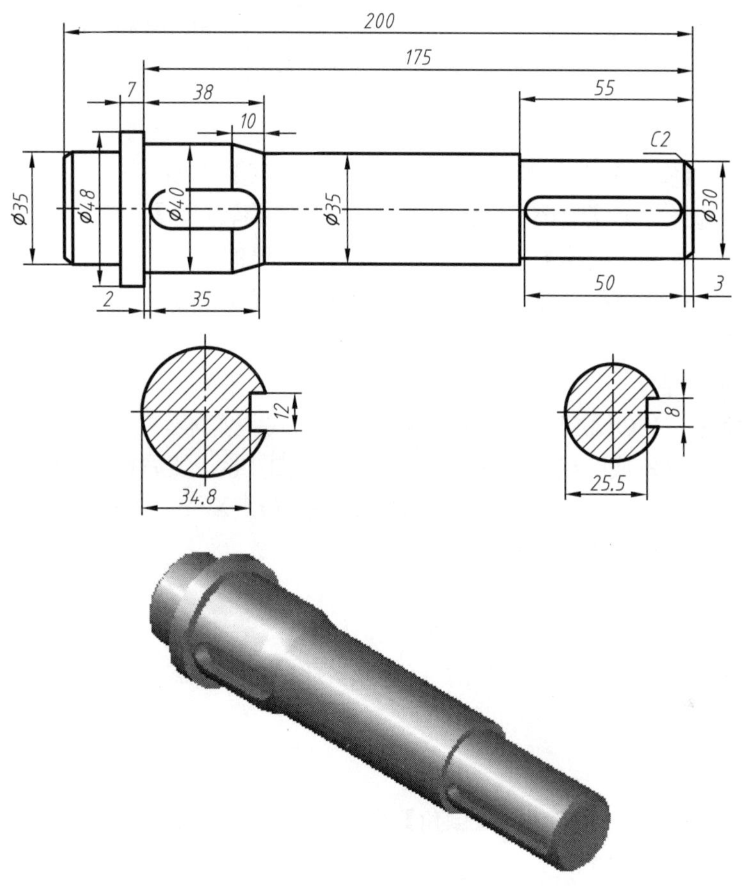

图 7.34　输出轴

7.2.2　任务分析

输出轴为常见的轴类零件，由不同直径的回转体组成，轴段上有键槽。其建模思路是：首先绘制回转体截面，利用旋转命令创建回转体，然后绘制键槽拉伸截面，利用拉伸命令创建键槽，最后进行布尔运算。

7.2.3　相关知识

1. 旋转实体

1）功能

将二维图形绕轴旋转生成实体，如图 7.35 所示。

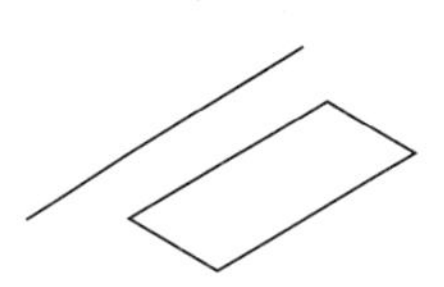

(a) 旋转截面

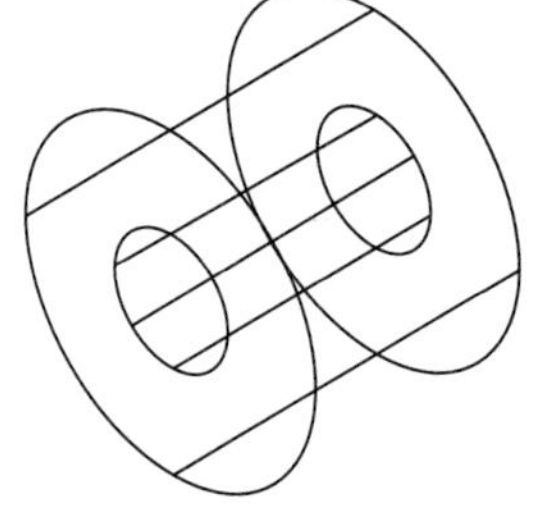

(b) 旋转后的实体

图 7.35　旋转实体

2）执行方式

(1) 功能区：【实体】选项卡→【实体】面板→【旋转】按钮。

(2) 菜单：选择菜单【绘图(D)】→【建模(M)】→【旋转(R)】。

(3) 工具栏：单击【建模】工具栏中的【旋转】按钮。

(4) 命令行：在命令行中输入【REVOLVE】(或【REV】)。

3）操作方法

命令：_revolve↙

当前线框密度：ISOLINE=4，闭合轮廓创建模式=实体。

选择要旋转的对象或［模式(MO)］：//选择二维图形，然后按【Enter】键完成选择。

指定轴起点或根据以下选项之一定义轴［对象(O)/X/Y/Z］＜对象＞：//通过两点来定义旋转轴或选择括号内的选项。

4）选项说明

(1) 对象(O)：指定直线作为旋转轴。

(2) X/Y/Z(P)：指定当前 UCS 的 X(Y 或 Z)作为旋转轴。

2. 三维倒角

1）功能

三维倒角与二维图形中用到的【倒角】命令相同，执行方式相同，但在三维造型设计中，其操作方法有所区别。

2）操作方法

命令：_chamfer↙

(“修剪”模式)当前倒角距离 1=0.0000，距离 2=0.0000。

选择第一条直线或［放弃(U)/多段线(P)/距离(D)/角度(A)/修剪(T)/方式(E)/多个(M)］：//选择实体上要倒直角的边或选择括号内的选项。

基面选择…

输入曲面选择选项［下一个(N)/当前(OK)］＜当前〉：//选择基面，默认选项是当前，即以虚线表示的面作为基面。

指定基面的倒角距离＜2.0000＞：//输入基面上的倒角距离。

指定其他曲面的倒角距离＜2.0000＞：//输入与基面相邻的另外一个面上的倒角距离。

选择边或［环(L)］：//选择需要倒角的边。

3）选项说明

(1) 下一个(N)：以与所选边相邻的另一个面作为基面。

(2) 环(L)：对基面上所有的边都进行倒角，如图 7.36 所示。

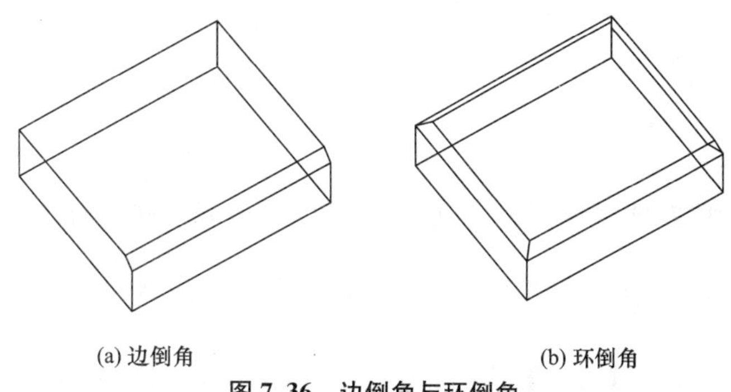

(a) 边倒角　　(b) 环倒角

图 7.36　边倒角与环倒角

7.2.4　操作步骤

1. 新建文件

单击【标准】工具栏中的【新建】按钮，在弹出的【选择样板】对话框中选择【acadiso. dwg】文件，单击【打开】按钮。

2. 设置视点

(1) 设置工作空间。单击【状态托盘】中的【切换工作空间】按钮，弹出【切换工作空间】列表，在列表中选择【三维建模】。

(2) 单击【视图】选项卡【视图】面板中的【东南等轴测】按钮，设置观察方向。

3. 创建回转体

(1) 绘制截面。利用二维绘图命令绘制回转体截面，并创建面域，如图 7.37 所示。

(2) 创建回转体。单击【实体】选项卡【实体】面板【旋转】按钮，选择面域为旋转对象，Y 轴为旋转轴，创建回转体，如图 7.38 所示。

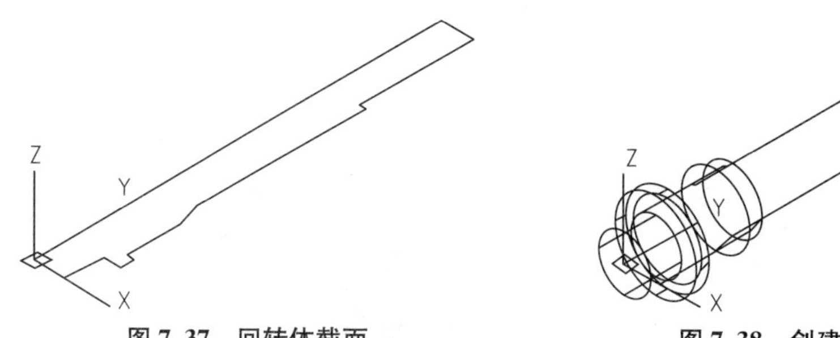

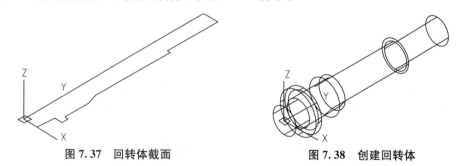

图 7.37　回转体截面　　**图 7.38　创建回转体**

4. 创建键槽

(1) 创建 UCS。单击【视图】选项卡【坐标】面板【原点】按钮，输入坐标原点为(20，0，0)。单击【视图】选项卡【坐标】面板【绕 Y 轴旋转用户坐标系】按钮，输入旋转角度为－90，结果如图 7.39 所示。

(2) 绘制截面。利用二维绘图命令绘制键槽截面，并创建面域，如图 7.40 所示。

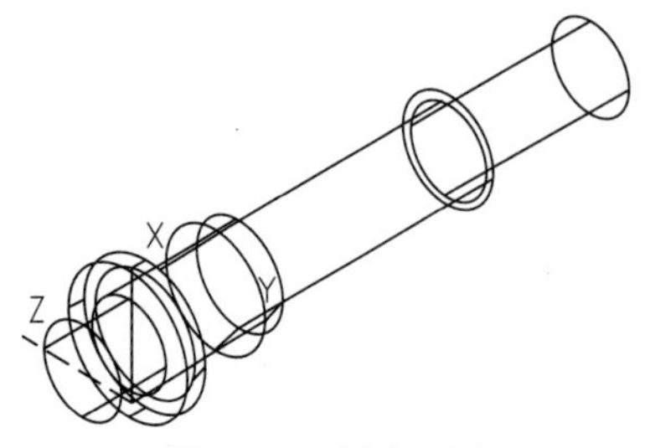

图 7.39　创建 UCS

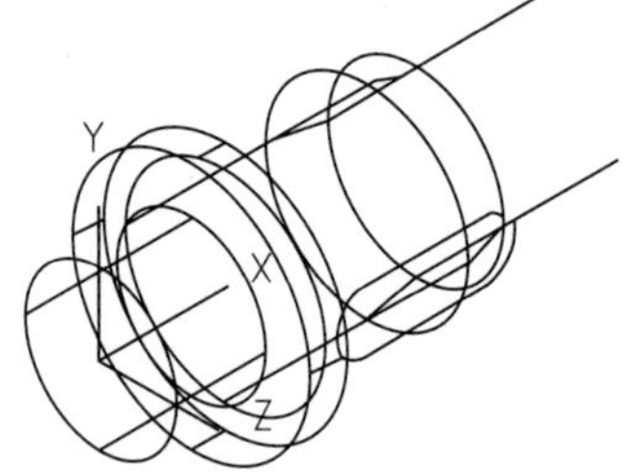

图 7.40　键槽截面

(3) 创建拉伸实体。选择键槽截面面域为拉伸对象，输入拉伸高度 5.2，创建键槽，如图 7.41 所示。

(4) 创建 UCS。单击【视图】选项卡【坐标】面板【原点】按钮，捕捉轴端面象限点为坐标原点，如图 7.42 所示。

(5) 以相同的方法创建键槽，如图 7.43 所示。

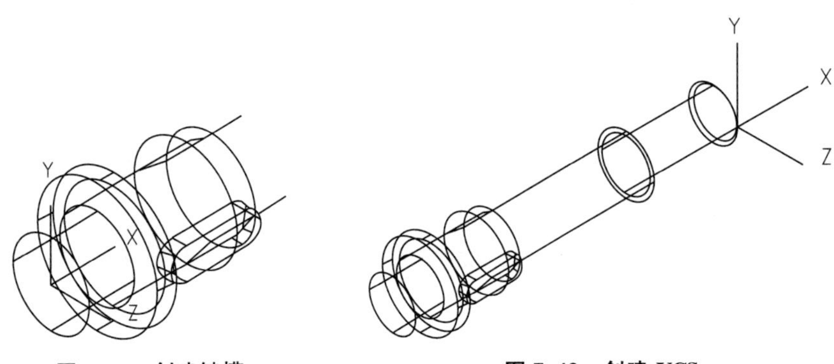

图 7.41　创建键槽　　　　图 7.42　创建 UCS

5. 创建倒角

创建倒角。单击【常用】选项卡【修改】面板【倒角】按钮，创建轴两端倒角，如图 7.44 所示。

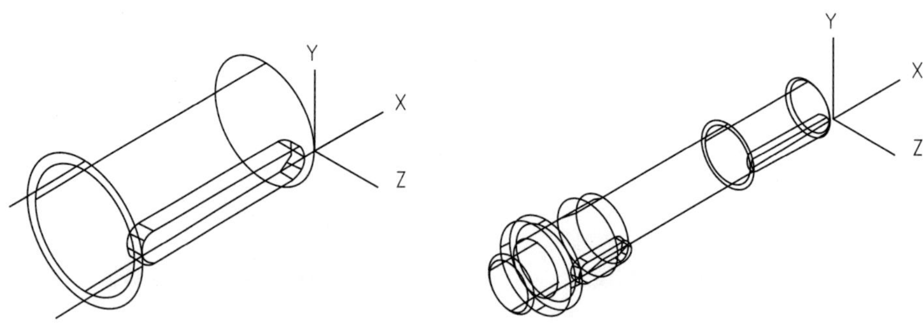

图 7.43　创建键槽　　　　图 7.44　创建倒角

6. 布尔运算

差集运算。单击【实体】选项卡【布尔值】面板【差集】按钮，选择回转体为被减对象，两个键槽为要减去的对象，结果如图 7.34 所示。

7. 保存文件

知识链接

抽　　壳

1. 功能

将实体内部切除一部分，形成内部中空或凹坑的薄壁实体。

2. 执行方式

(1) 功能区：【实体】选项卡→【实体编辑】面板→【抽壳】按钮。

(2) 菜单：选择菜单【修改(M)】→【实体编辑(N)】→【抽壳(H)】。

(3) 工具栏：单击【实体编辑】工具栏中的【抽壳】按钮。

(4) 命令行：在命令行中输入【SOLIDEDIT】。

3. 操作方法

命令：_solidedit↙

实体编辑自动检查：solidedit=1

输入实体编辑选项［面(F)/边(E)/体(B)/放弃(U)/退出(X)］<退出>：//_body

输入体编辑选项［压印(I)/分割实体(P)/抽壳(S)/清除(L)/检查(C)/放弃(U)/退出(X)］<退出>：//_shell

选择三维实体：//选择抽壳的实体

删除面或［放弃(U)/添加(A)/全部(ALL)］：//选择删除面或括号内的选项

输入抽壳偏移距离：//输入抽壳距离

输入体编辑选项［压印(I)/分割实体(P)/抽壳(S)/清除(L)/检查(C)/放弃(U)/退出(X)］<退出>：//按【Esc】键结束命令

应用案例

利用抽壳命令绘制如图7.45所示的壳体。

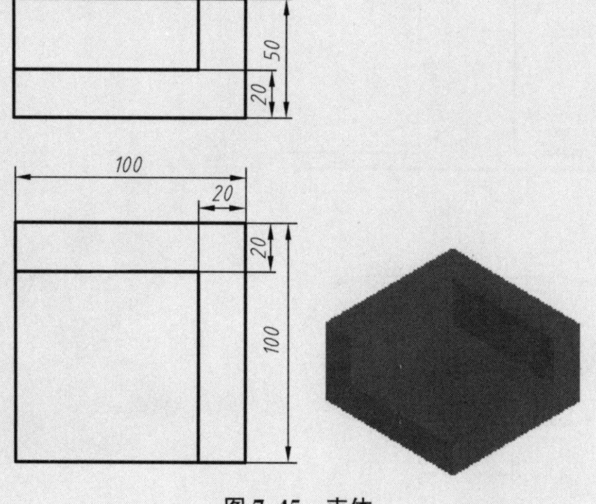

图7.45　壳体

(1) 创建长方体。单击【实体】选项卡【图元】面板【长方体】按钮，创建 100×100×50 的长方体，如图 7.46 所示。

(2) 抽壳长方体。单击【实体】选项卡【实体编辑】面板【抽壳】按钮，选择长方体为抽壳对象，删除如图 7.47 三个面，输入抽壳距离 20，结果如图 7.45 所示。

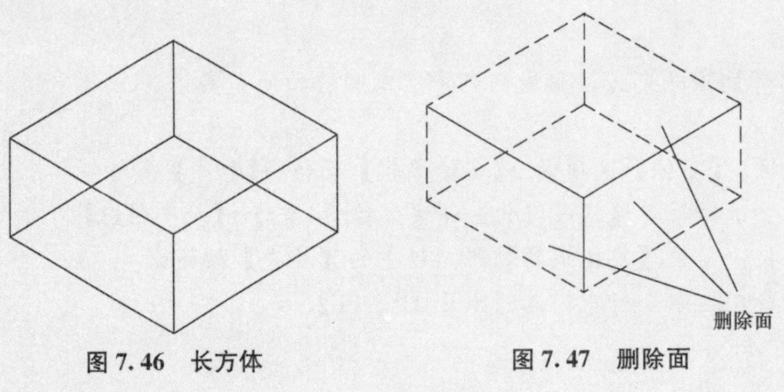

图 7.46　长方体　　图 7.47　删除面

小　　结

本章主要介绍了三维坐标系统、三维动态观察器、视觉样式、视点等三维基础知识，长方体、圆柱体、球体、拉伸和旋转实体等常见实体创建方法，布尔运算、三维镜像和三维阵列等常见三维实体编辑方法。通过本章的学习，读者将掌握采用基本的三维实体命令和编辑命令绘制拉伸实体和旋转实体的方法和步骤。

习　　题

1. 绘制如图 7.48 所示的托架三维图形。

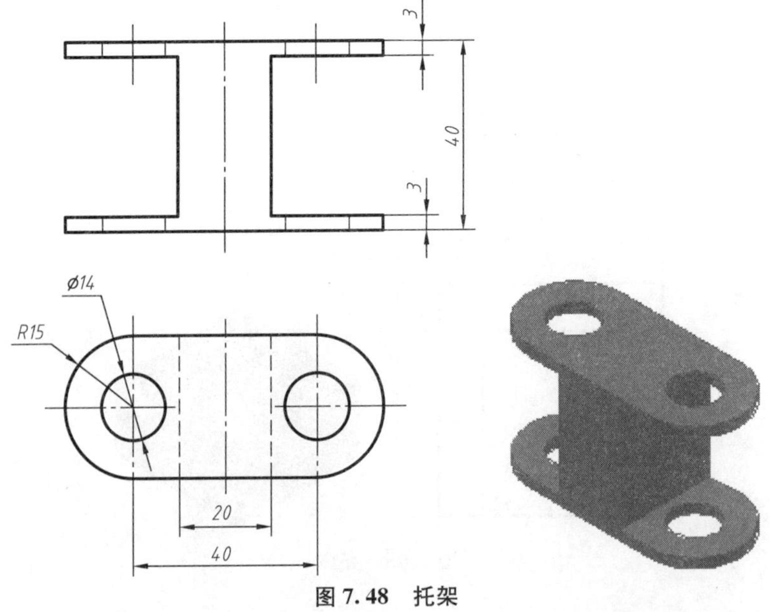

图 7.48　托架

2. 绘制如图 7.49 所示的底座三维图形。

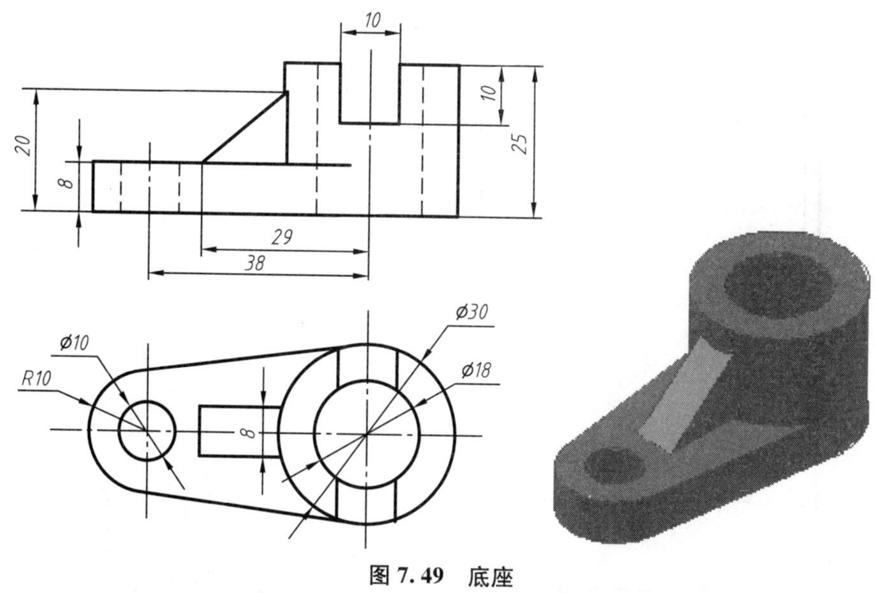

图 7.49　底座

3. 创建如图 7.50 所示的端盖三维模型。

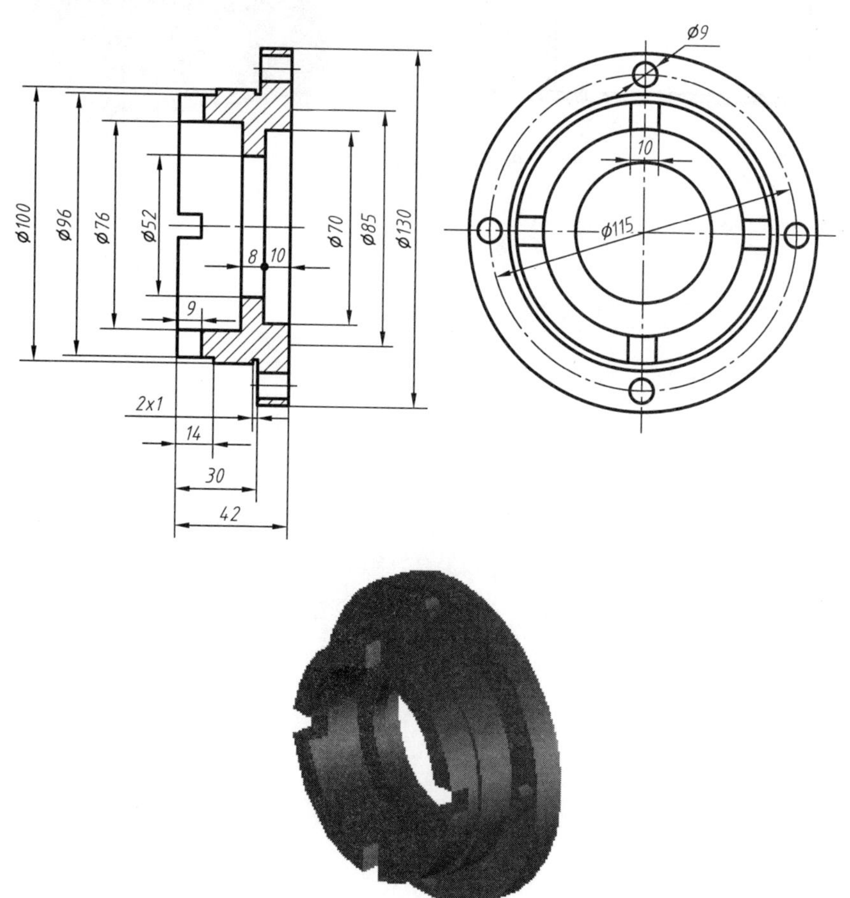

图 7.50　端盖

4. 创建如图 7.51 所示的薄壁箱体三维模型。

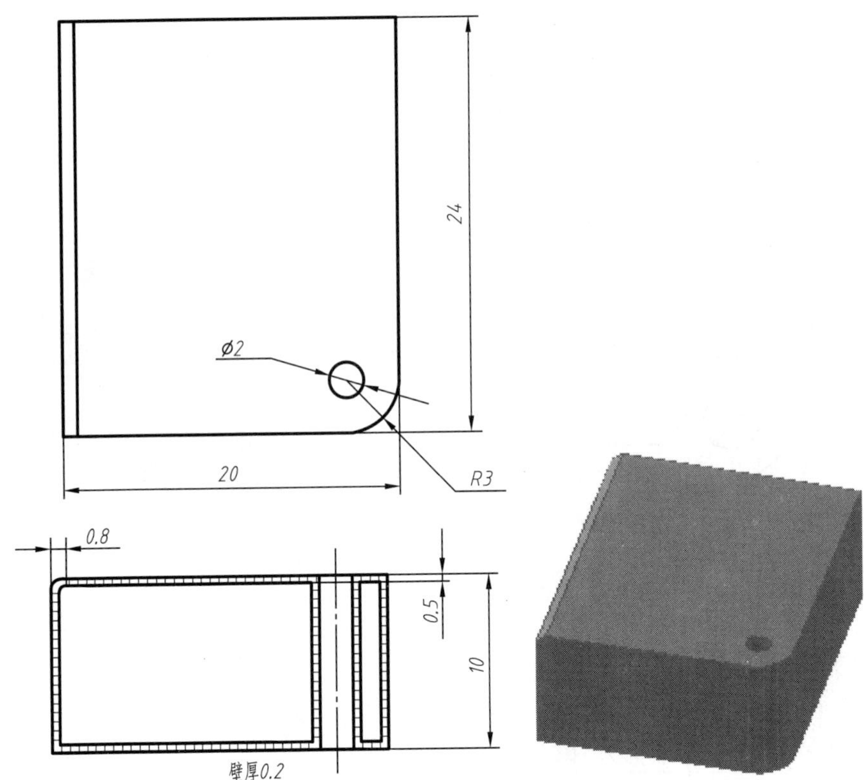

图 7.51　薄壁箱体

模块 8

扫掠和放样实体的绘制

学习目标

掌握常见扫掠和放样实体创建方法；掌握剖切实体、加厚、拉伸面等常用三维实体编辑方法。

学习要求

能力目标	知识要点	权重
掌握三维实体创建方法	扫掠实体； 放样实体	50%
掌握三维实体编辑方法	剖切实体； 加厚； 拉伸面	50%

任务 8.1　螺栓三维图的绘制

8.1.1　任务引入

绘制如图 8.1 所示的螺栓三维图形。

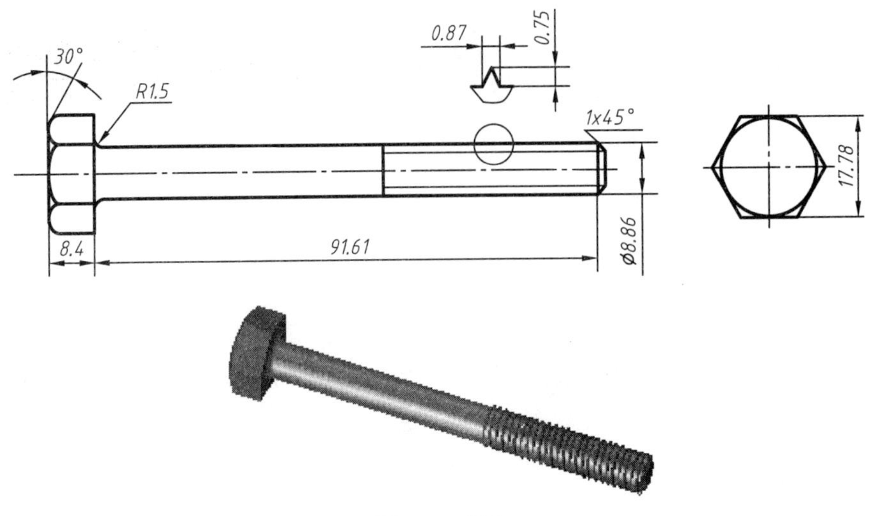

图 8.1　螺栓

8.1.2　任务分析

螺栓是常见的螺纹连接件。其建模思路是：利用拉伸和旋转实体命令创建螺栓头部，然后利用圆柱体和倒圆角命令绘制螺栓柱体，最后利用螺旋和扫掠命令创建螺纹，并进行布尔运算。

8.1.3　相关知识

1. 螺旋

螺旋线是沿圆柱或圆锥表面做螺旋运动的轨迹，该点的轴向位移与转角位移成正比。螺旋线在实际中应用广泛，如机械上的螺纹、涡壳等。

1）功能

绘制平面内的二维螺旋线和空间螺旋线，如图 8.2 所示。

图 8.2　螺旋线

2）执行方式

（1）功能区：【常用】选项卡→【绘图】面板→【螺旋】按钮。

（2）菜单：选择菜单【绘图(D)】→【螺旋(I)】。

（3）命令行：在命令行中输入【HELIX】。

3）操作方法

命令：_helix↙

圈数＝3.0000　扭曲＝CCW

指定底面的中心：//确定底面中心

指定底面半径或［直径(D)］＜1.0000＞：//输入螺旋线底面半径

指定顶面半径或［直径(D)］＜30.0000＞：//输入螺旋线顶面半径

指定螺旋高度或［轴端点(A)/圈数(T)/圈高(H)/扭曲(W)］＜1.0000〉：输入螺旋线高度或选择括号内的选项

4）选项说明

（1）轴端点(A)：确定螺旋线轴的另一端点位置。

（2）圈数(T)：设置螺旋线的圈数，最大值为500。

（3）圈高(H)：设置螺旋线的圈高，即螺旋线旋转一圈后沿轴线方向移动的距离。

（4）扭曲(W)：确定螺旋线的旋转方向，即旋向。

2. 扫掠

1）功能

通过曲线沿着某曲线扫描出三维实体或曲面，如图8.3所示。

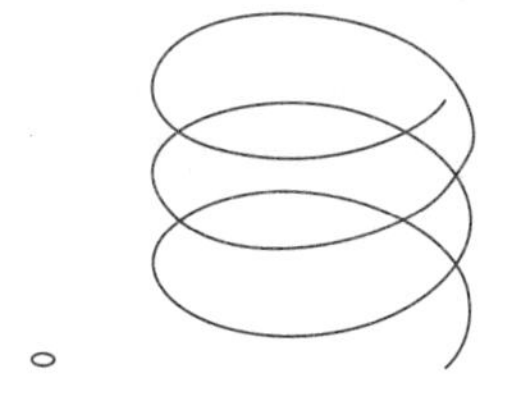

(a) 截面和路径

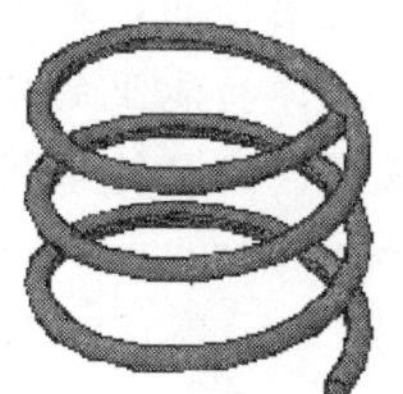

(b) 扫掠实体

图8.3　扫掠实体

2）执行方式

（1）功能区：【实体】选项卡→【实体】面板→【扫掠】按钮。

（2）菜单：选择菜单【绘图(D)】→【建模(M)】→【扫掠(P)】。

（3）工具条：单击【建模】工具条中的【扫掠】按钮。

（4）命令行：在命令行中输入【SWEEP】。

3）操作方法

命令：_sweep↙

当前线框密度：ISOLINES＝4，闭合轮廓创建模式＝实体。

选择要扫掠的对象或［模式(MO)］：//选择扫掠的截面，然后按【Enter】键完成选择。

选择扫掠路径或［对齐(A)/基点(B)/比例(S)/扭曲(T)］：//选择扫掠的路径或括号

内的选项。

4）选项说明

(1) 对齐(A)：设置是否对齐轮廓以使其作为扫掠路径切向的法向，默认对齐。

(2) 基点(B)：指定要扫掠对象的基点。如果指定的点不在扫掠对象所在的平面上，则将该点投影到该平面上。

(3) 比例(S)：输入比例因子。

(4) 扭曲(T)：输入被扫掠对象的扭曲角度。扭曲角度是指定沿扫掠路径全部长度的旋转量。扭曲结果如图 8.4 所示。

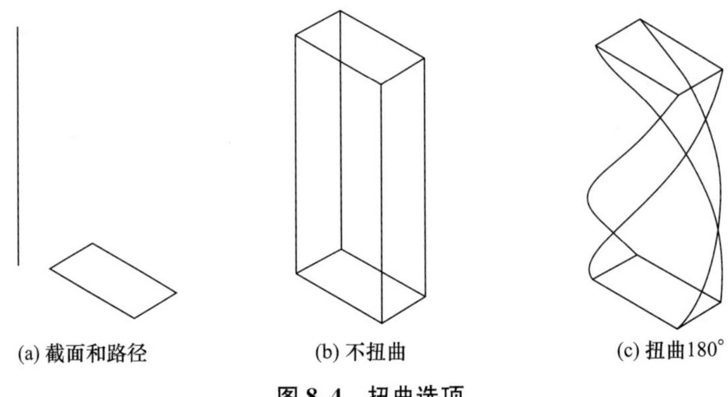

图 8.4　扭曲选项

特 别 提 示

- 如果扫掠的轮廓是闭合的，则生成三维实体；如果轮廓是开放的，则生成片体。
- 扫掠功能类似于拉伸功能里的路径拉伸方式，但用于扫掠的轮廓与路径不受是否在同一平面的限制，而且轮廓将被移到路径曲线的起始端，并与路径曲线垂直。

3. 剖切

1）功能

使用假想的一个与对象相交的面，将三维实体切为两个部分，如图 8.5 所示。被切开的实体两部分可以保留一侧，也可以保留两侧。

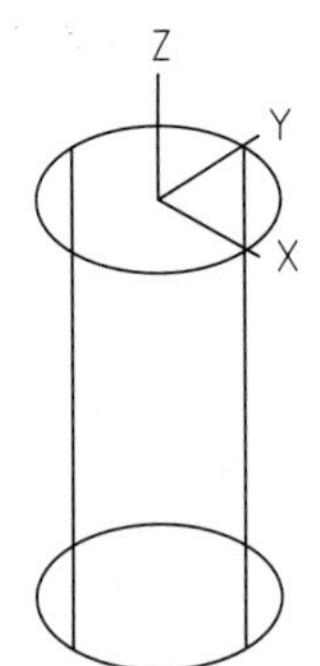

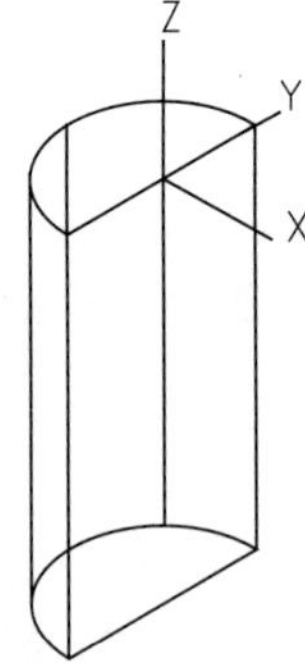

图 8.5　剖切

2）执行方式

(1) 功能区：【实体】选项卡→【实体编辑】面板→【剖切】按钮。

(2) 菜单：选择菜单【修改(M)】→【三维操作(3)】→【剖切(S)】。

(3) 命令行：在命令行中输入【SLICE】。

3）操作方法

命令：_slice↙

选择要剖切的对象：//选择剖切对象，然后按【Enter】键完成选择。

指定切面的起点［平面对象(O)/曲面(S)/Z轴(Z)/视图(V)/XY(XY)/YZ(YZ)/ZX(ZX)/三点(3)］＜三点＞：//指定剖切面上的第一点或选择括号内的选项。

指定平面上的第二个点：// 指定剖切面上的第二点。

在所需的侧面上指定点或［保留两个侧面(B)］＜保留两个侧面〉：//指定需保留一侧上的点。

4）选项说明

(1) 平面对象(O)：指定现有平面作为剖切面。

(2) 曲面(S)：指定曲面作为剖切面。

(3) Z轴(Z)：指定平面上的任意一点和该平面法向上的一点来定义剖切面。

(4) 视图(V)：用与当前绘图屏幕平行的面作为剖切面。

(5) XY、YZ、ZX：用与XY、YZ或ZX面平行的面作为剖切面。

(6) 三点(3)：通过指定3点来确定剖切面。

8.1.4 操作步骤

1. 新建文件

2. 创建螺栓头部

(1) 绘制螺栓头部截面。单击【常用】选项卡【绘图】面板【多边形】按钮，以坐标原点为中心，绘制内接圆半径为8.89的正六边形。

(2) 创建拉伸实体。选择正六边形为拉伸对象，输入拉伸高度8.4，创建螺栓头部，如图8.6所示。

(3) 绘制辅助线。单击【常用】选项卡【绘图】面板【直线】按钮，绘制螺栓头部顶面对角线，如图8.7所示。

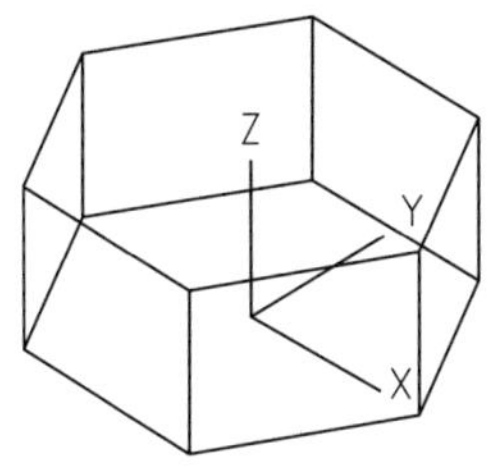

图8.6 螺栓头部

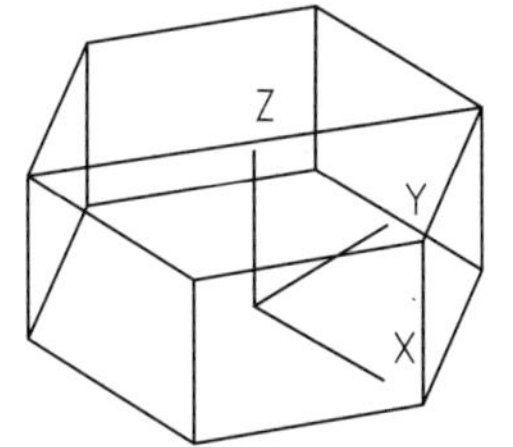

图8.7 辅助线

(4) 创建UCS。单击【视图】选项卡【坐标】面板【三点】按钮，依次捕捉坐标原点、X 轴正方向上的点和 Y 轴正方向上的点，如图 8.8 所示。

(5) 绘制倒角截面。单击【常用】选项卡【绘图】面板【直线】按钮，绘制螺栓头部倒角截面。单击【常用】选项卡【绘图】面板【面域】按钮选择三条直线，创建截面面域，如图 8.9 所示。

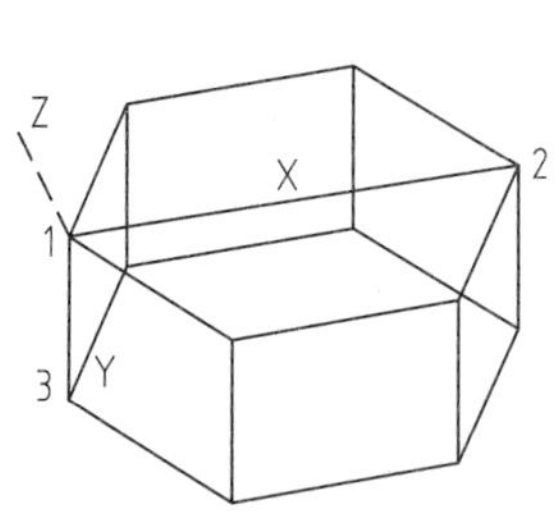

图 8.8 创建 UCS

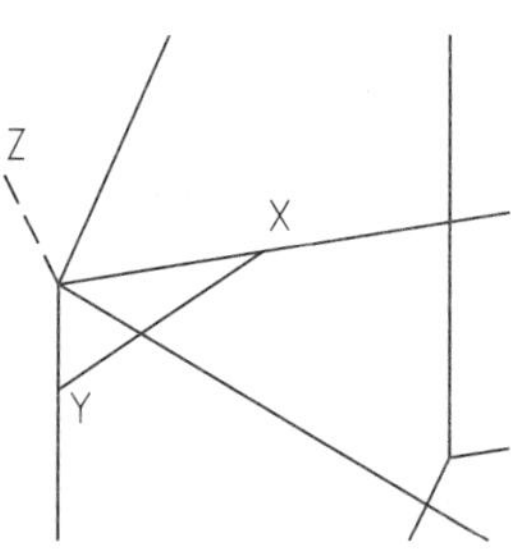

图 8.9 倒角截面

(6) 创建旋转实体。单击【实体】选项卡【实体】面板【旋转】按钮，以螺栓头部轴为轴线旋转截面，结果如图 8.10 所示。

(7) 差集运算。单击【实体】选项卡【布尔值】面板【差集】按钮，选择螺栓头部为被减对象，旋转体为要减去的对象。删除辅助线，结果如图 8.11 所示。

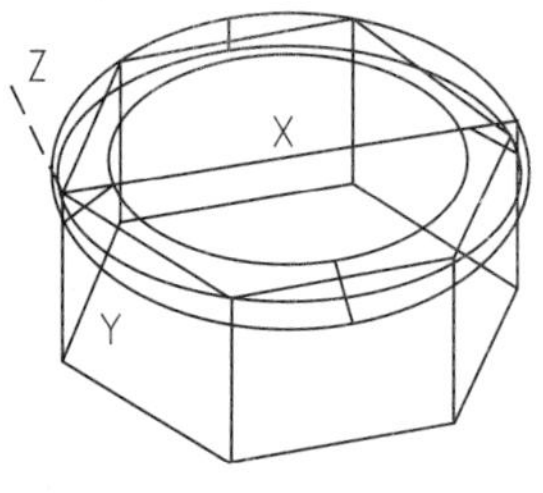

图 8.10 旋转体

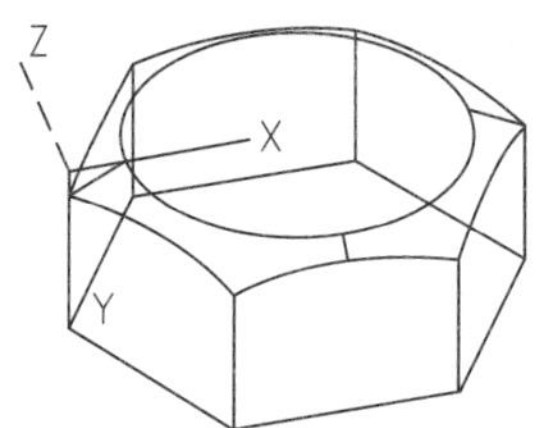

图 8.11 螺栓头部

3. 创建螺栓柱体

(1) 创建 UCS。单击【视图】选项卡【坐标】面板【世界】按钮，如图 8.12 所示。

(2) 创建圆柱。单击【实体】选项卡【图元】面板【圆柱体】按钮，以坐标原点为底面中心，创建直径为 8.86、高度为 93 的圆柱体，如图 8.13 所示。

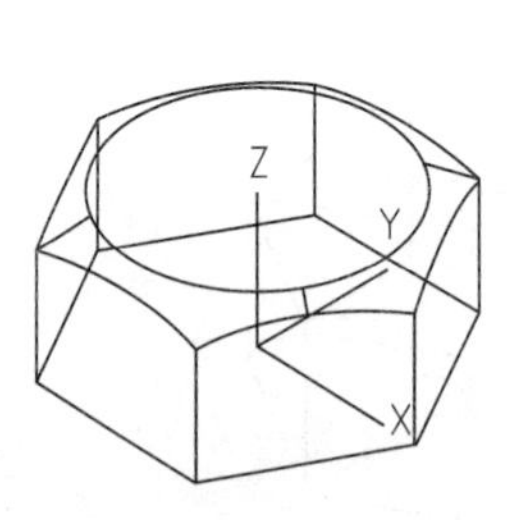

图 8.12 创建 UCS

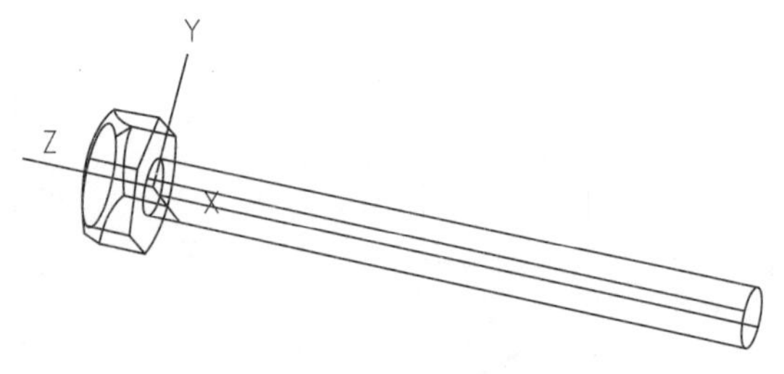

图 8.13 螺栓柱体

(3) 并集运算。单击【实体】选项卡【布尔值】面板【并集】按钮，合并螺栓头部和柱体。

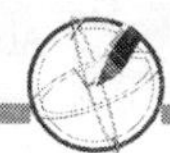

(4)创建圆角。单击【常用】选项卡【修改】面板【圆角】按钮，选择螺栓头部和柱体的交线，创建半径为 1.5 的圆角，如图 8.14 所示。

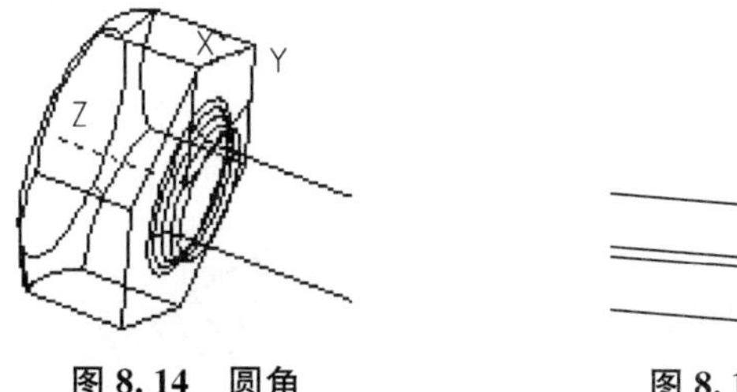

图 8.14　圆角

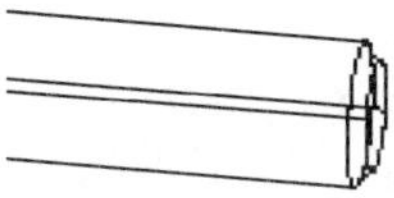

图 8.15　倒角

4. 创建螺纹

(1) 创建倒角。单击【常用】选项卡【修改】面板【倒角】按钮，选择柱体端面边线，创建距离为 1 的倒角，如图 8.15 所示。

(2) 绘制扫掠路径螺旋线。单击【常用】选项卡【绘图】面板【螺旋】按钮，选择柱体底面圆心为螺旋线底面中心，输入底面直径和顶面直径为 4.43，圈高为 1.5，螺旋高度为 40，结果如图 8.16 所示。

(3) 绘制扫掠截面。单击【常用】选项卡【绘图】面板【直线】按钮，绘制扫掠截面并创建面域，如图 8.17 所示。

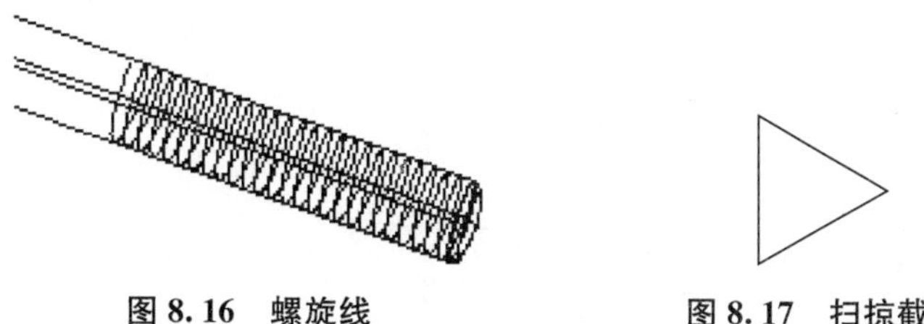

图 8.16　螺旋线

图 8.17　扫掠截面

(4) 创建扫掠实体。单击【实体】选项卡【实体】面板【扫掠】按钮，分别选择扫掠截面和路径，如图 8.18 所示，生成扫掠实体，如图 8.19 所示。

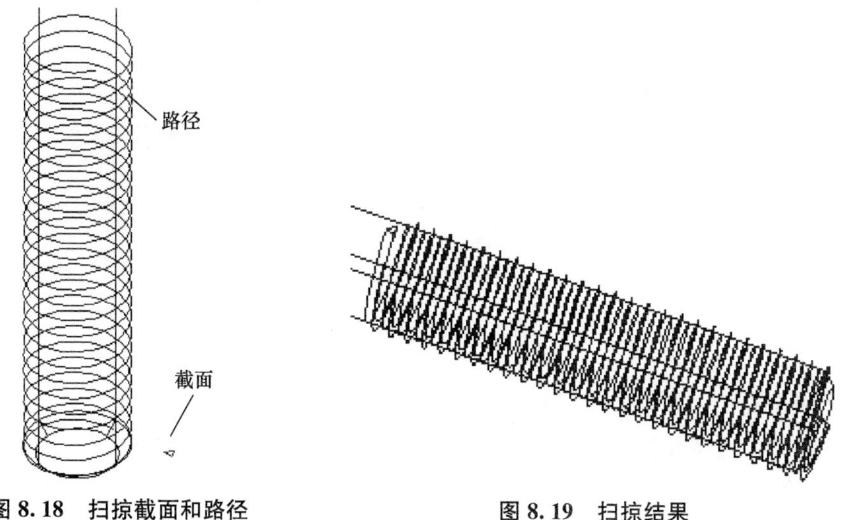

图 8.18　扫掠截面和路径

图 8.19　扫掠结果

(5) 创建 UCS。单击【视图】选项卡【坐标】面板【原点】按钮，捕捉柱体底面圆心为坐标原点，如图 8.20 所示。

(6) 剖切螺纹。单击【实体】选项卡【实体编辑】面板【剖切】按钮，以 XY 平面为剖切面，切除多余螺纹，结果如图 8.21 所示。

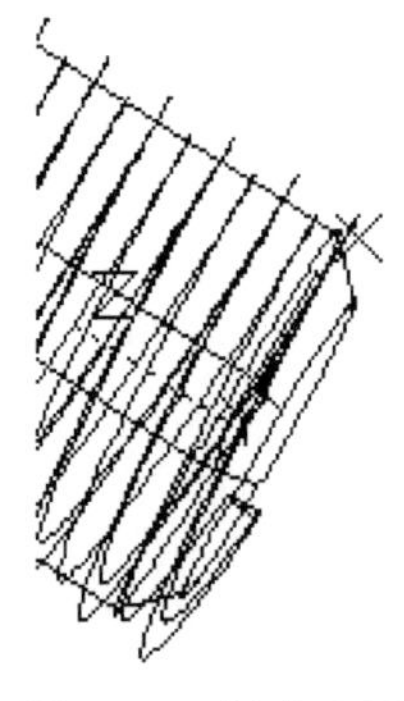

图 8.20　创建 UCS

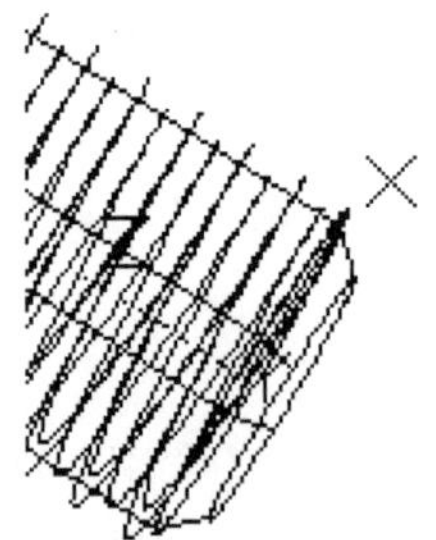

图 8.21　剖切结果

5. 布尔运算

并集运算。单击【实体】选项卡【布尔值】面板【并集】按钮，合并所有实体，结果如图 8.1 所示。

6. 保存文件

知识链接

按住并拖动

1. 功能

通过拉伸和偏移动态地修改对象。在选择由共面直线或边围成的任意区域或三维实体面形成的区域后，按住并拖动鼠标可创建拉伸和偏移，如果把实体表面的封闭区域向实体内部拖动，则可以方便地实现去除材料，如图 8.22 所示。

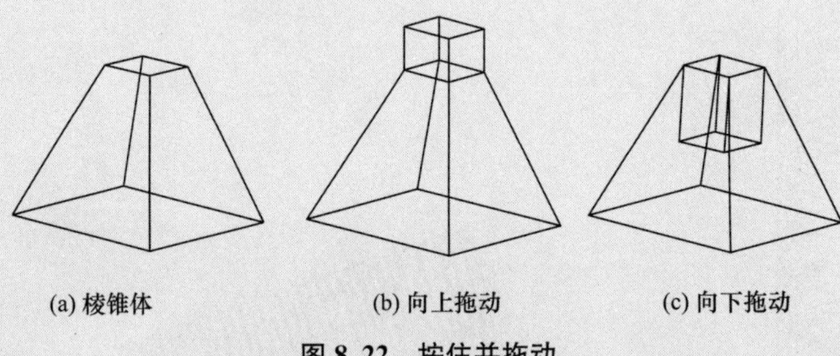

图 8.22　按住并拖动

2. 执行方式

(1) 功能区：【实体】选项卡→【建模】面板→【按住并拖动】按钮。

(2) 工具条：单击【建模】工具栏中的【按住并拖动】按钮。

(3) 命令行：在命令行中输入【PRESSPULL】(或【PRES】)。

3. 操作方法

命令：_presspull↙

选择对象或边界区域：//选择要修改的对象，可以是边界区域、实体面或实体边。选择面可拉伸面，但不影响相邻面。如果按住【Ctrl】键并单击面可偏移面，同时会影响相邻面，如图 8.23 所示。

指定拉伸高度或［多个(M)］：//输入拉伸高度。

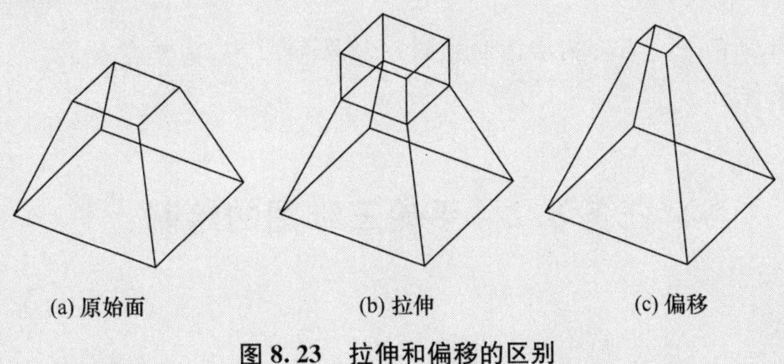

图 8.23　拉伸和偏移的区别

应用案例

利用按住并拖动命令绘制如图 8.24 所示的垫圈。

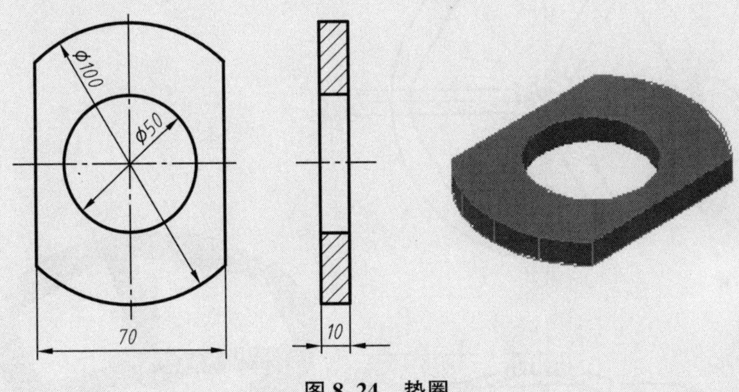

图 8.24　垫圈

(1) 新建文件。

(2) 绘制平面图形。利用【圆】、【直线】和【偏移】命令绘制平面图形，如图 8.25 所示。

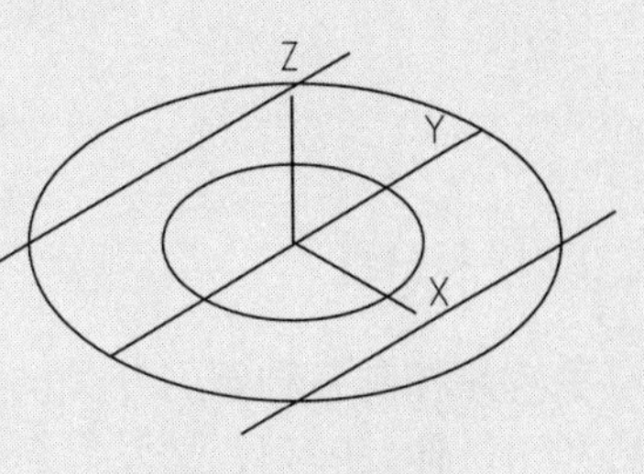

图 8.25　平面图形

(3) 删除直线。删除辅助线，结果如图 8.26 所示。

(4) 创建实体。单击【实体】选项卡【实体】面板【按住并拖动】按钮，选择圆和直线之间的位置，输入高度为 10，拉伸结果如图 8.27 所示。

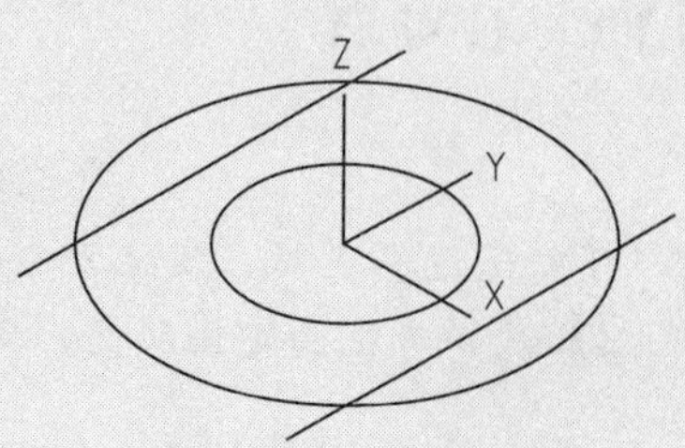

图 8.26　删除辅助线

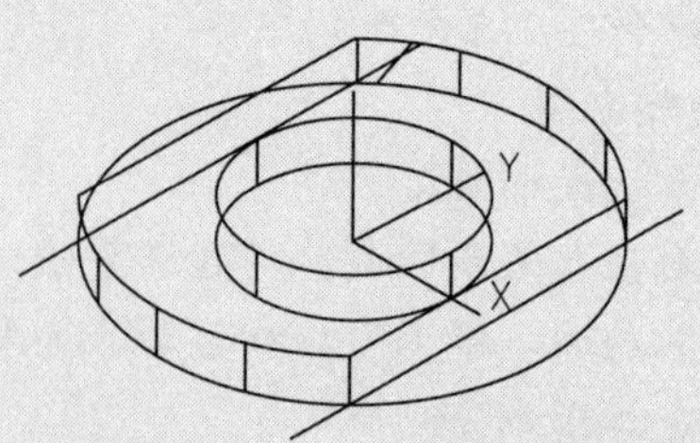

图 8.27　拉伸结果

（5）删除圆和直线。删除辅助圆和直线，结果如图 8.24 所示。

（6）保存文件。

任务 8.2　手轮三维图的绘制

8.2.1　任务引入

绘制如图 8.28 所示的手轮三维图形。

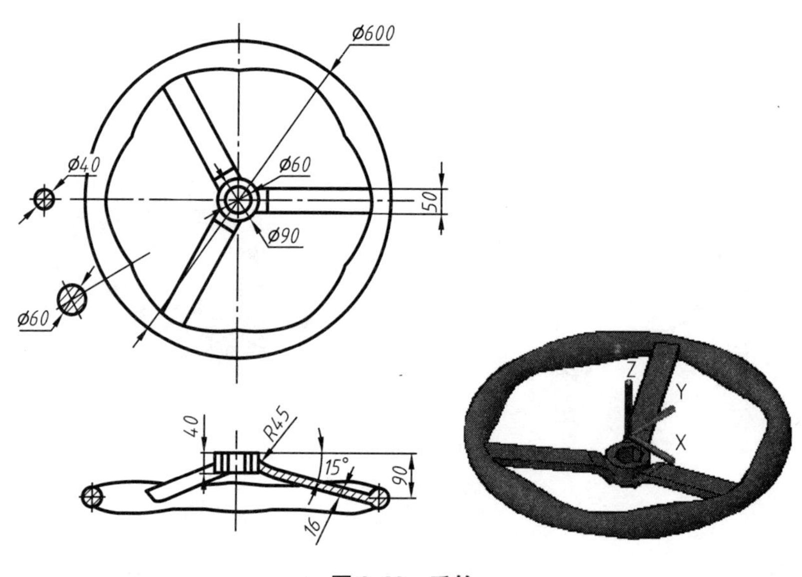

图 8.28　手轮

8.2.2　任务分析

手轮是控制各种阀门开关的零件。其建模思路是：利用放样实体命令创建手轮圆盘，然后利用拉伸、阵列、加厚等命令绘制手轮轮辐；最后利用拉伸、拉伸面等命令绘制手轮轮毂。

8.2.3　相关知识

1. 放样

1）功能

放样是指将两个或两个以上横截面沿指定的路径，或导向运动扫描创建三维实体，如图 8.29 所示。

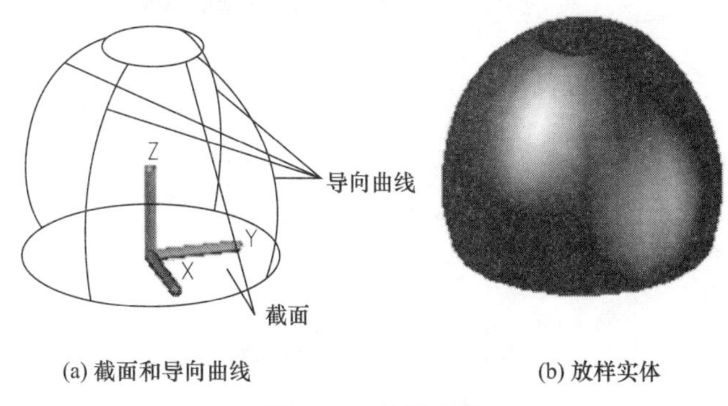

(a) 截面和导向曲线　　(b) 放样实体

图 8.29　放样实体

2）执行方式

(1) 功能区：【实体】选项卡→【实体】面板→【放样】按钮。

(2) 菜单：选择菜单【绘图(D)】→【建模(M)】→【放样(L)】。

(3) 工具条：单击【建模】工具条中的【放样】按钮。

(4) 命令行：在命令行中输入【LOFT】。

3）操作方法

命令：_loft↙

当前线框密度：ISOLINES=4，闭合轮廓创建模式=实体。

按放样次序选择横截面或［点(PO)/合并多条边(J)/模式(MO)］：//选择放样的截面，然后按【Enter】键完成选择。

输入选项［导向(G)/路径(P)/仅横截面(C)/设置(S)］〈仅横截面〉：//输入执行选项。

4）选项说明

(1) 导向(G)：指定控制放样实体或曲面形状的导向曲线，如图 8.30 所示。

特别提示

- 能够作为导向曲线的曲线，必须具备三个条件：曲线必须与每个横截面相交；曲线必须始于第一个横截面；曲线必须止于最后一个横截面。

(2) 路径(P)：指定单一路径来控制放样实体的形状，如图 8.30 所示。

(3) 设置(S)：选择该选项，系统弹出【放样设置】对话框，如图 8.31 所示。对话框中有四个按钮，各按钮放样的结果如图 8.32 所示。

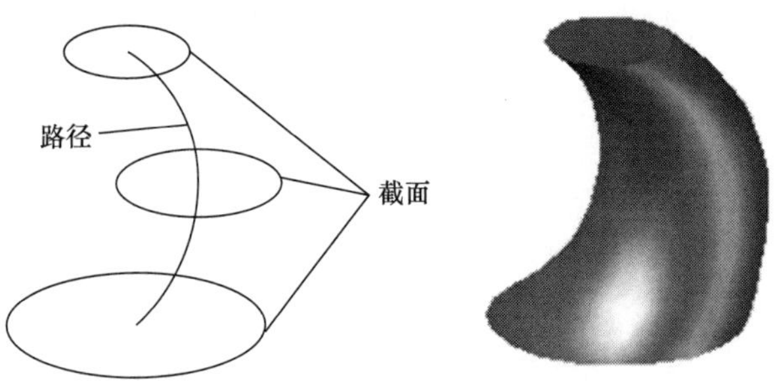

(a) 截面和路径　　(b) 放样实体

图 8.30　路径放样

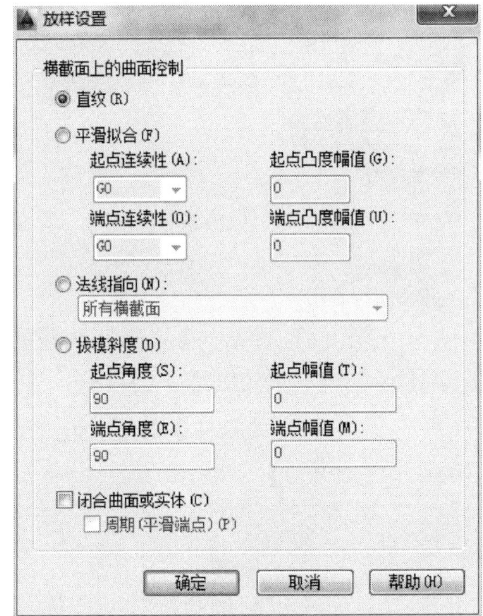

图 8.31　【放样设置】对话框

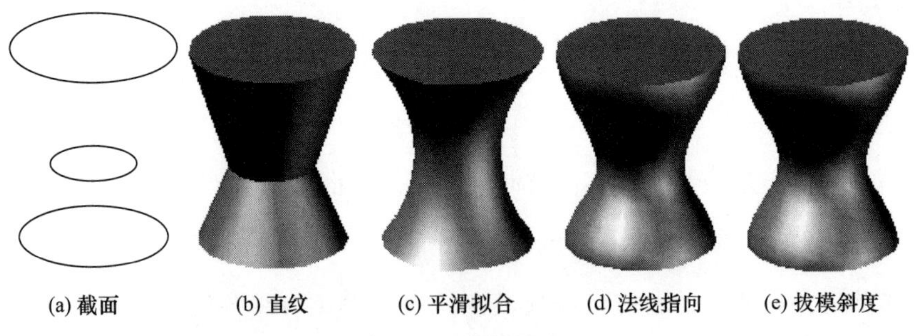

(a) 截面　(b) 直纹　(c) 平滑拟合　(d) 法线指向　(e) 拔模斜度

图 8.32　放样结果

2. 加厚

1）功能

将曲面转换成具有厚度的实体，如图 8.33 所示。

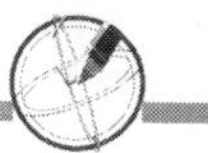

(a) 曲面

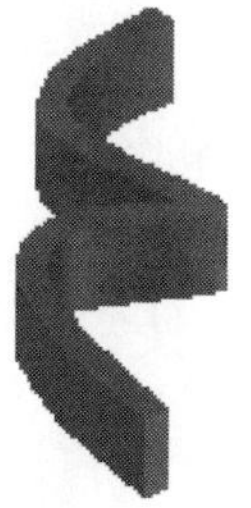

(b) 加厚实体

图 8.33　加厚

2）执行方式

(1) 功能区：【实体】选项卡→【实体编辑】面板→【加厚】按钮。

(2) 菜单：选择菜单【修改(M)】→【三维操作(3)】→【加厚(T)】。

(3) 命令行：在命令行中输入【THICKEN】。

3）操作方法

命令：_thicken↙

选择要加厚的曲面：//选择要加厚的曲面，然后按【Enter】键完成选择。

指定厚度〈40.0000〉：//输入厚度。

3. 拉伸面

1）功能

根据指定的距离拉伸面或将面沿某条路径进行拉伸，如图 8.34 所示。

(a) 拉伸前

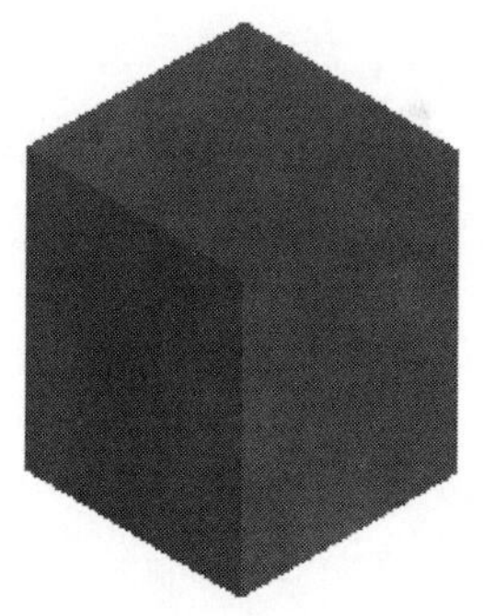

(b) 拉伸上表面结果

图 8.34　拉伸

2）执行方式

(1) 功能区：【实体】选项卡→【实体编辑】面板→【拉伸面】按钮。

(2) 菜单：选择菜单【修改(M)】→【实体编辑(N)】→【拉伸面(E)】。

(3)工具条：单击【实体编辑】工具条中的【拉伸面】按钮。

(4) 命令行：在命令行中输入【SOLIDEDIT】。

3）操作方法

命令：_solidedit↙

实体编辑自动检查：SOLIDEDIT=1。

选择面或［放弃(U)/删除(R)］：//选择要进行拉伸的曲面，然后按【Enter】键完成选择。

指定拉伸高度或［路径(P)］：//输入拉伸高度。

指定拉伸的倾斜角度<0>：//输入拉伸的倾斜角度，使拉伸形成的实体锥化，如图 8.35所示。

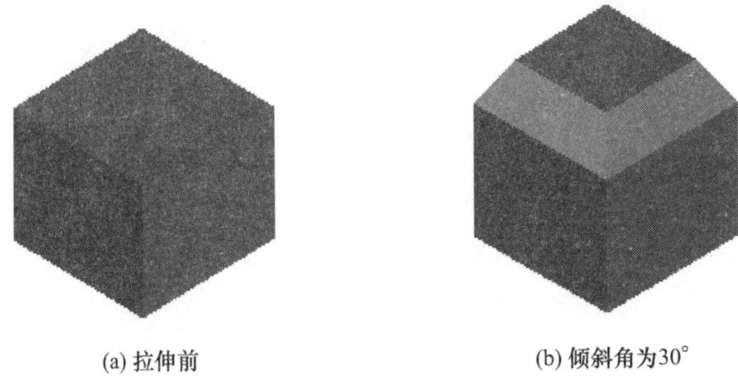

(a) 拉伸前　　(b) 倾斜角为30°

图 8.35　倾斜拉伸

4）选项说明

路径(P)：指定拉伸面的路径(如直线、多线段、圆弧和样条曲线等)，生成拉伸实体的方式会依据路径的性质而各有特点，如图 8.36 所示。

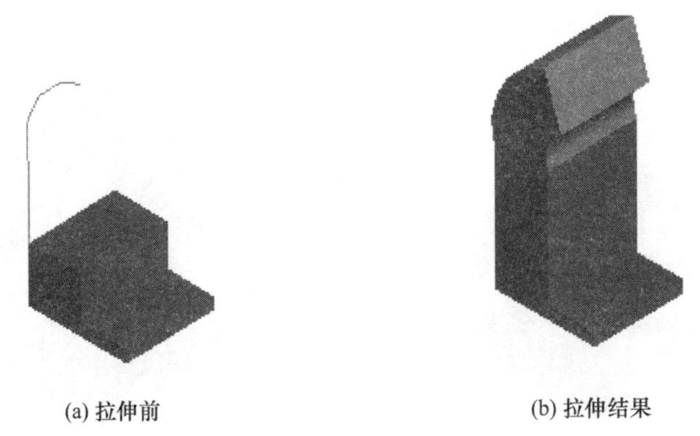

(a) 拉伸前　　(b) 拉伸结果

图 8.36　沿路径拉伸面

8.2.4　操作步骤

1. 新建文件

2. 创建手轮圆盘

(1) 绘制圆。单击【常用】选项卡【绘图】面板【圆】按钮，以 XY 平面坐标原点为圆心，绘制半径为 300 的圆，如图 8.37 所示。

(2) 创建UCS。单击【视图】选项卡【坐标】面板【三点】按钮，捕捉圆的象限点为坐标原点，X轴指向圆心，Y轴指向上方，如图8.38所示。

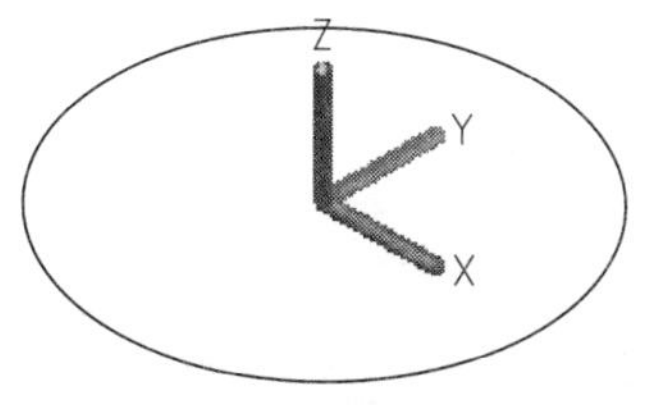

图8.37　绘制圆

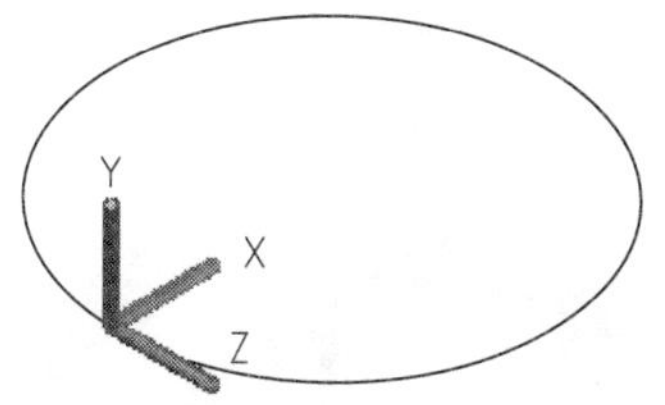

图8.38　创建UCS

(3) 绘制圆。单击【常用】选项卡【绘图】面板【圆】按钮，以XY平面坐标原点为圆心，绘制半径为30的圆，并绘制与其相切的半径为20的圆，如图8.39所示。

(4) 恢复UCS。单击【视图】选项卡【坐标】面板【USC，世界】按钮，将USC恢复到世界坐标系的位置，如图8.40所示。

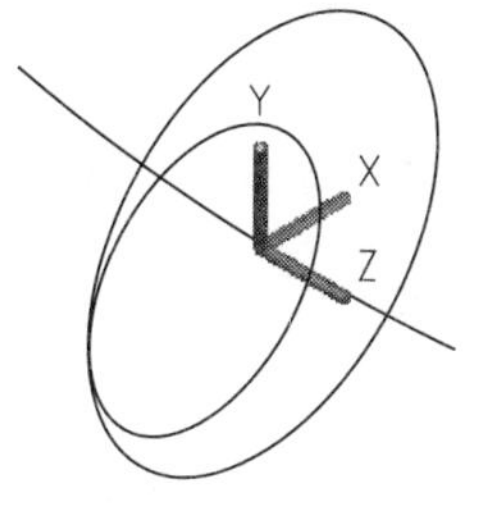

图8.39　绘制圆

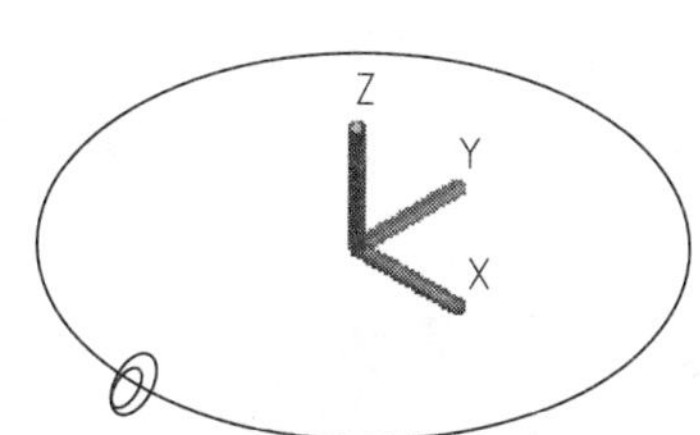

图8.40　恢复UCS

(5) 阵列圆。单击【常用】选项卡【修改】面板【阵列】按钮，选择小圆为阵列对象，捕捉圆心为阵列中心，输入阵列数量为12。以相同的方法阵列大圆，输入阵列数量为6，如图8.41所示。

(6) 分解阵列圆。单击【常用】选项卡【修改】面板【分解】按钮，选择阵列的两组圆。

(7) 删除圆。单击【常用】选项卡【修改】面板【删除】按钮，删除大圆内的小圆，如图8.42所示。

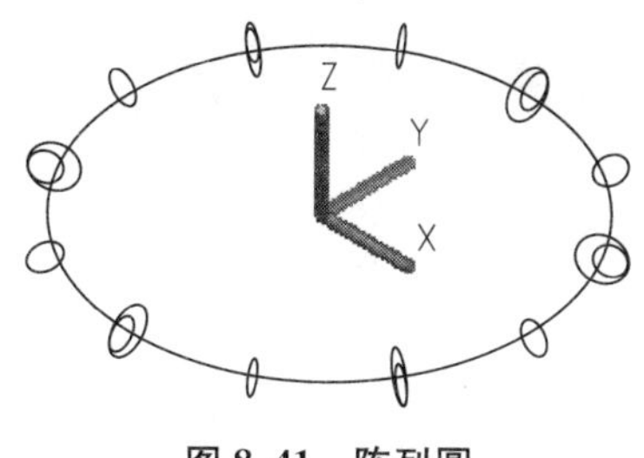

图8.41　阵列圆

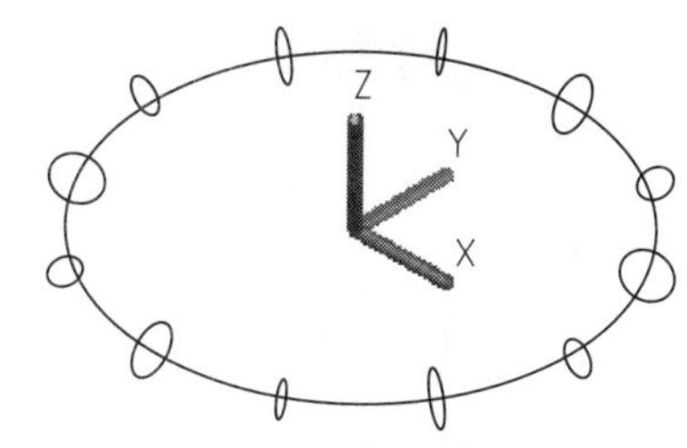

图8.42　删除圆

(8) 放样实体。单击【实体】选项卡【实体】面板【放样】按钮，从X轴正方向的小圆开始依次选择12个圆作为放样轮廓，然后选择大圆为放样路径，完成放样，如

图 8.43所示。

3. 创建手轮轮毂

单击【实体】选项卡【图元】面板【圆柱体】按钮，输入底面中心坐标为(0，0，0)，圆柱半径为 45，圆柱高度为－90，创建圆柱如图 8.44 所示。

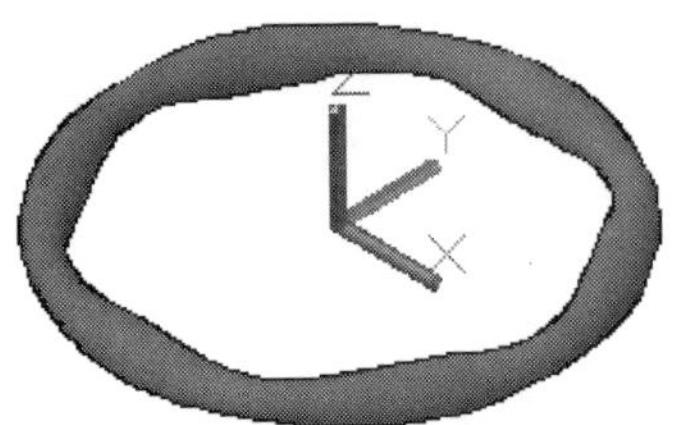

图 8.43　放样实体

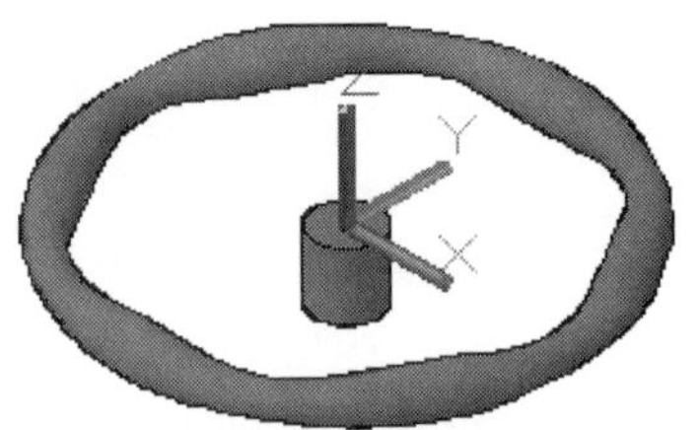

图 8.44　圆柱体

4. 创建手轮轮辐

(1) 创建 UCS。单击【视图】选项卡【坐标】面板【Z 轴矢量】按钮，捕捉圆的象限点为 Z 轴正方向，如图 8.45 所示。

(2) 绘制曲线。利用【直线】和【圆】命令在 XY 平面绘制曲线如图 8.46 所示。

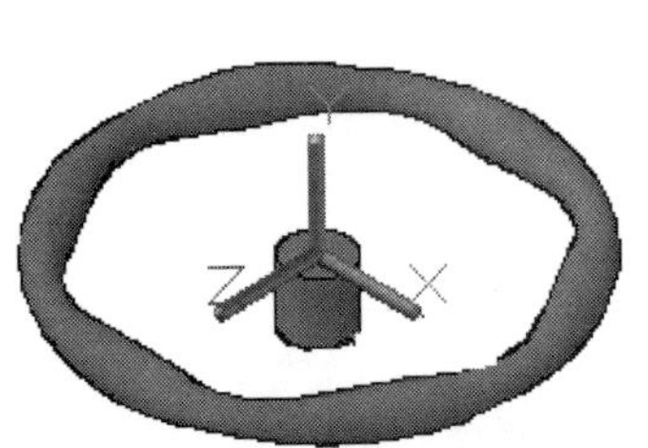

图 8.45　创建 UCS

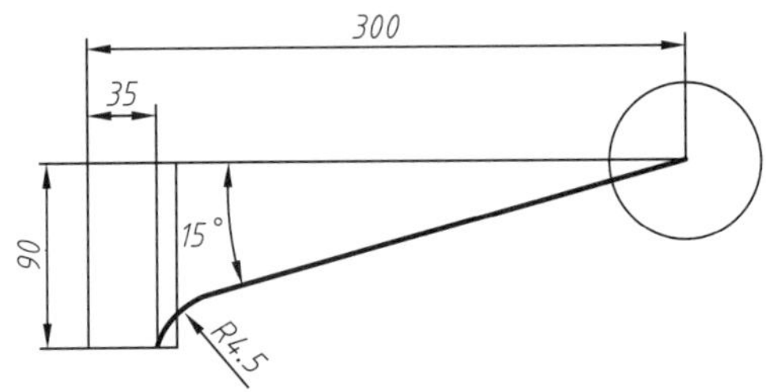

图 8.46　曲线

(3) 创建拉伸曲面。单击【实体】选项卡【实体】面板【拉伸】按钮，选择曲线为拉伸对象，输入拉伸高度为 25，创建的拉伸曲面如图 8.47 所示。

(4) 镜像曲面。单击【常用】选项卡【修改】面板【三维镜像】按钮，选择拉伸曲面为镜像对象，XY 面为镜像平面，镜像结果如图 8.48 所示。

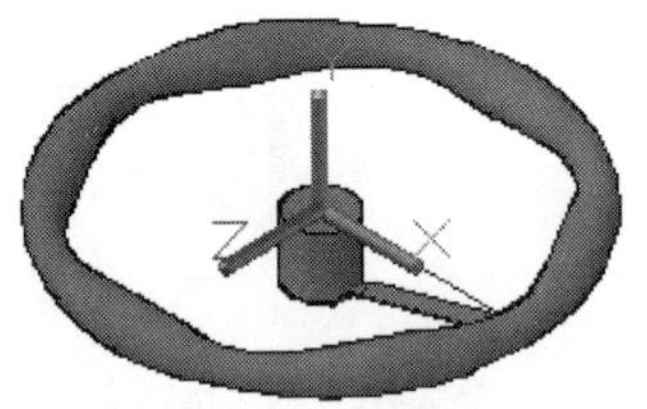

图 8.47　拉伸曲面

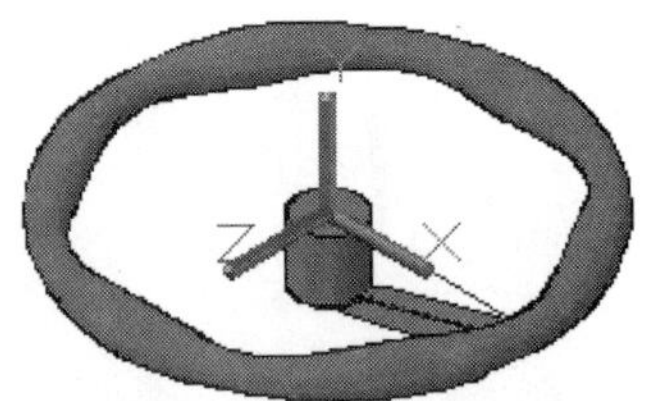

图 8.48　镜像拉伸曲面

(5) 合并曲面。单击【实体】选项卡【布尔值】面板【并集】按钮，合并两曲面。

(6) 加厚曲面。单击【实体】选项卡【实体编辑】面板【加厚】按钮，选择曲面为加厚对象，输入厚度为 16，结果如图 8.49 所示。

(7) 恢复 UCS。单击【视图】选项卡【坐标】面板【USC，世界】按钮，将 USC 恢复到世界坐标系的位置，如图 8.50 所示。

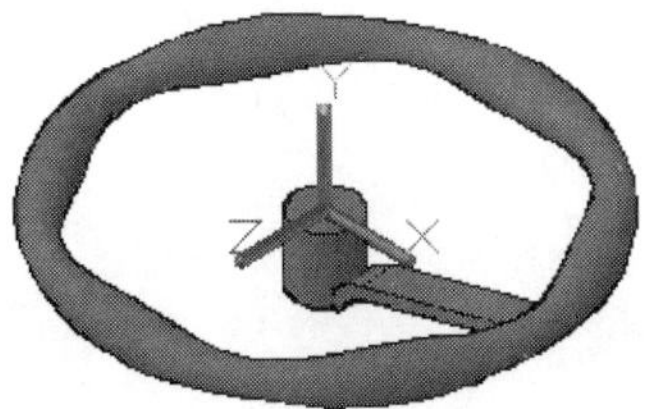

图 8.49　加厚曲面

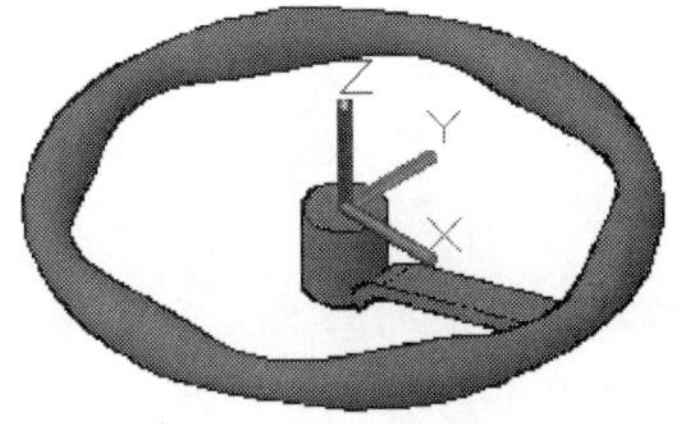

图 8.50　恢复 UCS

(8) 阵列辐条。单击【建模】工具栏中的【三维阵列】按钮，选择辐条为阵列对象，输入阵列中心坐标为(0，0，0)，阵列数量为 3，阵列结果如图 8.51 所示。

4. 创建轴孔

(1) 绘制正六边形。单击【常用】选项卡【绘图】面板【多边形】按钮，在 XY 平面坐标原点处绘制外接圆半径为 30 的正六边形，如图 8.52 所示。

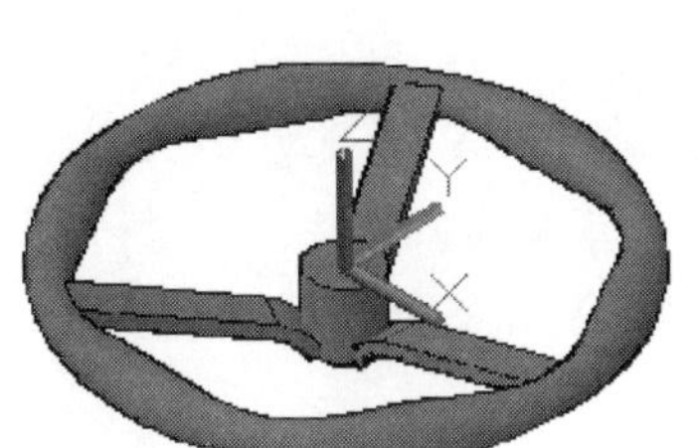

图 8.51　阵列辐条

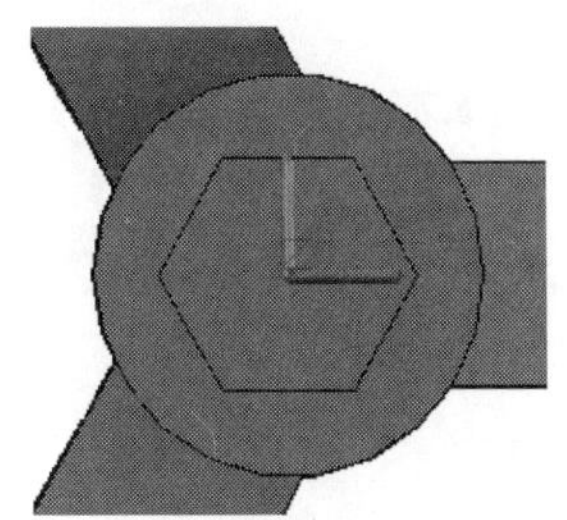

图 8.52　绘制六边形

(2) 创建拉伸实体。单击【实体】选项卡【实体】面板【拉伸】按钮，选择正六边形为拉伸对象，输入拉伸高度为－170，创建的拉伸体如图 8.53 所示。

(3) 布尔运算。单击【实体】选项卡【布尔值】面板【差集】按钮，选择圆柱为被减对象，拉伸体为要减去的对象，结果如图 8.54 所示。单击【实体】选项卡【布尔值】面板【并集】按钮，合并所有实体。

图 8.53　创建拉伸体

图 8.54　差集运算

(4) 拉伸面。单击【实体】选项卡【实体编辑】面板【拉伸面】按钮，选择圆柱顶面为拉伸的面，输入拉伸高度为－50，结果如图 8.28 所示。

5. 保存文件

知识链接

旋　转　面

1. 功能

通过旋转实体的表面来改变面的倾斜角度，或将一些结构特征(如孔、槽等)旋转到新的方位。如图 8.55 所示。

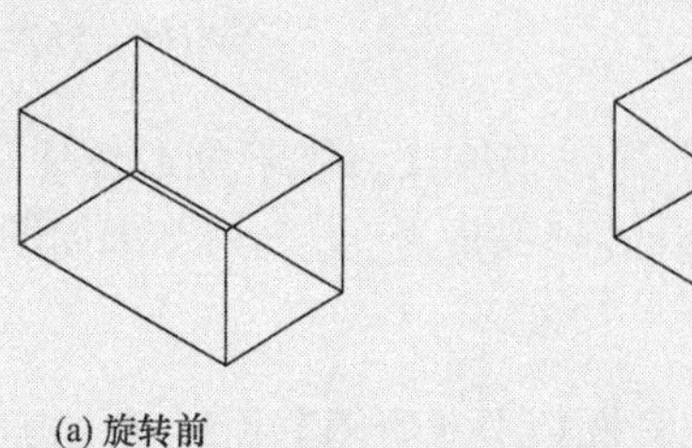

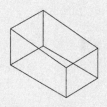

(a) 旋转前　　(b) 旋转后

图 8.55　旋转面

2. 执行方式

(1) 功能区：【常用】选项卡→【实体编辑】面板→【旋转面】按钮。

(2) 菜单：选择菜单【修改(M)】→【实体编辑(N)】→【旋转面(A)】。

(3) 工具条：单击【实体编辑】工具栏中的【旋转面】按钮。

(4) 命令行：在命令行中输入【SOLIDEDIT】。

3. 操作方法

命令：_solidedit↙

选择面或 [放弃(U)/删除(R)]：//选择要旋转的面，然后按【Enter】键完成选择。

指定轴点或 [经过对象的轴(A)/视图(V)/X 轴(X)/Y 轴(Y)/Z 轴(Z)] <两点>：//捕捉旋转轴上的第一点。

在旋转轴上指定第二个：//捕捉旋转轴上的第二点。

指定旋转角度或 [参照(R)]：//输入旋转角度。

应用案例

利用旋转面命令绘制如图 8.56 所示的 V 形块。

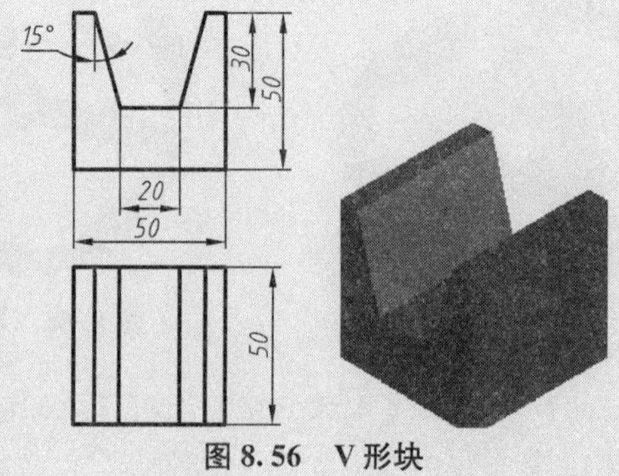

图 8.56　V 形块

(1) 新建文件。

(2) 创建长方形。单击【实体】选项卡【图元】面板【长方形】按钮，输入第一角点为(0，0，0)，输入c，输入长度为50，结果如图8.57所示。

(3) 创建长方形。单击【实体】选项卡【图元】面板【长方形】按钮，输入第一角点为(15，0，50)，第二角点为(35，50，20)，结果如图8.58所示。

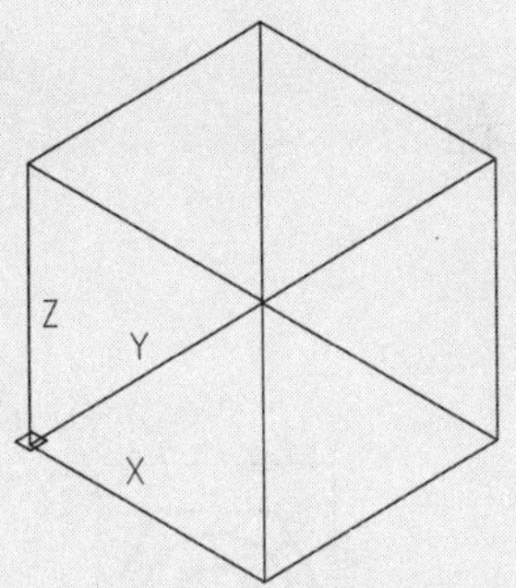

图8.57　长方体

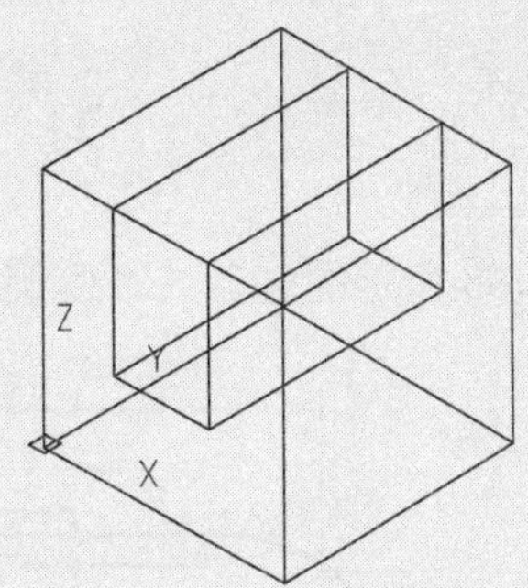

图8.58　长方体

(3) 布尔运算。单击【实体】选项卡【布尔值】面板【差集】按钮，选择大长方体被减对象，小长方体为要减去的对象，结果如图8.59所示。

(4) 旋转面。单击【常用】选项卡【实体编辑】面板【旋转面】按钮，选择槽的侧面为旋转面，选择如图8.60所示1、2点为轴点，输入旋转角度15°，结果如图8.61所示。

(5) 以相同的方法旋转槽的另一个侧面，结果如图8.62所示。

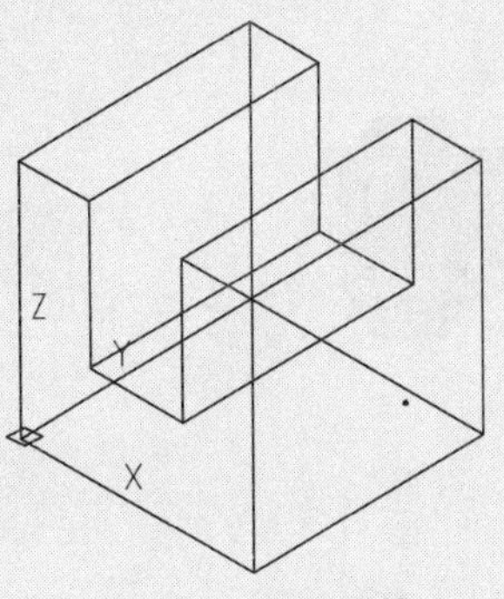

图8.59　差集运算

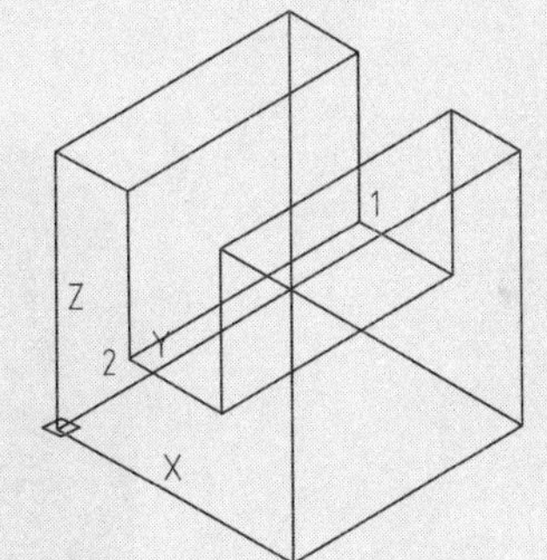

图8.60　轴点

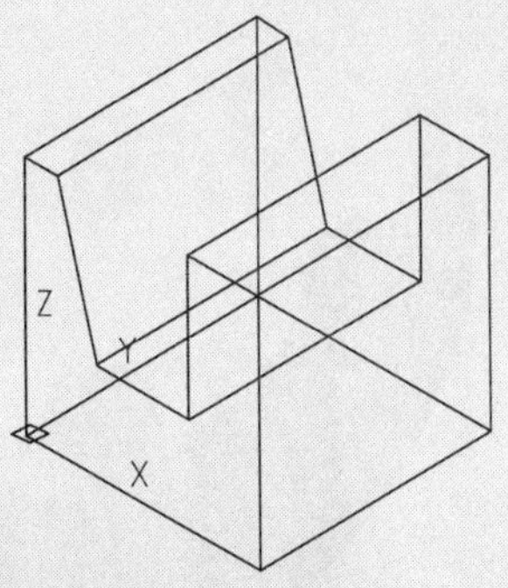

图8.61　旋转面

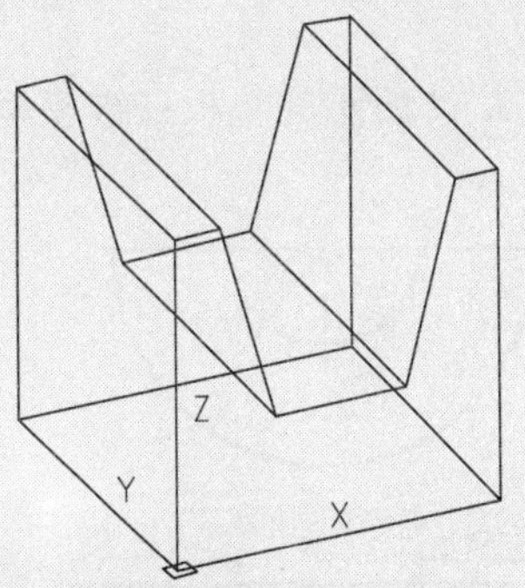

图8.62　旋转面

(6) 保存文件。

小　　结

本章主要介绍了 AutoCAD 2014 创建曲面的常用命令，包括螺旋线的绘制、扫掠实体和放样实体的创建方法，剖切、加厚和拉伸面等常见三维实体编辑方法。通过本章的学习，读者将掌握绘制扫掠实体和放样实体的方法和步骤。

习　　题

1. 创建如图 8.63 所示的端盖三维模型。

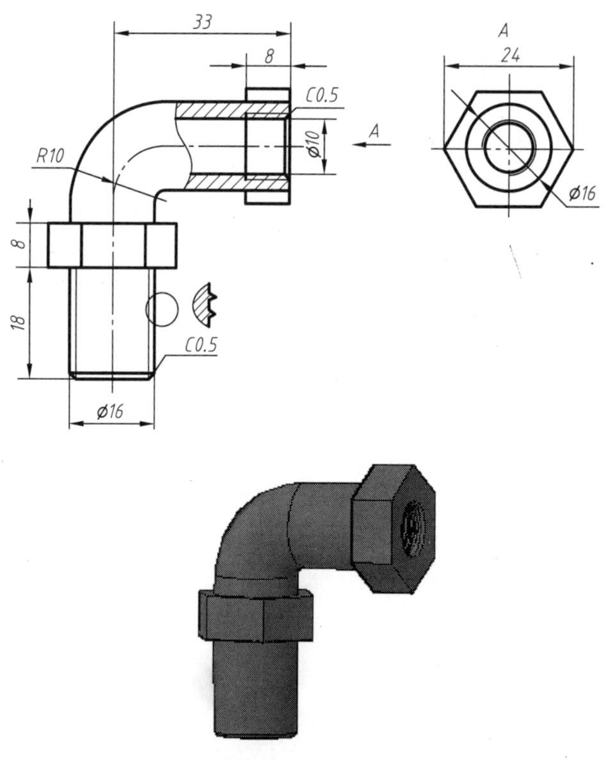

图 8.63　端盖

2. 创建如图 8.64 所示的垫板三维模型。

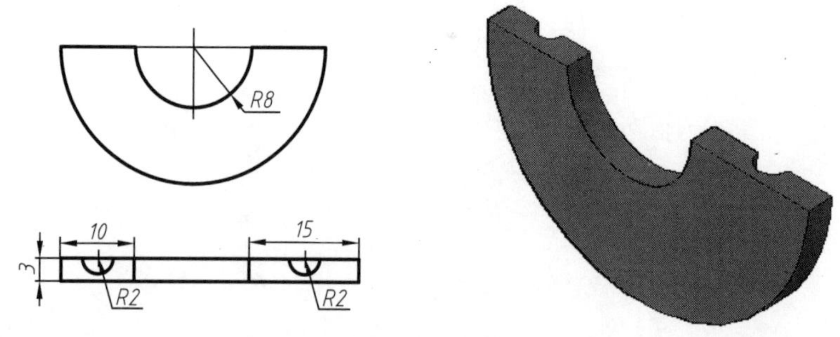

图 8.64　垫板

3. 创建如图 8.65 所示的把手三维模型。

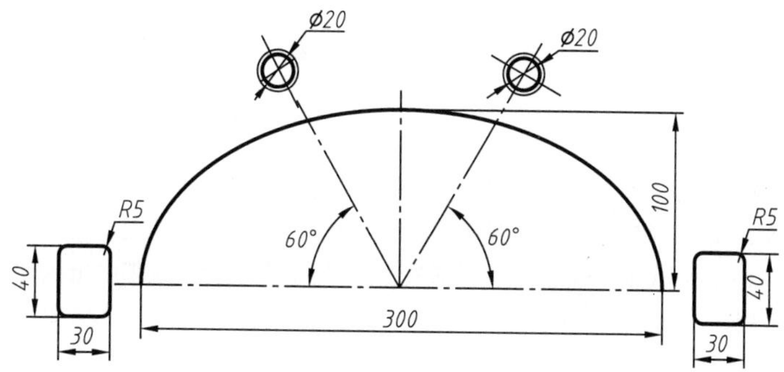

图 8.65　把手

参 考 文 献

[1] 张磊，等 . AutoCAD 2014 中文版实用教程(精编版) [M] . 北京：机械工业出版社，2013.
[2] 黄海英，等 . AutoCAD 2014 中文版实用教程 [M] . 北京：机械工业出版社，2013.
[3] 张更娥，等 . AutoCAD 2014 中文版基础教程 [M] . 北京：人民邮电出版社，2013.
[4] 程光远 . 手把手教你学 AutoCAD 2014 [M] . 北京：电子工业出版社，2014.
[5] 胡仁喜，等 . AutoCAD 2014 中文版精彩百例解析 [M] . 北京：机械工业出版社，2013.
[6] 张熇 . 机械制图 [M] . 苏州：苏州大学出版社，2010.
[7] 何淼淼 . 中文版 AutoCAD 2014 简明实用教程 [M] . 北京：清华大学出版社，2014.
[8] 董祥国 . AutoCAD 2014 应用教程 [M] . 南京：东南大学出版社，2014.
[9] 王克印，等 . AutoCAD2013 中文版从入门到精通 [M] . 北京：机械工业出版社，2013.
[10] 李勇，等 . 中文版 AutoCAD 2014 入门与提高 [M] . 北京：人民邮电出版社，2014.

北京大学出版社高职高专机电系列规划教材

序号	书号	书名	编著者	定价	印次	出版日期
		“十二五”职业教育国家规划教材				
1	978-7-301-24455-5	电力系统自动装置(第 2 版)	王 伟	26.00	1	2014.8
2	978-7-301-24506-4	电子技术项目教程(第 2 版)	徐超明	42.00	1	2014.7
3	978-7-301-24475-3	零件加工信息分析(第 2 版)	谢 蕾	52.00	2	2015.1
4	978-7-301-24227-8	汽车电气系统检修(第 2 版)	宋作军	30.00	1	2014.8
5	978-7-301-24507-1	电工技术与技能	王 平	42.00	1	2014.8
6	978-7-301-24648-1	数控加工技术项目教程(第 2 版)	李东君	64.00	1	2015.5
7	978-7-301-25341-0	汽车构造(上册)——发动机构造(第 2 版)	罗灯明	35.00	1	2015.5
8	978-7-301-25529-2	汽车构造(下册)——底盘构造(第 2 版)	鲍远通	36.00	1	2015.5
9	978-7-301-25650-3	光伏发电技术简明教程	静国梁	29.00	1	2015.6
10	978-7-301-24589-7	光伏发电系统的运行与维护	付新春	33.00	1	2015.7
11	978-7-301-24587-3	制冷与空调技术工学结合教程	李文森等	28.00	1	2015.5
12		电子 EDA 技术(Multisim)(第 2 版)	刘训非			2015.5
		机械类基础课				
1	978-7-301-13653-9	工程力学	武昭晖	25.00	3	2011.2
2	978-7-301-13574-7	机械制造基础	徐从清	32.00	3	2012.7
3	978-7-301-13656-0	机械设计基础	时忠明	25.00	3	2012.7
4	978-7-301-13662-1	机械制造技术	宁广庆	42.00	2	2010.11
5	978-7-301-19848-3	机械制造综合设计及实训	裘俊彦	37.00	1	2013.4
6	978-7-301-19297-9	机械制造工艺及夹具设计	徐 勇	28.00	1	2011.8
7	978-7-301-18357-1	机械制图	徐连孝	27.00	2	2012.9
8	978-7-301-25479-0	机械制图——基于工作过程(第 2 版)	徐连孝	62.00	1	2015.5
9	978-7-301-18143-0	机械制图习题集	徐连孝	20.00	2	2013.4
10	978-7-301-15692-6	机械制图	吴百中	26.00	2	2012.7
11	978-7-301-22916-3	机械图样的识读与绘制	刘永强	36.00	1	2013.8
12	978-7-301-23354-2	AutoCAD 应用项目化实训教程	王利华	42.00	1	2014.1
13	978-7-301-17122-6	AutoCAD 机械绘图项目教程	张海鹏	36.00	3	2013.8
14	978-7-301-17573-6	AutoCAD 机械绘图基础教程	王长忠	32.00	2	2013.8
15	978-7-301-19010-4	AutoCAD 机械绘图基础教程与实训(第 2 版)	欧阳全会	36.00	3	2014.1
16	978-7-301-22185-3	AutoCAD 2014 机械应用项目教程	陈善岭 徐连孝	32.00	1	2016.1
17	978-7-301-26591-8	AutoCAD 2014 机械绘图项目教程	朱 昱	40.00	1	2016.2
18	978-7-301-24536-1	三维机械设计项目教程(UG 版)	龚肖新	45.00	1	2014.9
19	978-7-301-17609-2	液压传动	龚肖新	22.00	1	2010.8
20	978-7-301-20752-9	液压传动与气动技术(第 2 版)	曹建东	40.00	2	2014.1
21	978-7-301-13582-2	液压与气压传动技术	袁 广	24.00	5	2013.8
22	978-7-301-24381-7	液压与气动技术项目教程	武 威	30.00	1	2014.8
23	978-7-301-19436-2	公差与测量技术	余 键	25.00	1	2011.9
24	978-7-5038-4861-2	公差配合与测量技术	南秀蓉	23.00	4	2011.12
25	978-7-301-19374-7	公差配合与技术测量	庄佃霞	26.00	2	2013.8
26	978-7-301-25614-5	公差配合与测量技术项目教程	王丽丽	26.00	1	2015.4
27	978-7-301-25953-5	金工实训(第 2 版)	柴增田	38.00	1	2015.6
28	978-7-301-13651-5	金属工艺学	柴增田	27.00	2	2011.6
29	978-7-301-17608-5	机械加工工艺编制	于爱武	45.00	2	2012.2
30	978-7-301-23868-4	机械加工工艺编制与实施(上册)	于爱武	42.00	1	2014.3

序号	书号	书名	编著者	定价	印次	出版日期
31	978-7-301-24546-0	机械加工工艺编制与实施(下册)	于爱武	42.00	1	2014.7
32	978-7-301-21988-1	普通机床的检修与维护	宋亚林	33.00	1	2013.1
33	978-7-5038-4869-8	设备状态监测与故障诊断技术	林英志	22.00	3	2011.8
34	978-7-301-22116-7	机械工程专业英语图解教程(第 2 版)	朱派龙	48.00	2	2015.5
35	978-7-301-23198-2	生产现场管理	金建华	38.00	1	2013.9
36	978-7-301-24788-4	机械 CAD 绘图基础及实训	杜　洁	30.00	1	2014.9
数控技术类						
1	978-7-301-17148-6	普通机床零件加工	杨雪青	26.00	2	2013.8
2	978-7-301-17679-5	机械零件数控加工	李　文	38.00	1	2010.8
3	978-7-301-13659-1	CAD/CAM 实体造型教程与实训 (Pro/ENGINEER 版)	诸小丽	38.00	4	2014.7
4	978-7-301-24647-6	CAD/CAM 数控编程项目教程(UG 版)(第 2 版)	慕　灿	48.00	1	2014.8
5	978-7-5038-4865-0	CAD/CAM 数控编程与实训(CAXA 版)	刘玉春	27.00	3	2011.2
6	978-7-301-21873-0	CAD/CAM 数控编程项目教程(CAXA 版)	刘玉春	42.00	1	2013.3
7	978-7-5038-4866-7	数控技术应用基础	宋建武	22.00	2	2010.7
8	978-7-301-13262-3	实用数控编程与操作	钱东东	32.00	4	2013.8
9	978-7-301-14470-1	数控编程与操作	刘瑞已	29.00	2	2011.2
10	978-7-301-20312-5	数控编程与加工项目教程	周晓宏	42.00	1	2012.3
11	978-7-301-23898-1	数控加工编程与操作实训教程(数控车分册)	王忠斌	36.00	1	2014.6
12	978-7-301-20945-5	数控铣削技术	陈晓罗	42.00	1	2012.7
13	978-7-301-21053-6	数控车削技术	王军红	28.00	1	2012.8
14	978-7-301-25927-6	数控车削编程与操作项目教程	肖国涛	26.00	1	2015.7
15	978-7-301-17398-5	数控加工技术项目教程	李东君	48.00	1	2010.8
16	978-7-301-21119-9	数控机床及其维护	黄应勇	38.00	1	2012.8
17	978-7-301-20002-5	数控机床故障诊断与维修	陈学军	38.00	1	2012.1
模具设计与制造类						
1	978-7-301-23892-9	注射模设计方法与技巧实例精讲	邹继强	54.00	1	2014.2
2	978-7-301-24432-6	注射模典型结构设计实例图集	邹继强	54.00	1	2014.6
3	978-7-301-18471-4	冲压工艺与模具设计	张　芳	39.00	1	2011.3
4	978-7-301-19933-6	冷冲压工艺与模具设计	刘洪贤	32.00	1	2012.1
5	978-7-301-20414-6	Pro/ENGINEER Wildfire 产品设计项目教程	罗　武	31.00	1	2012.5
6	978-7-301-16448-8	Pro/ENGINEER Wildfire 设计实训教程	吴志清	38.00	1	2012.8
7	978-7-301-22678-0	模具专业英语图解教程	李东君	22.00	1	2013.7
电气自动化类						
1	978-7-301-18519-3	电工技术应用	孙建领	26.00	1	2011.3
2	978-7-301-17569-9	电工电子技术项目教程	杨德明	32.00	3	2014.8
3	978-7-301-22546-2	电工技能实训教程	韩亚军	22.00	1	2013.6
4	978-7-301-22923-1	电工技术项目教程	徐超明	38.00	1	2013.8
5	978-7-301-12390-4	电力电子技术	梁南丁	29.00	3	2013.5
6	978-7-301-17730-3	电力电子技术	崔　红	23.00	1	2010.9
7	978-7-301-19525-3	电工电子技术	倪　涛	38.00	1	2011.9
8	978-7-301-24765-5	电子电路分析与调试	毛玉青	35.00	1	2015.3
9	978-7-301-16830-1	维修电工技能与实训	陈学平	37.00	1	2010.7
10	978-7-301-12180-1	单片机开发应用技术	李国兴	21.00	2	2010.9
11	978-7-301-20000-1	单片机应用技术教程	罗国荣	40.00	1	2012.2
12	978-7-301-21055-0	单片机应用项目化教程	顾亚文	32.00	1	2012.8
13	978-7-301-17489-0	单片机原理及应用	陈高锋	32.00	1	2012.9

序号	书号	书名	编著者	定价	印次	出版日期
14	978-7-301-24281-0	单片机技术及应用	黄贻培	30.00	1	2014.7
15	978-7-301-22390-1	单片机开发与实践教程	宋玲玲	24.00	1	2013.6
16	978-7-301-17958-1	单片机开发入门及应用实例	熊华波	30.00	1	2011.1
17	978-7-301-16898-1	单片机设计应用与仿真	陆旭明	26.00	2	2012.4
18	978-7-301-19302-0	基于汇编语言的单片机仿真教程与实训	张秀国	32.00	1	2011.8
19	978-7-301-12181-8	自动控制原理与应用	梁南丁	23.00	3	2012.1
20	978-7-301-19638-0	电气控制与 PLC 应用技术	郭　燕	24.00	1	2012.1
21	978-7-301-18622-0	PLC 与变频器控制系统设计与调试	姜永华	34.00	1	2011.6
22	978-7-301-19272-6	电气控制与 PLC 程序设计(松下系列)	姜秀玲	36.00	1	2011.8
23	978-7-301-12383-6	电气控制与 PLC(西门子系列)	李　伟	26.00	2	2012.3
24	978-7-301-18188-1	可编程控制器应用技术项目教程(西门子)	崔维群	38.00	2	2013.6
25	978-7-301-23432-7	机电传动控制项目教程	杨德明	40.00	1	2014.1
26	978-7-301-12382-9	电气控制及 PLC 应用(三菱系列)	华满香	24.00	2	2012.5
27	978-7-301-22315-4	低压电气控制安装与调试实训教程	张　郭	24.00	1	2013.4
28	978-7-301-24433-3	低压电器控制技术	肖朋生	34.00	1	2014.7
29	978-7-301-22672-8	机电设备控制基础	王本轶	32.00	1	2013.7
30	978-7-301-18770-8	电机应用技术	郭宝宁	33.00	1	2011.5
31	978-7-301-23822-6	电机与电气控制	郭夕琴	34.00	1	2014.8
32	978-7-301-17324-4	电机控制与应用	魏润仙	34.00	1	2010.8
33	978-7-301-21269-1	电机控制与实践	徐　锋	34.00	1	2012.9
34	978-7-301-12389-8	电机与拖动	梁南丁	32.00	2	2011.12
35	978-7-301-18630-5	电机与电力拖动	孙英伟	33.00	1	2011.3
36	978-7-301-16770-0	电机拖动与应用实训教程	任娟平	36.00	1	2012.11
37	978-7-301-22632-2	机床电气控制与维修	崔兴艳	28.00	1	2013.7
38	978-7-301-22917-0	机床电气控制与 PLC 技术	林盛昌	36.00	1	2013.8
39	978-7-301-26499-7	传感器检测技术及应用(第 2 版)	王晓敏	45.00	1	2015.11
40	978-7-301-20654-6	自动生产线调试与维护	吴有明	28.00	1	2013.1
41	978-7-301-21239-4	自动生产线安装与调试实训教程	周　洋	30.00	1	2012.9
42	978-7-301-18852-1	机电专业英语	戴正阳	28.00	2	2013.8
43	978-7-301-24764-8	FPGA 应用技术教程(VHDL 版)	王真富	38.00	1	2015.2
44	978-7-301-26201-6	电气安装与调试技术	卢　艳	38.00	1	2015.8
45	978-7-301-26215-3	可编程控制器编程及应用(欧姆龙机型)	姜凤武	27.00	1	2015.8
汽车类						
1	978-7-301-17694-8	汽车电工电子技术	郑广军	33.00	1	2011.1
2	978-7-301-19504-8	汽车机械基础	张本升	34.00	1	2011.10
3	978-7-301-19652-6	汽车机械基础教程(第 2 版)	吴笑伟	28.00	2	2012.8
4	978-7-301-17821-8	汽车机械基础项目化教学标准教程	傅华娟	40.00	2	2014.8
5	978-7-301-19646-5	汽车构造	刘智婷	42.00	1	2012.1
6	978-7-301-25341-0	汽车构造(上册)——发动机构造(第 2 版)	罗灯明	35.00	1	2015.5
7	978-7-301-25529-2	汽车构造(下册)——底盘构造(第 2 版)	鲍远通	36.00	1	2015.5
8	978-7-301-13661-4	汽车电控技术	祁翠琴	39.00	6	2015.2
9	978-7-301-19147-7	电控发动机原理与维修实务	杨洪庆	27.00	1	2011.7
10	978-7-301-13658-4	汽车发动机电控系统原理与维修	张吉国	25.00	2	2012.4
11	978-7-301-18494-3	汽车发动机电控技术	张　俊	46.00	2	2013.8
12	978-7-301-21989-8	汽车发动机构造与维修(第 2 版)	蔡兴旺	40.00	1	2013.1
14	978-7-301-18948-1	汽车底盘电控原理与维修实务	刘映凯	26.00	1	2012.1
15	978-7-301-19334-1	汽车电气系统检修	宋作军	25.00	2	2014.1
16	978-7-301-23512-6	汽车车身电控系统检修	温立全	30.00	1	2014.1
17	978-7-301-18850-7	汽车电器设备原理与维修实务	明光星	38.00	2	2013.9
18	978-7-301-20011-7	汽车电器实训	高照亮	38.00	1	2012.1

序号	书号	书名	编著者	定价	印次	出版日期
19	978-7-301-22363-5	汽车车载网络技术与检修	闫炳强	30.00	1	2013.6
20	978-7-301-14139-7	汽车空调原理及维修	林　钢	26.00	3	2013.8
21	978-7-301-16919-3	汽车检测与诊断技术	娄　云	35.00	2	2011.7
22	978-7-301-22988-0	汽车拆装实训	詹远武	44.00	1	2013.8
23	978-7-301-18477-6	汽车维修管理实务	毛　峰	23.00	1	2011.3
24	978-7-301-19027-2	汽车故障诊断技术	明光星	25.00	1	2011.6
25	978-7-301-17894-2	汽车养护技术	隋礼辉	24.00	1	2011.3
26	978-7-301-22746-6	汽车装饰与美容	金守玲	34.00	1	2013.7
27	978-7-301-25833-0	汽车营销实务(第 2 版)	夏志华	32.00	1	2015.6
28	978-7-301-19350-1	汽车营销服务礼仪	夏志华	30.00	3	2013.8
29	978-7-301-15578-3	汽车文化	刘　锐	28.00	4	2013.2
30	978-7-301-20753-6	二手车鉴定与评估	李玉柱	28.00	1	2012.6
31	978-7-301-17711-2	汽车专业英语图解教程	侯锁军	22.00	5	2015.2
电子信息、应用电子类						
1	978-7-301-19639-7	电路分析基础(第 2 版)	张丽萍	25.00	1	2012.9
2	978-7-301-19310-5	PCB 板的设计与制作	夏淑丽	33.00	1	2011.8
3	978-7-301-21147-2	Protel 99 SE 印制电路板设计案例教程	王　静	35.00	1	2012.8
4	978-7-301-18520-9	电子线路分析与应用	梁玉国	34.00	1	2011.7
5	978-7-301-12387-4	电子线路 CAD	殷庆纵	28.00	4	2012.7
6	978-7-301-12390-4	电力电子技术	梁南丁	29.00	2	2010.7
7	978-7-301-17730-3	电力电子技术	崔　红	23.00	1	2010.9
8	978-7-301-19525-3	电工电子技术	倪　涛	38.00	1	2011.9
9	978-7-301-18519-3	电工技术应用	孙建领	26.00	1	2011.3
10	978-7-301-22546-2	电工技能实训教程	韩亚军	22.00	1	2013.6
11	978-7-301-22923-1	电工技术项目教程	徐超明	38.00	1	2013.8
12	978-7-301-17569-9	电工电子技术项目教程	杨德明	32.00	3	2014.8
14	978-7-301-26076-0	电子技术应用项目式教程(第 2 版)	王志伟	40.00	1	2015.9
15	978-7-301-22959-0	电子焊接技术实训教程	梅琼珍	24.00	1	2013.8
16	978-7-301-17696-2	模拟电子技术	蒋　然	35.00	1	2010.8
17	978-7-301-13572-3	模拟电子技术及应用	刁修睦	28.00	3	2012.8
18	978-7-301-18144-7	数字电子技术项目教程	冯泽虎	28.00	1	2011.1
19	978-7-301-19153-8	数字电子技术与应用	宋雪臣	33.00	1	2011.9
20	978-7-301-20009-4	数字逻辑与微机原理	宋振辉	49.00	1	2012.1
21	978-7-301-12386-7	高频电子线路	李福勤	20.00	3	2013.8
22	978-7-301-20706-2	高频电子技术	朱小祥	32.00	1	2012.6
23	978-7-301-18322-9	电子 EDA 技术(Multisim)	刘训非	30.00	2	2012.7
24	978-7-301-14453-4	EDA 技术与 VHDL	宋振辉	28.00	2	2013.8
25	978-7-301-22362-8	电子产品组装与调试实训教程	何　杰	28.00	1	2013.6
26	978-7-301-19326-6	综合电子设计与实践	钱卫钧	25.00	2	2013.8
27	978-7-301-17877-5	电子信息专业英语	高金玉	26.00	2	2011.11
28	978-7-301-23895-0	电子电路工程训练与设计、仿真	孙晓艳	39.00	1	2014.3
29	978-7-301-24624-5	可编程逻辑器件应用技术	魏　欣	26.00	1	2014.8
30	978-7-301-26156-9	电子产品生产工艺与管理	徐中贵	38.00	1	2015.8

如您需要更多教学资源如电子课件、电子样章、习题答案等，请登录北京大学出版社第六事业部官网 www.pup6.cn 搜索下载。

如您需要浏览更多专业教材，请扫下面的二维码，关注北京大学出版社第六事业部官方微信（微信号：pup6book），随时查询专业教材、浏览教材目录、内容简介等信息，并可在线申请纸质样书用于教学。

感谢您使用我们的教材，欢迎您随时与我们联系，我们将及时做好全方位的服务。联系方式：010-62750667，329056787@qq.com，pup_6@163.com，lihu80@163.com，欢迎来电来信。客户服务 QQ 号：1292552107，欢迎随时咨询。